国家出版基金资助项目
Projects Supported by the National Publishing Fund

钢铁工业协同创新关键共性技术丛书
主编　王国栋

超高强度结构用钢

Ultra-high Strength Structural Steel

王昭东　邓想涛　著

北　京
冶　金　工　业　出　版　社
2021

内容提要

本书针对1000MPa级别及以上的超高强度结构用钢，系统地介绍了其合金和组织设计、相变特征、组织性能调控原理、焊接性能和疲劳性能等内容，并详细阐述了各条件和工艺过程中的组织性能变化规律。

本书可供从事钢铁材料研究、开发和装备设计的科技人员、工艺开发人员阅读，也可供高等院校金属材料及相关专业的师生参考。

图书在版编目(CIP)数据

超高强度结构用钢／王昭东，邓想涛著．—北京：冶金工业出版社，2021.5

（钢铁工业协同创新关键共性技术丛书）

ISBN 978-7-5024-8990-8

Ⅰ.①超…　Ⅱ.①王…　②邓…　Ⅲ.①超高强度钢—组织性能(材料)—性能控制　Ⅳ.①TG142.7

中国版本图书馆CIP数据核字(2021)第237643号

超高强度结构用钢

出版发行　冶金工业出版社　**电　话**　(010)64027926

地　址　北京市东城区嵩祝院北巷39号　**邮　编**　100009

网　址　www.mip1953.com　**电子信箱**　service@mip1953.com

责任编辑　杜婷婷　卢　敏　美术编辑　彭子赫　版式设计　郑小利

责任校对　王永欣　责任印制　禹　蕊

北京捷迅佳彩印刷有限公司印刷

2021年5月第1版，2021年5月第1次印刷

710mm×1000mm　1/16；17印张；327千字；255页

定价98.00元

投稿电话　(010)64027932　投稿信箱　tougao@cnmip.com.cn

营销中心电话　(010)64044283

冶金工业出版社天猫旗舰店　yjgycbs.tmall.com

（本书如有印装质量问题，本社营销中心负责退换）

《钢铁工业协同创新关键共性技术丛书》总序

钢铁工业作为重要的原材料工业，担任着“供给侧”的重要任务。钢铁工业努力以最低的资源、能源消耗，以最低的环境、生态负荷，以最高的效率和劳动生产率向社会提供足够数量且质量优良的高性能钢铁产品，满足社会发展、国家安全、人民生活的需求。

改革开放初期，我国钢铁工业处于跟跑阶段，主要依赖于从国外引进产线和技术。经过40多年的改革、创新与发展，我国已经具有10多亿吨的产钢能力，产量超过世界钢产量的一半，钢铁工业发展迅速。我国钢铁工业技术水平不断提高，在激烈的国际竞争中，目前处于“跟跑、并跑、领跑”三跑并行的局面。但是，我国钢铁工业技术发展当前仍然面临以下四大问题。一是钢铁生产资源、能源消耗巨大，污染物排放严重，环境不堪重负，迫切需要实现工艺绿色化。二是生产装备的稳定性、均匀性、一致性差，生产效率低。实现装备智能化，达到信息深度感知、协调精准控制、智能优化决策、自主学习提升，是钢铁行业迫在眉睫的任务。三是产品质量不够高，产品结构失衡，高性能产品、自主创新产品供给能力不足，产品优质化需求强烈。四是我国钢铁行业供给侧发展质量不够高，服务不到位。必须以提高发展质量和效益为中心，以支撑供给侧结构性改革为主线，把提高供给体系质量作为主攻方向，建设服务型钢铁行业，实现供给服务化。

我国钢铁工业在经历了快速发展后，近年来，进入了调整结构、转型发展的阶段。钢铁企业必须转变发展方式、优化经济结构、转换增长动力，坚持质量第一、效益优先，以供给侧结构性改革为主线，推动经济发展质量变革、效率变革、动力变革，提高全要素生产率，使中国钢铁工业成为“工艺绿色化、装备智能化、产品高质化、供给服务化”的全球领跑者，将中国钢铁建设成世界领先的钢铁工业集群。

2014 年 10 月，以东北大学和北京科技大学两所冶金特色高校为核心，联合企业、研究院所、其他高等院校共同组建的钢铁共性技术协同创新中心通过教育部、财政部认定，正式开始运行。

自 2014 年 10 月通过国家认定至 2018 年年底，钢铁共性技术协同创新中心运行 4 年。工艺与装备研发平台围绕钢铁行业关键共性工艺与装备技术，根据平台顶层设计总体发展思路，以及各研究方向拟定的任务和指标，通过产学研深度融合和协同创新，在采矿与选矿、冶炼、热轧、短流程、冷轧、信息化智能化等六个研究方向上，开发出了新一代钢包底喷粉精炼工艺与装备技术、高品质连铸坯生产工艺与装备技术、炼铸轧一体化组织性能控制、极限规格热轧板带钢产品热处理工艺与装备、薄板坯无头/半无头轧制 + 无酸洗涂镀工艺技术、薄带连铸制备高性能硅钢的成套工艺技术与装备、高精度板形平直度与边部减薄控制技术与装备、先进退火和涂镀技术与装备、复杂难选铁矿预富集-悬浮焙烧-磁选（PSRM）新技术、超级铁精矿与洁净钢基料短流程绿色制备、长型材智能制造、扁平材智能制造等钢铁行业急需的关键共性技术。这些关键共性技术中的绝大部分属于我国科技工作者的原创技术，有落实的企业和产线，并已经在我国的钢铁企业得到了成功的推广和应用，促进了我国钢铁行业的绿色转型发展，多数技术整体达到了国际领先水平，为我国钢铁行业从“跟跑”到“领跑”的角色转换，实现“工艺绿色化、装备智能化、产品高质化、供给服务化”的奋斗目标，做出了重要贡献。

习近平总书记在 2014 年两院院士大会上的讲话中指出，“要加强统筹协调，大力开展协同创新，集中力量办大事，形成推进自主创新的强大合力”。回顾 2 年多的凝炼、申报和 4 年多艰苦奋战的研究、开发历程，我们正是在这一思想的指导下开展的工作。钢铁企业领导、工人对我国原创技术的期盼，冲击着我们的心灵，激励我们把协同创新的成果整理出来，推广出去，让它们成为广大钢铁企业技术人员手中攻坚克难、夺取新胜利的锐利武器。于是，我们萌生了撰写一部系列丛书的愿望。这套系列丛书将基于钢铁共性技术协同创新中心系列创新成果，以全流程、绿色化工艺、装备与工程化、产业化为主线，结合钢铁工业生产线上实际运行的工程项目和生产的优质钢材实例，系统汇集产学研协同创新基础与应用基础研究进展和关键共性技术、前沿引领技术、现代工程技术创新，为企业技术改造、转型升级、高质量发展、规划未来发展蓝图提供参考。这一想法得到了企业广大同仁的积极响应，全力支持及密切配合。冶金工业出版社的领导和编辑同志特地来到学校，热心指导，提出建议，商量出版等具体事宜。

国家的需求和钢铁工业的期望牵动我们的心，鼓舞我们努力前行；行业同仁、出版社领导和编辑的支持与指导给了我们强大的信心。协同创新中心的各位首席和学术骨干及我们在企业和科研单位里的亲密战友立即行动起来，挥毫泼墨，大展宏图。我们相信，通过产学研各方和出版社同志的共同努力，我们会向钢铁界的同仁们、正在成长的学生们奉献出一套有表、有里、有分量、有影响的系列丛书，作为我们向广大企业同仁鼎力支持的回报。同时，在新中国成立 70 周年之际，向我们伟大祖国 70 岁生日献上用辛勤、汗水、创新、赤子之心铸就的一份礼物。

中国工程院院士 王国栋
2019 年 7 月

前　言

超高强度结构用钢是大型工程机械、矿山机械、煤炭机械、军工装备和航空航天装备等制造的重要原材料，它可以使所制造装备的承载能力更强、寿命更长、更安全，其综合性能直接决定了所制造装备的性能和使用寿命。近年来，随着各种装备不断向着大型化和轻量化发展，使用钢材的级别已从传统的屈服强度235～700MPa上升至1000MPa及以上，在强度提升的同时，还要求钢材具有良好的韧塑性、焊接性能、优异的成型性和抗延迟开裂性能等，对钢材的合金设计、组织性能调控和工业化制造均提出了更高的要求。

超高强度结构用钢大部分应用于高载荷的承载力结构部件制造，装备在实际应用过程中需要承载极高强度的动态载荷，因此要求钢材具有极高的强度，同时为了保证安全性能，还要求其具有良好的韧性、塑性。此外，大量的结构部件在制造时均需要通过焊接来连接，而焊接部位也会受到周期或非周期性的高载荷，因此，通常还要求该类钢材同时具备优异的焊接性能和疲劳性能。在所有钢铁材料中，超高强度结构用钢对综合力学性能的要求是最高的也是最严格的，从而对该类材料的合金设计、组织调控和焊接、疲劳等使役性能均提出了极高的要求。

追求金属结构材料的高强度、高塑性和高韧性是一个永恒的主题。通常情况下，在钢铁材料强度提升的同时，不可避免地会造成其韧塑性的降低，如何实现超高强度结构用钢在强度增加的同时，减少韧塑性的损失，并开发出可实现工业化生产的工艺，一直是超高强度钢研究者追求的目标。为了达到超高强度结构用钢良好的强韧性匹配，其合金设计、组织性能调控至关重要。因此，本书的第2、3章详细介绍了超高强度结构用钢的合金和组织设计、强韧性调控原理，对该类钢的认识、了解和工业化生产具有重要的指导意义。

超高强度结构用钢在应用时，大部分均需焊接连接，且所制造部件通常尺寸大、焊接部位极多，超高强度结构用钢的焊接一直是该类钢的重要课题。由于该类钢的强度极高，焊接接头容易产生如微裂纹、气孔、夹渣、未融合等焊接缺陷，致使焊接接头强度和韧性降低。此外，为了达到极高的强度，该类钢通常添加较高的碳元素和合金，致使碳当量较高、焊接敏感性高。因此，超高强度结构用钢普遍存在焊后易产生冷裂纹、热影响区易发生软化、焊缝易生成硬淬相和焊接接头的韧性急剧降低导致大载荷条件下极易断裂等现象。因此，如何保证超高强度结构用钢的焊接性能，对于其顺利推广应用具有重要的意义。本书的第4、5章详细介绍了超高强度结构用钢的焊接接头的组织性能和焊接特性，对该类钢的工程化推广应用具有借鉴意义。

超高强度结构用钢在实际应用过程中，其承受的高载荷承载力通常处于动态变化状态，如超高强度结构用钢板应用量较大的大型起重机吊臂和超长云梯臂架等，该类部件的使用，除了要求钢材具有优异的强韧性匹配和焊接性能外，还要求钢材具有良好的抗疲劳性能。提高抗疲劳破坏能力成为防止工程结构失效的主要措施之一，越来越受到工程行业研究者的重视。因此，本书的第6章详细介绍了超高强度结构用钢的疲劳性能及其特性，对该类钢的工程化推广应用具有重要的指导和借鉴意义。

本书内容涉及的研究得到了国家自然科学基金的资助，以及钢铁工业协同创新中心和东北大学王国栋院士等专家的大力支持，在此一并表示衷心的感谢。

由于作者水平所限，书中不妥之处，敬请读者批评指正。

作　者

2021年3月

目　　录

1 绪　论

1.1 超高强度结构钢的发展历史

超高强度结构钢是大型工程机械、矿山机械、煤炭机械、军工装备和航空航天装备等的重要制造原材料。根据《超高强度结构用热处理钢板》(GB/T 28909—2012)，屈服强度高于1000MPa的结构钢板定义为超高强度结构钢板。超高强度结构钢大部分都应用在高载荷的承载力结构部件上，需要承载极高的动态载荷，因此要求具有极高的强度，同时为了保证安全性能，还要求具有良好的韧塑性。此外，大量的结构部件在制造时需要通过焊接来连接，而焊接部位也会受到周期或非周期的极高载荷，因此，该类钢板通常还要求同时具备优异的焊接性能和疲劳性能。超高强度钢制造的设备，其承载能力更强、寿命更长、更安全。同时，采用更高级别的薄规格钢材替代低级别的厚规格钢材，可以使得所制造的装备更轻，从而更具有竞争力和可持续发展。

按强化方式及处理工艺的不同，在钢板和带钢领域，结构钢通常分为低合金高强度结构钢、高强度结构用调质钢板和超高强度结构用热处理钢板，相应的国家标准分别为GB/T 1591—2018、GB/T 16270—2009和GB/T 28909—2012，对应的屈服强度级别分别为355～690MPa、460～960MPa、1030～1300MPa。

高强度结构钢的发展大致可以分为三个阶段：高抗拉强度钢（High Tensile Strength，HTS），调质型高强度钢（Quenching and Tempering Steel，QTS）和低合金高强度钢（High Strength Low Alloy，HSLA）。早期的结构钢采用传统轧制工艺，得到铁素体-珠光体的显微组织，屈服强度在350MPa左右。20世纪50年代出现调质型高强度钢，美国研制出以Ni、Cr、Mo、V合金元素为主的HY型系列用钢（包括HY80、HY100、HY130），通过调质处理得到回火索氏体组织，具有良好的强韧性。同一时期，苏联也成功开发出了AK25、AK27、AK28系列调质高强度钢。为了获得良好的淬透性和强度，调质型高强度钢中添加了较高的碳和合金元素，导致钢的碳含量和裂纹敏感性增加，对焊接工艺提出了较高的要求。20世纪80年代，美国海军通过降低碳含量，并采用微合金的合金设计和热机械轧制（Thermo-mechanical Control Process，TMCP）工艺开发出HSLA-80钢，具有比同级别HY-80钢更好的可焊性，随后又相继开发出HSLA-100、HSLA-115系列低合金高强度钢。

近年来，工程机械、矿山机械和煤炭机械不断向着大型化和轻量化发展，对更高级别高强度结构钢提出更多的需求，国内外在高强度结构钢的研发和生产方面均取得了快速的发展。日本、瑞典、德国和中国等均开发出更高级别的系列结构钢产品。在板带钢领域，如日本 JFE 的 HITEN 系列和新日铁住金的 WEL-TEN 系列、瑞典 SSAB 的 STRENX 系列、德国蒂森克虏伯的 XABO 系列、安赛乐米塔尔的 AMTRONG 系列和中国各钢厂生产的 Q460～Q1300 系列高强度结构钢产品。日本 JFE 的 HITEN 系列高强度结构钢具有高韧性和良好的焊接性能；新日铁住金的 WEL-TEN 系列高强度钢采用先进的 TMCP 技术，可生产包括最高抗拉强度 1130MPa 在内的 6 个强度级别高强度钢，广泛应用于对抗拉强度要求较高的工程机械领域。瑞典 SSAB 的 STRENX 系列高强度结构钢主要用于起重机吊臂、泵车臂架和商用车大梁等高应力载荷的结构部件制造。该类产品精确控制碳含量、合金元素和残余有害元素，通过先进的淬火和回火技术，保证钢板具有良好的强度、韧性和焊接性，其屈服强度涵盖 600～1300MPa。

我国高级别的高强度结构钢开发相对较晚，主要与我国在线和离线热处理装备技术的发展密切相关。在板带材领域，鞍钢于 1991 年率先引进日本住友的淬火设备，使我国具备生产系列高强度调质结构钢板的能力，从而率先生产出系列高强度结构钢板，满足了部分军工和工程机械制造的急需。武钢（注：武钢与宝钢于 2016 年实施兼并重组，称为中国宝武钢铁集团有限公司）也在 1999 年引进德国 LOI 公司的热处理装备，并结合其中厚钢板轧制装备，生产出系列高强度结构钢板，应用于工程机械和矿山机械等装备制造。舞阳钢铁、宝钢、山钢济钢、华菱湘钢、首钢和南钢等企业在 2000 年后相继新增系列宽厚板轧机和热处理设备，使得生产高强度结构钢板的能力大幅度提升，并相继依靠自身能力或与高校合作，快速开发出系列高强度结构钢板。华菱涟钢于 2010 年结合其热连轧生产线，新增薄规格钢板专用热处理装备，首次利用横切开平的方式，生产出 2～25mm 系列超薄规格高强度结构钢板，满足了大型起重机吊臂、超长泵车臂架等装备制造对薄规格超高强度结构钢板制造的需求。在系列超高强度结构钢的研发方面，东北大学、北京科技大学、钢铁研究总院等高校和科研院所有较多的研发经验，并获得了国家多项项目支持。东北大学结合其研发的在线超快冷和离线淬火机装备技术，开展了大量的结构钢板研发工作，尤其是在调质超高强度钢板方面，成功研发当前世界上最高级别的超高强度结构钢板 Q1300E/F 并率先在南钢和华菱涟钢工业化生产，为我国大型工程装备、矿山装备、煤炭装备和军工方面做出了重要贡献。

1.2 超高强度结构钢的分类

超高强度结构钢通常是按照其强度等级来进行区分，例如屈服强度在 1100～

1200MPa 之间的超高强度结构钢定义为 Q1100，此外依据屈服强度可依次分为 Q1200、Q1300 等。按应用领域分类，超高强度结构钢可以分为矿山机械用超高强度结构钢，如矿用汽车、推土机用，各类起重机用超高强度结构钢等。从材料角度出发，目前实现超高强度的方法主要有：

（1）对于马氏体强化性的超高强度结构钢，一般采取淬火获得马氏体后低温回火获得回火马氏体的方法；

（2）对于合金碳化物沉淀硬化型的超高强度结构钢，采用合金固溶淬火后高温回火得到复合碳化物析出强化的方法，也称为二次硬化方法；

（3）对于金属间相时效沉淀强化型的超高强度结构钢，采用合金固溶淬火后再较高温度时效获得金属间析出强化的方法，也称为马氏体时效强化方法。

根据强化方式的不同，超高强度结构钢通常可分为 3 类：低温回火马氏体组织的低合金超高强度钢、高温回火析出复合碳化物二次硬化为特征的中合金和高合金超高强度钢，以及马氏体时效钢。根据合金含量，超高强度结构钢可以分为低合金超高强度结构钢、中合金超高强度结构钢和高合金超高强度结构钢[1]。

1.2.1 低合金超高强度钢

对于马氏体强化型超高强度钢的成分设计，首先必须确保获得马氏体的淬透性。低合金超高强度钢是在调质结构钢的基础上发展起来的，在钢中加入少量的多种合金元素，使钢固溶强化并提高钢的淬透性与马氏体回火稳定性。其主要合金元素是锰、铬、硅、镍、钼、钒等，合金元素总含量（质量分数）一般不超过 5%。这类钢与一般合金结构钢相比，除钼含量稍高外，其他元素基本上无多大差别，大致可分为铬钼钢、铬镍钼钢、铬锰硅钢、铬锰硅镍钢、硅锰铝钒钢等几个钢系。含碳量（质量分数）一般为 0.27% ~0.50%。最终热处理一般是淬火加低温回火或等温淬火，使用状态下的组织是回火马氏体或下贝氏体。其强度主要取决于钢中含碳量或马氏体固溶的碳浓度。这类钢有较为成熟的制备工艺和低廉的成本，具有较高的强度并兼具良好的韧性和塑性，拥有高的形变硬化指数和低的屈强比，广泛应用于工程领域。但是在特别苛刻的条件下，因断裂韧性和抗应力腐蚀能力较差以及疲劳强度低的缺点，低合金超高强度钢的使用受到限制。

1.2.2 中合金超高强度钢

中合金超高强度钢是热锻模具钢改进后发展起来的中碳超高强度钢，碳含量（质量分数）为 0.25% ~0.55%，合金元素含量（质量分数）为 5% ~10%。这类钢种以 Fe-Ni-Co 马氏体为基体组织，经高温回火后具有超高的强度和良好的断裂韧性，并兼具高的疲劳强度和良好的抗应力腐蚀能力。在低于 2000MPa 屈服强度级别中，Co-Ni 合金的二次硬化马氏体钢是强韧性匹配良好的钢种。其主要合金元素是铬、钼、钨、钒等碳化物形成元素。这类钢经奥氏体化后空淬即可得到马氏体，具有较高的淬透性，所以又称为空淬钢。钢的力学性能和工艺性能基本决定于碳含量。由于钢中含有较多的强碳化物形成元素铬、钼、钒等，在一定温度范围内回火时，通过铬、钼、钒的复合作用，在马氏体中析出极细小的、弥散的 M2C、MC 型碳化物，产生二次硬化，使回火马氏体的强度得到进一步的提高。

1.2.3 高合金超高强度钢

高合金超高强度钢是为满足某些特殊性能要求而发展起来的，主要包括 9Ni-4Co、马氏体时效钢、沉淀硬化超高强度钢等。

9Ni-4Co 非二次硬化型超高强度钢是在 9% Ni 低温用钢基础上发展起来的，其利用回火马氏体组织而得到很高的强度。在中碳高 Ni 合金化下加入 Co 可以大大降低残余奥氏体体积分数，并增加碳化物体积分数和弥散度，利用马氏体和析出强化得到较高的强度。同时 Ni 和 Co 可以降低位错与间隙杂质元素的相互作用能，保证良好的低温塑性变形能力。

为了进一步提高 9Ni-4Co 型超高强度钢的使用强度，在其合金基础上加入一定量的 Cr、Mo 和少量的 V 开发出了二次硬化型的 Ni-Co-Cr-Mo 型超高强度钢。

中碳高强度结构钢存在塑韧性匹配不理想、缺口敏感性高、氢脆和应力腐蚀倾向较大、工艺性能较差的缺点。为改善上述缺点，人们开发了超低碳马氏体时效钢。这类钢采用超低碳的 Fe-Ni-Co-Mo 合金体系，通过时效处理析出含 Mo 和 Ti 的金属间第二相 $Ni_3(Mo,Ti)$ 和 Laves 相等来提高强度，马氏体时效钢的低碳含量有助于获得良好的韧性和焊接性，但是提高强度会降低冲击韧性和断裂韧性，因此其使用范围受到限制[2]。

1.3 超高强度结构钢的性能

1.3.1 力学性能

高强度钢作为重要的钢铁品种，其生产应用已经有数十年的历史。关于高强度钢的定义国内外尚无统一的意见，一般而言，屈服强度高于 390MPa 的低合金钢称为低合金高强度钢。这类钢合金含量低，性能优良，而且生产使用较简单，在各行各业中均有广泛的应用，对社会经济可持续发展有重要的意义。在工业愈发达国家，其产量在所有钢种门类中比例愈高。强度是对工程机械用结构钢最基本的要求。随着工程机械的发展以及实现装备轻量化的要求，工程机械用钢强度级别越来越高，用钢向超高强度发展。国内超高强度结构钢的开发起步较晚，随着近二三十年来陆续引进国外工程机械制造技术，我国超高强度结构钢逐渐打破了以 Q235 和 Q345 低级别钢为主的状态。目前，工程机械行业使用的高强度结构钢的屈服强度主要在 690~960MPa，其显微组织通常为热轧贝氏体或回火索氏体。对于 960MPa 以上超高强度钢板，一般显微组织为（回火）马氏体或加一定量的贝氏体。在如此高的强度下，实现超高强度钢板的良好塑韧性是一项极大的挑战。

基于工程机械行业的实际需求，以及《超高强度结构用热处理钢板》(GB/T 28909—2012）要求，超高强度钢的力学性能指标见表 1-1。

表 1-1　超高强度钢的力学性能要求

牌号	$R_{p0.2}$/MPa	R_m/MPa		A/%	KV_2	
		≤30mm	>30~50mm		温度/℃	能量/J
Q1030D	≥1030	1150~1500	1050~1400	≥10	-20	≥27
Q1030E					-40	
Q1100D	≥1100	1200~1550	—	≥9	-20	≥27
Q1100E					-40	
Q1200D	≥1200	1250~1600	—	≥9	-20	≥27
Q1200E					-40	
Q1300D	≥1300	1350~1700	—	≥8	-20	≥27
Q1300E					-40	

研发超高强度钢要保证的第一个指标就是强度。强度表征材料抵抗塑性变形而不发生破坏的能力，一般通过合金化、塑性变形、热处理等手段提高钢铁材料的强度。在节能降耗、钢铁产业绿色化的发展要求下，通过提高合金元素含量来提高强度不是最佳的手段，其提高了产品成本。在不增加合金含量的前提下实现高的强度等级，就需要充分利用有效的强化机制，通过采取各种有力手段充分发挥材料的最大性能潜力。由于实际的金属晶体中存在或多或少的位错，因此晶体的实际强度远低于理论值。到目前为止，实用钢的强度比理论强度低 1~2 个数量级。即使超高强度钢通常也不足理论强度的 20%。因此，从金属晶体完整的角度看，提高强度最为直接的方法是消除其中所存在的缺陷，主要为消除位错，使金属晶体强化接近理论强度。完美铁晶体的理论强度是 10000~13000MPa，已经制备出的无缺陷的铁晶须的强度已接近理论值，由于晶须的强度极不稳定，当存在一定数量位错时，强度就急剧下降，因此工程上多采用在晶体中引入大量缺陷及阻止位错运动的强化方法[3]。金属晶体缺陷理论指出，增加晶体中的位错密度，可以有效地提高金属强度。根据钢铁材料中位错与其他显微缺陷之间的相互作用机制，深入研究各种显微缺陷阻碍位错滑移的本质，可以得到钢铁材料的各种本质强化方式。从这一角度出发，提高钢的强度的方法主要有四

种类型，分别为针对点缺陷而采用的固溶强化、与线缺陷有关的位错强化、与面缺陷有关的晶界（亚结构）强化以及与体缺陷相关的第二相析出强化（沉淀强化）[4]。

同时，为了实现工程结构的轻量化和提高其在服役过程中的安全性，超高强度钢在具有高屈服强度的同时应兼具良好的韧塑性。材料的韧性体现了材料在变形和断裂过程中吸收能量的能力，代表着材料抵抗微裂纹萌生和扩展的能力，通常用冲击韧性、断裂韧性和韧脆转折温度等表示。例如，工程机械服役环境比较复杂，有些需要在我国东北部（如黑龙江省）和西北部（如青藏高原）等高寒地区工作，该区域最低温度可达到零下40～50℃，因此对超高强度钢的低温冲击韧性也提出了要求。对于超高强度结构钢，可以采用细晶韧化方式改善韧性。这也是唯一能够同时提高强度和韧性的强化方式。铁素体晶粒直径和韧脆转变温度之间存在一定的关系，这一关系可用下述 Petch 方程描述：

$$\beta T_{\mathrm{k}} = \ln B - \ln C - \ln d^{-1/2} \tag{1-1}$$

式中　β——常数；

C——裂纹扩展阻力的度量；

B——常数；

d——铁素体晶粒直径。

式（1-1）也适用于低合金高强度钢。研究发现，不仅铁素体晶粒大小和韧脆转变温度之间呈线性关系，而且马氏体板条束宽度、上贝氏体铁素体板条束、原始奥氏体晶粒尺寸和韧脆转变温度之间也呈线性关系。此外，减少间隙固溶原子含量以及控制第二相粒子和夹杂物的类型、尺寸和分布也是常用来提高韧性的手段。间隙溶质元素含量增加，高阶能下降，韧脆转变温度升高。间隙溶质元素溶入铁素体基体中，因与位错有交互作用而偏聚于位错线附近，形成柯氏气团，钢的脆性增大。杂质元素 S、P、As、Sn、Sb 等使钢的韧性下降。这是由于它们偏聚于晶界，降低晶界表面能，产生沿晶脆性断裂，同时降低脆断应力。无论第二相分布于晶界上还是独立在基体中，当其尺寸增大时，均使材料的韧性下降，韧脆转变温度升高。按史密斯解理裂纹成核模型，晶界上碳化物厚度或直径增加，解理裂纹易于形成，且易于扩展，故使脆性增加。分布于基体中的粗大碳化物可因本身裂开或其与晶体界面脱离形成微孔，微孔连接长大形成裂纹，最后导致断裂。第二相形状对钢的脆性也有一定影响。球状碳化物的韧性较好，拉长的硫化物又比片状碳化物好。因此，超高强度级别的钢板生产工艺要求先进的洁净炼钢技术，精确控制合金元素及夹杂物含量。

此外，高强度结构件形状的多样性要求高强度钢具有一定的塑性成型性能，例如，汽车用高强度钢要在模型中冲压成具有一定形状的结构件，超高强度结构钢通常要经过冷弯加工，而冷弯性能是衡量高强度钢板成型性能的重要指标。金属的塑性成型性能与塑性变形能力密切相关。塑性是指金属材料在外力作用下能够发生永久变形并保持完整性的能力，通常以金属材料在断裂前的最大变形量来衡量。其常用指标有拉伸试样的断后伸长率和断面收缩率。塑性作为金属的状态属性，主要取决于金属材料本身（组织结构、晶粒尺寸和化学成分），同时也受变形的外部条件（变形温度、变形速率和力学状态）影响。

通常情况下，钢铁材料强度的提高往往伴随着塑性的下降。不同的显微组织具有不同的力学性能。铁素体的强度较低，塑性好；马氏体的强度较高，塑性相对较差。一定量的残余奥氏体可以提高钢的塑性，奥氏体在形变过程中发生马氏体相变，使局部强度提高，阻碍塑性变形的进一步发生，变形转移到周围金属中，颈缩现象被延迟。此外，塑性变形产生的局部集中应力因马氏体相变而产生应力松弛，也会推迟裂纹的产生。第二相粒子和夹杂物在钢中破坏了基体的连续性，与基体的硬度和变形能力不同，在外力作用下第二相粒子和基体界面处产生应力集中，可能成为裂纹的形核源，降低塑韧性。经典的金属学理论认为，在粗晶粒的金属材料中，晶粒越细，单位体积内晶粒数目越多，晶粒间协调变形的能力越强，形变越均匀，不易造成局部应力集中，可推迟裂纹的萌生，因此材料的塑性得到改善或者不会明显下降。虽然通过细化晶粒方式可以提高超高强度钢的强韧性，但是当晶粒尺寸小于1μm时，再进一步细化晶粒，材料的总伸长率和均匀伸长率都显著下降。这主要是由于当晶粒尺寸减小至亚微米或纳米尺度时，加工硬化能力显著下降，容易较早发生塑性失稳，产生不均匀变形。此外，晶粒尺寸分布也会对塑性变形能力产生影响，晶粒不均匀会导致塑性变形能力下降。因此，在高强度钢强度和韧塑性调控时应注意，在微米尺寸范围内细化晶粒可以提高强度，对塑性的损害较小甚至是提高塑性，同时要提高晶粒尺寸均匀性，减小变形过程中晶粒不均匀变形产生的集中应力。

1.3.2 焊接性能

超高强度结构钢在工程机械领域有着广泛的应用。为实现设备的轻量化、提高设备承载能力，大型工程设备结构件关键部位通常选用强度级别较高的超高强度结构钢制作，例如起重机行业的箱形伸缩吊臂和桁架式吊臂以及煤矿液压机的液压支架。近年来，为了实现工程机械高强度、高可靠性、低自重的要求，超高强度结构钢强度级别越来越高。超高强度结构钢本身具有较高的强度，能够满足设备使用过程中的载荷需求，保证结构件在使用过程中不会因为自身强度不足而发生断裂，引发安全事故。同时超高强度结构钢还兼具良好的冲击韧性和塑性变形能力，因此能够满足低温条件下的应用，保证设备的安全使用。

在实际应用过程中，结构件的加工不可避免地要经过焊接成型工序。在工程机械产品中，焊接结构件占整机重量的50%～70%。以液压支架为例，其主体几乎完全采用焊接结构；大型起重设备的箱形伸缩吊臂和桁架式吊臂等关键结构件，也均采用焊接成型加工。因此焊接结构件的性能直接影响工程机械设备整体的性能、寿命及使用安全性。且对于箱形伸缩吊臂、桁架式吊臂和液压支架这类大型工程机械结构件的焊接而言，其焊缝长度较大、焊缝较多，使用过程中焊缝受到载荷的作用，故对所选材料的焊接性能及焊接工艺要求十分严苛，因此要求高强度钢要具有良好的焊接性、缺口韧性及低敏感性。

目前工程机械制造领域常用的焊接工艺包括 CO_2 气体保护半自动焊接工艺、埋弧焊和手工电弧焊等。其中 CO_2 气体保护半自动焊速度较快，生产成本较低，不容易出现裂纹、气孔等，有利于实现全方位焊接、自动焊接等；而埋弧焊在中厚板结构件焊接领域更具优势。在上述焊接工艺条件下，高强度钢结构件焊接接头裂纹是影响焊接接头使用的主要缺陷。一般情况下，焊接接头裂纹可以分为冷裂纹和热裂纹两种。对于高强度钢及超高强度钢而言，焊接接头热裂纹倾向较低，因此焊接裂纹主要以冷裂纹为主，其中以氢致裂纹、淬硬裂纹和缺口裂纹为主。焊接冷裂纹的预防措施中，采用合理的焊接工艺是有效途径之一，其包括焊材选择、预热处理等方面。以郑州煤矿机械集团有限责任公司高端液压支架推杆焊接为例，采用 HS-80 焊丝和 80% Ar + 20% CO_2 气体保护焊接 25mm 厚的 HG980D 钢时，预热温度一般为 60 ~ 100℃，焊接热输入量控制在 14.6kJ/cm 以下，焊道间温度控制在 150 ~ 200℃，焊后消氢处理宜采用 250℃ 保温 2h 的工艺。在此工艺条件下获得的焊接接头的综合力学性能较好，无冷裂纹缺陷，能够满足液压支架的设计及使用要求[5]。

从材料的角度而言，超高强钢为保证强度满足标准要求，通常加入一定量的合金元素，以提高材料的淬透性，确保钢材在淬火过程中获得兼具良好强韧性的马氏体组织。而具有良好淬透性的钢板，在焊接热循环的冷却过程中容易发生马氏体相变，生成脆硬的马氏体组织，提高焊接接头的冷裂纹倾向。由此可见在超高强度钢设计开发过程中，钢材的强度与焊接性能之间存在一定的竞争关系。为满足标准需求，超高强度钢的设计首先以强度为标准，其次满足钢材在实际使用过程中的焊接性需求。因此设计超高强度钢时，通常在满足材料强度要求的前提下，降低钢材合金元素的含量，以此来确保材料的焊接性。

焊接接头的力学性能对于超高强度钢结构件的实际应用也有至关重要的影响。作为结构件的一部分，焊接接头组织在实际使用过程中也要受到复杂载荷作用，因此要求超高强度钢焊接接头也要具有良好的强韧性以及疲劳性能。对于焊缝金属而言，超高强度钢焊接过程中焊材的选择一般采用低强匹配原则，以保证焊接接头金属的韧性，尤其对于超高强度钢 Q1300，采用等强匹配的焊材是十分困难的。对于热影响区而言，超高强度结构钢焊接接头软化及晶粒粗化现象是影响材料焊接接头性能的重要问题。焊接接头中不完全淬火组织硬度远低于母材及母材回火区组织性能，且通常情况下强度级别越高焊接接头组织软化的情况越严重；靠近焊缝组织的熔合线区以及粗晶区的组织一般较为粗大，导致焊接接头整体的韧性下降。上述两种情况在一定程度上影响超高强度钢的实际应用。为解决超高强度钢焊接接头软化及晶粒粗化的问题，通常会在钢中添加一定量的 Mo、Ni 等合金元素，提高焊接接头力学性能。

1.3.3 疲劳性能

绝大多数工程构件以及机械设备的零部件，都是在交变载荷的作用下工作，因此疲劳断裂是这些构件和零部件失效的主要原因。通过大量的统计数据分析发现，工程结构构件和机械设备零部件的失效有 80% 以上属于疲劳断裂。疲劳断裂发生时，构件承受的交变载荷峰值一般都小于钢材的屈服强度而且构件没有显著变形。由于断裂过程中材料吸收的能量很小，破坏突然发生没有明显事故先兆，因此往往造成灾难性事故，导致巨大的经济损失和人员伤亡。故材料抗疲劳性能的研究仍然是当前科学研究和工程应用领域的一个重要课题。

1.3.3.1 疲劳分类

疲劳破坏受外加应力、应力波动及周围环境的影响，表现出不同的疲劳现象。疲劳按照不同的标准有不同分类。

（1）按研究对象可以分为材料疲劳和结构疲劳。

（2）按加载应力状态可以分为单轴疲劳和多轴疲劳。

（3）按载荷变化情况可以分为恒幅疲劳、变幅疲劳和随机疲劳等。

（4）按工作环境可分为机械疲劳、蠕变疲劳、热机械疲劳、腐蚀疲劳、解除疲劳、微动疲劳、冲击疲劳等。

（5）按照材料失效前经历的循环周次可以分为低周疲劳、高周疲劳和超高周疲劳。目前，在大多数研究工作中是按此法分类。

1.3.3.2 疲劳研究的目的

为了保证机械和工程结构能安全可靠地工作，需要对其零部件尤其是重要零部件进行合理的疲劳寿命设计。疲劳性能是材料重要的性能之一，在工程结构的设计中，疲劳寿命的预测和结构疲劳的可靠估计至关重要。研究疲劳失效的目的就是防止因材料和结构零部件的突然失效而造成灾难性事件的发生，在工程应用中研究疲劳的目的主要是为了解决如下三个问题[6]：

（1）准确预测结构零部件的疲劳寿命。材料的疲劳性能是指在循环载荷的长期作用下或者在外载荷和环境因素的共同作用下，材料抵抗疲劳损伤和失效的能力。结构的疲劳寿命实际上就是结构的零部件安全服役的期限。准确预测结构的疲劳寿命可以保证结构的安全服役，同时减少零部件的更换周期，提高工作效率，减少资源浪费。

（2）合理设计结构件。优选材料和优化结构件的制造工艺可以延长结构零部件的寿命，该项技术主要包括提高材料的冶金质量、改进结构设计的细节、改善制造工艺和采取相应的技术管理措施。

（3）简化疲劳试验和缩短疲劳试验周期。众所周知，疲劳试验周期较长、耗费巨大，尤其是结构件以及全尺寸的结构在服役载荷下的疲劳试验。建立合理的简化的疲劳试验方法、缩短疲劳试验周期，以节约人力、物力和财力是疲劳研究的第三个主要目的。

1.3.3.3 疲劳研究的内容和方法

疲劳是一个包含多个学科的研究分支，跨越微观力学、宏观力学和结构尺度三个尺度，涉及材料、力学、结构强度的多个方面。材料学主要研究的疲劳问题是疲劳损伤的微观机理和宏观的力学模型。

疲劳损伤微观机理的研究可以解释宏观疲劳现象以及建立合适的宏观力学模型。疲劳损伤微观机理的研究结果表明疲劳断裂是材料经历疲劳损伤的累积最终导致的结果。疲劳断裂的发展过程包括循环滑移、裂纹形核、微裂纹扩展、宏观裂纹扩展以及最终疲劳断裂。但并不是所有的疲劳断裂都会经历所有的阶段，对于有初始裂纹或者缺陷的构件，在交变载荷的作用下一般直接进入宏观裂纹扩展阶段，当裂纹尺寸达到失稳扩展临界尺寸时就会发生疲劳断裂。只有没有宏观裂纹和缺陷的构件，在交变载荷的作用下，才会经历裂纹的萌生阶段，然后发生裂纹扩展直到最后断裂。

研究材料疲劳的宏观力学模型，揭示疲劳损伤的影响因素，结合对疲劳损伤微观机理的研究建立疲劳损伤的力学模型，导出疲劳寿命公式，进而更准确地预测结构件在服役载荷下的疲劳寿命。结构件的疲劳寿命通常可以分为疲劳裂纹起始寿命和疲劳裂纹扩展寿命，因此需要合适的预测疲劳裂纹起始寿命的疲劳公式以及疲劳裂纹扩展公式。目前，工程界普遍将疲劳裂纹扩展速率作为指导金属结构损伤容限设计和含裂纹构件安全评估及疲劳寿命预测的重要依据。疲劳裂纹扩展速率对结构的使用寿命估算和防疲劳断裂设计有着重要意义，主要体现在以下两方面：

（1）能够准确地估算工程结构零构件的疲劳寿命，保证在服役期内构件不会发生疲劳失效，减少和预防事故的发生，避免人员伤亡和财产损失，此外还能够指导采取经济有效的技术和管理手段控制和降低疲劳裂纹扩展速率来延长构件的疲劳寿命。

（2）对于有初始缺陷或在使用过程中已经出现裂纹的构件，可以监测裂纹状态以及估计裂纹扩展剩余寿命，只要构件保持有一定的剩余寿命和强度，仍能够正常使用，则可不必立即更换，使构件的经济效益发挥到最大。

如上所述，疲劳研究的内容主要包括疲劳损伤的微观机理和宏观力学模型两个方面。可以通过直接观察和间接物理性能测定的方法对疲劳损伤各阶段的微观机理进行研究。直接观察就是通过金相显微镜、电子显微镜等微观组织表征手段对疲劳过程中材料微观组织结构的变化进行表征，研究疲劳损伤的微观机理。疲劳过程中材料微观组织结构的变化也会对其物理性能产生影响，通过对其物理性能的测试也可以探讨疲劳损伤的变化规律，如金属材料电阻和温度的变化。20世纪50年代，基于压电磁致伸缩原理，Mason通过波动谐振技术建立了超声波疲劳实验方法，并将其应用于研究材料循环寿命和疲劳损伤[7]。随着科技的发展，相应的实验设备不断改进升级，利用超声波进行疲劳实验的技术不断完善，涉及的研究领域也不断增大。目前利用超声波进行疲劳实验技术已成为一种可靠、高效的实验方法。超声疲劳实验方案为人们更好地研究材料的超高周疲劳行为，提供了极大的便利。但是在疲劳裂纹形成之前，疲劳损伤的定义还十分困难。

疲劳破坏之后断口上保存着整个断裂过程中的痕迹，包含重要的信息，对于疲劳损伤微观机理的分析具有重要的价值。疲劳断口具有明显的特征，一般分为疲劳源区、疲劳稳定扩展区和瞬间断裂区三个不同的区域。

疲劳源区是疲劳裂纹萌生的位置。疲劳断口上，一般起裂源区位于断口的表面或者次表面，与应力集中的缺口、加工刀痕以及腐蚀坑连接。如果材料内部存在严重的缺陷（缩空、偏析、夹杂物），会在材料内部形成疲劳裂纹源。疲劳裂纹源在断裂过程中最早形成，它的裂纹扩展速率很低，裂纹反复张开闭合引起断口相对面的摩擦，造成该区域较平滑。对于高强度钢而言，在交变应力作用下，高强度钢中的非金属夹杂物周围，夹杂物与基体之间的线膨胀系数不同以及夹杂物与基体弹性模量之间的差异会造成应力集中，促进裂纹在非金属夹杂物处萌生。材料在循环应力作用下，非金属夹杂物与拉伸轴相交的一面或者两面与基体分离形成空洞，萌生出微裂纹；随着循环应力周次的增长，微裂纹继续扩展，最后形成与应力轴向垂直的微裂纹。

疲劳裂纹稳定扩展时，疲劳裂纹扩展速率较疲劳源区大，受正应力的作用，在裂纹尖端附近，由于应力集中的原因出现塑性区。从20世纪60年代开始，人们使用载荷量来表征裂纹扩展速率。恒定应力幅的疲劳试样，其裂纹扩展速率可以用一个循环周次内裂纹扩展的长度增量的方法来表征。在1965年Paris等就提出用断裂力学的手段表述裂纹扩展速率。

疲劳裂纹扩展可以分为小裂纹扩展阶段、长裂纹扩展阶段和裂纹失稳扩展阶段三个阶段。

1.4 超高强度结构钢的发展方向

随着国家节能减排政策的实施，装备制造业不断向着高端化、大型化和轻量化的方向发展，超高强度结构钢向着高强度、高韧性、易成型、抗疲劳及可焊接的方向发展。目前，国内外已经有不少企业可以生产屈服强度在1100MPa级别的超高强度结构钢，南钢、涟钢等少数企业将屈服强度提高到了1300MPa级别，超高强度结构钢的生产已经达到国际先进水平。但是，超高强度结构钢当前仍存在以下几个问题：

（1）高级别钢材品种供给能力不足、产品质量不稳定是目前国内超高强度结构钢存在的突出问题，大部分研究及市场应用主要集中在屈服强度1100MPa及以下的品种，1300MPa级别的超高强度结构钢市场应用较少。由于较高级别的超高强度结构钢如Q1100、Q1300对冶炼水平要求较高，因此能够实现稳定生产的钢厂仍旧属于少数。

（2）较高级别超高强度结构钢厚度受到限制，以SSAB公司的1300MPa级超高强度结构钢Strenx1300为例，其最大厚度仅为15mm。为保证钢材强度，在轧制过程中需确保足够的变形量以起到晶粒细化的目的；此外，板材厚度较大，后续淬火工艺也会受到影响，导致心部性能不满足要求。

（3）实际应用过程中，超高强度结构钢往往存在切割、焊接及折弯过程中的开裂、延迟开裂的现象，超高强度结构钢由于其强度级别较高，因此裂纹敏感性较高，在内应力作用下，很容易发生开裂现象。为更好地实现超高强度结构钢的市场推广及应用，超高强度钢氢致开裂问题、应力腐蚀开裂问题亟须解决。

（4）针对一些特定的工程机械装备的关键结构件，例如大型桁架臂式履带起重机拉板，超高强度结构钢板必须具有良好的板型，才能满足其生产要求。超高强度结构钢为保证足够的强度，其组织通常为回火马氏体组织，淬火过程中生成的板条马氏体具有较高的强度，同时产生较大的内应力，不利于板型的控制。因此在保证强度的同时控制钢板具有良好的板型，是未来超高强度钢发展的关键之一。

超高强度结构钢的发展趋势主要包括以下几个方面：

（1）超高强度结构钢产品的生产向着经济型、绿色化方向发展；

（2）随着工程机械向装备大型化、轻量化及重载荷等方向的发展，超高强度钢的产品级别、使用比例和质量要求不断提高；

（3）就强度级别而言，超高强度结构钢从目前的Q960向Q1300发展，甚至达到Q1500；

（4）超高强度结构钢的快速发展，促进制订行业标准，产品质量稳定性大大提高；

（5）采用新的冶炼技术，进一步提高钢水的纯净度，实现超高强度结构钢产品从源头到成品的一体化控制；

（6）国内各大型钢厂实现超高强度结构钢的产品生产到加工成型的一体化供应，提供个性化定制产品；

（7）实现超高强度结构钢良好的强韧性等力学性能的同时，提高配套的加工成型工艺参数、焊接材料以及先进的焊接工艺；

（8）超高强度结构钢的强韧化微观机理研究更加深入和透彻。

参 考 文 献

[1] 孙珍宝，朱谱藩，林慧国，等．合金钢手册［M］．北京：冶金工业出版社，1992.

[2] Decker R F, Floreen S. Maraging steel: Recent developments and applications［C］. Phoenix. Proceedings of the Symposium of TMS Annual Meeting. Huntington. West Virginia: TMS, 1988: 1-38.

[3] 宋维锡．金属学［M］．北京：冶金工业出版社，1989.

[4] 余永宁．材料科学基础［M］．北京：高等教育出版社，2006.

[5] 沈孝芹，李欢欢，于复生，等．工程机械用高强钢及其焊接研究现状［J］．热加工工艺，2017, 46（1）：18-22.

[6] Zheng X L. On some basic problems of fatigue research in engineering［J］. International Journal of Fatigue, 2001, 23（9）: 751-766.

[7] Roth L D. Ultrasonic fatigue testing［J］. ASM Handbook, 1985, 8: 240-258.

2 超高强度结构钢的材料设计

2.1 合金设计

超高强度结构钢中合金成分体系复杂，贵重元素含量较高[1]（低合金超高强度钢4340中镍的质量分数占到了1.8%），冶炼合金化操作过程复杂，还需热处理工艺进行调质处理，造成了生产工艺较长、生产成本较高且塑韧性匹配较难调控等问题。因此，合金设计成为较多学者关注的焦点。

2.1.1 Nb的微合金化理论

低碳钢中Nb的物理冶金学原理已经得到了非常深入的研究[2]，并广泛应用在工业化生产中，取得了非常显著的经济效益并带来了一定的社会效益。Nb在钢中的重要作用之一是可以细化奥氏体晶粒和抑制奥氏体晶粒的长大。Nb的另外一个重要作用是析出强化效应。Nb最典型的应用是低合金高强度钢中Nb微合金化，经过30多年的不断发展，取得了较全面和系统的研究成果。

作为一种重要的微合金化元素，Nb在控轧工艺中起着十分重要的作用。Nb可形成细小的碳化物和氮化物，加热过程中能够抑制奥氏体晶粒的长大。在轧制过程中，Nb可影响并抑制奥氏体的再结晶过程，维持奥氏体形变效果进而细化相变后的组织；在非再结晶温度控制织构，降低奥氏体向铁素体转变的温度。Nb在铁素体中以沉淀形式析出，能够提高钢的强度，并且可以在焊接过程中阻止热影响区晶粒的粗化。

奥氏体晶粒的细化程度在再加热过程取决于相变、溶解原子以及析出物的钉扎作用。而当相变完成后，奥氏体晶粒大小主要取决于后者。奥氏体中溶解的合金元素和细小的碳氮化物分别以溶质拖曳和Zener拖曳的形式抑制奥氏体晶粒的长大。而在有析出粒子大量存在且温度较低时，溶质拖曳作用对奥氏体晶粒影响微乎其微，Zener拖曳则成为抑制奥氏体晶粒长大的主要因素。在奥氏体晶粒长大过程中，晶界在碰到第二相粒子时会发生弯曲，在第二相粒子的钉扎作用下奥氏体晶粒尺寸可以用式（2-1）来表述[3]：

$$D_c = \frac{\pi d}{6f}\left(\frac{3}{2} - \frac{2}{Z}\right) \tag{2-1}$$

式中 D_c——奥氏体晶粒尺寸；

d——第二相粒子的平均当量直径；

f——第二相粒子的体积分数；

Z——长大晶粒与正常晶粒半径的比值，一般取1.5~2。

马氏体板条块的尺寸和板条束的宽度与原始奥氏体晶粒平均尺寸均呈正比例线性关系。因此，Nb质量分数的增加使得原始奥氏体晶粒逐渐细化，同时马氏体板条块和板条束也逐渐细化。而作为控制马氏体强度的最小单元马氏体板条束，其宽度对强度的贡献满足Hall-Petch公式[4]。

在高于铌碳氮化物析出的临界温度下，Nb表现为溶质拖曳机制影响再结晶过程。溶质拖曳机制即Nb可以以置换溶质原子的形式在钢中存在，对再结晶的抑制作用与其和Fe原子尺寸及电负性差异有关。Nb原子尺寸比Fe原子大，容易在位错线上偏聚，因此其偏聚浓度相对较高，对位错攀移有较强的拖曳作用。这种作用程度高于Ti、Mo、V，是与Mn、Cr、Ni这些与Fe原子尺寸相差较小的元素对再结晶抑制作用的几十倍或上百倍。

在低于铌碳氮化物析出的临界温度时，Nb元素对再结晶的影响表现为析出钉扎机制。Nb作为强碳氮化物形成元素，在钢中与C、N结合可形成NbN、NbC~$NbC_{0.87}$、Nb(CN) 等铌的碳氮化物。在再结晶过程中，NbC、Nb(CN)、NbN对位错的钉扎和阻止亚晶界迁移等作用导致再结晶温度升高。随着Nb含量的不断升高，析出相的质量分数和析出温度也都不断上升。Hong认为，所有的析出相形核所需要的自由能都由驱动力和能量壁垒所决定。形核的驱动力来自过饱和的固溶原子形成的化学自由能。随着Nb含量的增加化学自由能增加，析出相形核驱动力也增加。另外，有研究表明，Nb元素的加入可以显著降低 (Ti,Nb)C 析出相的界面能。因此，随着钢中Nb含量的增加，界面能的降低和析出相形核驱动力的增加都促进了含Nb碳氮化合物的析出，因此在相同温度下，含Nb碳氮化合物的析出量随Nb含量的升高而增大。Nb可以在奥氏体中析出，钢的奥氏体化温度由于析出物的影响有所降低，固溶的Nb在冷却时又可以在铁素体中析出，进一步强化铁素体。在材料中添加Mo元素，能够使Nb的析出相进一步细化，分布也更加均匀，析出强化作用更加明显。

Miyata的研究结果表明，在回火过程中，析出物在亚晶界和位错处优先形核，因此亚晶界和位错的增加也会促使碳氮化合物析出粒子的析出。Sasma经研究得出NbC能够作为$M_{23}C_6$的形核质点使得其更加细小弥散。Nb在微量添加时具有强烈的延迟马氏体回火的作用，即Nb可以增强马氏体的回火稳定性。低碳马氏体的分解可以分为碳的偏聚、固溶碳的析出、碳化物的稳定与长大等几个阶段，在这个过程中，碳原子需要长程扩散，合金元素对马氏体回火过程主要通过影响碳的扩散来影响。Nb是强碳化物形成元素，与碳之间有较强的亲和力，溶于马氏体中的Nb可以阻碍碳从马氏体中析出，从而使马氏体分解减慢。在普通碳锰钢中，固溶碳在马氏体中的析出温度在300℃左右，而若钢中存在强碳化物形成元素，可将这一过程推迟到接近500℃。

对含Nb碳钢的研究表明，Nb原子的固溶拖曳作用和Nb析出相的钉扎作用能明显推迟动态再结晶的发生。另外，作为铁素体优先形核的位置，含Nb析出相可以促进生成先共析铁素体，从而导致钢的热塑性恶化。因此，含Nb钢的热塑性低谷区一般较宽。单相奥氏体热塑性低谷区在添加Nb后向高温移动，主要是由于（Nb,V)(C,N）析出相较V(C,N）析出相的析出温度高，析出相钉扎晶界和位错抑制动态再结晶。Quchi等人研究发现，增加钢中Nb含量能够使低温奥氏体区的热塑性显著降低，这主要是由于Nb(C,N）在晶界上析出抑制动态再结晶过程促进晶界滑移。在研究Nb对TWIP钢热塑性的影响中发现，溶质Nb原子的固溶拖曳作用和析出相的钉扎作用，明显抑制了800~900℃的动态再结晶。但是，NbC在基体上的析出能够阻碍变形过程中空位的形核、长大和扩展。因此，加入0.083% Nb后，钢的热塑性明显改善。

有研究表明[5]，固溶的Nb可以抑制形变诱导铁素体相变。与C-Mn钢相比，在合金钢中加入Nb，可以提高材料的奥氏体再结晶温度，并且在轧制、锻造等变形条件下相变温度也得到了提高。在相同变形条件下，加入Nb的合金钢很容易发生形变诱导相变。相变后获得的细小晶粒尺寸受固溶Nb及其碳化物的拖曳阻碍效果的影响。Kaspar认为Nb有助于诱导相变从而获得细小的组织。另外，与C-Mn钢相比，Nb微合金化钢诱导相变效果受形变速度的影响更加明显。Nb同时还能使形变诱导相变的轧制区间扩大。

Nb、V、Ti微合金化效果及问题见表2-1。在对钢的组织和性能的综合影响方面，Nb和Ti元素都优于V和B元素，但Ti对O、N、S、C具有更强的亲和力，而Nb的合金化不需要以高纯净度钢水为前提。大量研究结果表明，Nb、V、Ti在钢中影响钢的强度和韧性方式为晶粒细化和析出强化，其中Nb的综合作用效果最为显著。

表2-1　Nb、V、Ti微合金化效果与问题

项　目		微合金化元素		
		Nb	V	Ti
强韧化效果	晶粒细化	影响显著	有效	有效
	析出强化	有效	影响显著	不明显
	固氮效果	不明显	有效	影响显著

续表 2-1

项　目		微合金化元素		
		Nb	V	Ti
强韧化效果	控轧操作性	影响显著	影响显著	不明显
	控冷操作性	有效	影响显著	不明显
普通问题	强度难控性	不明显	有效	不明显
	合金化难度	不明显	不明显	有效
	浇注困难	不明显	不明显	有效
	铸坯裂纹	有效	不明显	不明显
综合性能		影响显著	有效	有效

2.1.2 V的析出行为

V 添加进钢中可形成中间相 VC（化学式为 $VC\text{-}V_4C_3$）。当钢中 N 含量较少时，在奥氏体中 VC 溶解度较高，通常在1000℃就可以完全溶解。奥氏体在向铁素体转变的过程中，容易在相间析出 VC 相，起到析出强化作用（析出的 VC 相与铁素体保持共格关系）。这些呈线性的 VC 相分布于相界，这些相分布几乎平行，当细化晶粒时，间距就会减小，V 还能够进一步提高析出相的密度，从而使钢的性能优化。钢中 V 的碳氮化物对钢存在较大的影响，通过控制温度可以影响这些碳氮化物的状态进而调节钢的微观组织与性能。在低碳钢中 VN 形成温度较奥氏体化温度高，奥氏体的再结晶也会受到 VN 的影响。由于 V 在奥氏体中的溶解度较大，在常规的锻造温度下，V 的碳氮化物可以充分溶解。因此，它能获得析出强化的最大效果。在调质钢中，V 作为主要沉淀强化和提高回火抗力的元素而加入。当 V 含量较低时，析出其细小弥散的析出物，明显地起到析出强化作用。对于 VC 析出相来讲，Haruna 等人提出了一个硬化参数 PH，用来描述其硬化效应及其生长行为[6]：

$$PH = T(10 + \lg t) \tag{2-2}$$

式中　T——时效温度；

　　t——时效时间。

研究人员同时还发现，硬化效应是由碳化物的尺寸控制的，即碳化物的体积分数能够控制硬化程度。

吴海平等人通过研究发现，添加质量分数为 0.1% ~0.2% 的 V 的铸态中锰钢，其磨损量在冲击载荷较小的情况下比高锰钢更小。有研究者对一种添加 V 的微合金化中锰钢展开研究，结果表明：热轧态的实验钢的屈服强度在 700MPa 以上，采用轧制配合热处理工艺，实验钢具有相当优良的强韧性，在采用 900℃淬火后，通过回火可以得到较多的尺寸在 20nm 以下 VC 颗粒，能提供 150MPa 的强度增量。

Nb-V-N 复合添加时，可以形成 (Nb,V)(C_{1-x})(N_{1-y}) 析出相，Nb 较 V 的完全固溶温度高很多，当均热温度不是很高时，不宜单独加入。Nb 和 V 复合添加时，既能提高钢的强度又能提高钢的韧性，这是由于 V 固溶温度低，可以起沉淀强化作用，而大部分 Nb 在较低的均热温度下不溶解，可以起细化晶粒的作用。

但是在压力容器材料服役过程中发现，V 元素会增加缺口敏感性，易使焊接热影响区产生脆化。

2.1.3 Ni、Mn 的作用

2.1.3.1 Ni 的作用

Ni 元素能够扩大奥氏体相区，增加 Ni 含量可以提高 C 元素在马氏体内的活度、提高 C 的扩散系数、增大钢中残余奥氏体体积分数。Ni 可以直接提升 C 原子活性，使 C 原子更容易偏聚在位错处，进而阻碍位错运动，间接增强固溶强化作用。对于大截面部件来说，Ni 的加入更有助于获得均匀的组织和性能。Ni 能够促进低温交滑移，提高低温塑性。有研究结果表明：在钢中添加 13% 的 Ni 时，其冲击吸收功几乎不随温度的变化而变化，即不存在韧脆转变温度。Ni 可以有效地延迟热轧过程中的回复和再结晶，使得铁素体晶粒细化。但 Ni 含量过高不仅会降低经济效益，而且还会影响钢的焊接等工艺性能。Ni 元素还会使元素 P、S 等在晶界处偏聚，降低晶界的结合力。

2.1.3.2 Mn 的作用

Mn 是有代表性的奥氏体稳定化元素之一，可以扩大奥氏体区，有利于微合金钢热轧工艺的生产。Mn 可以提高钢板的淬透性，降低渗碳体的析出温度。同时 Mn 元素可以降低碳在铁素体和奥氏体中的活度，增加碳在铁素体中的固溶量。在钢中 Mn 可形成置换式固溶体，起到较强的固溶强化作用，使屈服强度和抗拉强度呈线性增加。Mn 与硫反应能够生成硫化锰，因此能降低硫对钢的有害作用。但是，Mn 含量过高易使微合金钢中形成带状组织，造成力学性能各相异性。同时 Mn 含量的提高还会使钢的碳当量增加，恶化钢的焊接性能。

2.1.4 其他合金元素的作用

2.1.4.1 C 的作用

C 在微合金钢中的主要作用是控制强度和形成强化相粒子。C 含量对微合金钢的力学性能有很大影响。总的来说，C 含量较高会提高钢的强度，但塑韧性和可焊性却随之降低。为了保证微合金钢具有良好的焊接性能，一般应采用低碳含量。但对于高强度低合金钢来说，如果 C 质量分数过低（<0.03%），则很难得到马氏体组织，其强度反而降低，因而高强度钢的 C 质量分数应该维持在 0.06% ~0.20% 之间。此外，C 在微合金钢中还可以形成多种第二相粒子，如与 Cr 形成 M_3C_7、$M_{23}C_6$ 等析出物，与 V、Nb、Ti 均可形成细小弥散分布的纳米级析出物。这些析出的第二相粒子可以起到细化晶粒和沉淀强化的作用。C 在稳定残余奥氏体上有很好的效果，能够扩大奥氏体区，推迟铁素体以及贝氏体转变，降低马氏体转变温度。

2.1.4.2 Ti 的作用

Ti 元素与 C、O、N、S 等元素极易形成化合物，因此 Ti 可以去除基体中这些元素对钢所带来的不利影响，改善钢的塑性或韧性。此外，Ti 也能晶粒细化，原理是 Ti 碳氮化物析出能够抑制奥氏体晶粒长大。Ti 与 N 的亲和力很强，能在熔融状态下生成具有较高高温稳定性的化合物。在高温下细小弥散 TiN 的颗粒具有细化晶粒的效果。一般认为钢中较小（<20nm）的 TiN 微粒，具有抑制奥氏体晶粒长大的能力，微合金钢中 TiN 对原始奥氏体晶界的钉扎作用可持续到 1300℃以上。在钢水中 TiN 的固溶度积很小，容易在高温液相区析出。这种液析的 TiN 粒子一般能达到几微米至几十微米大小。这些微米尺寸的 TiN 粒子既未能钉扎奥氏体晶界，也起不到沉淀强化效果，还消耗了钢中的“有效钛”，因此需要控制液析 TiN 的析出与长大。液析 TiN 的析出与长大主要取决于钢水中的钛、氮含量以及凝固过程中的过冷度，钛、氮含量越低，在凝固过程中的过冷度越大，则液态析出的 TiN 越细越弥散。在钛微处理钢中，一般控制钛质量分数在 0.012% ~0.025%，以获得足够体积分数的高温未熔 TiN，同时避免产生液析 TiN。在成分设计中，Ti 与 N 的比例较为重要，TiN 恶化了焊缝处的低温韧性。此外，钢水在较低温度下也会析出 Ti 的碳化物，产生一定的析出强化效果。有研究者指出，析出的碳氮化钛能够提高钛钢的强度，并通过晶粒细化进一步强化钛钢的性能。其中，细小析出物的数量能够影响析出强化量，其可通过相分析来统计。Ti 经常添加进含 B 低碳贝氏体钢中，利用其与 N 的亲和性来固定游离 N，从而抑制 N 对 B 的消耗，同时使 B 淬透性作用得到更加充分发挥。除了 TiN，Ti 在高温奥氏体中还能与碳、硫元素化合生成 Ti(C,N)、TiS、$Ti_2(CS)$ 等第二相粒子[7]。根据 Ti 与其他元素结合的能力，这些粒子在钛微合金钢中的析出顺序为 $Ti_2O_3 \rightarrow TiN \rightarrow Ti_4C_2S_2 \rightarrow TiC$。Ti(C,N) 同样可以表示为 $Ti(C_xN_{1-x})$，x 表示析出粒子中含碳比，取值在 0 ~1 之间。通常，在高温奥氏体中析出的 Ti(C,N) 粒子含氮量较高，x 值偏小；在低温奥氏体中析出的 Ti(C,N) 粒子情况正好相反。

Ti(C,N) 粒子的特性具有过渡性，含氮高的 Ti(C,N) 粒子的特性与 TiN 的特性相近似，含碳高的 Ti(C,N) 粒子的特性与形变诱导析出的 TiC 粒子的特性相近似。S 在钢中可以与 Mn、Ti 化合生成 MnS、TiS 与 $Ti_2(CS)$ 等，这些析出相有着竞争析出的关系，析出顺序主要取决于 Ti、S 和 Mn 在钢中的含量。Liu 等人通过估算在奥氏体中 TiS 和 $Ti_2(CS)$ 形成的吉布斯自由能，认为含钛量较高的钢中，优先析出 $Ti_2(CS)$，而在钛含量较低的微钛处理钢中，可能同时存在 TiS 和 $Ti_2(CS)$。Naoki Yoshinaga 等人研究表明，当加热温度为 1100℃ 时，保持钛质量分数一定（0.02%），随着硫含量的增加，$Ti_2(CS)$ 趋于减少，而 TiS 趋于增加；当硫质量分数一定（0.02%）时，随着钛含量的增加，$Ti_2(CS)$ 趋于增多，而 TiS 却趋于减少。阎凤义等人研究表明，当钢中硫质量分数较高（0.026%）时，钛微处理钢中会生成条状 MnS，但随着钛含量的增加，MnS 趋于减少，$Ti_2(CS)$ 趋于增多，当钛质量分数达到 0.11% 时，长条状 MnS 基本上都被弥散的球状 $Ti_2(CS)$ 所取代。由此可见，Ti 的加入对于改善硫化物的形态和分布状况有所帮助，能够减少 MnS 所引起的热脆性，降低钢板纵横向性能之间的差异。Ti 在中锰钢中可在熔融状态下与 C 形成 TiC 颗粒，这种细小颗粒能够作为奥氏体形核点，有效地细化奥氏体晶粒，优化中锰钢的性能。施建雄等人发现，通过对 8Mn 中锰钢使用稀土、钛、硅、钙进行复合变质处理，不仅可以细化中锰钢晶粒，而且还能使碳化物球化，有助于提升中锰钢的冲击韧性。

2.1.4.3　Mo 的作用

Mo 元素可以显著推迟铁素体和珠光体转变，从而提高钢的淬透性。加入一定量的 Mo 有利于获得贝氏体或马氏体组织。Mo 对改善调质热处理钢的回火脆性十分有利，特别是大尺寸的结构件。为了避免回火脆性，结构钢中的 Mo 含量一般都控制在 0.7% 以下。在马氏体板条间与位错线上析出的细小的碳化物对亚晶界有强化作用，且在回火过程中还能够抑制板条马氏体的粗化以及位错的回复。Mo 不仅对组织有影响，而且对碳化物的析出也有影响。Lee 等人认为 Mo 不仅能够提高含 Nb 低合金高强度钢的析出强化的影响，而且还能够促进 MC 型碳化物的形核过程，如（Ti,Mo)C、（Nb,Mo)C 和（V,Mo)C。因为 Mo 能够降低碳化物析出的界面能和 Gibbs 自由能，所以能够提高形核率并细化析出相。碳化物中若 Mo 含量较高，其热稳定性较好，不易粗化。Sharma 等人给出了在低碳钢中 Mo 对 C、N 在奥氏体中的固溶行为的 Wanger 相互作用为：

$$e_{C}^{Mo} = 3.86 - 17870/T$$

$$e_{N}^{Mo} = -33.1 + 2888/T$$

可以看到，在奥氏体温度区下（800 ~ 1300℃），e_{C}^{Mo} 和 e_{N}^{Mo} 均为负值，表明奥氏体中的 Mo 降低了 C 和 N 的活度。

Uemori 等人采用 AP-FIM 技术研究了 Mo 对 Ti-Nb 钢中析出相的影响。经研究发现，在600℃时效处理后，Ti-Nb-Mo 钢中的析出相要比 Ti-Nb 钢中的小，由此认为 Mo 在 Ti-Nb-Mo 钢中具有两个主要作用：一是 Mo 可以抑制高温下位错的消失，提高位错密度，增加 Nb(C,N) 的形核位置；二是 Mo 偏聚到 Nb(C,N) 与铁素体的界面，有效阻止 Nb 原子从铁素体基体向 Nb(C,N) 的扩散，因此 Ti-Nb-Mo 钢中的析出相尺寸要更加细小。Abken 等人研究了 0.035% Nb-1.25% Mn 钢中 Mo 对 Nb(C,N) 在奥氏体中析出动力学的影响。结果发现，向 Nb 微合金钢添加 Mo 可以提早 Nb(C,N) 的最快析出开始时间，强烈推迟析出结束时间，并能降低其最快析出温度。他们把这种作用归结为 Mo 降低了 C 和 N 的活度系数，增大了 Nb(C,N) 在奥氏体中的固溶度，抑制了 Nb(C,N) 的析出。Watanabe 等人研究了向 0.06% C-0.006% N-0.08% Nb 钢中添加 0.29% Mo 后对 Nb(C,N) 析出动力学的影响。研究结果表明，Mo 的添加将在奥氏体中的 Nb(C,N) 的最快析出温度由 925℃左右降低到约 890℃，使 Nb(C,N) 的析出时间略微提前。曹建春研究了在 0.027% C-0.003% N-0.081% Nb 钢中添加 0.14% Mo 后对 Nb(C,N) 析出动力学的影响。结果发现，Mo 将 Nb(C,N) 的沉淀析出的相对开始时间推迟了一个数量级，这是因为 Mo 与 Nb、C 和 N 的相互作用能够提高 Nb(C,N) 在奥氏体中的固溶度，从而推迟了其在奥氏体中的析出。王振强对比 0.046% C-0.1% Ti 和 0.042% C-0.1% Ti-0.21% Mo 两种钢，研究了 Ti 微合金钢中 Mo 对奥氏体形变诱导动力学的影响。研究发现，在 925℃以下，Mo 促进 TiC 的析出动力学，推迟 950℃以上的析出动力学。可见，Mo 在不同钢种中对碳化物析出动力学的作用有所不同。大量的实验研究表明，Mo 可以提高微合金元素（Ti、Nb 和 V）在奥氏体中的固溶度。促进微合金碳氮化物在铁素体中的析出，增强微合金碳氮化物的稳定性，改善钢的高温性能，延迟奥氏体再结晶，扩大奥氏体在未再结晶区轧制工艺窗口。

2.1.4.4 Cr 的作用

Cr 作为强碳化物形成元素，在原奥氏体晶界处会析出大量的 $M_{23}C_6$ 粒子，可以起到对晶界的钉扎、阻碍晶界的迁移、细化晶粒的作用。Cr 还能够提高奥氏体的稳定性和淬透性，对珠光体转变有着强烈的阻碍作用。

2.1.4.5 Si 的作用

Si 是炼钢中常用的脱氧剂，主要用于去除溶解于钢液中的氧，还能够把钢液中的 FeO 还原成铁。作为一种非碳化物形成元素，Si 可以促进 C 向奥氏体富集，净化在铁素体中固溶的 C。作为一种铁素体形成元素，当较多的 Si 溶解于铁素体中时，会起到固溶强化的作用。Si 可以避免在冷却过程基体中形成粗大碳化物，提高微合金钢的塑韧性。Si 可以阻碍 P 在晶界偏聚，Si/Mn 按一定比例存在于钢中能抑制 Mn 的偏聚。但是过量的 Si 会使钢材表面产生一层氧化膜，对热轧表面质量控制和热镀锌带来问题。Si 元素可以推迟贝氏体转变，因此在连续退火线上生产时需要保证较长的时效段。

2.1.4.6　Cu 的作用

在微合金钢中添加 Cu 目的是提高钢的强度和耐腐蚀性能。当钢中的 Cu 含量高于 0.6% 时，在一定温度下保温会产生时效硬化，析出 ε-Cu 粒子，在对韧塑性没有明显恶化的条件下，提高钢材的强度。毛卫民等人[8]研究发现，Cu 的加入能显著提高钢的强度，每添加 1% 的 Cu 就能使钢的强度增加 150～200MPa，而韧性只有小幅度降低。Baird 等人的研究发现，在钢中添加少量 Cu 时，Cu 能够完全固溶于基体中而不存在析出，对钢的强度影响不大。为了深入探究 Cu 在钢中的析出行为，研究人员对 Cu 的析出以及其时效硬化规律开展了多项研究，他们从 Cu 的析出动力学、析出相的变化情况及其硬化效果等几个方面分别着手，归纳总结出 Cu 在合金中析出变化的过程：Cu 过饱和固溶体→Cu 偏聚→BCC 结构 Cu 相→9R 结构 Cu 相→ε-Cu 相[9,10]。

Cu 是扩大奥氏体相区元素，但是不能在 Fe 中无限互溶，其在奥氏体中的最大溶解度约为 8.5%。与此同时，Cu 也是奥氏体稳定性元素，能提高逆转奥氏体的含量和稳定性，提高钢的淬透性，从而改善钢的低温韧性。此外，Cu 还拥有良好的耐腐蚀性能。大气腐蚀过程中钢中的 Cu 起到活化阴极的作用，促进钢材发生阳极钝化，从而降低钢的腐蚀速率。但是，在轧制过程中含 Cu 钢容易在钢材表面产生网状龟裂，导致铜脆现象的发生。因此必须添加 1.5 倍于 Cu 含量的 Ni 元素，以防止铜脆的产生。

2.1.4.7　Al 的作用

Al 元素的主要作用是阻碍渗碳体的析出，提高残余奥氏体的稳定性。由于高 Si 元素会影响钢板表面质量，研究人员致力于对低 Si 的 TRIP 钢和 Si 替代元素的研究，典型的替代元素就是 Al 和 P。Meyer 等人[11]在以 Al 部分替代 Si 的 TRIP 钢性能影响研究中发现，用 Al 部分替代 Si 后，会产生较多细小的贝氏体组织，室温下残余奥氏体中的 C 含量和残余奥氏体的含量均高于未添加 Al 的 TRIP 钢，并且两者力学性能基本相当，均可以成功热镀锌。但是，Al 元素的缺点在于，一是 Al 元素固溶强化作用不够；二是 Al 元素会将 *Ms* 转变温度提高，降低残余奥氏体稳定性；是过高的 Al 元素含量导致连铸生产过程中易发生水口堵塞的问题。

2.1.4.8 P的作用

P元素与Si、Al元素很相似，都具有抑制渗碳体析出、提高残余奥氏体稳定性的作用。同样，P元素也是一种非常有效的固溶强化元素。当Si含量较低时，增加P元素可以有效地提高残余奥氏体的数量，进而提高钢板的力学性能。但P元素添加较多会导致其在晶界上偏析，从而降低钢的力学性能。Zwaag等人的研究表明，只有当P含量（质量分数）超过0.25%之后，才会形成Fe_3P等恶化钢板的性能。

2.2 组织设计

从微观组织来看，第一代先进高强度钢由马氏体或贝氏体等硬相和铁素体或奥氏体软相构成，分别提供强度和塑性。第二代钢由亚稳的奥氏体构成，通过变形过程中的相变或孪生，在分割晶粒提高强度的同时形成塑性。第三代钢通过铁素体基体提供塑性，纳米级析出物来强化基体。由于马氏体的硬度和强度相对较高，因此马氏体组织高强度钢得到了广泛的关注。

2.2.1 马氏体的结构、形态、性质及应用

2.2.1.1 马氏体相变

1895年，为纪念德国金相先驱Adolph Martens，人们将淬火后的钢铁材料的组织类型命名为马氏体（Martensite）。钢铁材料在淬火过程中由奥氏体组织向马氏体组织转变的过程被称为马氏体相变。马氏体相变不仅存在于铁基合金中，而且还存在于纯金属、有色金属及合金、陶瓷及其他非金属材料中[12]。马氏体相变一般具有如下特征：

（1）无扩散型过程；

（2）表面浮突，宏观上表现为形状改变；

（3）惯习面，马氏体在奥氏体的特定晶面上形成；

（4）位向关系，奥氏体和马氏体一般呈现特定的取向关系；

（5）亚结构，低碳马氏体内具有高密度的位错，高碳马氏体内具有细小的孪晶结构；

（6）形核和长大过程。

在试样上制作划痕并观察马氏体转变前后的划痕方向变化的方法，得到马氏体转变是一个均匀变形过程，如图2-1(a)所示。虽然马氏体转变过程与简单的切变过程相类似，但这一过程中同样包括体积的变化，因为其中结构的变化伴随着体积的变化，会产生一个垂直方向的膨胀分量，如图2-1(b)所示。采用不变面应变概念可以较好地描述马氏体相变过程，在马氏体相变过程中这个不变面既

不发生畸变也不发生扭转，这个面通常被称为惯习面。不变面应变是一个均匀变形的过程，每个位置的马氏体变形方向一致，位移的大小与相对惯习面的距离成正比。

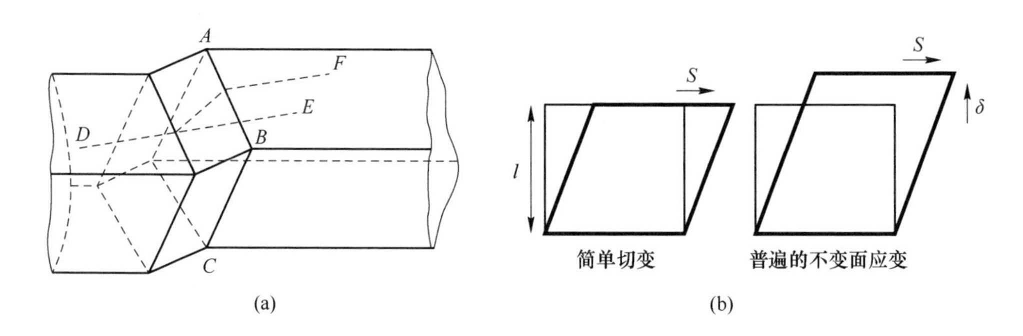

图 2-1　马氏体转变

（a）不变面应变特征；（b）简单切变过程和不变面应变过程对比

图 2-1(a) 中，马氏体转变前后惯习面 *ABC* 不发生旋转也不发生畸变。图 2-1(b) 中，*S* 代表应变的剪切分量，*δ* 代表应变的膨胀分量，膨胀应变决定了转变后体积的变化。

马氏体转变引起的形变是一种不变面应变过程已得到广泛认可。但对于大多数马氏体相变来说，仅仅不变面应变是不能满足母相晶体结构向马氏体晶体结构转变的。在铁基合金中，fcc 相通过马氏体相变转变为 bcc 相，但这种简单的不变面应变过程施加于 fcc 相时，并不能得到 bcc 结构。Bain 所提出钢铁材料中的奥氏体向马氏体的转变过程可以通过对母相 fcc 晶格施加一个均匀的“镦锻”过程而转变为 bcc 晶格来描述，此过程被称为 Bain 应变。Bain 应变理论得到了比较好的实验验证。根据 Bain 应变过程，可以推测出 $\{111\}_P \parallel \{011\}_M$、$[-101]_P \parallel [-1-11]_M$，但在实验中并不能观察到这种严格的平行关系。一般在钢铁材料中，奥氏体和马氏体的典型取向关系为 $(111)_\gamma$ 和 $(011)_M$ 的取向差角大约为 0.86°，$[-101]_\gamma$ 和 $[-1-11]_M$ 的取向差角大约为 4.42°。通过对上述取向关系的进一步分析得到，马氏体相变过程中不仅包括 Bain 应变，而且还包括刚性体的旋转过程（母相的［001］方向朝［110］方向旋转大约 10°），这两个过程的结合称为晶格畸变。此时奥氏体和马氏体密排面和密排方向所对应的取向关系被称为 Kurdjumov-Sachs（K-S）取向关系。换言之，Bain 应变过程使得奥氏体的晶体结构成功转变为马氏体的晶体结构，而与之配合的刚性体的旋转过程使得奥氏体和马氏体的取向关系和实验结果一致。然而，这种晶格畸变（Bain 应变 + 刚性体旋转）是一种不变线应变过程，这条线在马氏体相变过程中既不发生旋转也不发生变形，而且存在于奥氏体和马氏体的界面处，其和公认的通过实验得到马氏体相变为不变面应变过程矛盾。这一矛盾关系可以通过引入一个不变晶格变形过程而得到解决。顾名思义，晶格在这一变形过程中不会发生变化，如滑移和孪晶现象，是一个不均匀的剪切过程。这样既能保证宏观不变面应变的马氏体相变特征，又具有和实验一致的晶体结构和取向关系。综上所述，Bain 应变可将母相的晶体结构转变为马氏体的晶体结构，当其与刚性转动过程结合转变为均匀晶格畸变过程时，虽然可满足马氏体相变的取向关系，但其将变为不变线应变过程，这一过程和实际观察到的马氏体相变为不变面应变过程相矛盾而不能成立。并且仅仅不变面应变过程不能保证正确的晶体结构。如果这一过程被一个类似于滑移和孪晶的非均匀不变晶格变形代替，即可解决这个矛盾。这一理论也成功预测了在实验中观察到的马氏体中孪晶和滑移台阶是存在的，并保证了马氏体相变是一种宏观不变面应变过程，而且还保证了马氏体正确的晶体结构和与母相正确的取向关系。

2.2.1.2 马氏体组织

马氏体是碳在 α-Fe 中的过饱和固溶体。一般钢中的马氏体都具有体心立方（正方）结构，命名为 α′马氏体。在平衡条件下，室温下的 α-Fe 的体心立方结构几乎不溶碳，但由于在马氏体相变过程中，原奥氏体中的碳全部保存在马氏体中，这些碳原子择优分布在沿 c 轴方向的扁八面体间隙中，体心立方晶格向体心正方晶格发生畸变。随着碳含量的增加，c 轴越长，两个 a 轴越短，得到马氏体的正方度 c/a 也就越大。根据马氏体亚结构形态的不同，马氏体一般分为低碳型马氏体和高碳型马氏体。低碳型马氏体一般呈板条状，亚结构为位错；高碳型马氏体一般呈针状、透镜状或片状，亚结构为细小的孪晶。研究认为，小于 0.2% C（质量分数）的低碳马氏体一般为体心立方结构，大于 0.6% C（质量分数）的高碳马氏体一般为体心正方结构。

研究表明，原奥氏体晶粒在转变为板条马氏体后，每个初始的原奥氏体晶粒都会被若干板条束划分，而每个板条束继续被若干板条块划分，其中每个板条束由具有相同惯习面不同惯习方向的板条组成，板条块由具有相同惯习面相同惯习方向的板条组成。因为板条马氏体的强度和韧性与马氏体板条束、板条块的尺寸（板条马氏体的有效晶粒尺寸）密切相关，所以了解板条马氏体的晶体学非常重要。在低、中碳钢中，马氏体通常与母相奥氏体保持近 K-S 取向关系，K-S 取向关系总共有 24 个变体，见表 2-2。由于每个板条束中的板条都具有相同的密排面平行关系（如 V1 ~ V6），因此在一个奥氏体晶粒中存在四种不同取向关系的板条束，在每个板条束当中存在六种具有不同取向关系的变体。Morito 等人[13]指出，在含 C 0.0026% ~0.38%（质量分数）的低碳钢中，每个板条束内存在三种不同取向的板条块，每个板条块由取向差约为 10°的两个 K-S 变体（称为亚板条块）组成；而在高碳钢（0.61%C）中，每个板条束内存在六种不同取向的细小板条块，每个板条块只包含一种 K-S 变体。随后，Kitahara 等人指出，24 个可能的变体不一定全部出现在每个原奥氏体晶粒内，而且六个变体也不确定全部会出现在每个板条束内。Morito 等人同样指出当原奥氏体晶粒较大时（大于 28μm），一个奥氏体晶粒内可出现几个板条束，而当原奥氏体晶粒尺寸较小（大约 2μm）时，一个板条束单独占据每个原奥氏体晶粒内部倾向性较大。Morsdorf 等人近期通过多种先进表征手段对板条马氏体结构进行了分析，将马氏体板条划分为两类：一类是在相变初期形成的粗大板条，其板条厚度可达 3.5μm；另一类是在相变后期所形成的常规板条，其板条厚度一般为 50～500nm。

表 2-2　K-S 取向关系的 24 个变体

变体	晶面平行	晶向平行[γ]//[α′]	变体	晶面平行	晶向平行[γ]//[α′]
V1	$(111)_{\gamma}//(011)_{\alpha'}$	[-101]//[-1-11]	V13	$(-111)_{\gamma}//(011)_{\alpha'}$	[0-11]//[-1-11]
V2		[-101]//[-11-1]	V14		[0-11]//[-11-1]
V3		[01-1]//[-1-11]	V15		[-10-1]//[-1-11]
V4		[01-1]//[-11-1]	V16		[-10-1]//[-11-1]
V5		[1-10]//[-1-11]	V17		[110]//[-1-11]
V6		[1-10]//[-11-1]	V18		[110]//[-11-1]
V7	$(1-11)_{\gamma}//(011)_{\alpha'}$	[10-1]//[-1-11]	V19	$(11-1)_{\gamma}//(011)_{\alpha'}$	[-110]//[-1-11]
V8		[10-1]//[-11-1]	V20		[-110]//[-11-1]
V9		[-1-10]//[-1-11]	V21		[0-1-1]//[-1-11]
V10		[-1-10]//[-11-1]	V22		[0-1-1]//[-11-1]
V11		[011]//[-1-11]	V23		[101]//[-1-11]
V12		[011]//[-11-1]	V24		[101]//[-11-1]

2.2.2　低碳马氏体钢的强化原理

强度是指材料抵抗变形和断裂的能力。在高强度钢中，最重要的相之一就是马氏体。在淬火过程中，奥氏体向马氏体转变，马氏体中过饱和的碳会产生非常高的剪切应变，为降低此应变能而最终生成细小的马氏体板条，这一过程将伴随着高密度位错的产生，而位错强化是马氏体高强度的主要贡献因素之一。同时，这一转变过程也最终生成板条马氏体复杂的亚结构，即板条束、板条块、亚板条块和板条。经过淬火处理后，钢的强度一般会随碳含量的增加而提高，但若碳含量约为 0.6% 时，残余奥氏体体积分数开始增加，钢的强度将会开始降低。马氏体结构存在若干种强化机制：晶界强化、固溶强化、位错强化和回火过程中的析出强化。

2.2.2.1 固溶强化

被添加到纯金属晶格中的溶质原子与移动的位错发生化学相互作用和弹性相互作用而引起的强化，称为固溶强化。溶质原子和位错的交互作用一般表现为原子尺寸效应、化学效应、弹性模量效应、有序效应等。原子尺寸效应指的是溶质原子附近的弹性应力场与位错的交互作用，不同类型尺寸的溶质原子可引起不同类型的应力场，如图 2-2 所示。晶格畸变本质是直接影响溶质原子附近应力场与位错滑移的交互作用。置换原子会引起球对称的应力场，其在各向同性的材料中会引起纯静水应力，所以在各向同性的弹性固溶体中，置换原子只能与具有静水分应力的刃型位错作用。由于螺型位错只具有剪切应力场，所以置换原子不会和螺型位错发生相互作用。然而大多数晶体具有各向异性，在这种条件下置换原子也会产生剪切应力场并与螺型位错发生交互作用。相对比而言，间隙原子一般会引发非球形的晶格畸变，这种类型的晶格畸变由晶格间隙的种类及弹性各向异性决定，其不仅会产生剪切应力场，而且还会产生静水应力场，其可和刃型位错、螺型位错发生交互作用。一般间隙原子引起的晶格畸变较大，产生的弹性应变场也较大，其强化效果会明显高于置换原子。

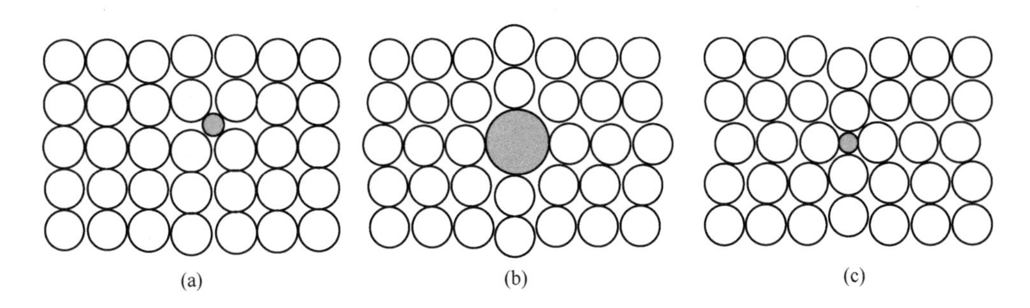

图 2-2 由于溶质原子的引入而发生的晶格畸变
(a) 间隙原子；(b) 大的置换原子；(c) 小的置换原子

若溶质原子的加入引起溶剂晶体局部弹性模量的变化，将会出现模量强化情况。如果基体的局部弹性模量会因溶质原子降低，当位错靠近溶质原子时，位错的应变能就会降低，引起位错和溶质原子的相互吸引作用，所以若想使位错脱离溶质原子的吸引作用就需要额外的能量。如果溶质原子的引入会增加基体局部弹性模量，当位错接近溶质原子时，位错的应变能就会增加，引起位错和溶质原子的相互排斥作用，所以需要额外的能量让位错接近溶质原子。以上两种情况均会引起晶体的强化作用。除了弹性相互作用，溶质原子和位错同时也会发生化学相互作用，其与溶质原子在位错处的键合作用有关。这种相互作用可分为两种类型。一种是位错核心区相互作用，其会导致位错核心区原子键合的变化，这种情况无论是增加还是降低键合能均会导致强化；另一种是位错向层错处偏聚，降低层错能，增大局部位错的间隔，位错的运动无论是摆脱溶质原子气团还是拖着溶质原子一起运动，均需要额外的能量，形成强化。

在无序固溶体中，溶质原子往往会形成有序排列的区域，位错在经过此有序区域时将会破坏其有序度，使得位错滑移面两侧的原子对由 A-B 变为 A-A 和 B-B 原子对，形成反相畴界，此种界面的能量远高于原来界面的能量，并会阻碍位错的运动。但如果存在成对的两个位错通过此有序区域，则会降低反相畴界的面积，减小对位错的阻碍作用。在有序固溶体中，反相畴界越多，即反相畴界区域越小，位错通过时受到的阻碍就越大，固溶体的屈服应力也就越大。

2.2.2.2　晶界强化

晶界或孪晶界同样可以阻碍位错的移动，由此可起到一定的强化作用。界面两侧晶粒取向差的不同提高了位错通过界面的难度。晶界通过影响晶界处位错的形核和传播而起到强化作用。由于晶界的阻挡作用，位错会在界面处发生堆积，当累积足够大时即可以突破晶界的阻碍作用。晶粒尺寸越小，晶粒内位错的数量越少，所需的产生更多的位错源以突破晶界阻挡作用的应力也越大。

在板条马氏体亚结构的各种界面中，如板条束界、板条块界、亚板条块界和板条界，究竟哪一种界面对马氏体的强度起决定性作用，至今没有统一的认识。Tomita 等人[14]分析了马氏体的屈服强度与原奥氏体晶粒尺寸和板条束尺寸的关系，发现屈服强度与板条束尺寸的平方根的倒数具有明显的 Hall-Petch 线性关系，并指出板条束而非原奥氏体晶粒尺寸决定着板条马氏体的强度，同时还发现 Hall-Petch 常数随着板条宽度的平方根的倒数值的增加而线性增加，而且板条宽度的降低也可以额外增加强度。Robert 指出板条束尺寸等效于铁素体的晶粒尺寸，决定着马氏体的强度，而且板条束的尺寸和原奥氏体晶粒尺寸呈线性关系，但板条宽度跟板条束尺寸没有直接关系。Morito 等人研究报道了板条束尺寸和原奥氏体晶粒尺寸的线性关系，而且板条块尺寸在一定范围的奥氏体晶粒尺寸（小于 200μm）内也表现出和原奥氏体晶粒的线性关系，但比例系数受材料成分组成影响，其还指出板条块尺寸是分析板条马氏体强度 - 结构关系的重要参数。Zhang 等人发现，板条束尺寸和板条块尺寸均和原奥氏体晶粒尺寸具有线性关系，但对于不同合金体系，板条束的比例常数比较相近，而板条块的比例常数却相差甚远，而且屈服强度与原奥氏体晶粒尺寸、板条束尺寸和板条块尺寸平方根的倒数均呈线性关系，板条块是控制强度的最小单元。在马氏体回火过程中，随着回火温度和回火时间的延长，板条束尺寸和板条尺寸发生明显的粗化，而板条块尺寸基本保持恒定。Shibata 等人通过聚焦离子束（Focused Ion Beam，FIB）分别切取具有板条块界和亚板条块界的两个微观试样，然后对其进行微观弯曲测试，最终指出马氏体板条块界是决定板条马氏体强度的决定性因素，而亚板条界对板条马氏体宏观强度的贡献极小。

2.2.2.3 位错强化

位错强化是钢铁材料的重要强化手段之一，其强化能力随基体中位错密度的增加而增加。一般位错密度可通过机械加工和热处理等手段得到提高。例如，在奥氏体向低碳马氏体转变的淬火过程中，会伴随着大量位错的生成。位错强化主要来自位错-位错的相互作用。

2.2.2.4 析出强化

析出强化一直以来被广泛应用于各种金属材料体系，如低碳钢、微合金钢、马氏体时效钢等。析出强化归因于第二相的弥散分布对位错移动的阻碍作用。而析出强化的程度与析出物的尺寸、间距和体积分数，合金体系，析出物与位错的作用机制等密切相关。析出物与位错相互作用的机制直接决定了析出强化的能力，其主要包括位错剪切机制和奥罗万（Orowan）位错绕过机制[15]。如图 2-3 所示，位错线张力 T 和析出物的阻力 F 的力平衡关系为 $F=2T\times\sin\theta$。随着 F 的增加，位错线的弯曲度增加，即 θ 增加。当 $\sin\theta=1$ 时，即 $\theta=\pi/2$ 时，位错的线张力达到最大值。若析出物足够硬，即析出物的阻力 F 能够大于 $2T$，位错将以 Orowan 机制绕过析出物，且析出物不发生变形，如图 2-4(a) 所示。在这种情况下，析出强化的效果直接决定于析出物的相对间距，跟析出物的强度没有关系。然而，如果析出物的强度在 $\sin\theta=1$ 之前达到最大值，这时位错将会以剪切的形式通过析出物，如图 2-4(b) 所示。因此对于特定的析出物间距（固定的析出物体积分数和尺寸），硬相析出物可获得更大的析出强化作用，反之软相析出物会获得相对较低的强化能力。

若析出物较软，其会在位错的运动过程中被位错切割，有以下几种因素会导致析出强化：

(1) 析出强化效应和与基体呈共格关系或呈部分共格关系的析出物附近的应变场有关，在位错作用下原子的位移与共格应变场的相互作用所导致的强化作用远远大于析出物所在区域预计的强化作用，此种强化方式一般称为共格强化。

(2) 析出物与基体剪切模量的不同会影响在位错剪切析出物过程中的线张力，从而导致强化。若析出物的剪切模量大于基体的剪切模量，在位错开始进入析出物时，位错的线能量会增加而使位错和析出物之间相互排斥，此时需要额外

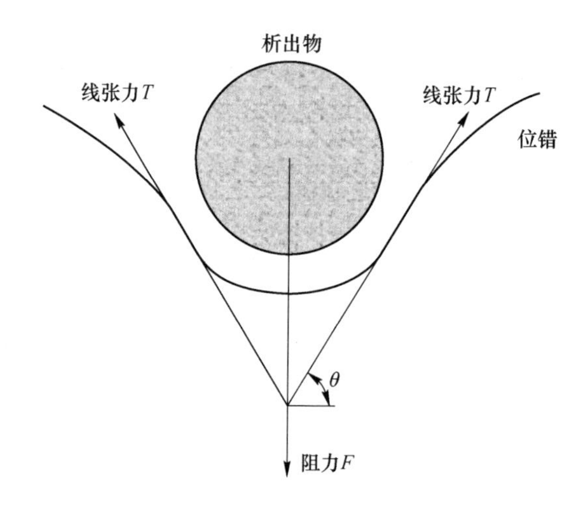

图 2-3　析出物阻挡位错运动的平衡示意图

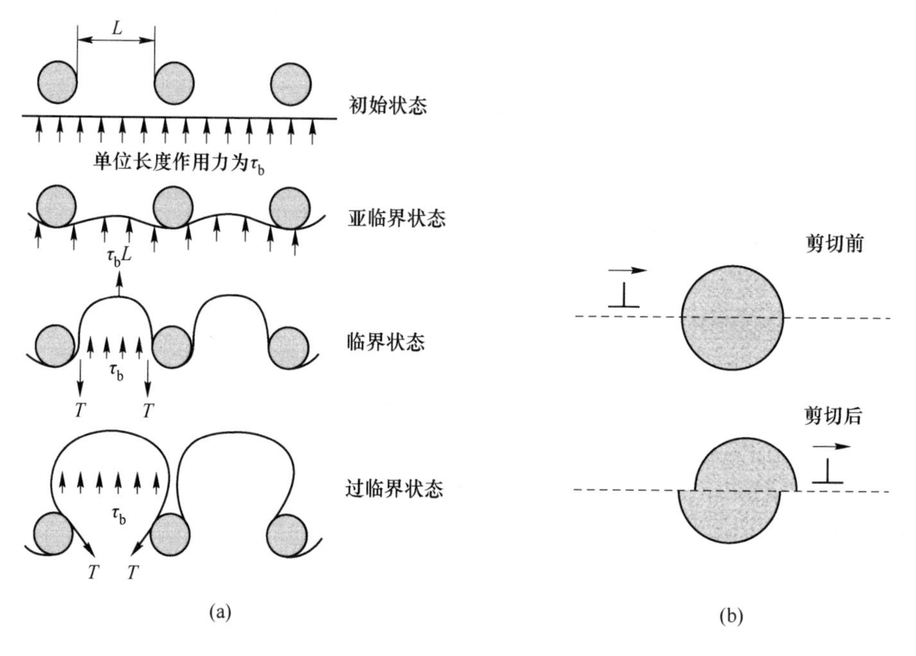

图 2-4　析出物强化机制

（a）Orowan 绕过机制；（b）切过机制

的能量使位错克服这种排斥作用以切割析出物。当析出物的剪切模量小于基体的剪切模量时，因为析出物可减少位错的线张力从而使得析出物和位错之间具有吸引作用，所以需要额外的能量促使位错离开析出物。以上两种情况下均会导致强化，此类强化机制称为模量强化。

(3) 当位错剪切一个有序的析出后，会产生新的结合键，进而形成反相畴界。这种反相畴界所具有的能量称为反相畴界能，这种强化机制称为有序强化。

2.2.3 低碳马氏体钢的韧化原理

韧性是指在断裂过程中材料吸收能量的能力，是材料强度和塑性的综合表现。以材料的拉伸曲线为例，应力－应变曲线下所覆盖的面积即为材料从变形开始至断裂过程中所吸收的能量，代表钢的韧性。韧性分为缺口冲击韧性和裂纹断裂韧性两种。前者包括裂纹形成功和裂纹扩展功，而后者因为有预先制备的裂纹所以只包括裂纹扩展功[16]。

采用示波冲击方法可记录试样在冲击载荷作用下从变形至断裂过程中的载荷－挠度（p-f）曲线（见图2-5），其包括弹性变形阶段（ab）、塑性变形阶段（bd）、裂纹稳定扩展阶段（df）和裂纹失稳扩展阶段（fhj）。对应的试样裂纹过程所吸收的能量可分为弹性变形能（E_e）、塑性变形能（E_s）、裂纹稳定扩展能（E_{p1}）和裂纹失稳扩展能（E_{p2}），并依次对应曲线所覆盖的面积 abc、$bdec$、$dfge$ 和 $fhjig$。其中裂纹形成功包含 E_e 和 E_s 两部分，裂纹扩展功包括 E_{p1} 和 E_{p2} 两部分。在载荷作用下，试样缺口根部开始发生弹性变形和塑性变形；当达到最大载荷 p_{max} 时，裂纹已形成并开始扩展，载荷也随之下降；达到 p_f 时已经形成了断口上的“指甲”状裂纹源区［见图2-5(b)］；当载荷超过 p_f 时，裂纹失稳扩展，形成放射区、两侧剪切唇区和最后的瞬断区。

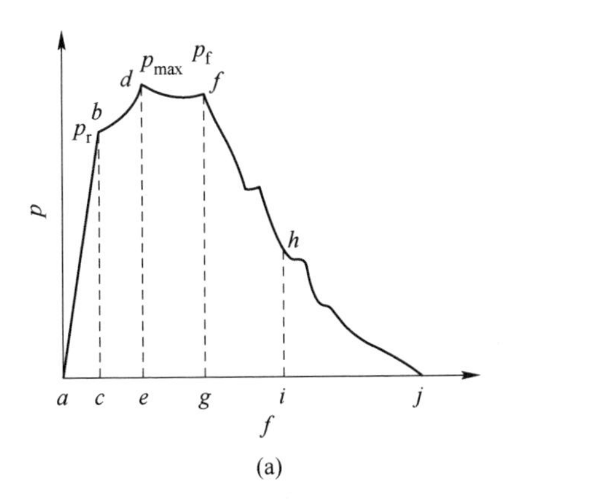

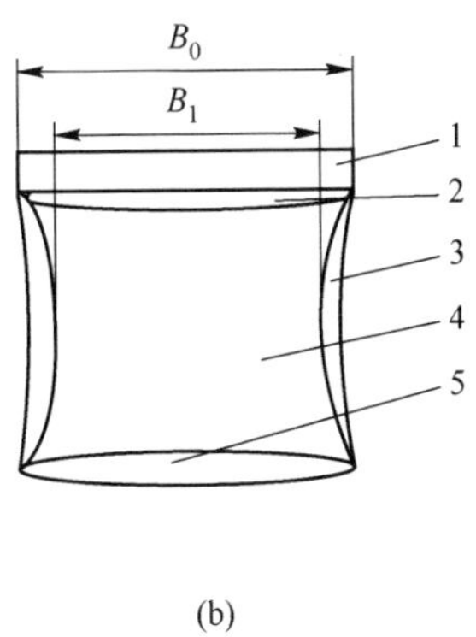

图2-5 示波冲击曲线及断口形貌

（a）载荷－挠度（p-f）曲线；（b）冲击载荷作用下试样的宏观断口形貌

1—试样缺口；2—裂纹源区；3—剪切唇区；4—放射区；5—瞬断区

综合来看，裂纹形成和扩展的难易程度均决定了材料韧性的好坏。实验表明，显微裂纹均是在塑性变形过程中形成的，因此其与位错运动存在密切的关系。位错在切应力的作用下会在滑移面上移动，当遇到各种障碍时会发生堆积，其产生的应力场会促进裂纹的形成。位错一般情况下易在夹杂物、析出物、相界、晶界、孪晶界等与基体的界面处堆积，微裂纹也常常在这些区域萌生。针对这一思路，一些学者提出裂纹形成的位错理论和模型，得到单向拉伸时形成裂纹所需的拉应力 σ_f 为：

$$\sigma_f \approx \sqrt{\frac{4G\gamma}{d}} \tag{2-3}$$

式中　G——材料的切变模量，GPa；

γ——材料的表面能，J/m^2；

d——晶粒直径，nm。

由式（2-3）可看出，晶粒尺寸细化可以有效阻碍裂纹形成，进而提高钢的韧性。此外，细小的第二相粒子、较高的组成相表面能和较高的弹性模量也可以有效阻碍裂纹的形成，从而提高钢的韧性。从裂纹形成后到扩展到临界裂纹尺寸这个过程决定了裂纹扩展的难易，裂纹一旦超过临界长度，就会发生失稳扩展导致材料脆性断裂。裂纹从形成至临界长度这一亚稳过程主要决定于材料的力学性能（强度和塑性）和组织结构特征。例如，晶界、相界和其他韧性相会抑制裂纹的扩展，进而提高钢的韧性。

钢的力学性能中最重要要素即为强度和韧性，淬火 + 回火处理后钢的最终力学性能一般取决于钢中马氏体、奥氏体和析出物的性质、分布和数量。Fe-C 合金中，随着碳含量的增加，马氏体的韧性会出现下降，在屈服强度相同的条件下，低碳型马氏体通常比高碳型马氏体的韧性要高得多。板条马氏体通常具有很高的强度，但是其有一个非常重要的问题就是如何提高韧性，尤其是在低温环境下应用时。众所周知，细化晶粒可有效提高钢的韧性，但由于板条马氏体结构的复杂性，马氏体晶粒尺寸与韧性的关系还有待研究。同时，有研究表明共格析出相同样可有效改善低温韧性。

材料的韧脆转变取决于材料所受流动应力和材料断裂强度之间的关系。在结构为 bcc 晶体的金属中，流动应力包括两部分：非热组元和温度、应变速率决定的组元；而温度、应变速率被认为与材料的断裂强度没有直接关系。通常来看，在钢铁材料中螺型位错的移动性较刃型位错低，而且有试验表明螺型位错的移动相较刃型位错来说具有更高的温度依赖性。在高温情况下，由于具有足够多的热能促使位错的移动，因此刃型位错和螺型位错表现比较相近，在这种情况下基体中阻碍位错移动的障碍物由材料的强度所决定，而材料强度的大小又取决于流动应力的大小；然而，在低温情况下，由于没有足够的热能可以促使位错（尤其是螺型位错）移动，因此螺型位错的移动能力决定了材料最终的塑性变形能力，这样导致流动应力随着温度的降低不断增大，在某一温度时流动应力开始大于材料的断裂应力，此温度被命名为韧脆转变温度（Ductile-to-Brittle Transition Temperature，DBTT），如图 2-6 所示。

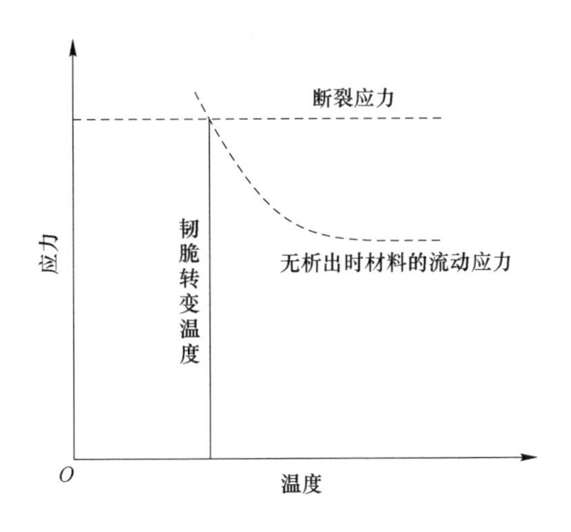

图 2-6　流动应力随温度的变化情况

（流动应力随着温度的降低而增加，最终超过材料的断裂强度而产生韧脆转变）

Weertman[17] 首先提出了螺型位错的移动机制，他指出螺型位错移动过程中首先会形成一个双纽结，在流动应力的作用下，纽结扩展并最终移动一步，如图 2-7 所示。当温度高于韧脆转变温度时，热能可以激活纽结的产生，促使螺型位错的移动。在低于韧脆转变温度的情况下，如果纽结能够在没有热能协助的条件下形成，那么位错的移动性就会增加，如此一来材料的低温韧性就会得以提高。随后，Weertman[18] 指出，螺型位错和错配中心（原子团簇）相互作用可促进双纽结的形成，从而提高螺型位错的低温移动能力。图 2-8 展示了一个错配中心及其附近被两个析出物钉扎的位错，错配中心形成的应力场会使位错发生扭曲至其平衡形状。此平衡形状是位错能和扭曲作用的平衡结果，其会减少双纽结形成的激活能，所以在存在错配中心的情况下，使位错发生移动所需要的能量会低于不存在错配中心时使位错移动所需要的能量，如图 2-9 所示。这种局部位错移动激活能的降低促进了低温纽结的形成，提高了螺型位错的可移动性及材料的低温塑性。

Urakami 和 Fine[19] 建立了关于错配中心及其附近被钉扎位错相互作用的数学模型，此模型的计算结果表明错配中心对螺型位错的扭曲可在很大程度上降低位错移动的激活能。此错配中心既可以是固溶原子，也可以是共格析出物（如 bcc

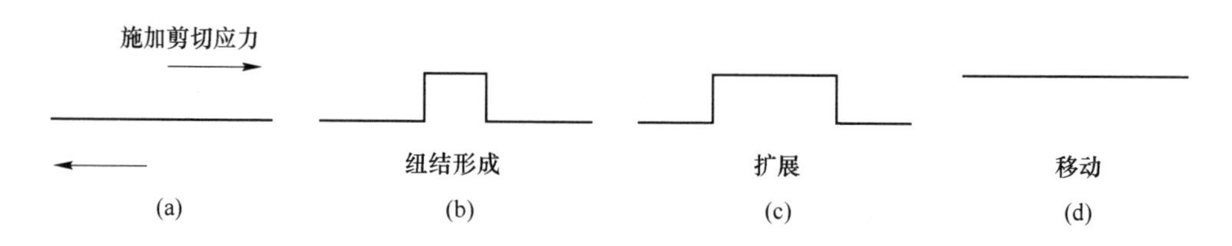

图 2-7　螺型位错的移动机制

（a）初始位置平行于能谷；（b）双组结的形成；（c）在应力作用下的扩张；（d）最终移动到另一能谷

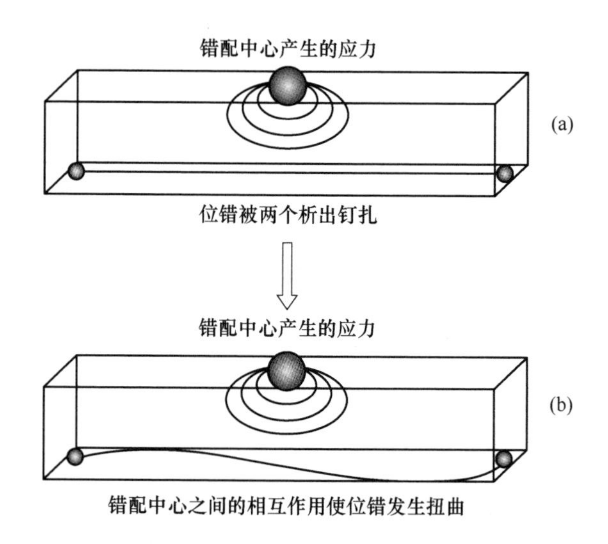

图 2-8　错配中心应力场

（a）一个错配中心附近的一个螺型位错被两个析出物钉扎；

（b）错配中心产生的应力场使得螺型位错发生扭曲

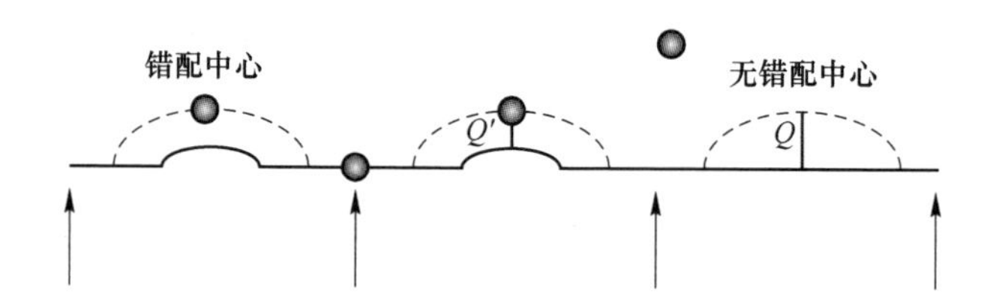

图 2-9　错配中心与螺型位错相互作用机制

Cu 析出物）。此种析出物不仅可以提高材料的断裂强度，而且在高温时还可阻挡位错的运动以提高材料的强度。其在低温时通过错配中心和螺型位错之间的相互作用，促进双组结的形成，进而提高材料的低温塑性，因此降低了流动应力对温度的依赖性，降低了材料的韧脆转变温度，如图 2-10 所示。

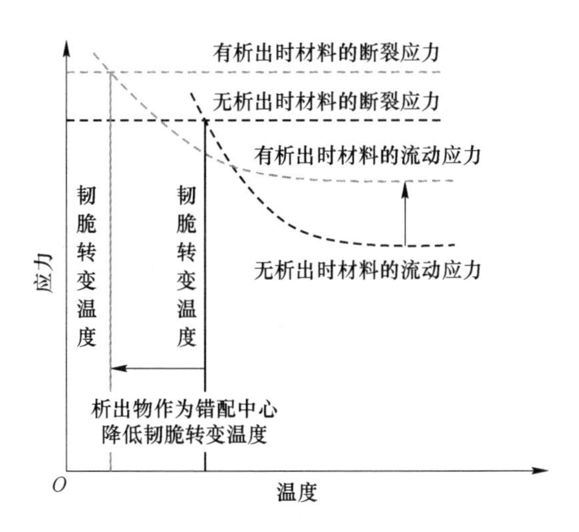

图 2-10 共格析出物对材料性能的影响

2.2.4 低碳马氏体钢的强韧性控制因素

高强度、高韧性以及合理的强韧配合是钢铁结构材料追求的首要目标和重要发展方向。不同的强韧化手段能直接影响钢的组织结构，最终决定钢的使用性能，因而，在钢的设计阶段，就非常有必要对钢的强韧化方式进行选择和评估。

钢铁材料的有效强化方式有很多，但除了细晶强化之外，其他有效强化方式或多或少的都会降低钢的韧性，只不过不同强化方式的脆性矢量大小不同。其中，间隙溶质原子固溶强化有最大的脆性矢量，因此除了必要的碳原子外，钢中其他如磷等间隙溶质一般都要减少并严格控制。当然，高强度钢一般不是采用单一手段进行强化，而是复合多种强化方式并使之相互配合以达到所需的强度。

从断裂理论角度分析，钢铁结构材料中许多细小裂纹和位错等缺陷是无法避免的，当受外力作用时这些微裂纹和缺陷会在附近产生应力集中现象，当应力达到临界值时，裂纹即开始扩展并最终导致材料断裂。基于金属材料的塑性变形原理，Orawan 对 Griffith 断裂强度公式进行了修正：

$$\sigma_c = \sqrt{\frac{2E(\gamma + \gamma_p)}{\pi c}} \tag{2-4}$$

式中 σ_c——临界应力；

E——弹性模量；

γ——单位面积上的断裂表面能；

γ_p——引入的塑性功；

c——裂纹半长。

弹性模量 E 主要取决于钢材自身的化学成分，各种钢的弹性模量差别不大，在室温下，钢的弹性模量主要在 19 ~ 22GPa 之间。然而对于高强度钢来说，$\gamma_p \approx 1 \times 10^3 \gamma$，由此可见，塑性功 γ_p 控制着断裂过程。铁基体的塑性是阻止裂纹扩展的一个重要因素，在钢的强韧化设计中应当给予重视。根据 Griffith 微裂纹理论，断裂起源于特定受拉应力区中的最长裂纹，其同样遵循“短板理论”。由式（2-4）也可以看出，裂纹半长越大，其临界应力越小。

综上所述，钢韧化的微观机理和基本原则为：减少裂纹源，抑制裂纹的形成和扩展。由此，高强度钢韧化路径可总结为以下几点：

（1）细化晶粒和各种显微组织，包括晶粒度、夹杂物及相变产物等特征组织，细化析出硬相等；

（2）尽量降低钢中有害杂质磷、硫、氧等的含量；

（3）球化硬质颗粒组织，特别是脆性第二相粒子，因为尖角结构容易产生应力集中；

（4）引入韧性较好的不连续组元以阻止裂纹扩展，反过来就是使连续脆性硬相减少，避免网状物的产生；

（5）各相均匀分布。

具体的强韧化设计思想如下：

（1）组织细化是高强度钢的必要强韧化机制。在所有强韧化机制中，晶粒细化是能够同时提高强度和韧性的唯一手段。钢中晶界上偏聚有较多的溶质原子，结构十分紊乱，对塑性变形和微裂纹的穿过都构成很大的阻碍，晶粒越细小，晶界密度越大，其阻碍塑性变形和裂纹扩展的影响也越大；而且，塑性变形与微裂纹在扩展过程中方向是不断发生改变的，延长了路径，使变形或扩展时晶界吸收的能量增加。由晶粒细化强韧化机理可以看到，晶粒细化是一个广义的名称，既可以指晶粒尺寸的减小，又可以指组织中各相的细化，包括奥氏体、铁素体、珠光体、马氏体等，所以有学者提出了“等效晶粒尺寸”的概念。事实上，亚晶及位错壁对强度也有重要作用。所以，对晶粒细化更确切的说法是“组织细化”，以此涵盖 AlN、MnS 等杂质，马奥岛（M-A 岛）组织，以及在热轧与冷却过程中沉淀相等组织的细化对强度和韧性的重要作用。可见，除了单晶材料之外，材料强韧化的必然方向是组织细化。

（2）沉淀强化是高强度钢重要强化机制。沉淀强化是高强度钢常用的强化机制，散布在基体中的纳米级析出相，与晶界、亚晶界、位错之间产生的相互作用，尤其是对位错运动构成障碍，从而提高钢的屈服强度。沉淀强化的效果以及其对脆性矢量的大小主要取决于第二相析出粒子的尺寸大小、体积分数以及分布形态等[20]。在析出量一定的情况下，第二相析出粒子越细小，则其相应粒子的析出数量就越多，强化效果越明显。细小的析出相一般与基体保持共格或半共格关系，可以阻碍位错切过或绕过的过程且不塞积位错，避免因位错滑移速度过快而导致基体硬化。所以，在钢的控轧控冷过程中要控制第二相的析出和长大，减小第二相尺寸，使之均匀分布在基体中，从而在提高强度的同时不过多损害韧性。细小而弥散的第二相析出对钢材的韧性损害较小，而且在控轧控冷过程中第二相的析出有利于细化晶粒，可以间接提高钢材的韧性。

（3）相变、位错及亚结构等组合强化方式是高强度钢强韧化重要机制。钢的性能取决于其组织结构，包括相变类型、晶粒尺寸以及铁基体上位错形态和沉淀析出等结构。在不同的轧制规程和变形参数以及不同的轧后冷却路径和冷却条件下，低碳钢与超低碳钢通常可以获得不同类型的转变组织，其中主要有准多边形铁素体、铁素体 + 贝氏体和贝氏体、多相混合贝氏体等。低碳贝氏体铁素体与高温析出的铁素体在形态上存在相似的可能性，但性质差异很大，这主要跟相中铁基体含碳量、相内的位错形态和精细结构有关。钢的相变一般存在形核和长大的过程，受溶质原子扩散的控制，尤其是碳原子。微合金溶质原子的加入，可与钢中的碳原子发生作用，影响形变奥氏体再结晶温度和相变点，进而影响铁素体或贝氏体等相形核和长大的过程。其中新相产生的两个重要驱动条件是变形与冷却，变形会引入晶格缺陷，会产生大量的位错，提高溶质原子的扩散速率；冷速的大小直接影响溶质原子的活度以及在钢中扩散的速率，进而影响新相的形核和长大过程。由此可见，高强度钢中对于相变规律的研究尤为重要。

奥氏体经控制轧制后进行加速冷却，可以保留大量的变形带和高密度位错等缺陷，这些缺陷能够作为铁素体或贝氏体相变的形核位置，最终起到细化相变组织的作用。基体中存在的大量位错，在外力作用下发生滑移时会相互交割、扭折而产生钉扎阻力，阻碍位错的运动，从而提高钢的强度。位错密度越高则位错强化效果越显著。但高密度的位错易在晶界处塞积，从而发展成为裂纹源，因而位错强化的脆性矢量也会比较大。位错的产生在钢中一般是无法避免的，关键因素在于如何控制位错形态，使位错发生重组，形成位错胞状结构和亚晶。因此，组合强韧化的思路应该是，通过成分设计和加工工艺的优化，获得具有良好强塑性的基体相，在基体相中形成大量的亚晶（包括变形带、位错壁等精细结构），亚晶进一步分割为发达的位错胞状结构（位错胞、位错网等超精细结构），并在胞状结构内弥散析出纳米级第二相粒子。

2.3 低碳马氏体钢相变动力学

研究工程机械用超高强度结构钢连续冷却过程的组织演变规律、加热温度和冷却速率对马氏体相变动力学的影响，有助于深入了解热处理工艺对马氏体组织性能的影响规律，为制定合适的热处理工艺提供理论依据。本节对 1300MPa 级工程机械用超高强度结构钢的相变动力学进行分析。

2.3.1　加热温度和冷却速度对马氏体相变动力学的影响

从铸态方坯上取样加工成 ϕ3mm × 10mm 的圆柱试样，采用 Formastor-FII 型全自动静态相变仪对试样进行加热冷却实验。首先将圆柱试样以 10℃/s 的加热速度加热到600℃，然后以0.05℃/s 的速度加热到900℃，保温5min 后空冷至室温，通过此工艺来获得实验钢加热过程中的相变温度（Ac_1 和 Ac_3）。为研究冷却速度对实验钢组织性能的影响，将试样以 10℃/s 的加热速度加热到 1200℃，保温5min，然后以 10℃/s 的冷却速度冷却到900℃，均温 10s 以消除试样的温度梯度，再分别以 0.5℃/s、1℃/s、2℃/s、5℃/s、8℃/s、10℃/s、20℃/s、30℃/s、40℃/s 的冷速冷却至室温。在试样的焊接热电偶处切取金相试样，经研磨抛光后，采用体积分数为4%的硝酸酒精溶液腐蚀，通过光学显微镜（Optical Microscope，OM）和扫描电镜（Scanning Electron Microscope，SEM）观察试样的显微组织。通过膨胀量 - 温度曲线测得实验钢在加热和冷却过程中的相变温度。

图2-11 和图2-12 为实验钢不同冷却速度下的显微组织。当冷速为 0.5℃/s 时，由 OM 形貌可知，此时的组织为铁素体和黑色岛状组织的混合物，如图 2-11(a) 所示。观察 SEM 形貌发现，此时的组织包含两种结构：一种为粒状贝氏体（Granular Bainite，GB），不连续条状和颗粒状的马氏体 - 奥氏体（Martensite-austenite，M-A）岛平行排列在上贝氏体型铁素体条间或基体中，如图 2-12(b) 所示；另一种是粒状组织（Granular Structure，GS），少量不规则块状 M-A 岛无规律地分布在先共析多边形铁素体上，如图 2-12(a) 所示。随着冷速增加，显微组织中粒状贝氏体含量逐渐增多［见图 2-11(b)］，部分区域开始出现板条贝氏体（Lath Bainite，LB）；当冷速增加到 2℃/s 时，形成了粒状贝氏体、板条贝氏体和板条马氏体（Lath Martensite，LM）的混合组织，如图 2-11(c) 和图 2-12(c) 所示。值得注意的是，此时由于冷速增加，C 原子没有足够的时间进行扩散，因此形成的条状 M-A 组元尺寸明显减小。当冷速增加到 5℃/s 时，组织以板条马氏体为主，加少量板条贝氏体，如图 2-11(d) 和图 2-12(e) 所示。当冷速不低于 8℃/s 时，实验钢可得到全马氏体组织，如图 2-11(e) 所示。

不同冷却速度下实验钢的硬度如图 2-13 所示。当冷速小于 8℃/s 时，实验钢的硬度是随冷速增加逐渐增大的，这与粒状组织和粒状贝氏体含量减少或消失、板条贝氏体和板条马氏体含量逐渐增多有关；当冷速不低于 8℃/s 时，随冷速增加，硬度基本保持不变，说明此时并未发生明显的组织变化，与金相组织的观察结果相一致。

由图 2-11 可知，当加热温度为 1200℃，冷却速度不低于 8℃/s 时，实验钢可得到全马氏体组织。加热温度和冷却速度在给定化学成分条件下直接影响钢的相变组织，虽然冷速达到一定值后，实验钢得到的组织均为板条马氏体，但是加

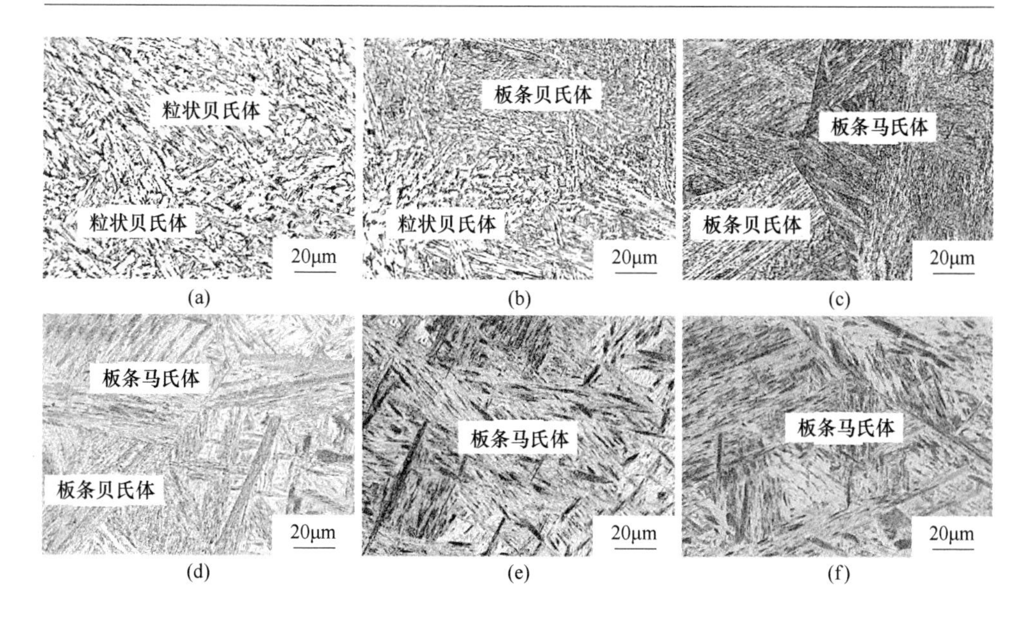

图 2-11 不同冷却速度下试样的金相照片
(a) 0.5℃/s; (b) 1℃/s; (c) 2℃/s; (d) 5℃/s; (e) 8℃/s; (f) 10℃/s

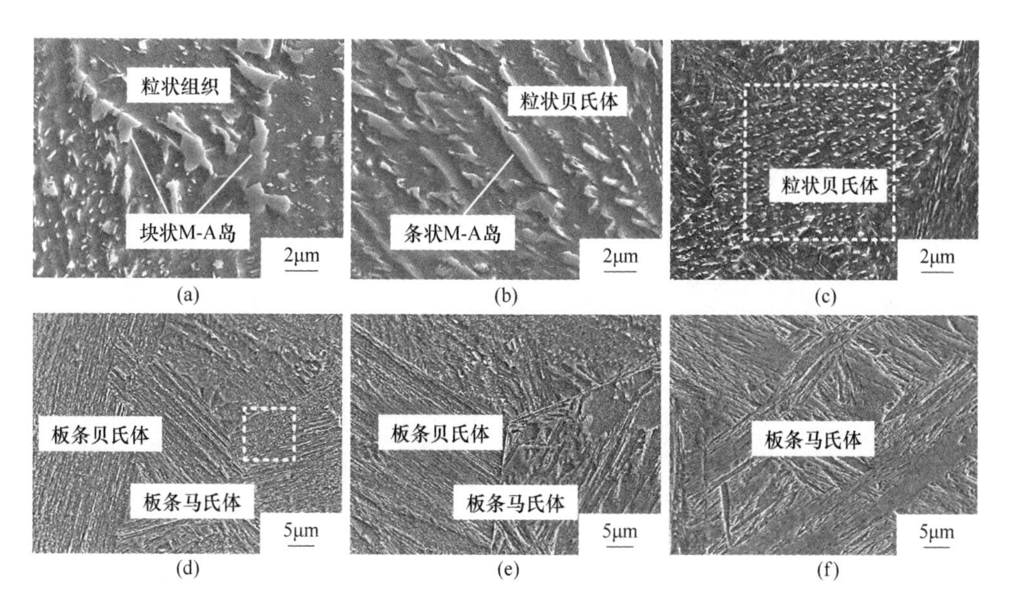

图 2-12 不同冷却速度下试样的 SEM 照片
(a)(b) 0.5℃/s; (c)(d) 2℃/s; (e) 5℃/s; (f) 8℃/s

热温度和冷却速度对板条马氏体相变过程的影响规律仍不清楚。马氏体的组织结构与相变温度密切相关，因此首先研究加热温度和冷却速度对实验钢马氏体相变温度的影响。

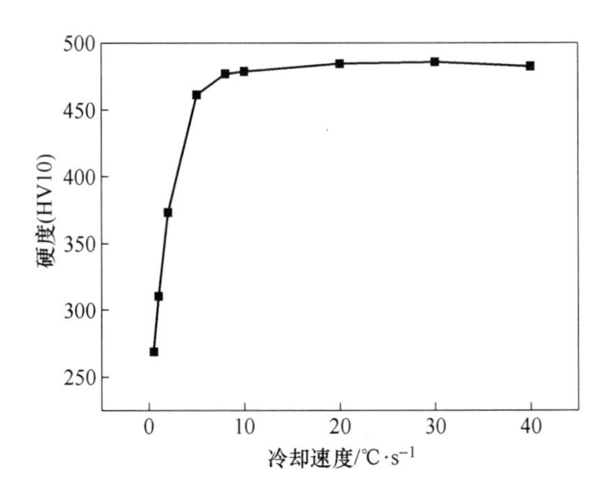

图 2-13　不同冷却速度下试样的硬度

采用切线法测量实验钢的 Ac_1 和 Ac_3，结果分别为 695℃和 816℃，如图 2-14 所示。采用静态相变仪将圆柱试样以 10℃/s 的加热速度分别加热到 820℃、900℃、1000℃和 1200℃，保温 5min 后，分别以 5℃/s、8℃/s、10℃/s、20℃/s、40℃/s 的冷速冷却至室温，通过膨胀量－温度曲线测得实验钢在不同加热温度和冷却速度下的相变温度。

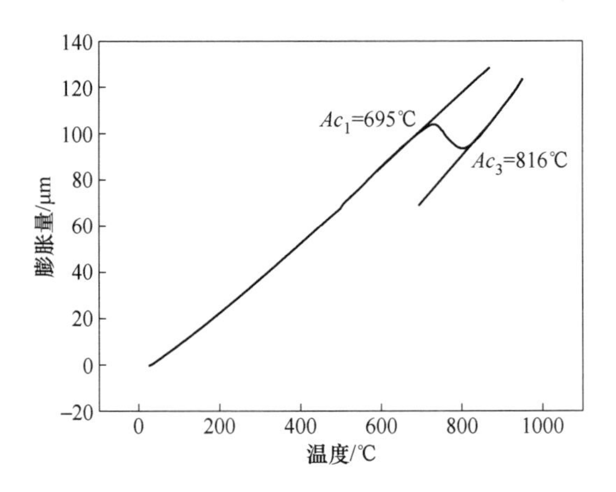

图 2-14　实验钢的奥氏体化温度

奥氏体化温度对马氏体相变温度的影响规律如图 2-15 所示。结果表明，随奥氏体化温度下降，实验钢的 *Ms* 逐渐降低。奥氏体化温度主要影响实验钢的奥氏体晶粒尺寸，通常情况下加热温度越高，奥氏体晶粒尺寸越大。因此，可以推测 *Ms* 的降低主要来自奥氏体晶粒尺寸的减小。晶粒尺寸减小，Hall-Petch 效应增加，提高了奥氏体在微观或宏观层面的塑性变形抗力，在随后的冷却过程中相变温度降低，增大过冷度来补偿相变所需要的更大驱动力。此外，位错密度模型表明位错密度与晶粒直径成反比关系，晶粒尺寸越小，位错密度越高。位错与晶界的交互作用在应变区域产生背应力阻碍位错运动，当晶粒尺寸较小时，整个晶粒内产生较高的背应力，也会导致塑性变形抗力增加。

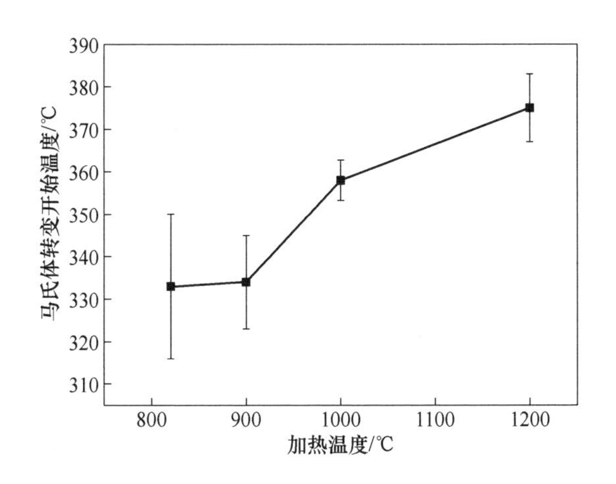

图 2-15　加热温度对实验钢马氏体转变开始温度的影响

假定试样在冷却过程中膨胀和收缩是均匀的，则试样的体积变化量与试样的长度变化量成正比。基于热膨胀曲线，通过杠杆定律可以计算出不同温度下的相转变体积分数，如式（2-5）和图 2-16 所示。

$$f_t = \frac{A_t - B_t}{C_t - B_t} \tag{2-5}$$

式中　f_t——温度 t 时的相转变体积分数，%；

B_t，C_t——分别为奥氏体和马氏体的线性收缩部分延伸至温度 t 时所对应的相对长度，mm。

图 2-17 所示为不同加热温度和冷却速度下实验钢的相变动力学曲线。由图可知，随着加热温度降低，相变温度区间呈现下移的趋势。图 2-17(a) 表明，当冷却速度为 5℃/s，加热温度为 1200℃时，相变开始温度较高，相变开始前有一定范围的孕育期，呈现出贝氏体相变特征，这与显微组织中有部分板条贝氏体的现象一致。当加热温度下降至 1000℃和 900℃时，相变开始温度明显下降。由前述组织、硬度分析结果可知，当冷却速度增加到 8℃/s 时，实验钢可以得到全马氏体组织。由图 2-17(b) 可见，随着冷速的增大，加热温度为 1000℃和 900℃时的相变开始温度（*Ms*）基本不变，1200℃的相变开始温度由 441℃降至 367℃，

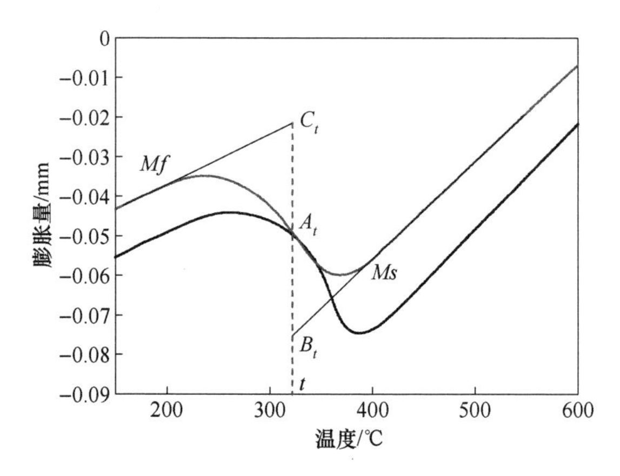

图 2-16 杠杆法计算相变体积分数示意图

呈现出马氏体相变特征。此后，继续增大冷却速度，相同加热温度下的 *Ms* 未发生明显的变化，如图 2-17(c) 和 (d) 所示。

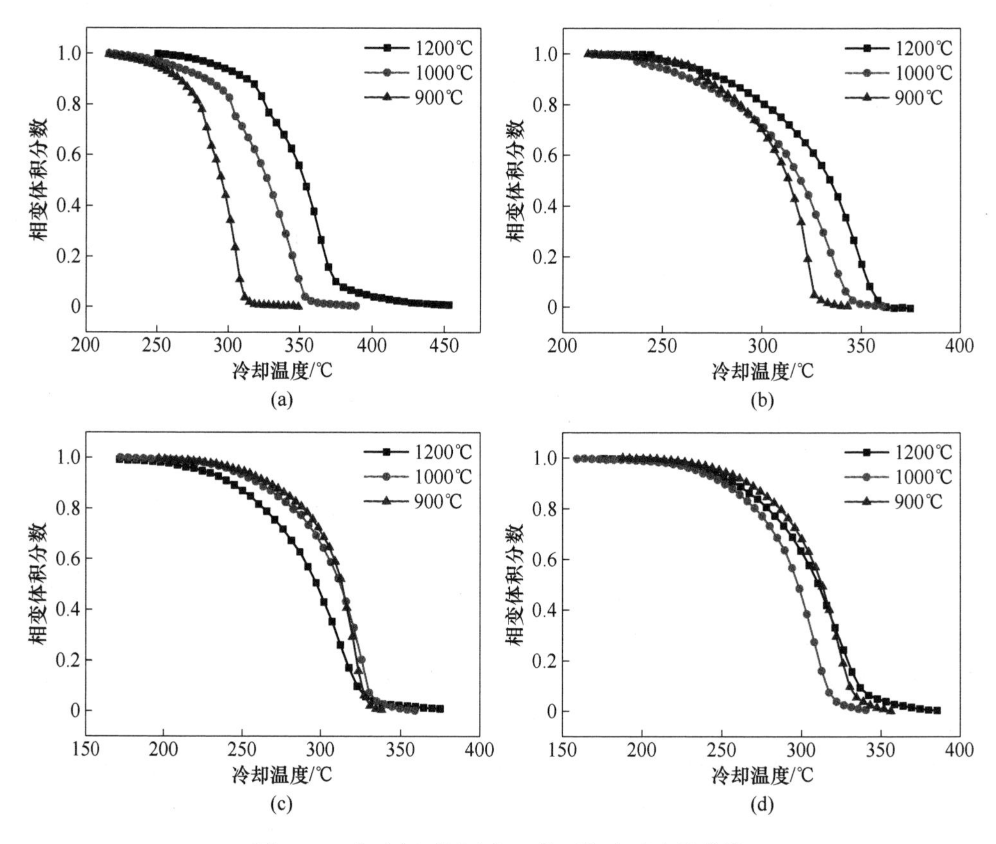

图 2-17 实验钢不同冷却工艺下相变动力学曲线

(a) 5℃/s; (b) 10℃/s; (c) 20℃/s; (d) 40℃/s

相变速度随加热温度和冷却速度的变化规律如图 2-18 所示。对于马氏体相变，增大冷却速度使马氏体峰值相变速率下降，如图 2-18(b) ~ (d) 所示。加热温度对相变速度的影响与冷却速度有关。当冷却速度较小时，加热温度为 1200℃和 1000℃时的峰值相变速度相近，随着冷却速度的增大，1000℃时的峰值相变速度增大。此外，值得注意的是，当加热温度为 900℃时，在任何冷速下，都具有最高的峰值相变速度。研究表明，细小奥氏体晶粒可以提高贝氏体平均相变速度，在相变过程中，晶粒尺寸减小使相变温度降低，其相变速度与细晶提高的变形能大致成正比。以上结果表明，奥氏体晶粒尺寸在一定范围内对相变速率的影响受冷却速度的影响，当晶粒尺寸足够细小时，在不同冷却速度下均表现出较高的峰值相变速度，此时冷却速度的影响作用减弱，晶粒尺寸的影响占主导地位。此外，如图 2-18(a) 所示，当冷却速度为 5℃/s 时，相变类型主要为贝氏体相变，不同加热温度下的相变速度曲线均出现了二次峰，并且加热温度越低，二次峰值相变速度所对应的相变温度越低。当冷却速度增加到 10℃/s 时，加热温度为 1200℃和 1000℃的相变速度曲线仍存在二次峰值，而 900℃加热时的二次峰值相变速度消失。这表明，二次峰值相变速度同时与冷却速度和奥氏体晶粒尺寸有

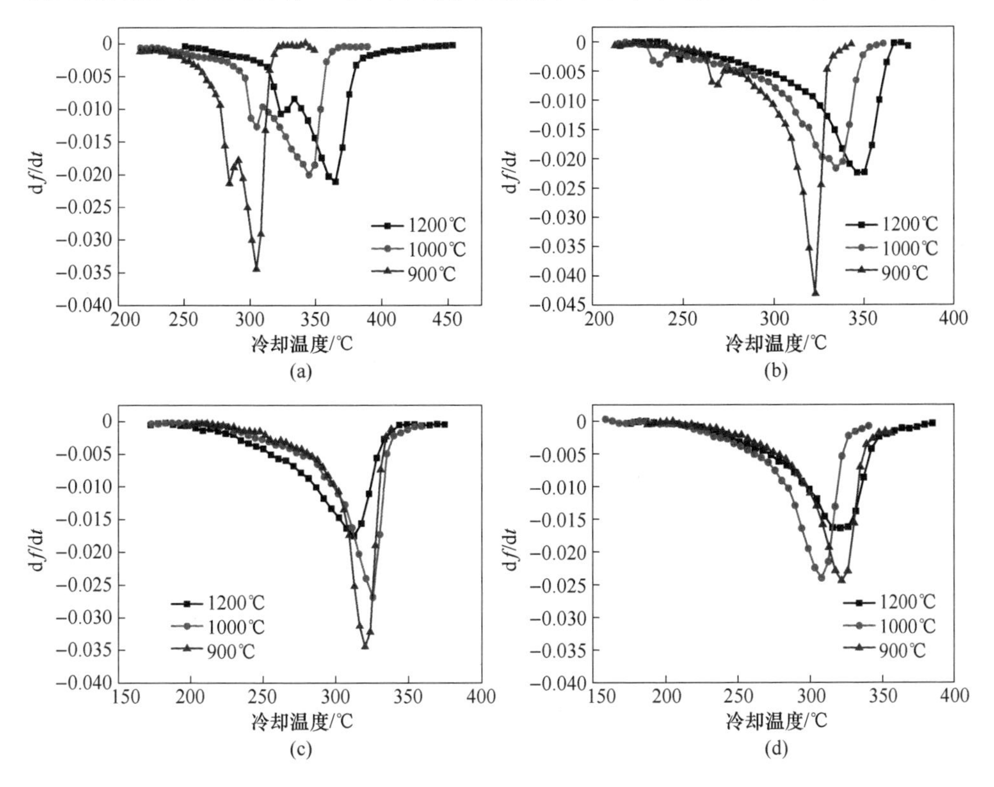

图 2-18 加热温度和冷却速度对相变速度的影响
(a) 5℃/s；(b) 10℃/s；(c) 20℃/s；(d) 40℃/s

关，随冷却速度增加和晶粒尺寸的减小，相变速度曲线中的二次峰逐渐消失。Gupta 等人认为贝氏体相变过程中二次峰值相变速度出现的原因是在高冷却速度下，贝氏体板条间形成长条状的 M-A 组织及板条内析出碳化物，降低了相界面前沿中奥氏体中的碳浓度，而相界面碳浓度的降低是提高相界面迁移速度的重要因素。Lee 等人认为拐点的出现可能是由相变机制或相变动力学发生变化所引起。

由图 2-17 和图 2-18 可计算出实验钢连续冷却相变过程中，峰值相变速率所对应的相变温度和相变体积分数，结果见表 2-3。不同加热温度和冷却速度下相变速度随相变体积分数的变化如图 2-19 所示，整个相变过程按相变速率的变化可分为三个阶段。结果表明，降低加热温度、增大冷却速度均会降低相变速率一次峰和二次峰所对应的相变温度。值得注意的是，无论加热温度和冷却速度如何变化，一次峰值相变速率大都发生在20% ~30% 的相变体积分数范围内。随着冷却速度的增大或加热温度的降低，二次峰值相变速率对应的相转变体积分数明显提高，达到了 98%，接近相变结束阶段，并且二次峰值相变速率明显下降。进一步增大冷却速度，相变速度曲线上不再出现二次峰。

表 2-3　峰值相变速率对应的相变温度和相变体积分数

加热温度/℃	冷却速度/℃ · s^{-1}	一次峰相变温度/℃	一次峰相变体积分数/%	二次峰相变温度/℃	二次峰相变体积分数/%
1200	5	365	0. 26	323	0. 83
1000	5	345	0. 21	305	0. 75
900	5	305	0. 25	284	0. 74
820	5	328	0. 28	284	0. 92
1200	10	346	0. 27	248	0. 98
1000	10	334	0. 22	237	0. 97
900	10	323	0. 21	269	0. 91
820	10	305	0. 26	—	—
1200	20	313	0. 26	—	—
1000	20	326	0. 21	—	—
900	20	320	0. 30	—	—
820	20	329	0. 28	—	—
1200	40	320	0. 33	—	—
1000	40	308	0. 28	—	—
900	40	322	0. 29	—	—
820	40	300	0. 23	—	—

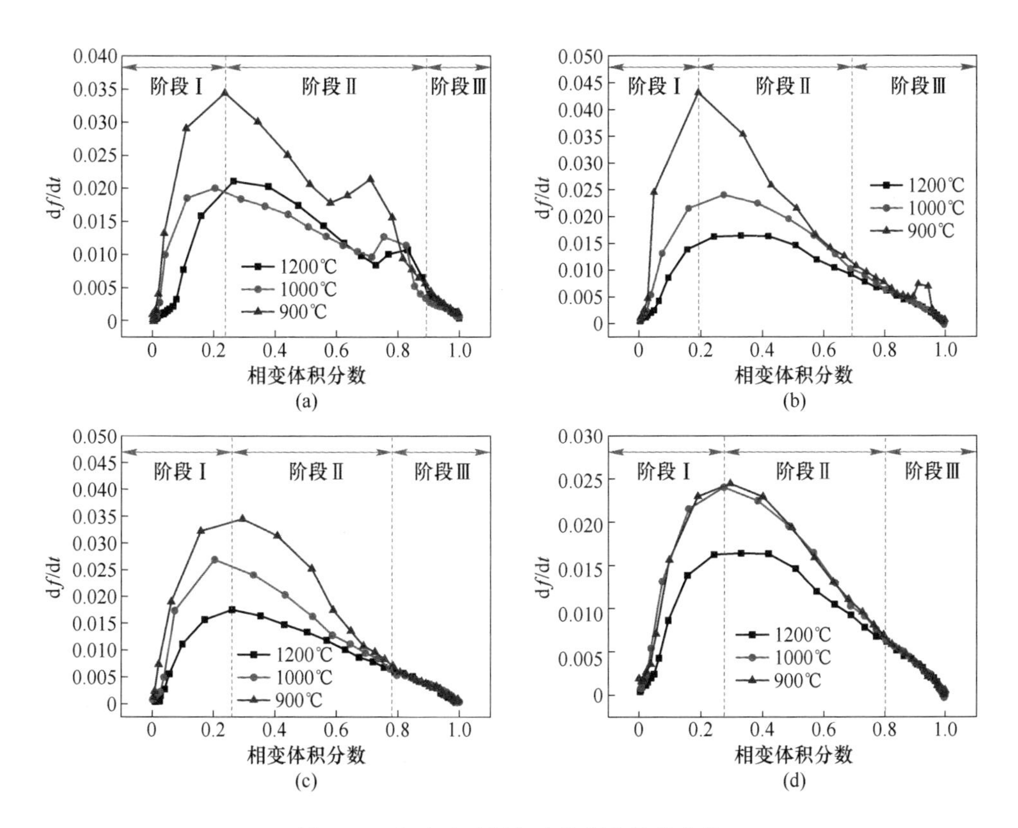

图 2-19 相变速度随相变体积分数的变化

(a) 5℃/s；(b) 10℃/s；(c) 20℃/s；(d) 40℃/s

2.3.2 加热温度对马氏体相变激活能的影响

相变体激活能是相变动力学模型中非常重要的参数，包括形核激活能和新相生长激活能。形核激活能主要是指在形核过程中原子从基体转移到临界尺寸的新相核坯时所需的能量。对于新相生长激活能，在界面控制生长条件下被认为是原子从母相基体中向新相转移时所需的能量；在扩散控制生长机制下，新相生长激活能为原子的体扩散激活能。求解连续冷却条件下的马氏体相变体激活能（有效激活能）的 Kissinger 方程如式（2-6）所示。

$$\ln\frac{T_{\mathrm{f}}^{2}}{\varphi}=\frac{E}{RT_{\mathrm{f}}}+\ln\frac{E}{Rk_{0}}+\ln\beta_{\mathrm{f}} \tag{2-6}$$

式中 T_{f}——给定相变体积分数时对应的相变温度，K；

φ——恒定的冷却速度，K/s；

R——气体常数，J/(mol·K)；

k_0——预指数因子；

β_f——状态变量；

E——相变体激活能，kJ/mol。

在给定相变体积分数为30%时，$\ln(T_f^2/\varphi)$ 随 $1/T_f$ 的变化规律如图2-20(a)所示。由拟合直线的斜率可以计算出不同加热温度下的相变体激活能，如图2-20(b)所示。随着加热温度降低，马氏体相变体激活能逐渐增加，当温度由1200℃降至900℃时，相变体激活能从85kJ/mol增加到195.85kJ/mol，发生相变所需的驱动力更大，需要更大的过冷度来补偿增加的相变驱动力。

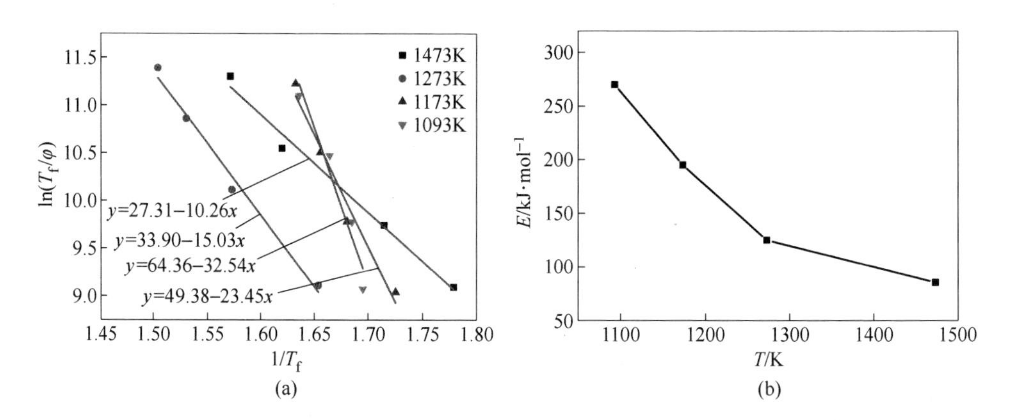

图2-20　奥氏体化温度对实验钢马氏体相变体激活能的影响
(a) $\ln(T_f^2/\varphi)$ 随 $1/T_f$ 的变化；(b) 不同奥氏体化温度下的相变体激活能

参 考 文 献

[1] Chang L C, Bhadeshia H K D H. Carbon content of austenite in isothermally transformed 300M steel [J]. Materials Science and Engineering A, 1994, 184 (1): 17-19.

[2] 吴斯，李秀程，张娟，等. Nb对中碳钢相变和组织细化的影响 [J]. 金属学报，2014 (4): 400-408.

[3] Gladman T. On the theory of the effect of precipitate particles on grain growth in metals [J]. Proc. R. Soc. Lond. A, 1966, 294 (1438): 298-309.

[4] Yang G, Sun X, Li Z, et al. Effects of vanadium on the microstructure and mechanical properties of a high strength low alloy martensite steel [J]. Materials and Design, 2013, 50: 102-107.

[5] 刘嵩韬，杜林秀，刘相华，等. 含铌微合金钢形变诱导相变上限温度影响因素的研究 [J]. 钢铁研究，2004, 32 (3): 16-21.

[6] Haruna Y, Yamamoto A, Tsubakino H. Aging properties of vanadium-bearing high manganese stainless steel [J]. Scripta Materialia, 1997, 37 (9): 1345-1350.

[7] Soto R, Saikaly W, Bano X, et al. Statistical and theoretical analysis of precipitates in dual-phase steels microalloyed with titanium and their effect on mechanical properties [J]. Acta Materialia, 1999, 47 (12): 3475-3481.

[8] 毛卫民，任慧平，余永宁．结构钢中含铜析出相的时效强化作用 [J]．材料热处理学报，2004，25 (2)：1-4.

[9] Nakashima K, Futamura Y, Tsuchiyama T, et al. Interaction between dislocation and copper particles in Fe-Cu alloys [J]. ISIJ International, 2002, 42 (12): 1541-1545.

[10] Hsiao C N, Yang J R. Age hardening in martensitic/bainitic matricesin a copper-bearing steel [J]. Materials Transactions, JIM, 2004, 41 (10): 1312-1321.

[11] De Meyer M, Vanderschueren D, De Cooman B C. The influence of the substitution of Si by Al on the properties of hot rolled C-Mn-Si TRIP steel [J]. ISIJ International, 1999, 39 (8): 813-822.

[12] 徐祖耀．马氏体相变与马氏体 [M]．2 版．北京：科学出版社，1999.

[13] Morito S, Tanaka H, Konishi R, et al. The morphology and crystallography of lath martensite in Fe-C alloys [J]. Acta Materialia, 2003, 51 (6): 1789-1799.

[14] Tomita Y, Okabayashi K. Effect of microstructure on strength and toughness of heat-treated low alloy structural steels [J]. Metallurgical Transactions A, 1986, 17 (7): 1203-1209.

[15] 吕昭平，蒋虽合，何骏阳，等．先进金属材料的第二相强化 [J]．金属学报，2016，52 (10)：1183-1198.

[16] Seeger A. The temperature dependence of the critical shear stress and of work-hardening of metal crystals [J]. The London, Edinburgh, and Dublin Philosophical Magazine and Journal of Science, 1954, 45 (366): 771-773.

[17] Weertman J. Mason's dislocation relaxation mechanism [J]. Physical Review, 1956, 101 (4): 1429-1430.

[18] Weertman J. Dislocation model of low-temperature creep [J]. Journal of Applied Physics, 1958, 29 (12): 1685-1689.

[19] Urakami A, Fine M E. Influence of misfit centers on formation of helical dislocations [J]. Scripta Metallurgical, 1970, 4 (9): 667-671.

[20] 胡庚祥．材料科学基础 [M]．上海：上海交通大学出版社，2000.

3 超高强度钢强韧性调控

3.1 高强度钢强韧化概述

通常情况下，伴随着强度的升高，金属的塑性和韧性下降，强度和塑性（或韧性）呈倒置关系，而且材料强度越高，这种倒置现象就越突出。塑韧性的下降一方面会影响钢板的成型性能，另一方面还会降低工程结构在服役过程中的安全性[1]。因此，如何在实现高屈服强度的同时保持较好的塑韧性，是研制超高强度工程机械用结构钢需首要解决的问题。本章概述了高强度钢的强韧化机理，重点介绍了通过轧制、轧后冷却以及热处理工艺对高强度钢的强韧化调控。

3.1.1 工程机械用高强度钢强化机制

钢材强化的本质是铁素体或奥氏体基体中位错的开动、滑移、攀移、增殖及抵消受到抑制或激发的反映。金属材料的所有强化效应都与位错行为有关，塑性变形是位错运动与增殖的结果，强化效应是位错运动受到阻碍的外部表现，所有强化措施的基本出发点都是为位错运动设置障碍，提高位错运动阻力。钢的强化类型主要有位错强化、固溶强化、晶界强化和第二相粒子沉淀强化等。

3.1.1.1 位错强化

从金属晶体完整性角度考虑，提高强度最直接的方法是消除晶体中存在的缺陷，制造出完整的不含位错的晶体。但是金属晶体的缺陷理论又表明，增加晶体中的位错密度，同样可以提高强度，如图 3-1 所示。当晶体中存在一定数量的位错时，随着位错密度的增加，强化效应不断增大。位错间的弹性交互作用可造成位错运动的阻力，反映为强度的提高。当晶体中的位错分布相对均匀时，位错强化增量（σ_{dh}）与位错密度（ρ_t）符合 Bailey-Hirsch 关系，见式（3-1）。

$$\sigma_{dh} = M\alpha\mu b\sqrt{\rho_t} \tag{3-1}$$

式中 M——泰勒因子；

α——经验常数；

μ——剪切模量，GPa；

b——柏氏矢量，nm。

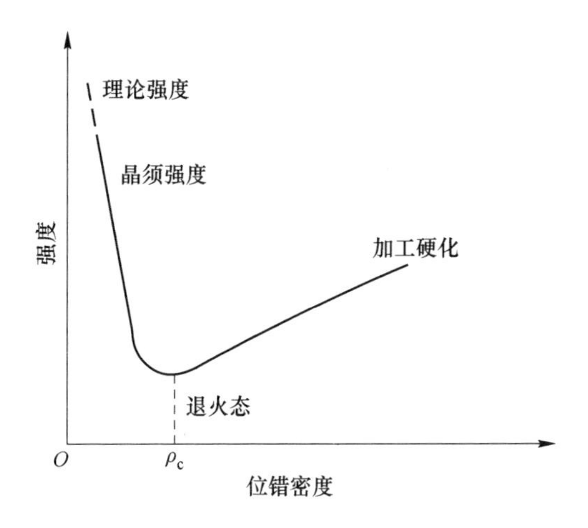

图 3-1　位错密度与强度间的关系

3.1.1.2　固溶强化

固溶强化是钢铁材料中最有效且最经济的强化方式，包括间隙固溶强化和置换固溶强化。间隙固溶强化的效果要远大于置换固溶强化。间隙原子固溶强化的效果来自三种机制：

（1）间隙原子在位错周围聚集并对其产生钉扎作用，阻碍位错运动，从而产生强化作用。这种强化是一种非均匀强化。

（2）位错在间隙原子均匀分布的晶体中运动时受到的摩擦阻力增大，引起强化效应，这属于均匀强化。

（3）间隙原子影响晶体中位错结构，从而间接影响位错运动。

在碳原子过饱和的铁素体中，若 n 个碳原子产生的体积膨胀等于同一体积内刃位错张应力区所对应的体积膨胀，则 n 个碳原子将会偏聚于该张应力区，降低系统能量，减小位错周围的弹性应变，形成柯氏（Cottrell）气团。在一定温度范围内，间隙原子具有足够的扩散速率，缓慢运动的刃位错可以带着气团一起运动，此时不能体现出强化作用。当间隙原子的扩散速率落后于刃位错移动速率时（室温），位错的运动就能使溶质原子偏离平衡位置，引起系统弹性应变能的降低，表现出溶质原子使位错运动受到阻碍。刃位错克服柯氏（Cottrell）气团钉扎所需的最低切应力（τ）符合式（3-2）：

$$\tau = \frac{A}{b^2 r_0^2} \tag{3-2}$$

式中　τ——脱钉最小切应力，MPa；

A——刃位错与溶质原子的相互作用能，eV；

b——位错的柏氏矢量，nm；

r_0——溶质原子距位错中心的极限半径，nm。

当间隙原子受到附加切应力作用时，间隙碳、氮原子换位到螺位错处呈局部有序分布，形成史氏（Snoek）气团。螺位错自史氏（Snoek）气团脱钉的最小切应力 τ 为：

$$\tau = \frac{U}{2bl} \tag{3-3}$$

式中 U——螺位错与溶质原子的相互作用能，eV；

l——溶质原子局部有序分布区的半径，nm。

当固溶原子均匀地占据晶体点阵中的间隙位置时，一方面溶质以原子尺寸级的障碍物来阻碍位错滑移；另一方面间隙固溶原子和基体金属原子尺寸的不同会使晶体发生对称或不对称的畸变，形成的弹性应变场与位错间发生交互作用，阻碍位错运动。由此可见，间隙固溶强化的效果取决于固溶浓度和原子错配度。

3.1.1.3 晶界强化

多晶体金属的晶粒通常是以大角度晶界相间，相邻的晶粒具有不同的晶体取向。当受到外力作用时，在施密特因子大的晶粒内，位错源先开动，其沿一定晶面和晶向产生滑移和增殖。由于相邻晶粒的取向不同，以及晶界包含有刃位错和异质原子等缺陷，滑移至晶界前的位错被阻挡。因此，单个晶粒内的塑性变形无法传递到相邻的晶粒中。位错源在外力作用下继续增殖的位错在晶界处产生塞积，形成一个应力场。该应力场产生的作用力可作为激发相邻晶粒内位错源开动的驱动力。当应力场作用力等于相邻晶粒内位错源开动的临界应力时，位错发生滑移，产生塑性变形。

塞积位错应力场的强度与塞积位错数量和外加切应力有关。塞积位错数量正比于晶粒尺寸，因此当晶粒尺寸减小时，在晶界处塞积的位错数目减少，则势必需要增大外加切应力以激活相邻晶粒内的位错源开动，由此体现为强度的提高。若 d 为晶粒直径，相邻晶粒内位错源距晶界的距离为 l，则相邻晶粒位错源开动的临界切应力（τ_c）需满足式（3-4）：

$$\tau_c = (\tau_s - \tau_i)\left(\frac{d}{l}\right)^{1/2} \tag{3-4}$$

由此可知，当晶粒尺寸 d 越小，为达到 τ_c 值就需要更大外加切应力 τ_s。式（3-4）可改写为：

$$\tau_s = \tau_i + \tau_c l^{1/2} d^{-1/2} \tag{3-5}$$

对于多晶体屈服强度 $\sigma_s = M\tau_s$，M 为泰勒因子，$\sigma_i = M\tau_i$，$\sigma_c = M\tau_c$，代入式（3-5），则可以得到：

$$\sigma_s = \sigma_i + \sigma_c l^{1/2} d^{-1/2} \tag{3-6}$$

令 $k_y=\sigma_c l^{1/2}$，则可以得到：

$$\sigma_s=\sigma_i+k_y d^{-1/2} \tag{3-7}$$

式（3-7）为材料强度学理论中重要的 Hall-Petch 公式，反映晶粒尺寸和屈服强度间的关系，即随着晶粒尺寸 d 的减小，金属材料的屈服强度将提高。

3.1.1.4 第二相粒子沉淀强化

第二相粒子沉淀强化是一种脆性矢量较小的强化方式，当其强化效果等于固溶强化效果时，其对塑性和韧性的削弱作用较小。沉淀强化效果主要取决于沉淀相的尺寸、分布及塑性变形能力。

第二相粒子与滑移位错的交互作用存在两种不同的强化机制：

（1）位错切过可变形第二相粒子的切过机制；

（2）位错绕过不可变形第二相粒子并留下环绕位错环的 Orowan 机制。

两种机制中沉淀粒子与位错的作用模型如图 3-2 所示。

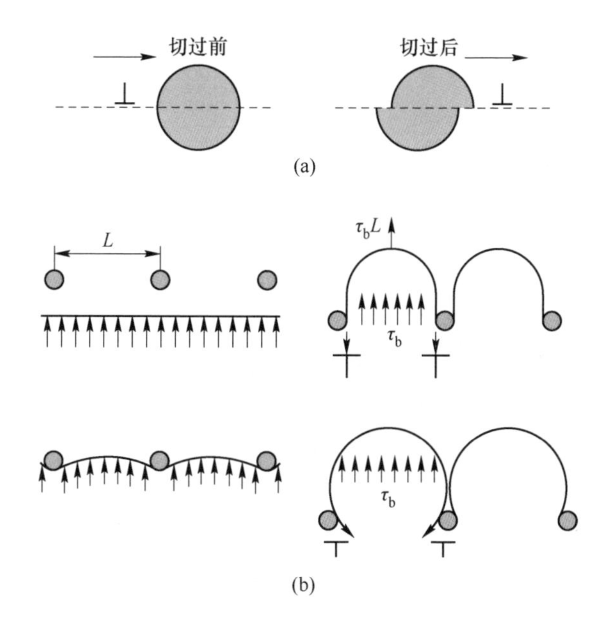

图 3-2 第二相粒子与位错的交互作用机制

（a）切过机制；（b）Orowan 机制

滑移位错以切过机制通过可变形粒子时，其强化效果主要来自以下几个方面：

（1）第二相粒子与基体间的共格应力场与位错交互作用，阻碍位错运动；

（2）若沉淀粒子为有序相，位错切过有序结构时，将在滑移面上产生反向畴界，反相畴界能高于粒子与基体间的界面能，因此位错切过有序相时需克服这部分阻力；

（3）位错切过第二相粒子后，形成了滑移台阶，增加了界面能，加大了位错运动的能量消耗；

（4）第二相粒子的弹性切变模量高于基体时，位错切过第二相粒子会增大位错自身的弹性畸变能，引起位错的能量和线张力变高，位错运动受到的阻力更大。

位错的临界分切应力（τ_c）可以用式（3-8）表示，粒子尺寸越大或体积分数越大，切过机制的增强作用越明显。

$$\tau_c = A\Delta^{3/2}(fr/2T)^{1/2} \tag{3-8}$$

式中　A——常数；

Δ——各种强化作用的综合效应；

f——沉淀粒子的体积分数，%；

r——粒子半径，nm；

T——位错线张力，N。

当位错遇到不可变形粒子时，其滑移受到阻碍而发生弯曲，必须增大外加切应力以克服位错弯曲引起的位错线张力的增大，以及由此引起的材料强化。其产生的强度增量（σ_{ph}）符合 Ashby-Orowan 关系：

$$\sigma_{ph} = \frac{10\mu b}{5.72\pi^{3/2}d}f^{1/2}\ln\frac{d}{b} \tag{3-9}$$

式中　f——沉淀粒子的体积分数，%；

d——粒子的平均直径，nm。

由此可见，无论是通过哪一种机制产生强化作用，第二相粒子的强化效果均正比于粒子的体积分数。粒子尺寸的影响作用在不同机制下有较大的区别。切过机制下，粒子尺寸越大，强化效果越大，而在绕过机制下，粒子尺寸越小，强化效果越大。因此，存在一临界转换尺寸，当第二相粒子尺寸达到临界尺寸时，强化机制将在切过和绕过机制之间发生转化，且在此尺寸附近时强化效果最大，如图 3-3 所示。需要注意的是，可变形粒子和不可变形粒子的划分并不是特指某一类粒子。事实上，同一种粒子在尺寸很小，并与基体保持较好的共格关系时属于可变形粒子，而当尺寸较大且与基体的共格关系受到部分或完全破坏时，就变成了不可变形粒子。

由于钢铁材料中大部分第二相粒子的尺寸均大于临界转换尺寸，因此其沉淀强化效果主要是来自绕过机制，这时减小第二相粒子尺寸将会显著提高强化效果。

3.1.2　工程机械用高强度钢韧化机制

材料的韧性是指材料在变形和断裂过程中吸收能量的能力，是强度和塑性的综合表现，代表着材料抵抗微裂纹萌生和扩展的能力。

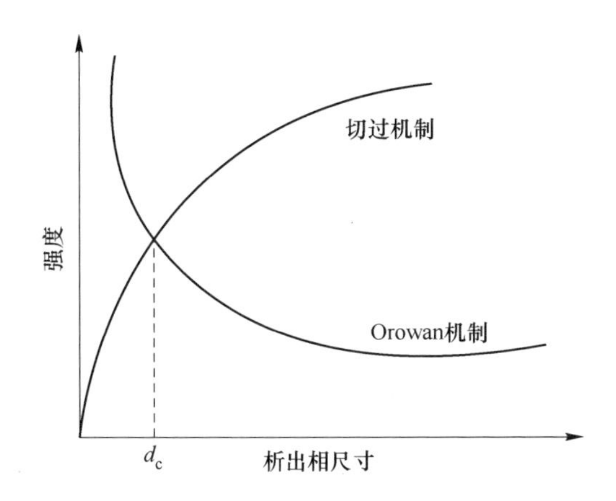

图 3-3 第二相粒子尺寸与强度增量的关系

通常情况下，伴随着各种强化机制的作用，材料的塑韧性会下降。细晶强化是各种强化方式中，唯一能够在提高强度的同时还能提高韧性的强化方式。对于工程机械用高强度钢，通常采用以下几种方式改善韧性：

（1）细晶韧化。细化晶粒可将外力作用下的塑性变形分摊到更多的晶粒中，而且晶粒内部和晶界的应变差也减小，材料受力均匀、应力集中较小，裂纹不易形成。相邻晶粒具有不同的晶体学取向，通常以大角度晶界相间，对裂纹扩展有一定的阻碍作用，当微裂纹扩展至晶界处时需要消耗一定的能量才能越过晶界继续扩展。晶界上原子排列紊乱，能量较高，合金钢中的杂质原子容易在晶界偏聚，降低晶界的结合力。细化晶粒可以增加晶界面积，减小晶界上杂质元素的偏聚浓度，降低晶界脆性。所以，晶粒尺寸越小，晶界面积越大，韧化作用越好。Petch 首先研究了晶粒细化对钢铁材料韧脆转变温度 T_c 的影响[1]，得到关系式(3-10)。可见，随晶粒尺寸的减小，韧脆转变温度降低。

$$T_c = A - kd^{-1/2} \tag{3-10}$$

式中 d——有效晶粒尺寸，μm；

A——与材料抗拉强度有关的参数（与晶粒尺寸无关）；

k——回归系数。

（2）减少间隙固溶原子含量。间隙固溶原子含量越高，畸变点阵数目越多，畸变程度越大，原子有规则排列区域明显减少，造成切变抗力增高，位错在晶界或障碍处塞积所引起的集中应力难以通过塑性变形来松弛，只能以裂纹的萌生和扩展来松弛，塑韧性显著降低。

（3）控制第二相粒子和夹杂物的类型、尺寸和分布。钢中的第二相粒子和夹杂物可能成为裂纹的形核源，降低韧性。增大第二相粒子尺寸和提高夹杂物的体积分数将明显降低韧性，使韧脆转变温度升高；具有尖锐棱边的条状、片状的颗粒比球状或近球状的颗粒对韧性的危害更大，以网状或断续网状分布于晶界或以带状偏析分布于晶内的颗粒比均匀分布的颗粒对韧性的损害更大。

3.2　控轧控冷技术对高强度钢强韧化的影响

控制轧制和控制冷却技术（Thermo-Mechanical Control Process，TMCP）是适应高强度低合金钢（High Strength Low Alloy，HSLA）的发展而被提出和发展的，被认为是20世纪钢铁工业领域最伟大的成果之一[2,3]。相比国外，我国对控轧控冷技术的研究和应用起步较晚，始于20世纪70年代，但是近年来在基础理论研究与工业化应用方面取得了许多成果，得到了长足的发展。在工业领域进行节能减排降耗的背景下，新一代TMCP工艺（New Generation-TMCP，NG-TMCP）得到发展和应用。由于具有节约型成分设计和减量化生产方法的优势，新一代TMCP工艺逐渐代替了传统的TMCP工艺，两者工艺对比如图3-4所示。

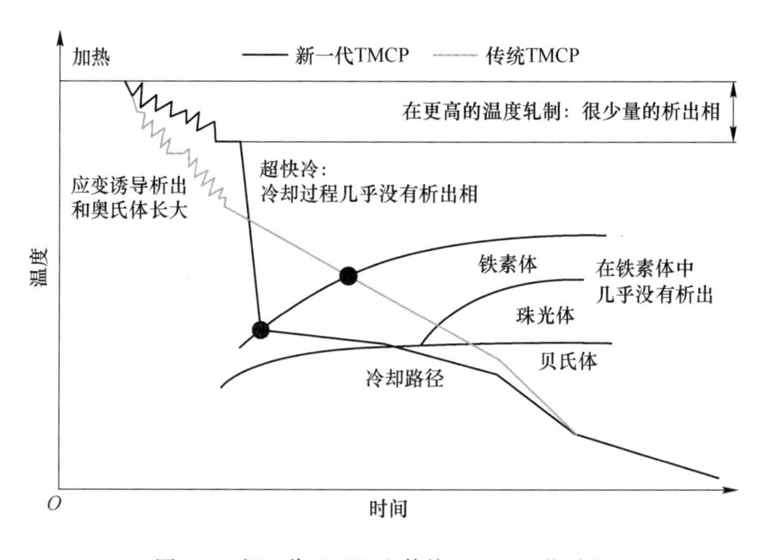

图3-4　新一代TMCP和传统TMCP工艺对比

新一代TMCP工艺思想的提出是基于传统控轧控冷技术中存在着的不足。其核心思想[4]主要包括：

（1）在奥氏体区间趁热打铁，相比传统TMCP的低温大压下，在较高的温度区间进行连续大变形，得到硬化的奥氏体；

（2）钢板在轧制之后立即进行超快速冷却，使其迅速通过奥氏体相区，保证轧件仍然处于奥氏体硬化状态；

（3）在奥氏体发生相变的动态相变点停止冷却，然后根据相应的产品组织和性能的要求进行后续冷却路径的控制。

新一代 TMCP 工艺以超快冷技术作为核心。我国科研工作者在超快冷技术及其原理方面开展了大量探索工作，在摸清了超快冷条件下热轧钢材的细晶强化、析出强化和相变强化的基本规律和组织、性能调控方法后，成功开发出了轧后超快冷设备。轧后超快冷技术可以在降低微合金元素的用量的条件下提高钢材的强度、塑性和韧性，实现了钢材生产方式的节约型和减量化。例如，普通 C-Mn 钢通过采用以超快冷为核心的新一代 TMCP 工艺技术手段，有效结合了细晶强化、析出强化、相变强化等强化机制，强度提高 100～200MPa，合金元素的用量与传统方式生产的产品相比降低 30% 以上，而且热轧工艺不需要采用低温轧制的方式，大大降低了轧机负荷，既大幅度降低了投资成本，又取得了节省资源和能源、减少排放的成果。近年来，以超快冷技术为核心的新一代 TMCP 技术迅速地在国内热连轧及中厚板的生产中得到了推广应用，具有更加广阔的应用前景。

3.2.1　热变形过程中的再结晶行为

众所周知，细晶强化是可以同时提高钢铁材料强度和韧性最有效的方法。在钢铁材料的热变形过程中，奥氏体的再结晶行为在奥氏体组织调控中发挥着显著的作用，特别对细化奥氏体晶粒起着决定作用。对于中厚板生产来说，在控制轧制阶段通常采用再结晶区和未再结晶区两阶段轧制。首先，利用再结晶区轧制时变形温度相对较高、应变速率相对较小的特点，奥氏体组织可以通过反复再结晶得到细化。其次，未再结晶区的变形可以增加奥氏体中的位错、变形带、空位等缺陷数量，同时增加了晶界的面积，为后续控制冷却阶段的奥氏体相变增加了形核点，从而达到进一步细化晶粒的目的。与传统 TMCP 工艺相比，新一代 TMCP 工艺的终轧温度相对较高。

奥氏体的再结晶是指在硬化组织中形成新的无畸变奥氏体晶粒的过程，包括形核和长大两个过程，不涉及相变和化学成分的改变。奥氏体的再结晶过程既可以发生在热变形过程中，也可以发生在道次间隔内，通常将其分为三类，分别是动态再结晶（Dynamic Recrystallization，DRX）、静态再结晶（Static Recrystallization，SRX）和亚动态再结晶（Metadynamic Recrystallization，MDRX），如图 3-5 所示。

动态再结晶是指再结晶晶粒的形核和长大发生在钢铁材料热变形过程中。因此，动态再结晶具有晶粒内部的位错密度高、晶界迁移速度慢的特点，可以实现优异的细化晶粒的效果。关于钢铁材料热变形过程中的动态再结晶行为，许多学者进行了大量研究[5]，这些研究涵盖了动态再结晶动力学、激活能、临界应变和峰值应变、Zener-Hollomon 参数的确定以及化学成分和工艺参数等对动态再结晶动力学的影响。

由于其自身的特殊性，动态再结晶具有很强的细化效果。对于 C-Mn 钢，

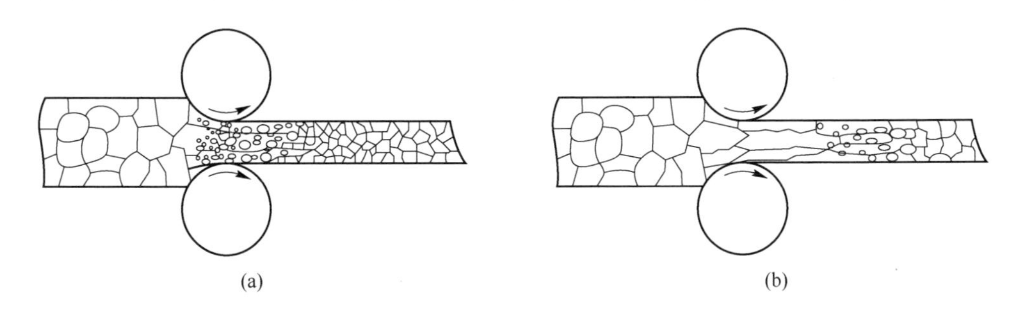

图 3-5　再结晶示意图
(a) 动态再结晶和亚动态再结晶；(b) 静态再结晶

Hodgson 等人给出了如下关系式：

$$d_{\mathrm{DRX}} = 1.6 \times 10^{4} Z^{-0.23} \qquad (3\text{-}11)$$

式中，Z 为 Zener-Hollomon 参数，$Z = \dot{\varepsilon}\exp(Q/RT)$。

对于不同的合金体系来说，式（3-11）中的常数和 Zener-Hollomon 参数的指数是不同的。由于动态再结晶发生在热变形过程中，是一种动态变化过程，因此，新形成的再结晶晶粒又会经历加工硬化过程，进而降低晶界迁移驱动力，抑制再结晶晶粒的长大，最终使得动态再结晶具有很强的细化效果。从上述关系式中可以看出，如果增大 Zener-Hollomon 参数，即增加应变速率或降低变形温度，位错密度将会大幅度提高，新的再结晶晶粒的加工硬化程度增大，进而降低再结晶晶粒长大驱动力，因此会得到较小的动态再结晶晶粒；相反，如果降低 Zener-Hollomon 参数，新生成的再结晶晶粒的加工硬化程度将会很大程度减弱，使得再结晶晶粒的长大动力学较大程度提高。Maccanno 等人研究了应变速率对再结晶晶粒尺寸的影响规律，发现增大 Zener-Hollomon 参数可大大细化动态再结晶晶粒。

亚动态再结晶同样具有很好的细化晶粒的效果，通常亚动态再结晶晶粒尺寸约为动态再结晶晶粒尺寸的 1.5～2 倍。相比动态再结晶，亚动态再结晶不需要形核过程。亚动态再结晶是道次间隔内动态再结晶晶核进一步长大的过程，由于省去了亚动态再结晶发生的孕育期，因此亚动态再结晶动力学非常快，通常比静态再结晶动力学大一个数量级。通常认为，热变形过程中如果发生了动态再结晶，随后就会发生亚动态再结晶的过程，但是关于变形后的软化控制机制仍然存在着一些争议。部分学者认为，只要热变形的应变大于发生动态再结晶的临界应变，那么钢板形变后的软化过程主要受亚动态再结晶机制决定。然而，变形参数对静态再结晶和亚动态再结晶的影响是有区别的，即静态再结晶动力学和晶粒尺寸取决于热变形过程中的应变以及原奥氏体晶粒尺寸，而亚动态再结晶动力学和晶粒尺寸主要由 Zener-Hollomon 参数决定。此外，亚动态再结晶晶粒尺寸远远小于静态再结晶晶粒尺寸。

对于 C-Mn 钢，Hodgson 等人同样给出了亚动态再结晶的表达式：

$$d_{\mathrm{MDRX}} = 2.6 \times 10^{4} Z^{-0.23} \tag{3-12}$$

静态再结晶也需要形核和长大，其与动态再结晶的区别在于：形核和长大过程发生在热变形之后，是一个静态的过程。静态再结晶动力学较慢，通过后续的冷却可有效实现静态再结晶行为的控制。对于热变形过程中静态再结晶行为，有学者进行了研究，认为静态再结晶晶粒尺寸与原奥氏体晶粒尺寸、应变程度及温度等因素息息相关。

陈俊研究了热变形速率和温度对奥氏体组织演变的影响规律，如图 3-6 所示。他发现在特定实验条件下钢均发生了动态再结晶，但动态再结晶分数具有较大的差异性。在较高变形温度 1150℃ 和 1100℃ 条件下，动态再结晶和亚动态再结晶是主要的细化机制，而在较低变形温度 1050℃ 和 1000℃ 条件下，除了低应变速率 0.1s^{-1}外，静态再结晶是主要的细化机制。

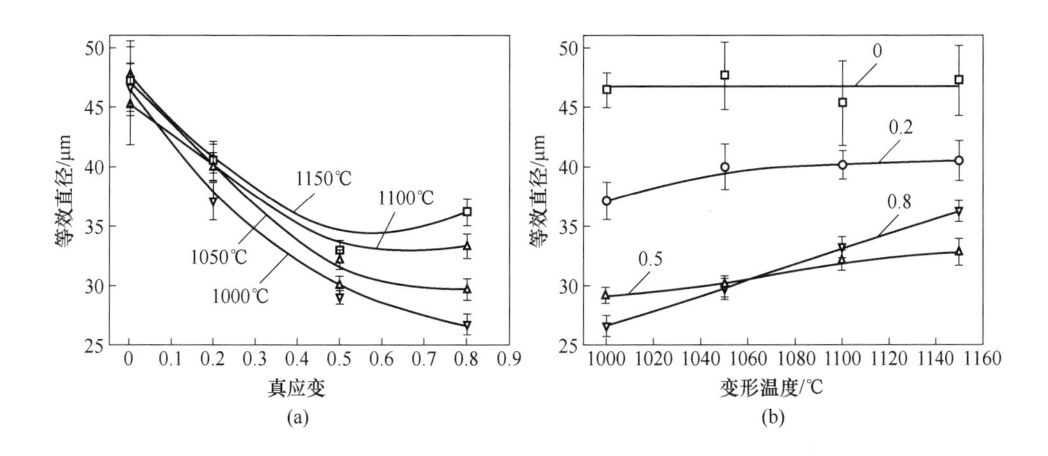

图 3-6 应变和变形温度对奥氏体晶粒尺寸的影响

（a）应变的影响；（b）变形温度的影响

关奎英等人研究了高强度钢在不同条件下热变形时的动态再结晶行为以及晶粒尺寸的变化规律，分析了变形工艺参数对再结晶行为以及晶粒尺寸的影响，认为变形温度和变形速率是影响动态再结晶的主要因素，一般在高的变形温度和小的变形速率下，动态再结晶才能发生。孙朝远等人对 Aermet100 超高强度钢的热变形行为进行了研究，也得出了同样的结论。不同变形条件下的组织如图 3-7 所示。

因此，工程机械用超高强度钢在热变形中的再结晶行为取决于实际的加工应变、应变速率、温度等参数条件，通过不同参数的匹配，实现机械用超高强度钢良好的细晶强化效果。

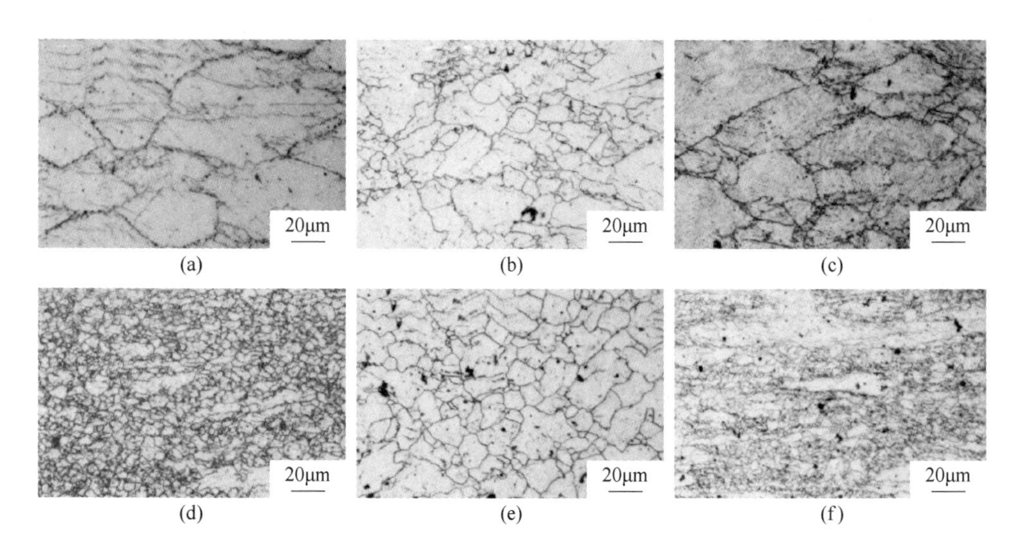

图 3-7 Aermet100 超高强度钢不同变形条件下的显微组织

(a) 880℃，0.01s^{-1}，30%；(b) 960℃，0.01s^{-1}，30%；(c) 960℃，1s^{-1}，30%；
(d) 880℃，0.01s^{-1}，60%；(e) 960℃，0.01s^{-1}，60%；(f) 960℃，1s^{-1}，60%

3.2.2 超快冷条件下的析出行为

在钢中添加 Nb、V、Ti 微合金元素和一些其他合金元素，析出相会以微小颗粒析出弥散分布于基体中，造成基体晶格的畸变，提高材料的强度，这称为析出强化。自从成功开发 HSLA 钢以来，析出强化的作用日益显著。目前析出强化已经成为实现机械用超高强度钢的高强度目标的一种非常重要的强化手段，析出强化效果明显。通过微合金化和控轧控冷技术的有机结合可以保证钢材达到较高强度同时还能保持良好的韧性。科研工作者通过实验观察研究了析出强化理论，根据晶体中的位错在运动的前方遇到析出相时的表现提出了两种位错和析出相的交互作用模型[6]。

(1) Orowan 机制或绕过机制（见图 3-8）：当运动的位错遇到具有较高硬度和一定形状、一定尺寸的析出相时，由于第二相质点的强度足以抵抗位错作用于其上的局部应力，因而不发生切变或断裂。位错运动受到阻碍，并且不能切过质点，于是，位错在质点之间发生弯曲后继续弓出前进。外力增加使位错被充分弯曲，并相遇形成回环，位错的主要部分与回环分离。继续前进时位错的张力使之变直。位错每通过质点一次便在质点周围留下一个位错环。位错的能量正比于其长度。当位错遇到质点运动受到阻碍而发生弯曲时，就必须外加切应力以克服由于位错弯曲而引起的位错张力的加大。位错和质点的交互作用主要是位错线绕过硬质点所产生的力，可以用关系式来表示：

$$\Delta\sigma_p = 3\tau = \frac{3Gb}{D} = \frac{3Gb}{2r} \tag{3-13}$$

式中　$\Delta\sigma_p$——绕过机制对屈服强度的贡献；

τ——脱钉最小切应力；

D——质点之间的间距；

b——柏式矢量；

r——两个质点间位错线的弯曲半径；

G——基体金属的切变模量。

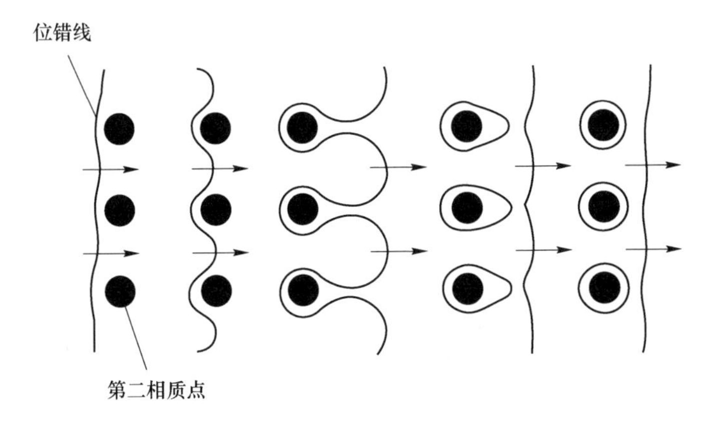

图 3-8　Orowan 机制中位错线绕过第二相质点的示意图

（2）切过机制（见图 3-9）：当沉淀相与基体保持共格，而沉淀相质点的尺寸极小，并且产生塑性变形时，运动着的位错将切过质点，使质点与基体一起产生形变，并引起强化效应。由于位错切过第二相质点时的几种因素综合作用的结果，必须要做额外功，因此提高了材料的屈服强度。位错切过质点产生的强化作用与沉淀相质点的体积分数的 1/2 次方成正比，而且也与质点尺寸的 1/2 次方成正比。

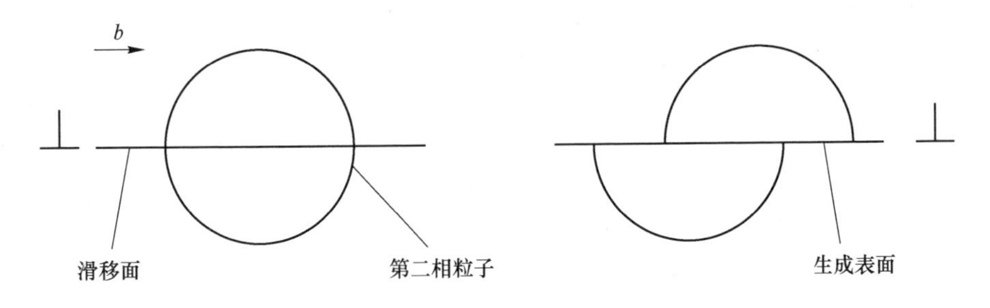

图 3-9　切过机制中位错切过第二相的示意图

与传统 TMCP 相比，NG-TMCP 除了可以将相变控制在相对较低的温度区间，有利于产生细小的相变组织外，在钢中析出物的控制上也有着更为明显的优势：

（1）抑制了热变形过程中的应变诱导析出，保证了微合金元素在基体中的过饱和度，使更多微合金元素保留到铁素体或贝氏体相变区析出，导致析出相尺寸细小（其尺寸为2～10nm），最终大大提高钢材的强度和韧性。

（2）避免碳化物在常规冷却过程中从穿越高温奥氏体区及铁素体区时沉淀析出，同时抑制冷却过程中析出物的长大。

（3）通过精准控制冷却路径，获得最佳的碳化物析出工艺窗口。

析出强化在各类钢中都有应用，其效果与析出相粒子数量、尺寸等因素有关。Gladman等人依据Orowan-Ashby模型提出用式（3-14）表示析出强化的效果：

$$\Delta\sigma = \frac{5.9f^{1/2}}{\bar{x}}\lg(\bar{x}/2.5\times10^{-4}) \tag{3-14}$$

式中　$\Delta\sigma$——屈服强度的增加值，MPa；

f——碳氮化物的体积分数；

$\bar{x}$——颗粒在滑移平面上的平面截取直径，由 $\bar{x}=D(2/3)^{1/2}$ 给出，其中，D 为微粒平均直径，μm。

从式（3-14）可知，析出相的数量越多，析出相尺寸越小，则析出相对材料屈服强度的提高贡献值就越大。这些析出相颗粒的尺寸以及析出相间距受轧后冷却速度、相变完成温度和时间的影响。冷却速度增大，则析出温度降低，因此析出相间间距变小，析出质点也随之减小，长大速度也越慢；析出时间越长，质点就会长得越大。位错、界面和其他晶体缺陷处通常是析出最有利的位置。采用传统的控轧控冷工艺时，含铌HSLA钢通常会在800～950℃温度范围内进行热加工，由于形变诱导会使铌的碳氮化物析出，因而可能提高材料的强度。但是由于是在奥氏体中析出，随后析出粒子还有可能长大，因此最终析出粒子尺寸达数十纳米，强化效果不理想。在采用新一代TMCP技术后，通过超快冷抑制碳氮化物在奥氏体的析出，使温度下降迅速通过形变诱导析出的温度范围，铁素体相变的温度区间和碳氮化物析出温度区间重叠。此时，碳氮化物由于很大的析出驱动力而发生相间析出，或者在铁素体晶内大量弥散析出，数量多，尺寸小，使铁素体基体得到强化，大幅度提高钢材的强度水平。例如，Ti的碳化物或V的碳氮化物大量析出的温度在650～700℃，利用超快冷技术，将热变形后的钢板快速冷却到此温度区间，将有利于发生相间析出或铁素体内析出，强化效果十分显著。李小琳等人[7]研究了超快冷条件下含Ti低碳微合金钢析出行为研究，发现80℃/s的冷速下析出物较20℃/s更加细小且弥散，如图3-10所示。其利用Orowan机制对轧后不同冷速处理实验钢的析出强化量进行估算，发现高冷速下细小弥散的析出对强度贡献更大。

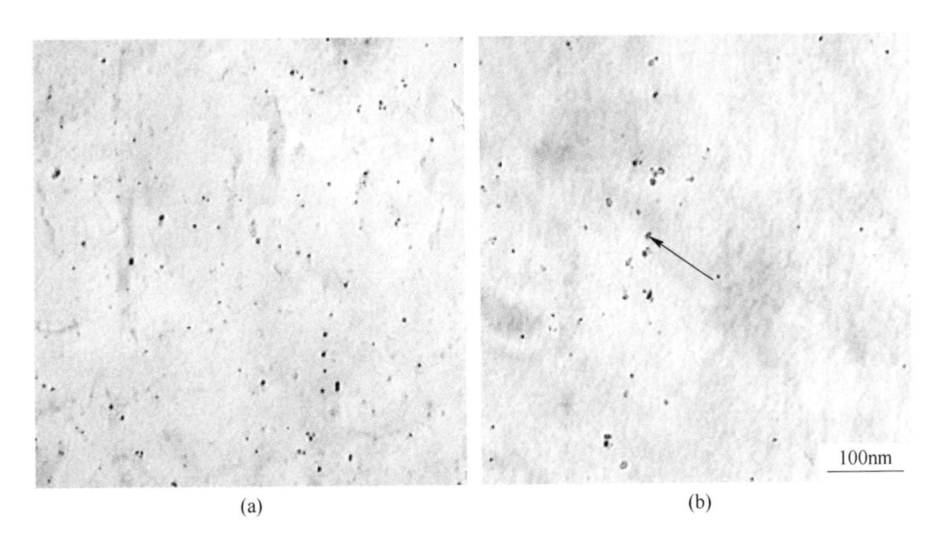

图 3-10 经 80℃/s 和 20℃/s 处理后实验钢的 TEM 照片
(a) 80℃/s; (b) 20℃/s

王斌等人[8]对超快速冷却条件下碳素钢中纳米渗碳体的析出行为和强化作用进行了研究，结果表明在轧后超快速冷却条件下，0.17% C 和 0.33% C 钢的组织中可观察到大量弥散的纳米级渗碳体析出，颗粒直径为 10～100nm。超快速冷却技术和形变热处理的工艺相结合可以实现纳米渗碳体在组织中的均匀析出，达到更加突出的均匀强化效果。与层流冷却相比，0.17% C 钢的屈服强度可提高 300MPa 以上。

综上，采用 NG-TMCP 技术，针对不同合金元素的析出特点，制定合理的冷却制度，可以更好地发挥各种微合金元素的强化作用，提高合金元素的强化效果，实现工程机械用超高强度钢良好的强韧性目标。

3.2.3 合金元素和第二相质点对再结晶行为的影响

随着合金化和控轧控冷技术的普遍应用，性能优越的合金钢和微合金钢不断得到开发和应用。在钢中添加合金元素，就是利用合金元素具有的重要特性，即在一定加热温度下可以固溶，而在热加工和冷却过程中，随着温度的降低又能以碳氮化物的形式析出，来控制其析出行为，从而对钢的微观组织和力学性能进行调控。合金元素和第二相质点除了发挥固溶强化和析出强化作用外，合金元素本身及其形成的一定数量和尺寸的第二相质点还可以在固溶以及析出的过程中对再结晶等行为发挥重要的影响。

钢中存在的第二相会钉扎基体晶界使之不发生再结晶。第二相的体积分数越大、尺寸越小，对位错运动的钉扎力就越大，基体将不容易发生再结晶。工业生产中可以通过控制第二相在合适的变形温度、时间、应变量及应变速率下应变诱导沉淀析出，利用其阻止再结晶的作用调节基体组织的再结晶行为。当希望发生再结晶时，应使钢中不含能够形成明显阻止基体再结晶的第二相元素或即使存在相应的元素但不会在此时析出；而当希望基体组织不发生再结晶时，则需添加可明显阻止基体再结晶的合金元素并使其在最需要阻止再结晶时沉淀析出足够体积分数的尺寸足够细小的第二相。利用第二相调节基体组织再结晶行为的作用可以有效控制钢材基体组织的热变形再结晶行为，使之适应相应的热加工工艺，从而获得所需要的强韧化效果。对于钢材，绝大多数第二相是在热加工过程中析出的。所以，深入了解第二相粒子在热变形过程中的析出行为及其对动态再结晶的影响非常重要。过去的 20 多年中，研究者们集中研究了 Nb、Ti、Nb-V 及 Nb-Mo 等微合金钢热变形过程中第二相的溶解和析出，并且探讨了这些钢的应变诱导析出行为。王西涛等人建立了铌微合金钢热机械过程的物理冶金模型，预测了热轧过程中的析出、回复与再结晶交互作用对奥氏体微观组织演变的影响。陈礼清研究了低碳铌微合金钢的动态再结晶及其过程中的第二相析出行为，指出动态析出物粒子的平均尺寸随着应变的增加而增加，动态析出只能延迟动态再结晶的发生；一旦动态再结晶发生，动态析出就不能够阻止动态再结晶过程的进行。

Nb、V、Ti 等元素是最常添加的合金元素。Nb、V、Ti 合金碳氮化物在奥氏体中的溶解度是不同的，基本上按以下顺序递增：TiN，NbN，TiC，VN，NbC，VC；这些碳化物在铁素体中的溶解度也依照同样的次序。通常认为，这些微合金碳氮化物的析出强化能力与其在奥氏体中的溶解度有关。Nb、V、Ti 等合金元素及其形成的碳氮化物析出对合金钢或微合金钢的再结晶的影响如下所述。

固溶的 Nb 通过溶质拖曳效应和析出粒子的钉扎机制能够延迟和抑制奥氏体的再结晶行为。晶界处的溶质原子能够降低晶界及亚晶界的迁移率，并且当晶界和亚晶界移动时，溶质原子会对其施加阻力，降低其运动速度，减缓再结晶过程。由于再结晶形核过程与大角度晶界、亚晶界的迁移和位错的攀移有关，因此再结晶过程必然受到溶质原子的阻碍。细小的析出粒子能够对晶界和位错产生钉扎作用，从而降低晶界和位错的移动速度，即阻止再结晶形核和长大过程。

微合金元素 Nb 具有显著的细晶强化和中等程度的沉淀强化作用，有利于提高钢板强度。Nb 在钢中主要有三种存在形式。

（1）未溶的 Nb，未溶粒子阻止均热态奥氏体晶粒粗化，起到细化晶粒的作用。

（2）固溶态的 Nb，固溶 Nb 降低晶界和亚晶界的迁移率。当晶界移动时，溶质原子会施加阻力；而且，在高温下固溶在钢中的 Nb 与奥氏体中的位错相互作用，阻止奥氏体晶粒发生再结晶，提高奥氏体再结晶温度；随着温度的降低和变形的进行，Nb 在位错、亚晶界、晶界上应变诱导析出碳氮化物，降低了再结晶晶粒形核速率，抑制了奥氏体的再结晶（动态再结晶、静态再结晶和亚动态再结晶）。通过粒子钉扎抑制再结晶的效应，一方面提高了再结晶温度，使再结晶过程在高温区进行；另一方面加大了未再结晶区的温度范围，从而实现了高温控制轧制，降低了轧制力，在相变前对奥氏体进行多道次的变形积累，为细化铁素体晶粒创造条件。

（3）沉淀析出形成碳、氮或碳氮化物的 Nb，这种化合物细小、弥散，在轧制过程中 900℃下析出时与固溶态的 Nb 一起抑制再结晶和组织晶粒长大，在低温时弥散析出起到沉淀强化作用。

V 是我国富有的元素之一，是微合金化钢最常用也是最有效的强化元素之一。与其他微合金元素相比，V 有较高的溶解度，在奥氏体中处于固溶状态，对奥氏体晶粒长大及再结晶的抑制作用较弱。V 的作用是通过形成 V(C,N) 影响钢的组织和性能，主要在奥氏体晶界和铁素体中沉淀析出，在轧制过程中能抑制奥氏体的再结晶并阻止晶粒长大，起到细化铁素体晶粒和析出强化作用，从而提高钢的强度和韧性。实际生产中，高强度钢多利用 Nb 的细晶强化作用和 V 的析出强化作用提高钢板强度。

钢中添加微量 Ti 可提高其强韧性。在钢的凝固过程中能与 N 结合生成稳定的 TiN 可强烈阻碍奥氏体晶界迁移，从而细化奥氏体晶粒[9]。与 C 结合生成 TiC，可起到析出强化作用。超出理想化学配比的 Ti，在钢液凝固结晶过程中形成大量弥散分布的颗粒，可以成为钢液凝固时的固体晶核，有利于钢的结晶，细化组织，减少粗大柱状晶和树枝状组织的生成。轧制过程中，在奥氏体高温区析出的粒子可阻止奥氏体的再结晶过程，最终细化转变组织。在耐磨钢中添加微量 Ti 也可以通过 TiN 和 TiC 析出颗粒而产生影响。液态中析出的粗大 TiN 对晶粒长大阻碍作用较弱。凝固后固态中析出的 TiN 较为细小，加热阶段能够有效阻止奥氏体晶粒长大，当加热温度达 1000℃时，TiC 才开始缓慢地溶入固溶体中，在未溶入前，TiC 颗粒有阻止钢晶粒长大粗化的作用。

总之，复合添加微合金元素 Nb、V、Ti 钢板具有明显优势：加热阶段微合金元素 Nb、V 充分固溶，而未溶 TiN 可以抑制奥氏体晶粒长大；控制阶段利用固溶 Nb 和部分 Nb 的析出物抑制奥氏体再结晶并阻止再结晶晶粒长大；控制冷却阶段大量细小的 Nb、V 析出物在奥氏体相变过程或相变后析出，综合利用析出强化和细晶强化机制使钢板具有高强度和高韧性。

3.3 热处理技术对高强度钢强韧化的影响

淬火和回火是低合金超高强度工程机械用钢实现良好力学性能的关键工序。淬火温度高保温时间长，导致再加热奥氏体晶粒粗大，细晶强韧化作用减弱；淬火温度低保温时间短，未溶碳化物数量多，奥氏体中碳含量降低，削弱了碳原子的固溶强化作用，导致强度下降；回火温度偏低回火时间不足，钢板内应力消除不充分，影响钢板的塑性成形性能；回火温度高，碳化物析出数量增加，降低强度，并且有可能产生回火脆性；回火时间长，影响生产效率，增加成本。因此，淬回火工艺对高强度工程机械用钢的强韧化有着重要的影响。

3.3.1 淬火热处理的影响

淬火处理的主要目的是得到高强度的马氏体基体组织。再加热淬火工艺作为传统的淬火方式，具有稳定性和均匀性的优点，主要包括加热、保温和冷却三个环节，从而影响奥氏体晶粒状态。马氏体板条束和板条块是板条马氏体钢强韧性的控制单元，而板条束和板条块的尺寸又与原始奥氏体晶粒尺寸密切相关。

再加热淬火过程中，在加热转变刚刚完成时，奥氏体晶粒较为细小，晶界呈不规则的弧形，经过一段时间加热或保温，晶粒长大，且边界趋向平直化。奥氏体（γ）含碳量介于铁素体（α）与渗碳体（Fe_3C）之间，α/Fe_3C 两相界面上碳原子含量较高，扩散速度快，且界面能量较高，界面处原子排列不规则，容易形成较大的浓度涨落、能量涨落及结构涨落。因此，α/Fe_3C 界面成为奥氏体晶核的优先形成位置。珠光体团界面、铁素体边界也可成为奥氏体形核点。此外，原奥氏体晶界处容易富集碳原子以及其他合金元素，也为奥氏体形核提供了有利条件。因此，原始组织越细，奥氏体形核率越高，奥氏体形成速度越快。当加热温度进一步提高或延长保温时间，γ/α 和 γ/Fe_3C 两个新相界面向铁素体和渗碳体中不断推移，使奥氏体晶粒长大。奥氏体化前的原始组织及加热条件对奥氏体晶粒的形核和长大存在影响。原始组织为珠光体类组织时，片状珠光体的间距越小，奥氏体形核率越大，起始晶粒越细。随升温或保温时间延长，晶粒开始长大。当非平衡组织（如马氏体）在进行奥氏体化时，针状奥氏体容易在马氏体板条间形成。当马氏体间有碳化物存在时，碳化物与基体交界处更是奥氏体形核的优先位置。球状奥氏体则容易在马氏体板条束之间以及原奥氏体晶界处形核。在随后的加热或保温过程中，针状奥氏体可能会通过再结晶变成球状奥氏体。若原始奥氏体晶粒粗大，在一定的加热条件下，新形成的奥氏体晶粒会继承和恢复原始粗大的奥氏体晶粒，如果将这种粗晶有序组织继续加热，延长保温时间，还会使晶粒异常长大，造成混晶和组织遗传，严重影响钢的韧性。

3.3.2 回火热处理的影响

回火是调整淬火态钢板组织性能的重要工序，一方面可降低淬火应力，另一方面通过改变组织调控强韧性。马氏体中过饱和固溶的碳原子在热力学上倾向于自发脱溶，从而马氏体本身可自发地转化为相对稳定而又强韧的组织。回火马氏体强韧性是回火温度的函数，即其强韧性取决于相应回火温度的回火马氏体组织结构的改变。而马氏体回火的关键在于碳原子过饱和固溶量的调节，通过回火加热的热激活，可以加速碳原子固溶量的调节。一般认为，回火过程中组织变化主要经历碳原子的重新分布、碳化物的产生、残余奥氏体的分解和渗碳体粗化和球化等几个阶段演变。这几个阶段有自己独立的过程，但是也有互相重叠的阶段。

研究表明，马氏体中 C 原子大多占据着 α-铁体心立方的八面体间隙位置，回火温度为 200 ~ 250℃，间隙 C 原子会发生扩散，并且从马氏体中脱溶，导致 C 元素在相界或者晶界逐渐发生条状聚集，相界与晶内成分起伏不一，回火时原子也很容易从马氏体基体中向马氏体板条间的残余奥氏体进行扩散。回火温度超过 300℃时，马氏体板条边界逐渐模糊，从基体中析出的碳化物呈弥散分布，在扫描电镜下已经可以被清晰地观察到，而且随回火温度的上升数量不断增加。回火温度升高至 400 ~ 500℃时，部分板条发生系列改变，包括板条合并、变宽及等轴化等，板条结构越发减少，同时大量碳化物弥散地分布于基体之上，并且渗碳体会发生明显粗化。回火过程中的显微组织变化说明，淬火态实验钢回火后，随着回火温度的升高，马氏体回复愈加充分，板条边界经原子间相互扩散、聚集、合并和重组，相界面逐渐模糊，碳化物逐渐从马氏体结构中析出并粗化。随着回火温度不断升高后，渗碳体在马氏体中形成，小角度板条界面消除，单位体积内马氏体板条界面积迅速减少，剩下的大角度板条界面被早期形成的碳化物钉扎住，因此尽管板条发生了粗化，但仍然可以稳定存在到一定的回火温度。350℃ 回火后渗碳体颗粒会发生明显粗化，有些渗碳体甚至发生球化，失去其刚析出时的棒状或片状形态。在 500℃ 回火时，板条间碳化物球化现象明显；而在 600℃ 回火时，大部分渗碳体都已发生球化，并且板条边界已经很难分辨。棒状或片状渗碳体发生球化驱动力主要是渗碳体球化前后的表面能差。一般来说，板条间的渗碳体比板条内部的渗碳体早一步呈现出球状，这是由于在界面处的元素 C 扩散更容易进行，因此处于板条间的和原奥氏体晶界的渗碳体会优先长大和球化。渗碳体颗粒粗化后对剩余大角度板条界面钉扎作用减弱，导致这些板条界面容易重组而发生等轴化以降低界面能。此外，回火温度达到 500℃ 以上时，基体内部的位错密度会显著降低，碳含量会降低至铁素体平衡碳含量，因此基体会发生软化，导致马氏体钢的屈服强度下降而韧性显著提高。

3.4 高强度钢的强韧化调控结果

目前低合金高强度钢 Q960 在国内工程机械等领域有着较为广泛的应用，且国内多家钢企均能够进行高强度钢 Q960 的稳定工业生产。对于 Q1100 高强度钢来说，其成分体系与强韧化机制与 Q960 高强度钢相差不大。而 Q1300 代表着目前国内最高的强度级别，所以其强韧化调控机制难度更高。因此，针对 Q960 和 Q1300 两种典型高强度钢的强韧化调控机制进行了详细的阐述。

3.4.1　Q960 高强度钢的强韧化调控结果

3.4.1.1　奥氏体晶粒尺寸调控

Q960 奥氏体晶粒尺寸随温度变化规律如图 3-11 所示，不同加热温度下奥氏体晶粒的尺寸和形状如图 3-12 所示。可以看出，在加热温度 1100℃以下奥氏体晶粒度随温度升高长大较小，增长幅度在 50μm 以下；而在高于 1100℃时，尤其在 1150℃以上，奥氏体晶粒尺寸增长迅速，直至 1250℃加热出现严重的晶粒粗化现象。并且随加热温度的升高，晶粒尺寸由大小不均而趋向于分布均匀。

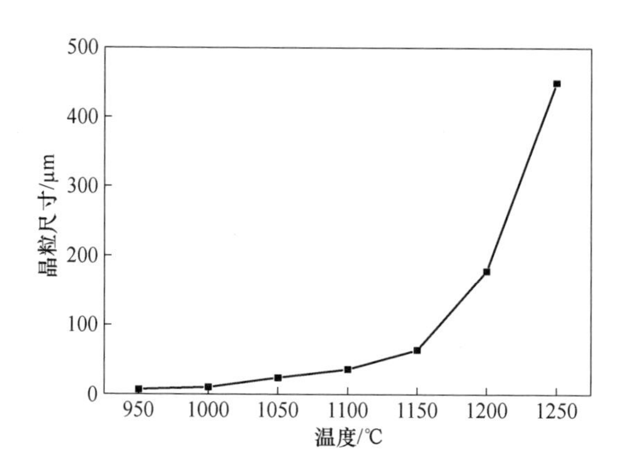

图 3-11　奥氏体晶粒尺寸与加热温度的关系

如果钢中不存在第二相质点足以阻止晶粒长大，那么钢材的奥氏体晶粒将随均热时间而不断长大；而且随着温度越高，晶粒长得越大。如果钢中含有微合金元素，则在加热温度较低或加热时间较短时，微合金碳氮化物质点将钉扎奥氏体晶粒，导致奥氏体晶粒尺寸基本不长大，或相当缓慢地长大。然而，随温度的升高，微合金碳氮化物的体积分数将减小，随时间的延长，微合金碳氮化物质点的尺寸将因 Ostwald 熟化而长大，一定时间后奥氏体晶粒将解钉而发生反常晶粒长大，迅速长大到相当大的尺寸，甚至有可能超过无微合金元素的钢的晶粒尺寸。

Q960 高强度钢添加了铌、钒、钛、铝等对抑制晶粒粗化有利的元素，因此在 1100℃以下的稍低温度加热时，晶粒尺寸呈缓慢增加。但是各元素在所设计的含量水平下对抑制晶粒粗化所起的作用是不同的。表 3-1 为钢中常见微合金元素碳氮化物典型温度下在奥氏体中的固溶度积。

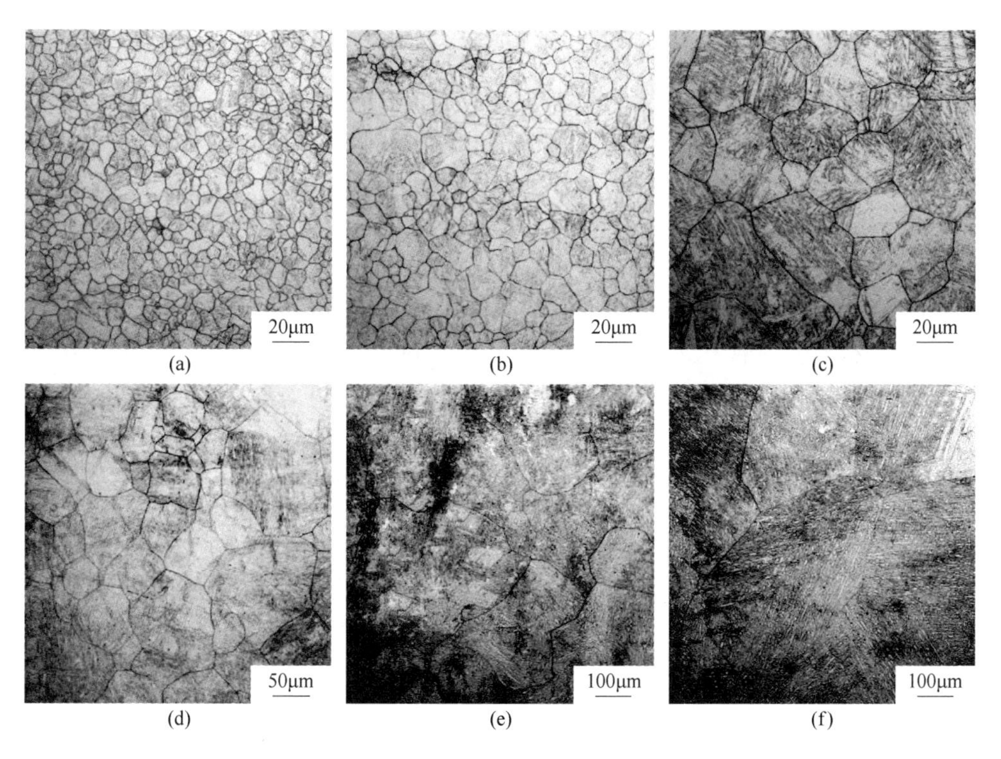

图 3-12 不同加热温度的奥氏体晶粒
(a) 950℃；(b) 1000℃；(c) 1050℃；(d) 1150℃；(e) 1200℃；(f) 1250℃

表 3-1 典型温度下碳化物、氮化物固溶度积

温度/℃	[V][C]	[Nb][C]	[Ti][C]	[V][N]	[Nb][N]	[Ti][N]
800	7.4×10^{-3}	1.1×10^{-4}	5.8×10^{-5}	5.0×10^{-5}	7.3×10^{-6}	7.3×10^{-7}
900	4.2×10^{-2}	4.8×10^{-4}	2.3×10^{-4}	2.3×10^{-4}	3.6×10^{-5}	3.2×10^{-7}
1000	1.8×10^{-1}	1.6×10^{-3}	7.2×10^{-4}	8.2×10^{-4}	1.3×10^{-4}	1.1×10^{-6}
1100	6.3×10^{-1}	4.6×10^{-3}	1.9×10^{-4}	2.5×10^{-3}	4.1×10^{-4}	3.1×10^{-6}
1200	1.86	1.1×10^{-2}	4.6×10^{-3}	6.4×10^{-3}	1.1×10^{-3}	7.7×10^{-6}
1300	4.79	2.5×10^{-2}	9.6×10^{-3}	1.5×10^{-2}	2.5×10^{-3}	1.7×10^{-5}

钢中的铝能形成难溶的 AlN 质点在晶界上弥散析出，阻碍晶粒长大，Q960 高强度钢中 Al 和 N 的含量水平可以使加热到 1000℃时仍保持较细的晶粒度。但进一步升高温度，AlN 质点溶入奥氏体中，将使晶粒急剧长大。出于合金元素充分固溶的考虑，Q960 高强度钢不可能在 1000℃以下均热，因此铝元素所起的阻止晶粒粗化的作用将消失。VC 在奥氏体中的固溶度积较大，即使在 900℃的较低温度下也高达 4.2×10^{-2}，N 含量很低优先与 Nb、Ti 结合，因此 1050℃时钒的

碳化物几乎全部溶解而失去抑制晶粒粗化的作用。在1050℃以上阻止奥氏体晶粒粗化的颗粒只有铌和钛的碳氮化物，或含钒的复合碳化物。根据铌的固溶度积，对于Q960高强度钢中Nb、C、N的添加量而言，在1100℃时铌已大量溶解。各微合金元素间的复合效应会改变单独添加时的溶解温度，例如V和Nb的碳化物能无限互溶，两者的复合会提高V的溶解温度而降低Nb的溶解温度，但在1150℃时，V已经完全固溶Nb也已大部分溶解。钛的碳氮化物的溶解温度更高一些，根据Freeman对于合金成分Fe-0.2Ti-0.27C钢而言，所有TiC质点在1200℃达到平衡时能够全部溶解，并且未溶TiC的奥氏（Ostwald）熟化基本可以忽略。实验钢中含有0.018% Ti、0.15% C、0.003% N，$[Ti][C]=2.7\times10^{-4}$，$[Ti][N]=5.4\times10^{-5}$，TiC颗粒在1200℃能完全固溶，TiN在1200℃时溶解度仍很小，即使在1300℃还有大部分TiN未溶，这将从以后的实验中1200℃加热轧制后的钢板的TEM图像中方形TiN看出。由于这些因素导致实验结果中在1150~1200℃由于全部的Nb和大部分Ti的固溶，奥氏体晶粒长大明显，而且在1250℃奥氏体晶粒基本没有了细小颗粒的钉扎作用呈剧烈的粗化。为了确保合金元素充分溶解均匀固溶以起到所预定的作用，又不使奥氏体晶粒过分粗化导致组织和性能的恶化，Q960高强度钢在轧制工艺中加热温度应设定在1170~1200℃。

3.4.1.2　轧制冷却工艺对组织性能的影响

如图3-13所示，普通连续热轧工艺（HR-1~HR-3）的显微组织原奥氏体晶粒有一定程度的压扁拉长，虽然是高温连续轧制主要处于奥氏体再结晶区，但终轧道次温度已经降到980~990℃，此温度下再结晶软化进行缓慢，因此三种冷却方式均保留了奥氏体一定程度的变形。而两阶段控轧工艺（CR-1~CR-3）第二阶段未再结晶区的奥氏体变形能够完全积累，因此图中可观察到原奥氏体晶粒被显著压扁拉长，明显细化有效奥氏体晶粒尺寸，增加界面数量，冷却转变的组织也明显较热轧组织细化。结合图3-13观察光学显微金相可知，空冷条件下（HR、CR-1）组织全部由贝氏体构成，其中不规则的M-A组织较多，有少量的上贝氏体，水冷至600℃再空冷（HR、CR-2）的组织中呈条状分布的M-A岛较多，含一定量上贝氏体，并有很少量马氏体。直接水冷至室温（HR、CR-3）的组织则完全为板条马氏体。

热轧和控轧状态下的力学性能没有显著差别，只在小幅度内有所不同。空冷和中断冷却两种冷却方式所得力学性能几乎相同，强度和韧性均较差，不规则的较为粗大的粒状及长条状M-A岛损害材料的韧性。连续水冷至室温的钢板具有较高的强度和韧性，这体现了低碳板条马氏体具有良好的强韧性能匹配。各轧制和冷却状态下力学性能如图3-14所示。

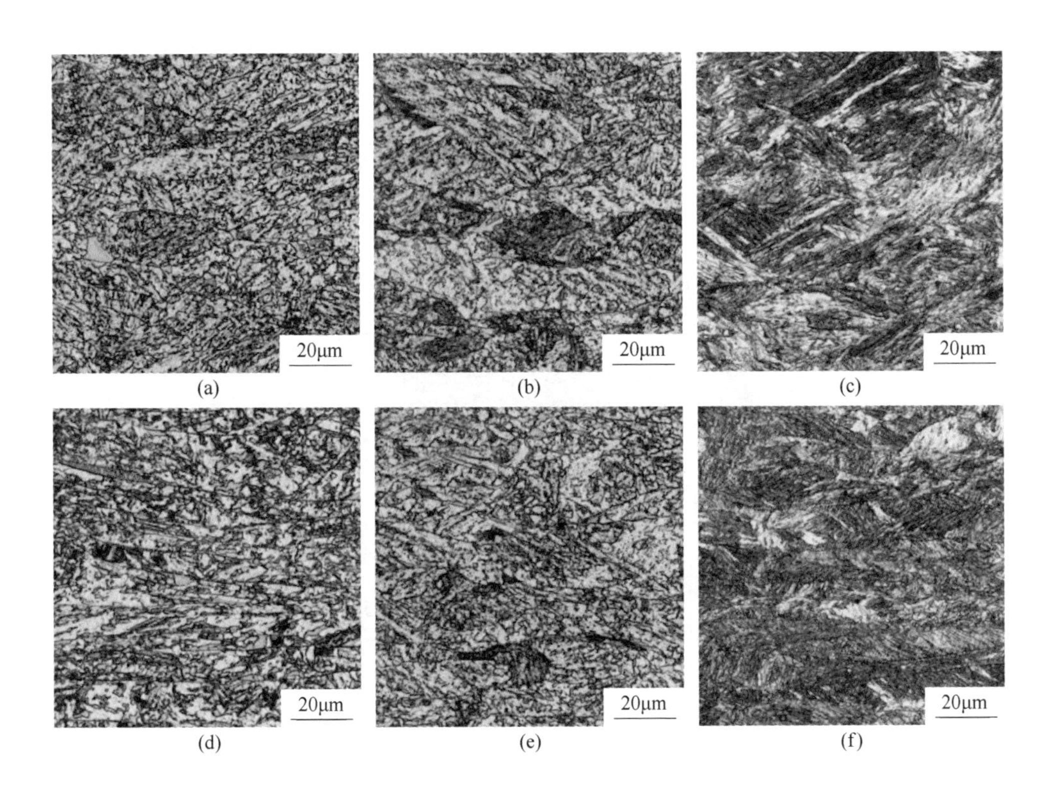

图 3-13 各轧制和冷却状态光学显微组织

(a) HR-1；(b) HR-2；(c) HR-3；(d) CR-1；(e) CR-2；(f) CR-3

(HR、CR 分别为普通轧制和控制轧制；1、2、3 分别表示空冷、中断冷却、连续水冷)

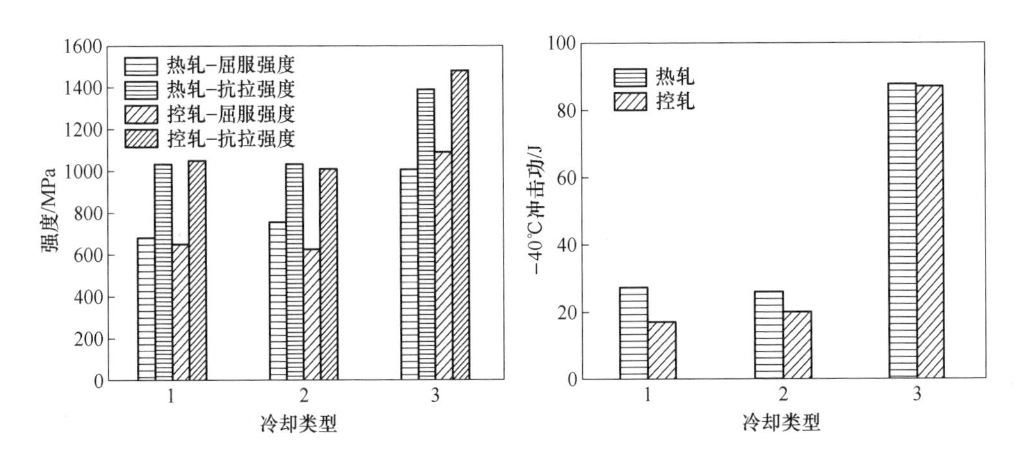

图 3-14 各轧制和冷却状态下力学性能

(1、2、3 分别表示空冷、中断冷却、连续水冷)

各轧制状态下 Q960 高强度钢钢板进行热处理。淬火工艺参数为 900℃ 加热保温 15min，然后直接淬入水中冷却至室温，回火工艺参数为 600℃ 加热保温 60min，然后空冷至室温。在所采用的淬火工艺下，各原始状态组织均能在整个厚度截面获得全部马氏体，组织极为细化，较难分辨马氏体的板条形貌。图 3-15 为两阶段轧制中断冷却工艺的原始组织所获得马氏体形貌。

图 3-15 CR-2 工艺原始组织所获得马氏体形貌

各轧制工艺淬火状态下的力学性能如图 3-16 所示。图中可以看出，控制轧制的强度和韧性均高于普通热轧，而不同冷却方式对淬火态力学性能的影响不明显，只是 CR-3 工艺的冲击韧性稍高。

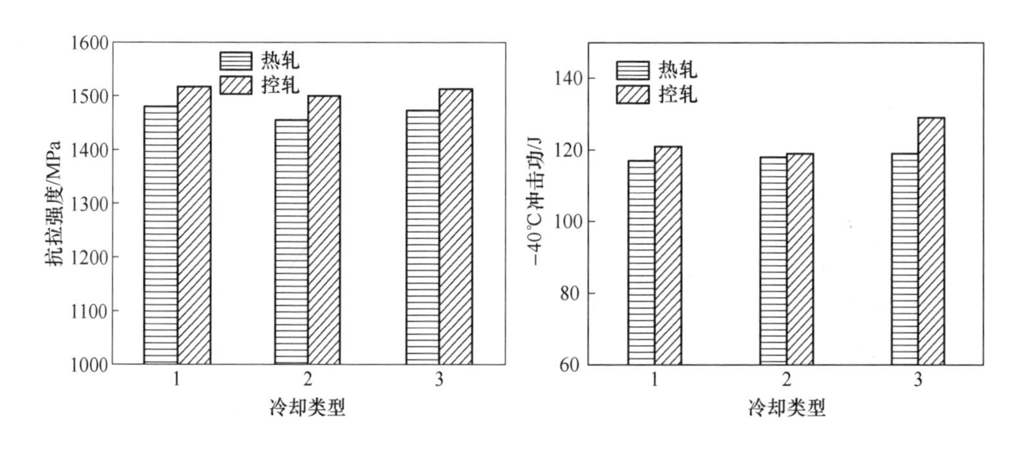

图 3-16 各轧制工艺淬火状态下的力学性能
（1、2、3 分别表示空冷、中断冷却、连续水冷）

Q960高强度钢在600℃回火60min后马氏体基体全部分解，经过回复（或部分再结晶）的作用形成细小的等轴或不规则形状的铁素体晶粒或亚晶，即回火索氏体组织。这些铁素体（亚）晶粒是由马氏体板条束（lath packet）或块（block）经回复作用转变而来，也可能由位错胞状亚结构转变而来，其形貌依然部分保留着原马氏体的板条特征。原马氏体中过饱和的碳以碳化物颗粒的形式从基体中析出，分布于原奥氏体晶界、马氏体板条（束、块）界，或基体中的位错处。如图3-17所示，图中横向比较看出两阶段控轧工艺（即CR）各冷却方式下的热处理显微组织比相应的普通热轧（HR）各工艺组织略显细化，这是由于轧制态和淬火态组织较为细化而导致回火后组织也变得细化，其效果将带来材料强韧性能的提高。纵向对比可见空冷和中断冷却工艺（即1和2）下的热处理显微组织无明显差别，这是由于轧态原材料无大的差别所致，其较小的轧态下的差别会因淬火和回火处理而消失。而水冷至室温工艺（即3）下的热处理组织与其他相比则略显粗大，并将会给力学性能带来一定影响，其原因将有待分析。

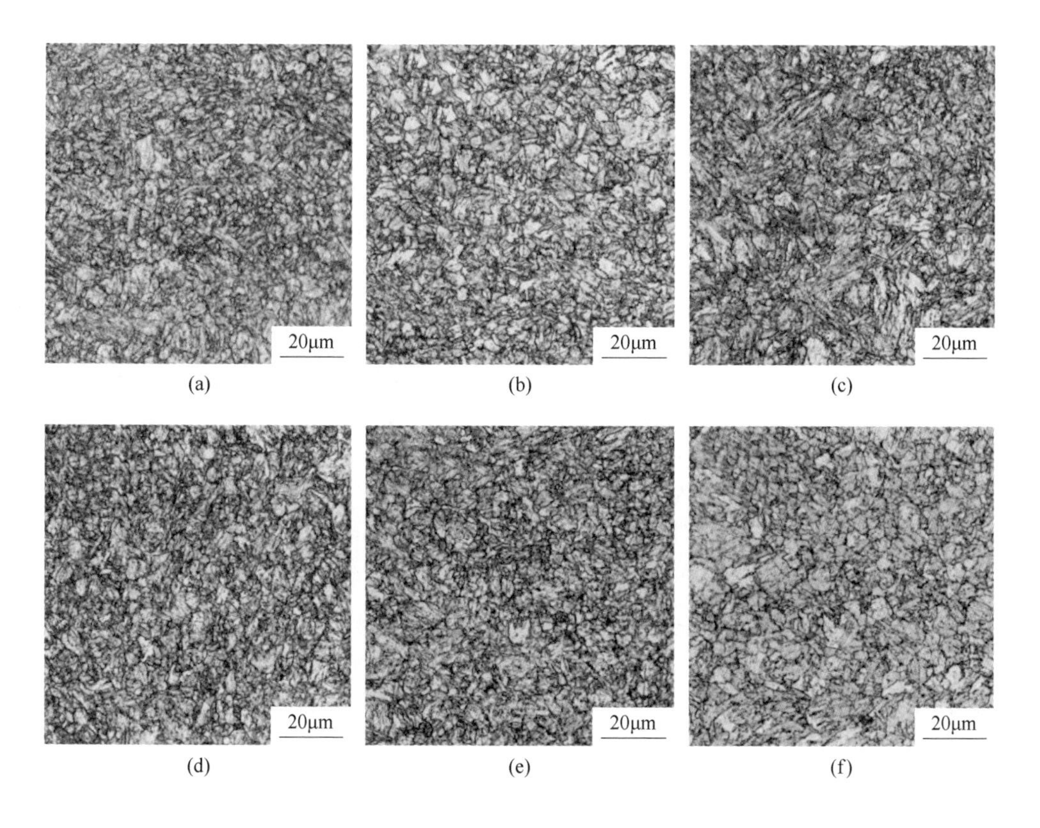

图3-17　各轧制工艺淬火回火后的光学显微金相
(a) HR-1；(b) HR-2；(c) HR-3；(d) CR-1；(e) CR-2；(f) CR-3

控轧制度（CR）下各冷却方式的热处理性能均优于普通热轧（HR）相应工艺下的性能，强度约高出20MPa，－40℃冲击功约提高20J。强度和韧性均有所提高是只有细晶强化机制才能起到的效果，说明控制轧制细化晶粒的效果能延伸到热处理以后，提高了材料的综合性能，图3-17中的金相组织也有所体现。而对于同一轧制工艺不同冷却方式下得到的热处理材料性能影响比较复杂。首先对于强度而言，空冷（1）和中断冷却（2）的方式对强度几乎无影响，而水冷至室温（3）的工艺下强度出现下降，这种现象在控轧制度下比普通轧制更明显，并且这种强度的变化与图3-17中显微组织的粗细程度能很好地对应。对冲击韧性而言，中断冷却和水冷至室温的冷却方式对冲击功几乎无影响，而空冷条件下的冲击功则较其他两者略低约10J。各轧制工艺淬火回火后的力学性能如图3-18所示。

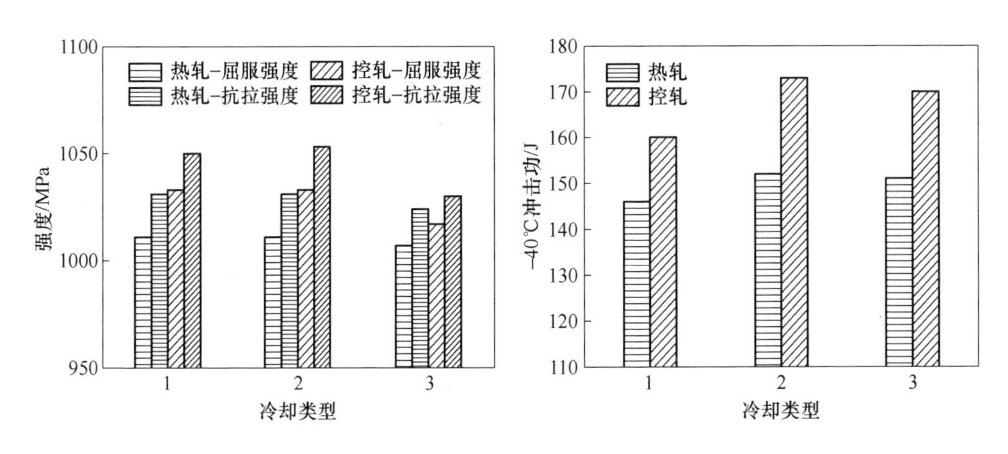

图3-18　各轧制工艺淬火回火后的力学性能

（1、2、3分别表示空冷、中断冷却、连续水冷）

至此可以明确地判断，对提高材料综合性能有利的轧制冷却工艺无疑是CR-2工艺，即两阶段控制轧制加水层冷至约600℃后空冷，能够同时得到最高的强度和最佳的冲击韧性。对于现场生产而言，对12mm厚钢板冷速控制在25～30℃，中断冷却温度约600℃是能够实现的，并且可以将热矫直工序置于冷却之后以控制板形，同时又缩短了放置降温时间。这样在生产设备能力范围内既能提高材料的性能，又加快了生产节奏提高了效率。而各种不同的轧制和冷却工艺对热处理显微组织和力学性能带来的上述影响的原因，则需加以进一步研究与分析。

3.4.1.3　热处理工艺对组织性能的影响

Q960高强度钢不同淬火加热温度和时间下的力学性能如图3-19和图3-20所

示。在不同温度区间和时间段内，实验钢的屈服强度随温度升高和时间延长呈现两种趋势，即较低温度和较短时间条件下强度有所增加，在较高温度和较长时间下强度逐渐下降。并且根据温度和时间的不同，强度变化趋势发生转折的时间和温度也有差别。加热时间小于15min时，实验钢伸长率较高，时间再延长对伸长率影响不明显，经后面分析可知，这是因为未发生转变的组织伸长率高于该回火参数下材料的伸长率，并且晶粒细小有利于提高塑性。冲击韧性也出现随加热温度和时间先增加后下降的趋势，但在较高温度和较长时间下，冲击功的下降表现得更明显。从强度指标来讲，淬火参数为900℃加热20min最有利于材料强度的发挥，虽然冲击韧性的最佳加热时间在10min左右，但参照标准这时冲击功较屈服强度有更多的盈余，所以优先考虑强度指标。为得到优良的综合力学性能，选定实验钢的最佳淬火参数为890～910℃加热15～20min。

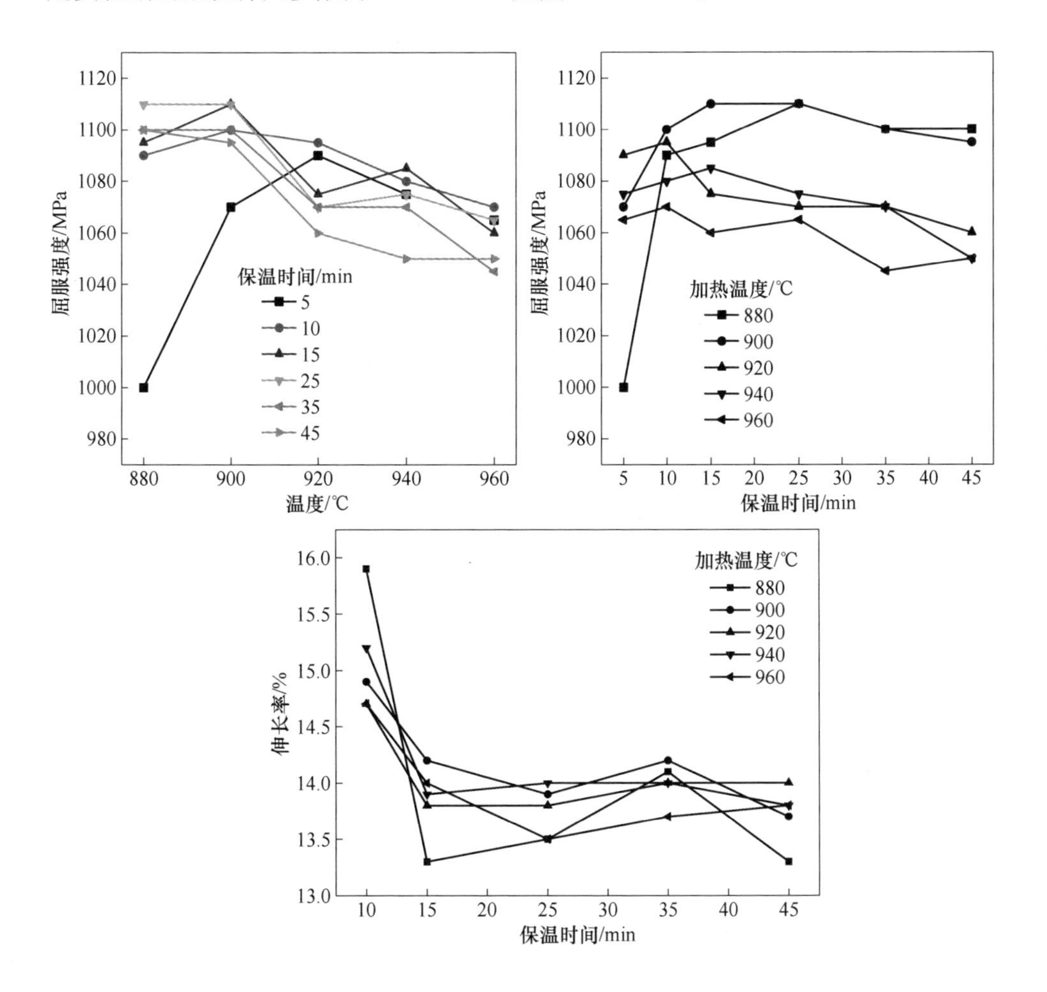

图3-19　加热温度和时间对实验钢屈服强度和伸长率的影响

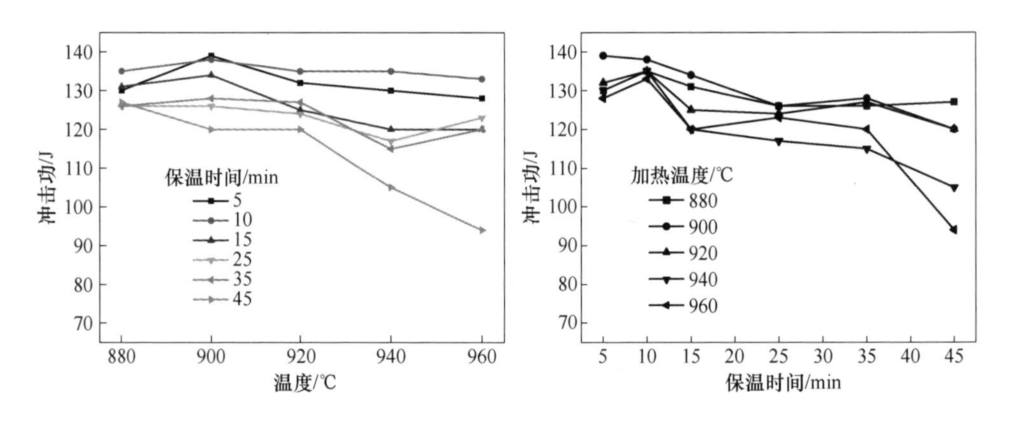

图 3-20 加热温度和时间对实验钢冲击功的影响

对于图 3-19 和图 3-20 中力学性能随淬火参数的变化，可结合各工艺的显微组织进行分析，图 3-21 为不同淬火参数下回火态的光学显微组织。实验材料的原始组织主要为粒状贝氏体，铁素体基体呈板条状排列，M-A 岛呈棒状或条状，屈服强度 $R_{p0.2}$ 为 600～700MPa，伸长率为 15%～16%，－40℃ 冲击功约 20J。根据再加热奥氏体化从原奥氏体晶界形核开始，逐渐向晶内发展，最终转变的是基体内部的条状铁素体和 M-A 岛（实际已经分解析出碳化物）。在 880～920℃ 加热 5min 条件下，原始组织未能全部奥氏体化（见图 3-21），未转变组织由粗大长条铁素体和碳化物构成，降低材料的强度，随奥氏体化程度的发展，未转变组织减少，材料强度逐渐提高，便出现第一种变化趋势。但并非奥氏体转变全部完成的时刻达到强度的峰值，如 900℃ 10min、880℃ 15min 及 940℃ 5min 时，从金相组织观察奥氏体已经转变完全，但强度仍继续增加。这是因为奥氏体化的最后阶段是碳化物的溶解与成分扩散均匀化。只有更多的碳化物（这里首要的是渗碳体）溶入奥氏体才能在淬火后有更大的固溶强化，以及回火时碳化物的均匀弥散析出强化，并能增加材料的淬透性。实验钢中添加了一定量碳化物形成元素（如 Nb、V、Mo），只有奥氏体化过程中有足够的溶解量才能在淬火回火处理中起沉淀析出效果或固溶强化。奥氏体转变刚完成时，仍有较多碳化物未溶解，因此进一步保温增加碳化物的溶解量有利于析出强化和固溶强化效果。如图 3-21 中 900℃ 不同保温时间下碳化物数量的差异，基体上能观察到的质点属于尺寸在 200nm 左右的（合金）渗碳体颗粒，微合金碳化物不能显示。但是，合金元素（包括 C）的溶解与奥氏体晶粒的长大，对材料的强度而言是一对矛盾的因素。奥氏体晶粒在形成之后因较高的界面能的驱动随即快速长大，并且碳化物的溶解使得奥氏体晶界迁移更容易，奥氏体晶粒尺寸的增加将导致马氏体板条束和块尺寸增加，它们都是回火回复过程的有效细化单元，因此导致回火组织粗化，细晶强化的作用减弱，如图 3-21 中右下部分粗大组织。矛盾的两者在达到平衡之前，由合金元

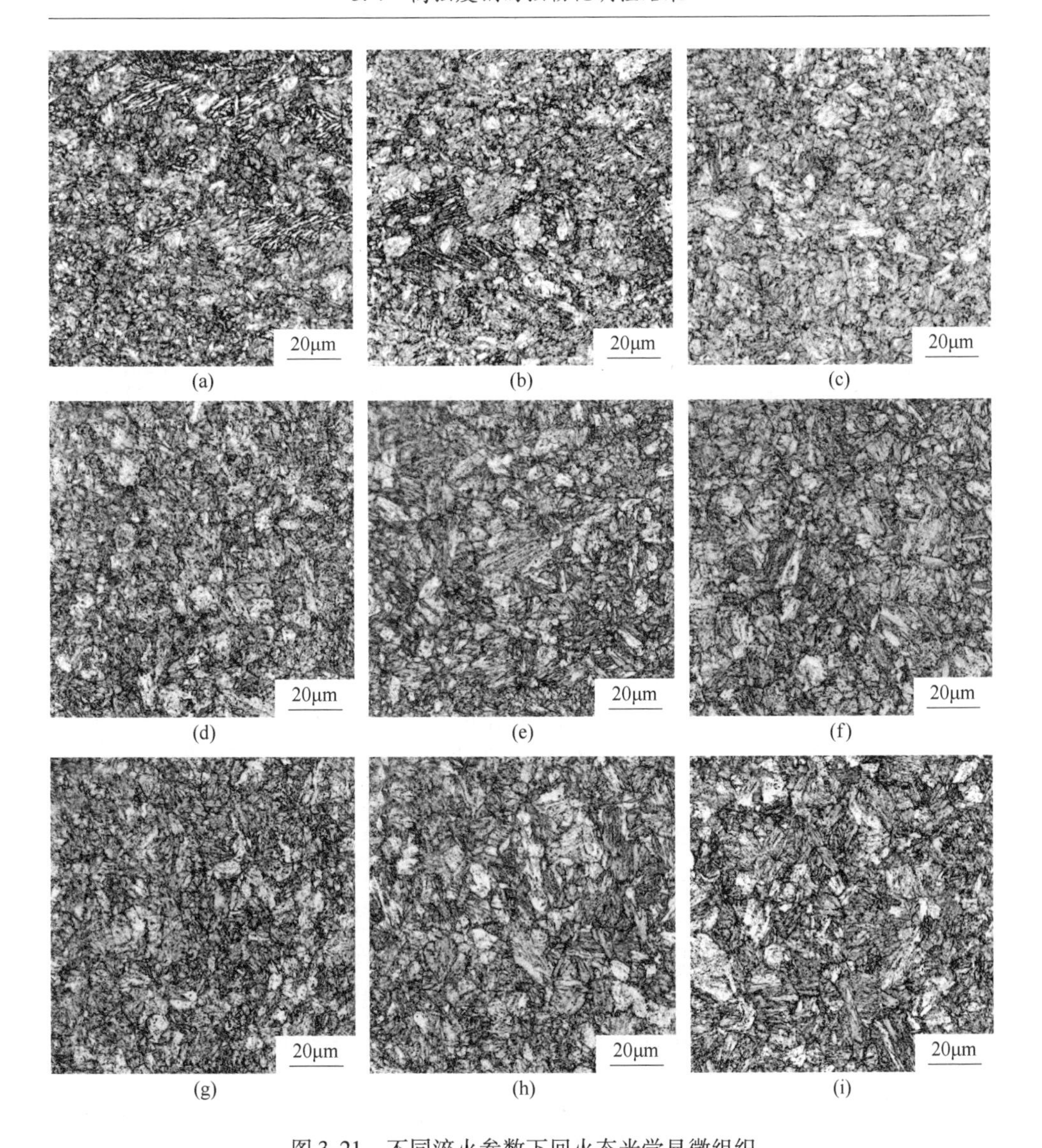

(a) (b) (c) (d) (e) (f) (g) (h) (i)

图 3-21 不同淬火参数下回火态光学显微组织

(a) 880℃，5min；(b) 920℃，5min；(c) 960℃，5min；(d) 880℃，25min；(e) 920℃，25min；(f) 960℃，25min；(g) 880℃，45min；(h) 920℃，45min；(i) 960℃，45min

（图中标明各淬火加热温度和保温时间，统一在 510℃ 回火 45min）

素的溶解做主导，超过平衡之后由奥氏体晶粒做主导，两者取得平衡时能获得屈服强度的峰值。而且出现这个峰值在不同加热温度下所需的保温时间也不一样，温度较低时合金元素溶解度低，晶粒长大慢，峰值出现时间向后推移；反之，温度高时峰值出现时间较早。当在整个淬火参数范围内，两者配合达到最佳值时，便出现最佳的淬火工艺参数（仅对于强度指标而言），即 900℃ 加热约 20min。关于奥氏体晶粒的长大速度如图 3-22 所示。关于淬火参数对冲击韧性的影响有类似的情况，由于原始组织含有粗大的 M-A 颗粒韧性很差，奥氏体未转变完全的组织（M-A 岛已经分解）将影响材料的冲击功；奥氏体转变完全后的保温过程中同样存在碳化物的溶解与晶粒尺寸长大的矛盾。

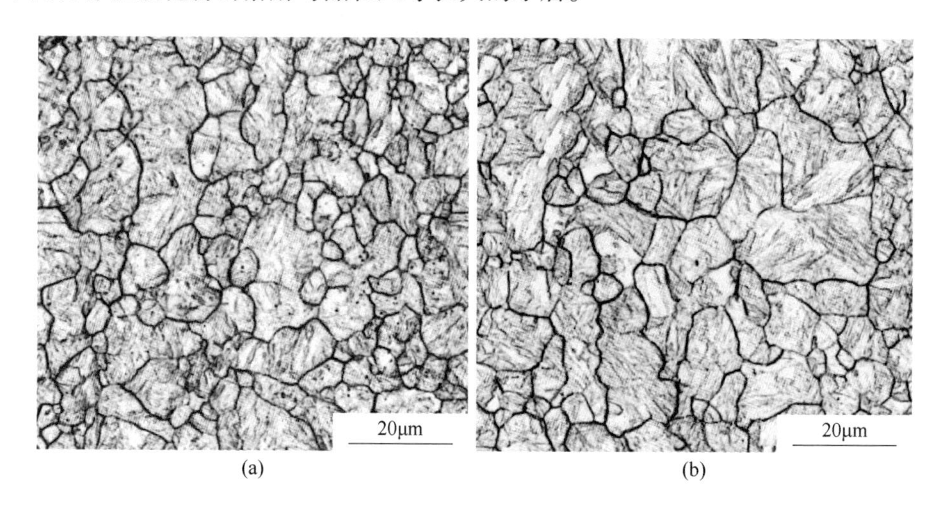

图 3-22　900℃不同加热时间碳化物数量的变化

（a）保温时间 10min；（b）保温时间 15min

图 3-23 所示为实验钢奥氏体晶粒尺寸随加热温度和时间的长大趋势。从两张图对比可知，加热温度是影响奥氏体晶粒尺寸的主要因素，加热温度的升高会带来晶粒尺寸明显增加。在奥氏体转变后的较短时间内（5～15min）晶粒长大较快，而且加热温度越高尺寸增加越大，随加热时间延长，奥氏体晶粒增长变缓并趋于一稳定值。观察发现，不同淬火参数下形成的马氏体形态具有不同的特点。如图 3-24 所示，只有高温奥氏体化后形成的马氏体才能在光镜下呈现典型的较

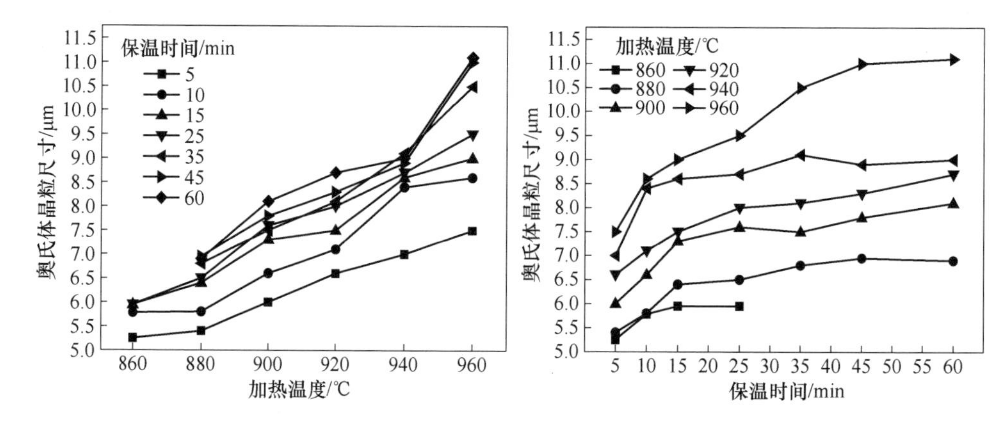

图 3-23　加热温度和时间对实验钢再加热奥氏体晶粒尺寸的影响

为平直整齐的板条形貌，一个奥氏体晶粒被划分为若干板条束（同一板条束内的马氏体板条具有相同的惯习面，即K-S关系中$\{110\}_{\alpha'}\|\{111\}_{\gamma}$，面心立方点阵有四个不同的{111}面，所以一个奥氏体晶粒最多形成四种不同晶面指数的马氏体束）。低温加热短时保温条件下形成的马氏体晶体，因尺寸细小排列混乱在光镜下辨认困难。尺寸越小的奥氏体晶粒易于优先被一种板条束所占据，相关文献指出奥氏体小于1μm时实际只形成一种板条束。能发现有很多条状或块状尺寸细小形状不规则的岛状组织，其内部应为一个宽板条或板条块，易于在马氏体转变

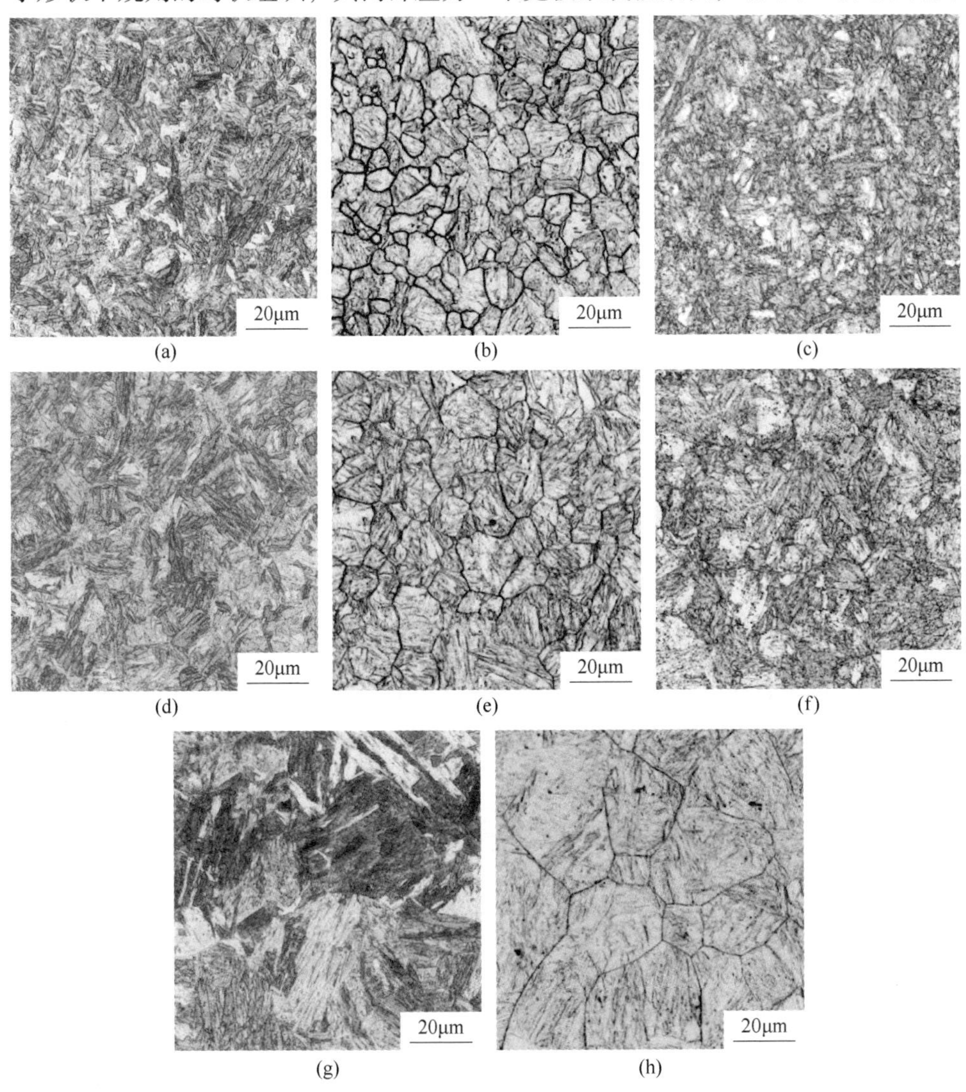

(a) (b) (c) (d) (e) (f) (g) (h)

图3-24 淬火参数对马氏体形态的影响

(a)(b)(d)(e)(g)(h) 淬火态；(c)(f) 510℃，45min回火态

淬火参数：(a)(b)(c) 900℃，15min；(d)(e)(f) 960℃，45min；(g)(h) 1050℃，5min

初期形成，其边界易于侵蚀说明由大角晶界构成，在回火过程中回复为一个铁素体晶粒，有效细化组织。这种杂乱形貌可能与原始组织中 M-A 岛及奥氏体中碳浓度分布不均匀形成碳浓度微区有关。

轧制冷却制度和淬火工艺参数均能最有利于材料性能的发挥。回火温度和时间对组织性能及对高强度钢的强韧化有着重要影响。淬火参数对马氏体形态的影响如图 3-24 所示。

Q960 高强度钢的力学性能随回火温度变化规律如图 3-25 所示，随回火温度升高力学性能变化的总体趋势为强度下降，塑韧性能提高，但过程中出现一些特殊区间。淬火态具有很高的强度和一定的韧性，屈强比较低。在 200℃左右进行低温回火，屈服强度有所升高，抗拉强度也略有增加，冲击韧性变化不大而伸长率有所改善。随回火温度升高，强度逐渐降低，而屈强比却变得特别高。在 300～450℃出现回火脆性区，冲击功和伸长率明显下降，这是淬火钢回火中普遍存在的低温回火脆性现象。550～600℃强度下降速度稍有放缓，但 600℃之后则快速下降，塑韧性也随之显著增加。

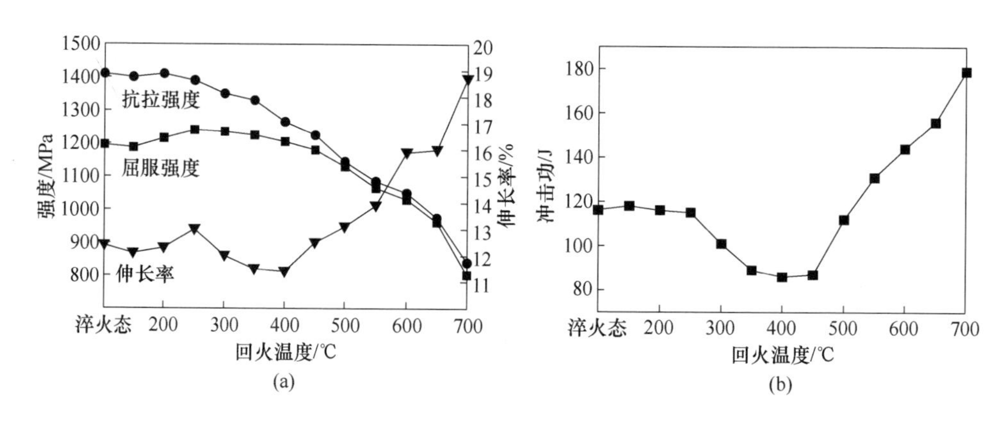

图 3-25　实验钢力学性能随回火温度变化趋势

（a）室温横向拉伸性能；（b）－40℃纵向冲击性能

淬火态微观形貌如图 3-26 所示，由于组织极为细小在光镜下难以发现典型的马氏体板条平行成束的形态，但能观察到散乱分布的块或条状组织尺寸约 1μm，其在 SEM 图中可知是尺寸较宽的板条或由小角度板条构成的板条块，边界由大角晶界构成。由 TEM 组织可知，马氏体类型全部为板条形，含高密度位错，另据介绍低碳马氏体部分板条间含微量残留奥氏体薄膜，有利于改善韧性。图 3-26 中，板条（lath）宽度大部分为几百纳米，少数尺寸较宽达 1～2μm，有时甚至呈块形，也可能是由于观察面接近平行于板条惯习面所致。宽板条形成于马氏体转变初期，转变温度高（*Ms* 约 450℃），奥氏体尚未相变应变，阻力较小，马氏体板条晶容易长大。由于形成温度高，宽板条往往表现出明显的自回火

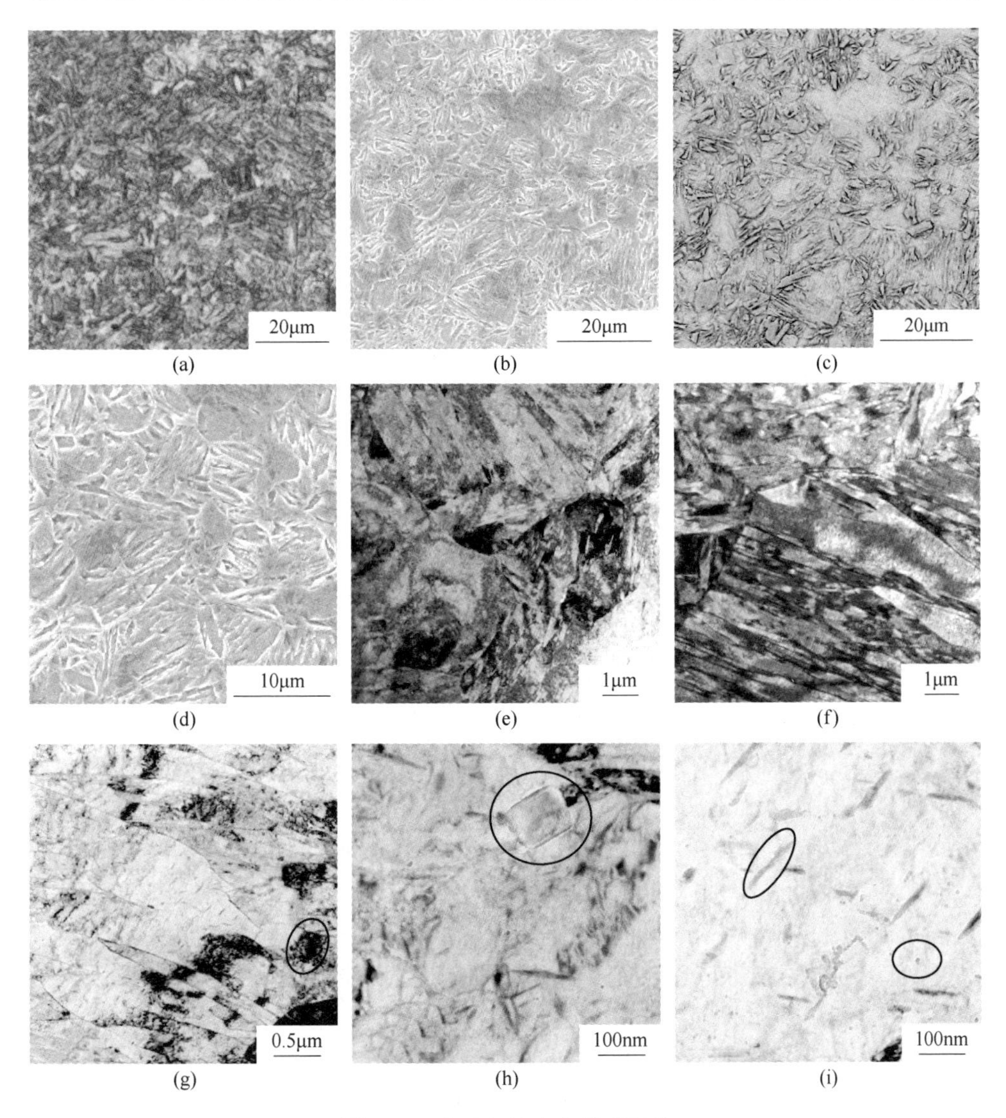

图 3-26 实验钢淬火态微观形貌

(a) 光学金相组织；(b) ~ (d) SEM 组织；(e) ~ (i) TEM 组织

现象，如图 3-26(g) 所示。自回火析出碳化物一般呈针状 [见图 3-26(i)]，长约 100nm，厚约 10nm，空间形状为片状，与基体呈共格关系，在特定的惯习面上析出，因此在一个板条内只观察到某些特殊方向的针状。自回火片状碳化物的尺寸较小，能够有效钉扎位错起到沉淀硬化的作用。自回火碳化物针片在光镜上无法显示与分辨。图 3-26(i) 中能观察到另一种细小粒状颗粒，平均尺寸在 10nm 以下，并且分布均匀，这种尺寸的颗粒对阻碍奥氏体晶粒的长大及对基体的沉淀强化均有明显的作用。实验钢中添加了铌钒钛等微合金元素，在轧制均热过程中大部分溶解于奥氏体，轧制及冷却过程中以细小碳氮化物颗粒部分析出，部分保持固溶。淬火保温过程中，在900℃的淬火温度下，即使保温达到平衡状态仍有大量微合金元素未溶解，以碳氮化物颗粒存在（主要为大部分的铌和钛的碳化物，钒基本固溶），而且该加热温度和时间下其Ostwald熟化程度甚小，在淬火过程中便以纳米级颗粒保留下来。而在淬水冷却的过程中冷速极大，无论在奥氏体和马氏体还是铁素体中微合金碳氮化物的析出动力学条件不足，不会有微合金碳化物的析出。还有实验钢中添加的Al元素，在900℃正是AlN质点析出的最高点，能有效细化本质晶粒度。另一种情况是在自回火中析出的直径3～8nm的碳化物颗粒，相关研究证实低碳马氏体自回火析出的片状和纳米颗粒均为θ-碳化物（即渗碳体）。下文在250℃回火将会观察到纳米微合金碳化物保持不变，而纳米渗碳体颗粒将有所长大。另外能发现一种方形析出物［见图3-26(h)］零星分布于基体，长120nm，宽100nm左右，边缘有半球形附着析出物，能谱显示方形部分构成元素原子数分数为33% Ti、4.5% V、5.6% Nb、37% N、19% C，因此是溶有Nb、V的Ti(C,N)颗粒。这种粗大的方形Ti(C,N)形成于轧制均热阶段或直接液析形成，轧制和冷却过程及淬火加热过程中有Nb、V溶于或附着在Ti(C,N)上析出。

实验钢淬火态的微观结构决定了其具有极高的强度，并有相当的韧性，是设计更高强度级别钢种所考虑的组织结构。

图3-27为200～250℃回火组织，从光镜组织和SEM组织上看不出与淬火态的区别，但其力学性能却发生易于察觉的改变。抗拉强度（相当于硬度）在此区间出现小峰值，屈服强度和屈强比升高，塑韧性有所改善，获得一个比较优良的强韧性能匹配。从250℃回火TEM组织观察到其板条形貌未做任何改变，而析出情况有所变化。间隙固溶的碳原子在基体中有较大的扩散能力，在室温或低于200℃回火过程中或在淬火冷却过程中就能偏聚到低碳马氏体的位错处形成柯垂尔气团，在250℃回火时直接析出渗碳体，呈细片状与基体共格。新的细片析出过程中，自回火形成的细片继续长大，如图3-27(e)中的较细和较粗的片状。那些自回火析出的纳米渗碳体也会长大至10～20nm。片状碳化物除在位错气团析出外，也在马氏体板条界析出［见图3-27(f)］，其长度略长。淬火态马氏体的固溶碳原子起到了非常重要的强化作用，但低温回火碳原子的偏聚和析出对位错的钉扎作用更强一些，在少量范围内固溶碳析出导致对位错的拖曳作用的减弱将被抵消，所以强度会略有上升。淬火内应力也部分消除，实验钢塑韧性稍有改善。

350～450℃处于低温回火脆性区，又称为第一类回火脆性[10]，其显微组织如图3-28所示。从光学金相图上便可观察到，有棒状析出物沿板条方向或边界处排列，SEM图中则更加明显。更直观地由TEM组织可知，此时沿奥氏体晶界或板条束界及板条界析出了断续的碳化物薄壳，图3-28(i)中能谱显示为铁碳化物，实质是渗碳体。渗碳体长片沿板条界相继排列，形成断续的薄壳状，是

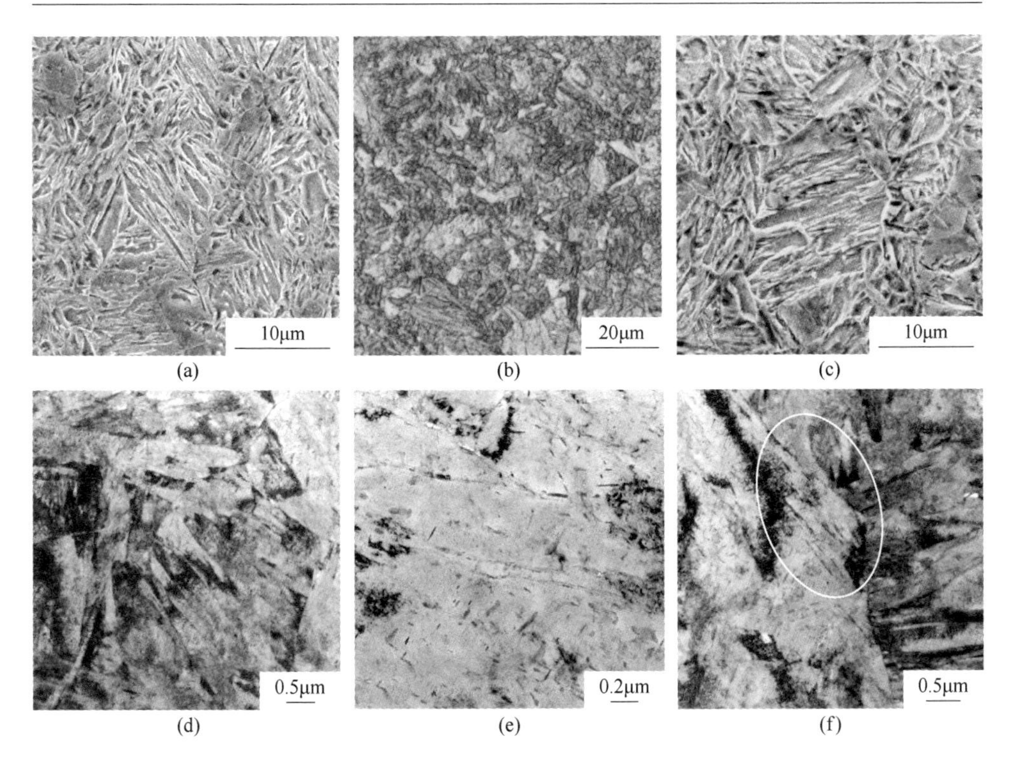

图 3-27 实验钢 200～250℃回火微观形貌
（a）200℃回火 SEM 组织；（b）～（f）250℃回火 OM、SEM、TEM 组织

图 3-28(g) 中沿板条界渗碳体片的进一步发展。薄壳碳化物的形成依靠板条界的残留奥氏体分解，也需要基体中的碳向边界的偏聚，那么将会导致板条内细渗碳体片的回溶。250℃左右回火时，在板条内析出渗碳体片降低了马氏体的正方度，造成体积收缩，这会促进原来受压应力而机械稳定化的残留奥氏体的分解，因此渗碳体片在板条内和板条间析出两个过程相继发生。在回火脆性区冲击试样断口由约 70% 的准解理断裂构成，可知碳化物薄壳的析出造成准解理脆断是造成实验钢回火脆性的主要原因。另外能发现，一些相邻板条的边界有部分消失的迹象，它们具有相同或最相近的 K-S 关系变体（variant），具有小角度（只有几度）晶界，因此容易合并使板条变宽，这时基体的回复开始变得明显。

500～700℃回火冲击韧性得到恢复并快速增加，而强度也明显下降，微观组织如图 3-29 所示。从光学金相中可以看到随温度升高，铁素体基体的块状形貌越来越明显，而且尺寸逐渐粗大，然而直到 700℃回火［见图 3-29(h)］依然能分辨在近似等轴的铁素体晶粒（或为亚晶）内仍保留有原马氏体板条束的痕迹。SEM 组织则更明显，与淬火态图［见图 3-29(i)］对比容易发现，高温回火后的铁素体晶粒基本是由原马氏体板条束（块）回复形成，铁素体晶内的板条方向只有一种且已经变宽。

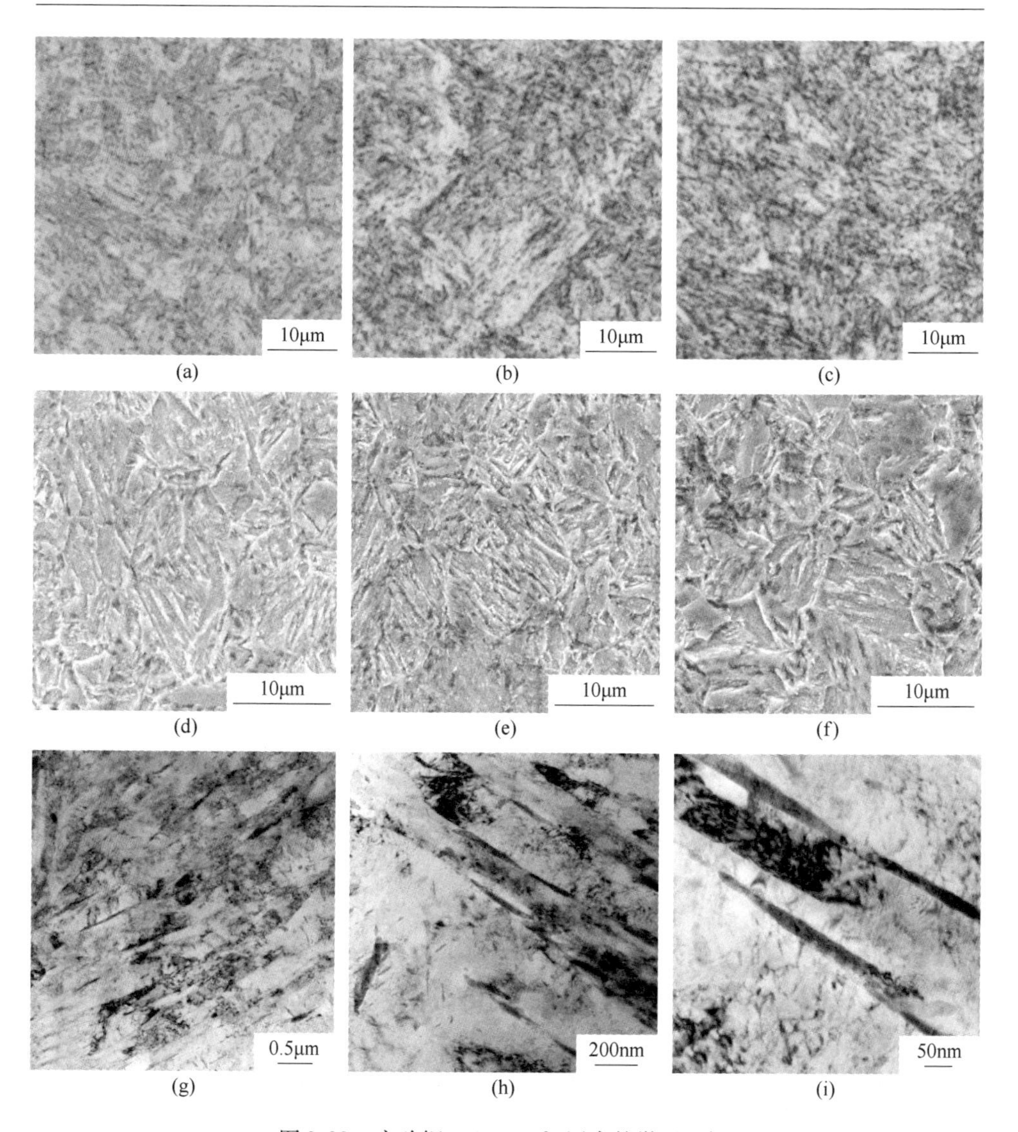

图 3-28　实验钢 350 ~ 450℃ 回火的微观组织

(a) ~ (c) 350℃，400℃，450℃ 回火的 OM 组织；

(d) ~ (f) 350 ~ 450℃ 回火的 SEM 组织；(g) ~ (i) 400℃ 回火的 TEM 组织

550 ~ 700℃ TEM 组织如图 3-30 ~ 图 3-32 所示，直到 700℃ 回火一直能发现有板条的存在，说明实验钢因添加的一些微合金元素而有较强的回火抗性，但相邻板条的合并却越来越明显，即使板条特征明显的区域板条尺寸也逐渐变宽。相邻板条合并的结果是形成铁素体晶块，这种铁素体晶粒或亚晶是由板条束(packet)、块（block)，或经位错胞亚结构回复形成的。同一个块中有两种 K-S 关系变体（能形成两个所谓 sub-block)，其中的板条（lath）都以小角度相邻，

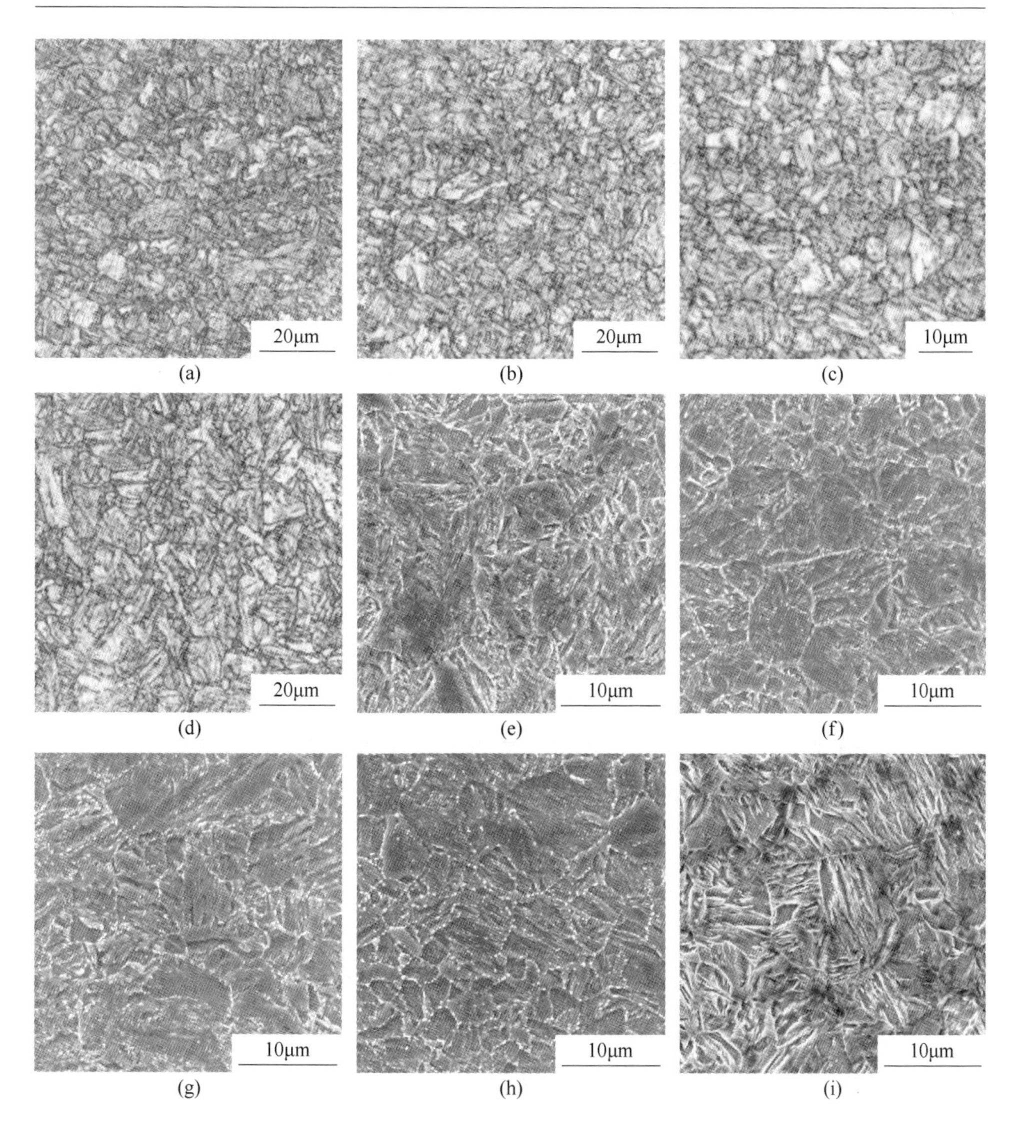

图 3-29 实验钢 500 ~ 700℃回火的微观组织

(a) ~ (d) 500℃、600℃、650℃、700℃回火 OM 组织；
(e) ~ (h) 500℃、550℃、600℃、700℃回火 SEM 组织；(i) 淬火态 SEM 组织

块之间以大于 15°的大角度边界构成，在同一 $\{111\}_\gamma$ 惯习面上（同一个板条束）最多包含六个变体即马氏体取向，最多形成三种不同的各包含一对变体的块。当然，一个束能包含数量更多或更少的块，但其类型最多有三种。如图 3-32(b) 中的 A、B、C 便是由同一个板条束中的不同块形成的铁素体晶块，C 中下部板条边界［相同变体 lath 界接近 0°，邻近变体即亚块（sub-block）接近 10°］已消失上部还有剩余。这种铁素体晶粒是 Hall-Petch 关系中的有效晶粒，能起到明显

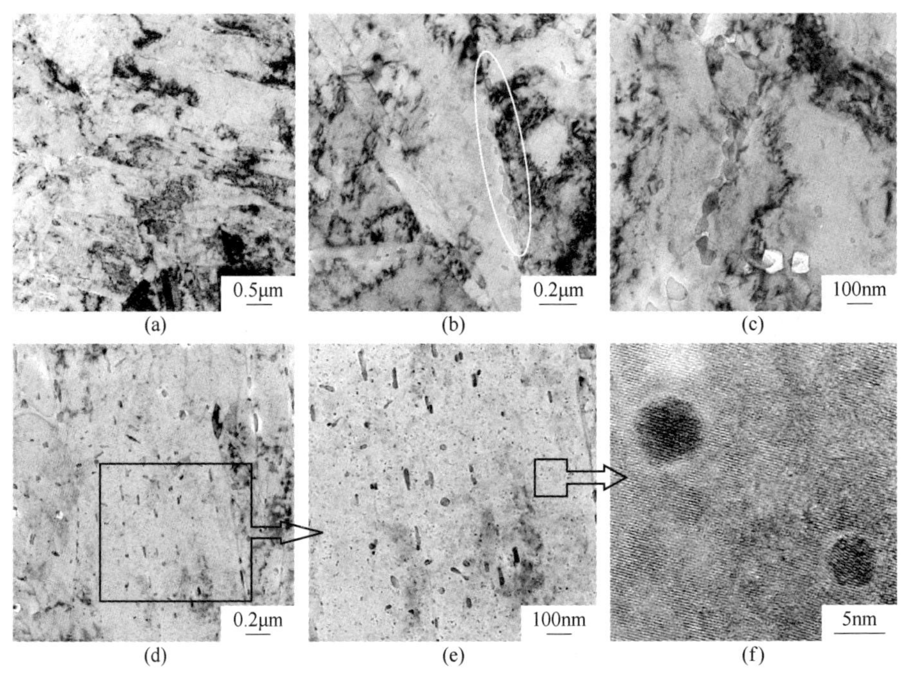

图 3-30　实验钢 550℃ 回火的 TEM 组织

(a)~(c) 典型位置的回火马氏体板条合并和位错分布；(d)~(f) 纳米析出物及其局部放大照片

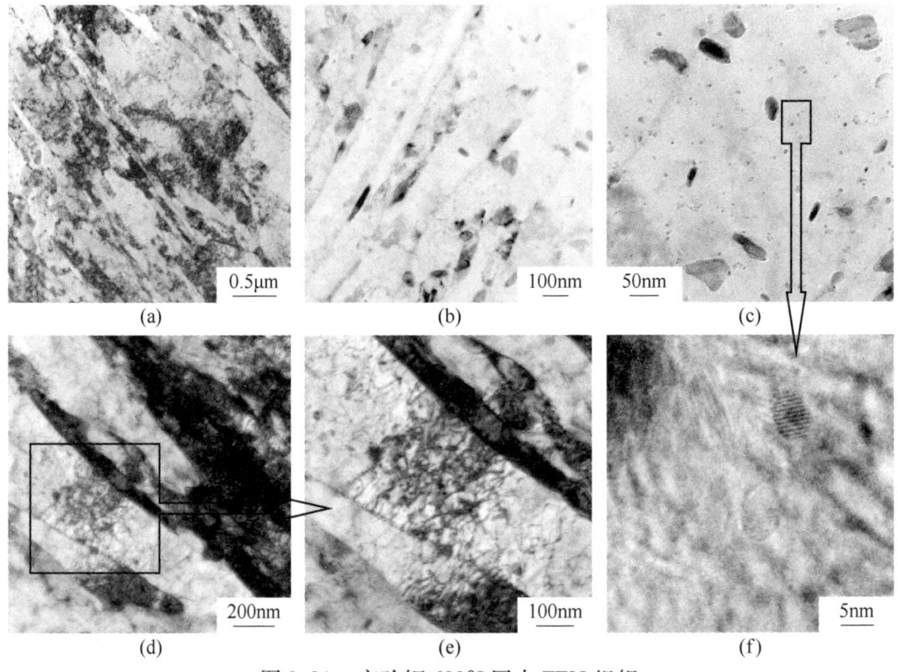

图 3-31　实验钢 600℃ 回火 TEM 组织

(a)(b)(d)(e) 典型位置的回火马氏体板条合并和位错分布；(c)(f) 纳米析出物及其局部放大照片

的细晶强化作用。随回复程度的发展，板条内的位错组态也有明显变化，原来的位错胞状亚结构通过胞壁的规整能发展成为铁素体亚晶。一些紊乱缠绕的位错也逐渐有序化，如图 3-31(e) 呈半网络状态，图 3-32(e) 近似于网络状排列，这种组态使位错有最低的能量，稳定性高。

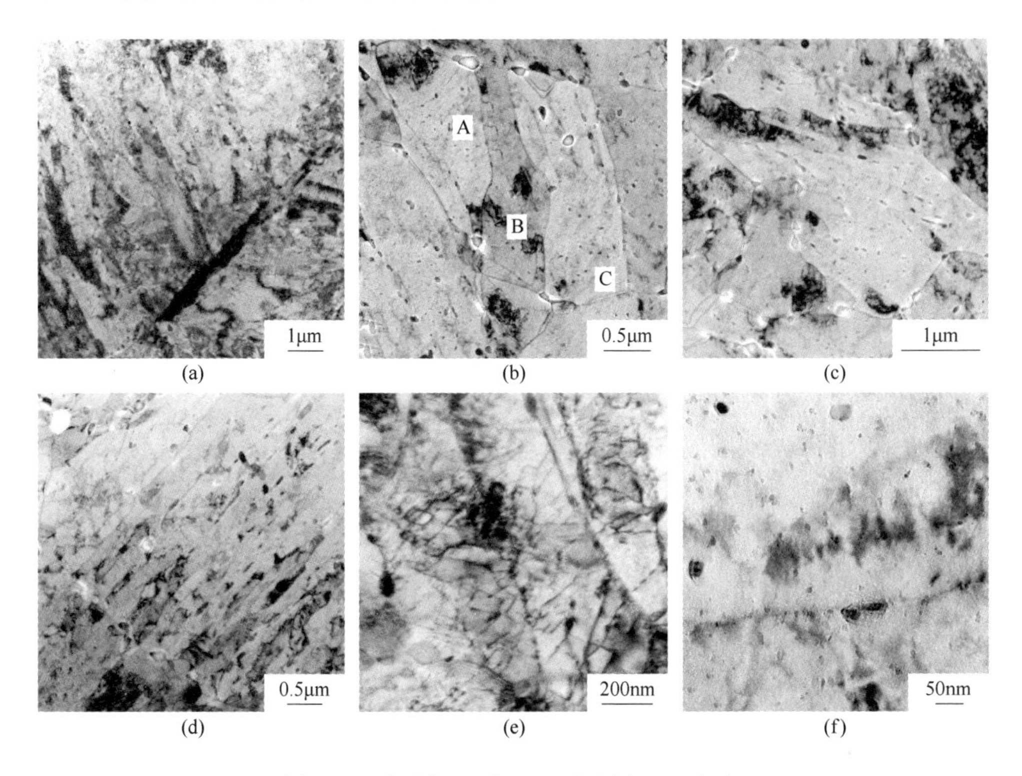

图 3-32　实验钢 650℃、700℃回火 TEM 组织

(a)~(c) 650℃回火；(d)~(f) 700℃回火

随回火温度升高，将发生两种析出物的形状尺寸和数量明显的变化。首先是较粗大的渗碳体颗粒，能谱显示有的颗粒还含有少量 N、Cr、Mn。在回火初期，析出在边界上的长片随回火程度的发展将发生熔断和球化的现象 [见图 3-30(b) 和 (c)]，在板条内部形成的渗碳体片也发生短粗化和球化。在大角度边界的碳化物更容易粗化，而且需要内部较细的渗碳体回溶以提供碳析出，因此内部渗碳体颗粒变得越来越少。并且随渗碳体的粗化，其颗粒数量也逐渐减少。在 600~650℃回火时，大角边界（原 γ 晶界，板条束界，特别是三叉晶界上）的渗碳体最粗大能达 100~200nm，多为椭球状，沿相邻板条界渗碳体多为棒状，为 50~100nm，而在铁素体基体中碳化物尺寸最小，尺寸在 30~50nm 多为球形或短棒状，如图 3-32(c) 所示。渗碳体数量的减少还因为从约 550℃开始有大量的纳米级颗粒析出 [见图 3-30(d)~(f)]，这些颗粒为微合金碳化物。实验钢中的 Mo、

Nb、V 等强碳化物形成元素在淬火保温过程有一定量的溶解，淬火后在铁素体中的平衡溶解度很小，但直到 550℃以上回火时才能具有足够的扩散系数，在铁素体基体中析出大量细小弥散颗粒。图 3-25 中观察到强度下降趋势稍有放缓便是这些碳化物的沉淀强化作用，并且能通过对位错和边界的钉扎而减缓回复软化的进程，如图 3-32(f) 所示。随回火温度的升高，纳米颗粒的尺寸和数量在变化。550℃回火大部分直径小于 5nm，600℃时平均在 5nm 左右，650℃时平均在 8nm 左右，700℃时平均约 10nm，温度低时尺寸分布较均匀，温度升高尺寸大小不均颗粒较明显，颗粒数量也明显减少。这是因为碳化物颗粒的粗化会导致更小的颗粒溶解，并且不同碳化物的熟化趋势存在差别，比如 Mo、V 碳化物的粗化趋势大于 Nb。

一般高质量光学显微镜的分辨率达 200nm，硝酸酒精侵蚀的高温回火试样在 100×10 倍光镜下［见图 3-29(c)］能观察到的组织：由原奥氏体晶界、板条束界、板条块界回复形成的铁素体晶界，而还没有回复的相邻板条界则不能辨认，但模糊地能观察到板条方向的痕迹（主要因为沿板条界碳化物的存在）；在大角边界析出的 100～200nm 的粗大渗碳体颗粒及板条界上析出的部分较大尺寸（大于 100nm）的颗粒，或基体上很少量的个别大尺寸颗粒能够辨认得出，颗粒尺寸越小在光镜下显示越模糊，颜色越浅，直至分辨不出。由于电化学侵蚀过程中碳化物不被侵蚀，铁素体具有较负电位作为阳极被氧化，并且碳化物界面的铁素体侵蚀较深，在碳化物周围形成一层凹陷，电镜下显示的黑色质点实际上包括碳化物颗粒及其周围的凹陷，因此看上去尺寸要比实际情况大，如光镜下测量这些质点尺寸多在 0.2～0.4μm，而实际上在 TEM 组织中这样粗尺寸的碳化物较少。另外，基体上 30～50nm 的较小渗碳体则不能辨认，微合金碳化物更不能辨认。

第二相尺寸小时以位错切过机制起强化作用，其尺寸越大强化效果越大，而第二相颗粒尺寸较大时以 Orowan 绕过机制起强化作用，其尺寸越小强化效果越大，两种机制的转变存在一个临界转换尺寸 d_c。钢中常见的微合金碳氮化物的临界尺寸在 2～5nm，即实验钢在 550℃回火时可获得最佳的第二相尺寸，温度高于 600℃强化效果减弱。尺寸因素比起体积分数影响更大，强化效果与体积分数 1/2 次方成正比，与尺寸大致成反比。假定不同温度时碳化物的体积分数不变［用测量面积的方法实验钢纳米颗粒含量（质量分数）0.06%～0.09%］，其沉淀强化的效果从 550℃回火（200MPa）降至 700℃，10nm（100MPa）。而 30～80nm 的渗碳体的沉淀强化效果很小，至于 100～200nm 的粗大渗碳体基本起不到沉淀强化的作用，反而尺寸越大，对韧性的损害越大。实验钢强度的大幅下降除微合金碳化物粗化外，位错密度的减小，板条的合并和铁素体晶粒的形成都有很大的影响。

在高温回火过程塑韧性的显著提高则是因为铁素体基体的回复，淬火应力的消除，位错密度降低及片状渗碳体的球化等作用。微合金碳化物的析出与渗碳体相比对韧性的损害小得多。其本身具有高强度并与基体呈共格或半共格关系，结合力较强，其对韧性的有限损害是因为对周围基体带来的点阵畸变所致。

通过以上分析，达到Q960钢种所要求强度并具有较好塑韧性的回火温度为550~650℃。其高强度的获得首先通过回复形成的铁素体晶粒（或亚晶），以及剩余的板条结构产生显著的细晶强化效果，粗略估量平均有效晶粒尺寸不大于1μm，这种尺寸的基体屈服强度能达约700MPa，细晶强化又能同时改善冲击韧性和塑性。第二种重要的强化方式为析出强化，实验钢中均匀弥散分布的纳米微合金碳化物能够使强度提高150~200MPa，并且由于第二相本身的高强度及与基体较强的结合力，使得对韧性的损害降到最低。另外，基体中保留下的位错组态稳定有较大的不可动性，对强度也有一定的贡献。由于碳化物形成元素的存在固溶于铁素体基体中的碳较少，包括固溶的Si、Mn、Cu等能起到100~150MPa的强化增量。以下对回火时间的考察所选定的温度为550℃、600℃、650℃，并且由于实验钢在250℃回火也出现了一种较好的强韧性配合，因此也做了考察。

3.4.2 Q1300高强度钢的强韧化调控结果

3.4.2.1 奥氏体晶粒尺寸调控

从热力学和动力学两方面考虑，奥氏体晶粒长大是一种集激活、扩散和界面反应于一体的物理冶金过程，其表现为晶界的迁移。当加热温度高于Ac_3时，实验钢发生完全奥氏体化，奥氏体晶界上的Fe原子发生扩散，促使奥氏体晶界迁移，导致晶粒长大。奥氏体晶粒的长大是驱动力、晶界上铁原子的扩散能力和晶界迁移阻力共同作用的结果。

Q1300高强度钢在不同加热温度下实验钢奥氏体晶粒的形貌和平均晶粒尺寸如图3-33和图3-34所示。结果表明，当加热温度为940℃时，奥氏体晶粒均匀细小，随着加热温度升高，奥氏体晶粒尺寸逐渐增大，并且出现部分异常长大的晶粒，晶粒尺寸的不均匀性逐渐增加。当加热温度低于1000℃时，虽然此时晶粒尺寸较小，晶界曲率大，比界面能高，具有较高的长大驱动力，但是本实验钢中的第二相沉淀粒子能够钉扎再加热奥氏体晶界，阻碍晶界的迁移，因此随着加热温度的增加，奥氏体晶粒长大缓慢。当加热温度增加到1100℃时，奥氏体晶粒尺寸明显增大，这是因为此时第二相沉淀粒子聚集长大或溶解于奥氏体中，阻碍晶界迁移的作用减弱。由图3-34可以发现，当加热温度高于1150℃时，奥氏体晶粒尺寸显著增大。奥氏体晶粒的长大速率与晶界迁移速率和晶粒长大驱动力成正比，见式（3-15）。加热温度较高时，铁原子和碳原子的扩散能力增强，晶界迁移能力提高；另外，第二相沉淀粒子溶解于奥氏体中，晶界迁移阻力减小，因此奥氏体晶粒能够快速长大。

$$u = K\exp\left(-\frac{Q_m}{RT}\right)\frac{\sigma}{D} \tag{3-15}$$

式中　u——晶粒长大速率，cm/s；

K——晶粒生长速率因子，取决于材料的化学成分和温度；

R——气体常数，J/(mol · K)；

Q_m——晶界移动激活能或原子扩散跨越晶界激活能，J/mol；

T——温度，K；

σ——比界面能，J/mol；

D——晶粒尺寸，cm。

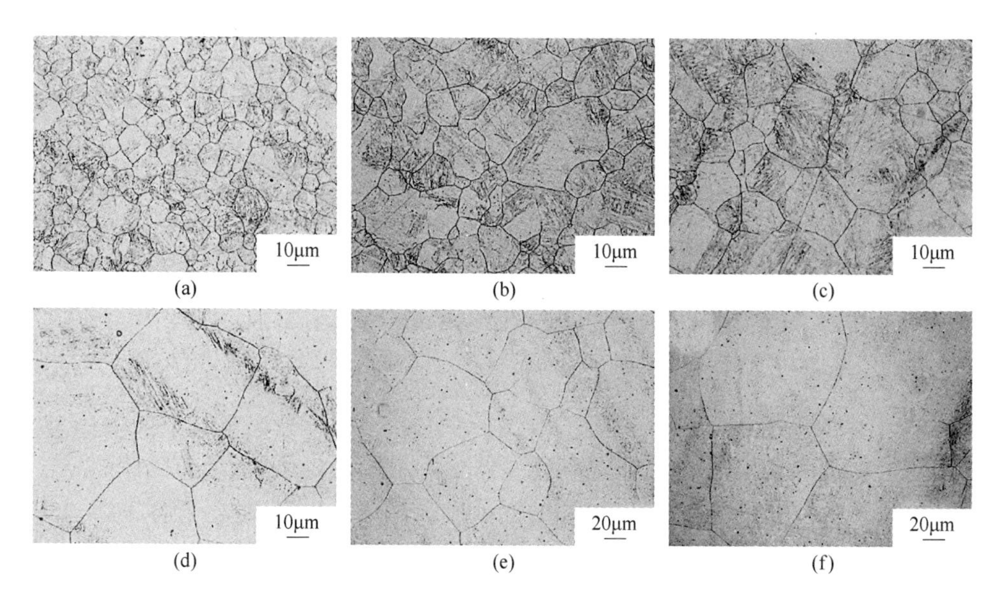

图 3-33　不同加热温度下实验钢的奥氏体晶粒形貌

（a）940℃；（b）960℃；（c）1000℃；（d）1100℃；（e）1150℃；（f）1200℃

随着加热温度的增加，异常长大晶粒所占的比例逐渐增大。出现异常长大晶粒的原因主要有以下两个方面。

（1）为了减少系统总的晶界面积，降低自由能，奥氏体晶粒在一定温度下会发生相互吞并而长大的现象。由于界面张力作用，拓扑参数（三维晶粒的面数和二维晶粒的边数）较小的晶粒晶界将弯曲成正曲率弧，使晶界面积增大，界面能升高，为了减少晶界面积以降低自由能，晶界会由曲线自发地向直线转变，因此将导致该晶粒缩小直至消失。拓扑参数较大的晶粒晶界也会因为界面张力平衡作用而弯曲成负曲率弧，同样为了降低界面能，负曲率晶界将向曲率中心迁移，从而吞并相邻的小晶粒。因此，奥氏体晶粒的长大本质上就是很多个小晶粒被吞并和大晶粒长大的综合结果。

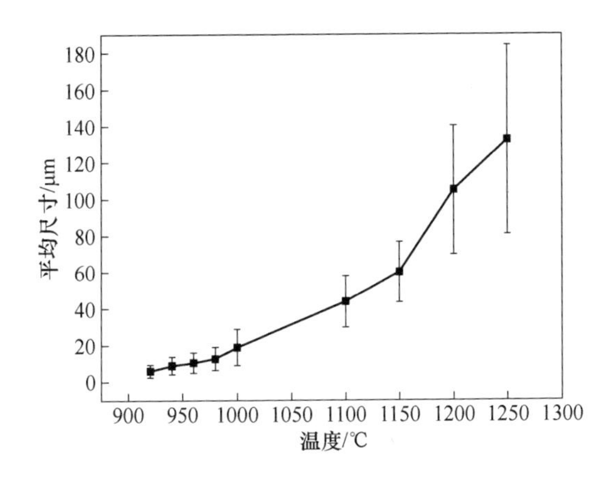

图 3-34　加热温度对实验钢奥氏体平均晶粒尺寸的影响

（2）沉淀析出粒子在晶体中的分布并不是完全均匀，因此晶界迁移的阻力也不完全相同，存在局部区域晶界迁移阻力小，晶粒长大速率大，进而出现晶粒尺寸不均匀的现象。这种晶粒尺寸的不均匀性会导致晶粒长大的驱动力增大，当晶粒长大驱动力超过晶界迁移阻力时，尺寸较大的晶粒将吞并周围的小晶粒，导致晶粒尺寸的进一步增大。

不同加热温度下奥氏体晶粒尺寸分布如图 3-35 所示。

在相同保温时间下，奥氏体晶粒长大动力学方程可用式（3-16）表示。晶界的迁移实质上是铁原子的扩散过程，与温度的关系密切，因此 K 与温度的关系符合 Arrhenius 经验公式（3-17）。将式（3-17）代入式（3-15）中可以得到晶粒尺寸的 Arrhenius 表达式（3-18）。

$$D^2 - D_0^2 = Kt \tag{3-16}$$

式中　D——平均晶粒直径，μm；

D_0——初始晶粒尺寸（$t=0$），μm；

K——晶粒生长速率因子；

t——保温时间，s。

$$K = A\exp\left(-\frac{Q}{RT}\right) \tag{3-17}$$

式中　A——与晶界扩散系数和等温时间相关的常数；

Q——扩散激活能，J/mol；

T——绝对温度，K；

R——气体常数，J/(mol · K)。

$$D^2 - D_0^2 = At\exp\left(-\frac{Q}{RT}\right) \tag{3-18}$$

$$D^2 = B\exp\left(-\frac{Q}{RT}\right) \tag{3-19}$$

$$2\ln D = -\frac{Q}{R}\frac{1}{T} + \ln B \tag{3-20}$$

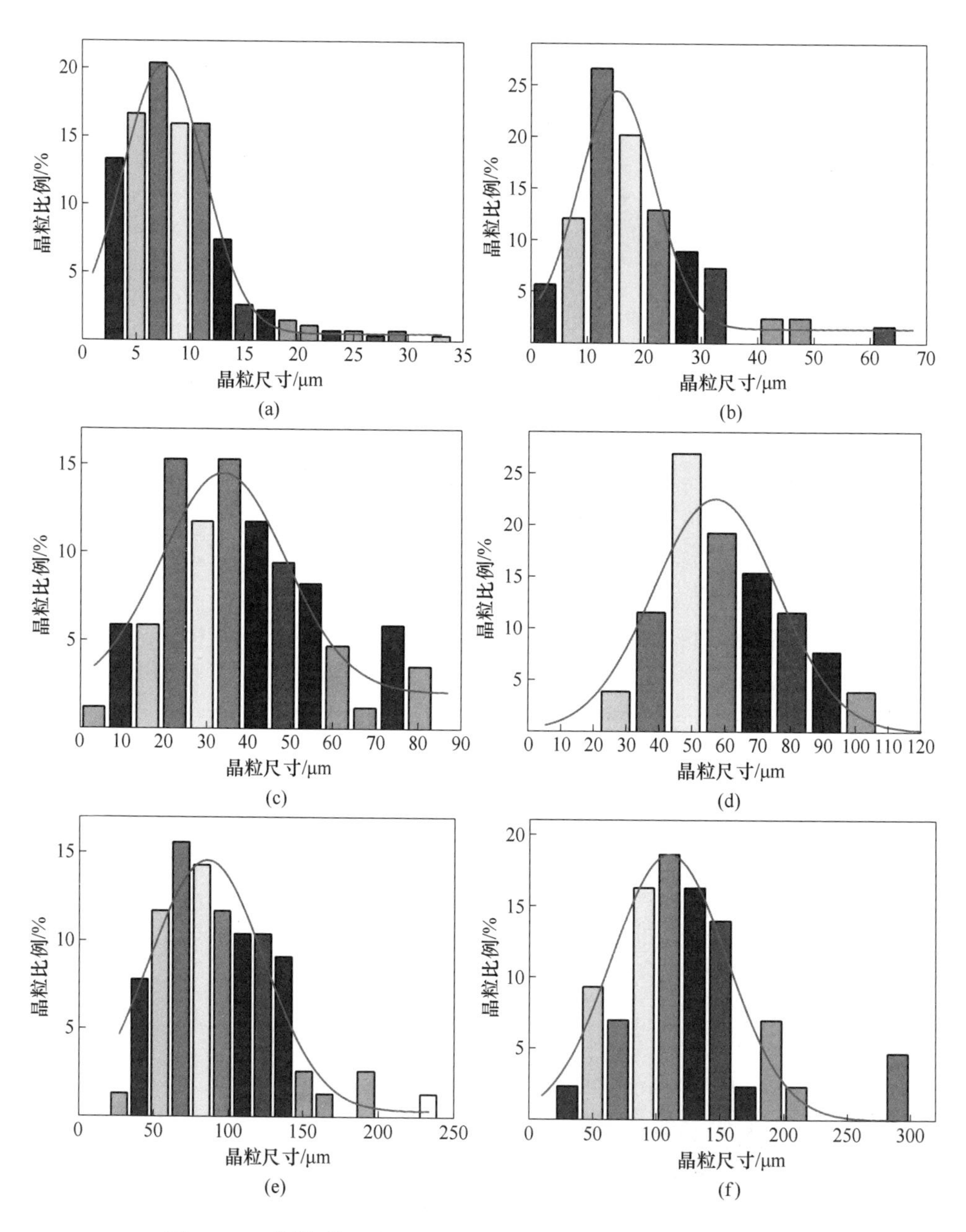

图 3-35　不同加热温度下奥氏体晶粒尺寸分布（保温时间 5min）
(a) 940℃；(b) 1000℃；(c) 1100℃；(d) 1150℃；(e) 1200℃；(f) 1250℃

通常情况下 D_0 较小，可省略。当加热时间一定时，At 为定值，令 $B = At$，可得式（3-19），对其两边取对数，可得式（3-20）。实验钢奥氏体平均晶粒尺寸随加热温度的变化趋势如图 3-36 所示，将实验数据代入式（3-20）中进行线性回归分析，得到 $\ln D$ 与（$1000/T$）的关系，如图 3-36 所示。结果表明，$\ln D$ 和（$1000/T$）之间为完全负相关的线性关系，通过拟合直线的数学表达式可分别计算出晶粒长大激活能为 2.78×10^5 J/mol，B 值为 7.12×10^{13}，从而得到实验钢在 940 ~ 1250℃加热时，奥氏体平均晶粒尺寸和加热温度间的数学表达式满足：

$$D^2 = 7.12 \times 10^{13} \exp\left(-\frac{2.78 \times 10^5}{RT}\right) \tag{3-21}$$

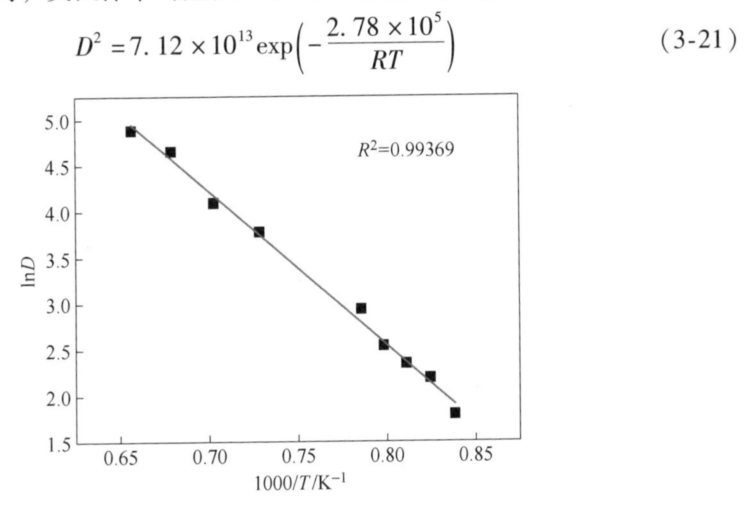

图 3-36 奥氏体平均晶粒尺寸与加热温度的 Arrhenius 关系

3.4.2.2 轧制冷却工艺对组织性能的影响

Q1300 高强度钢不同轧制冷却工艺下实验钢的显微组织如图 3-37 和图 3-38 所示。两阶段控制轧制（工艺 2 ~ 工艺 4）钢板的组织以粒状贝氏体为主，在铁素体基体上包含较多形状不规则的 M-A 组元。高温连续轧制（工艺 1）钢板的组织包含粒状贝氏体和板条贝氏体。连续热轧温度处于奥氏体再结晶区，钢板轧后实测温度为 1030℃，轧后变形晶粒可发生静态再结晶，因此轧后奥氏体晶粒呈多边形，且尺寸较大，从而提高了过冷奥氏体的稳定性，导致最终的热轧态组织中有少量板条贝氏体生成。两阶段控制轧制由于未再结晶区变形的作用，轧后变形奥氏体晶粒得以保留，呈现出拉长压扁的形貌。工艺 2 和工艺 3 在未再结晶区的轧制工艺不同，工艺 3 的道次压下率更大，因此奥氏体晶粒的变形程度也更大。

通过 TEM 观察到，在连续热轧实验钢的显微组织中出现了部分板条贝氏体，在板条内和板条间分布着针状碳化物，如图 3-39(a) 所示。与轧后空冷工艺的组织相比，采用轧后超快冷工艺得到的 M-A 组元尺寸较小，形貌也有所不同，M-A 组元内的位错缠结形态清晰可见，如图 3-39(d) 所示。

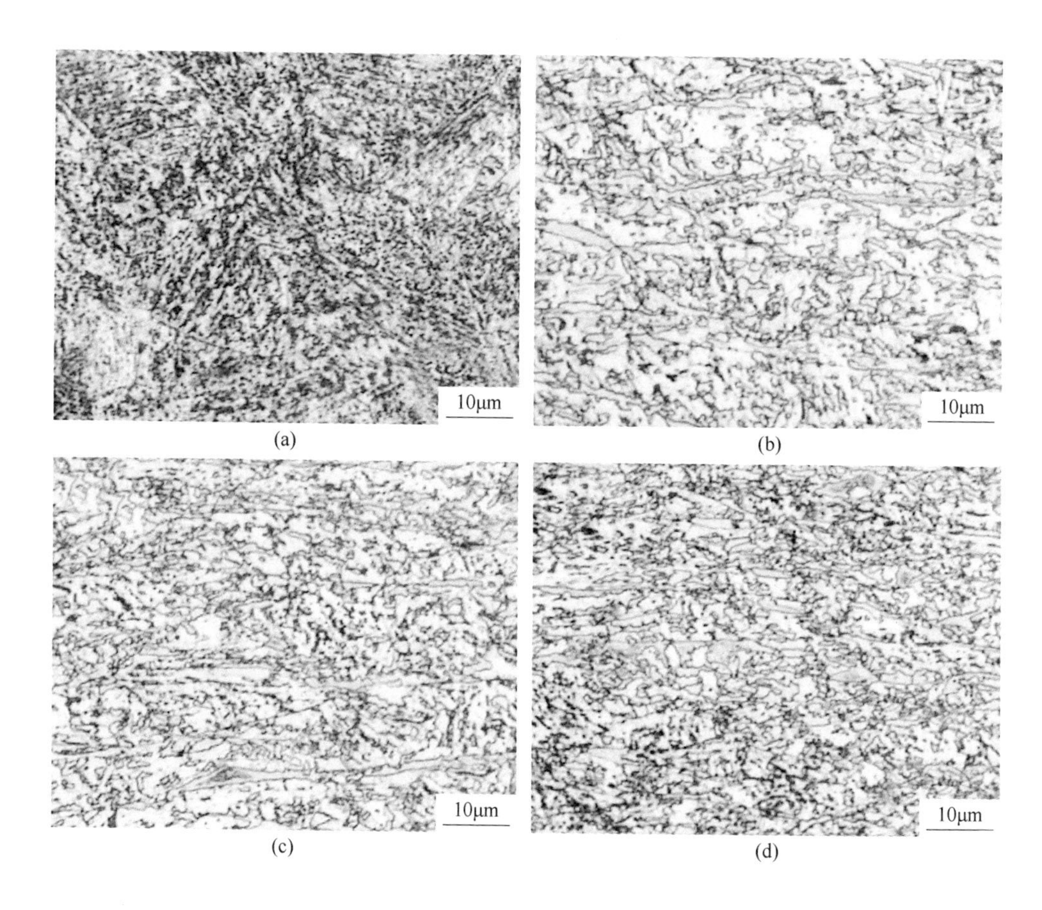

图 3-37　不同轧制冷却工艺下实验钢的 OM 照片
(a) 工艺 1；(b) 工艺 2；(c) 工艺 3；(d) 工艺 4

Q1300 高强钢不同轧制冷却工艺下，微合金元素析出粒子的形貌如图 3-40 所示。结果表明，相比于连续热轧工艺的析出粒子，采用两阶段控制轧制工艺可以使实验钢得到数量更多的析出粒子，如图 3-40(a) 和 (b) 所示。减小轧制道次，增加未再结晶区变形量能够促进微合金元素碳氮化物在原奥晶界和晶内析出，如图 3-40(c) 所示。这是因为变形量增大，在奥氏体内产生的位错数量更多、畸变能更大，为粒子的析出提供更大的驱动力和更多的形核位置。采用轧后超快冷至 600℃，再空冷至室温工艺得到的析出粒子要比轧后直接空冷的粒子细小，如图 3-40(d) 所示。这是因为实验钢轧后快速通过 γ/α 相变区，微合金元素碳氮化物的相间析出在一定程度上被抑制，碳氮化物在随后的缓冷过程中主要以均匀形核的方式在铁素体及贝氏体基体上沉淀析出。析出粒子的尺寸受轧后冷却速度、析出温度和时间的影响。轧后空冷，冷却速度慢，析出温度高，析出粒

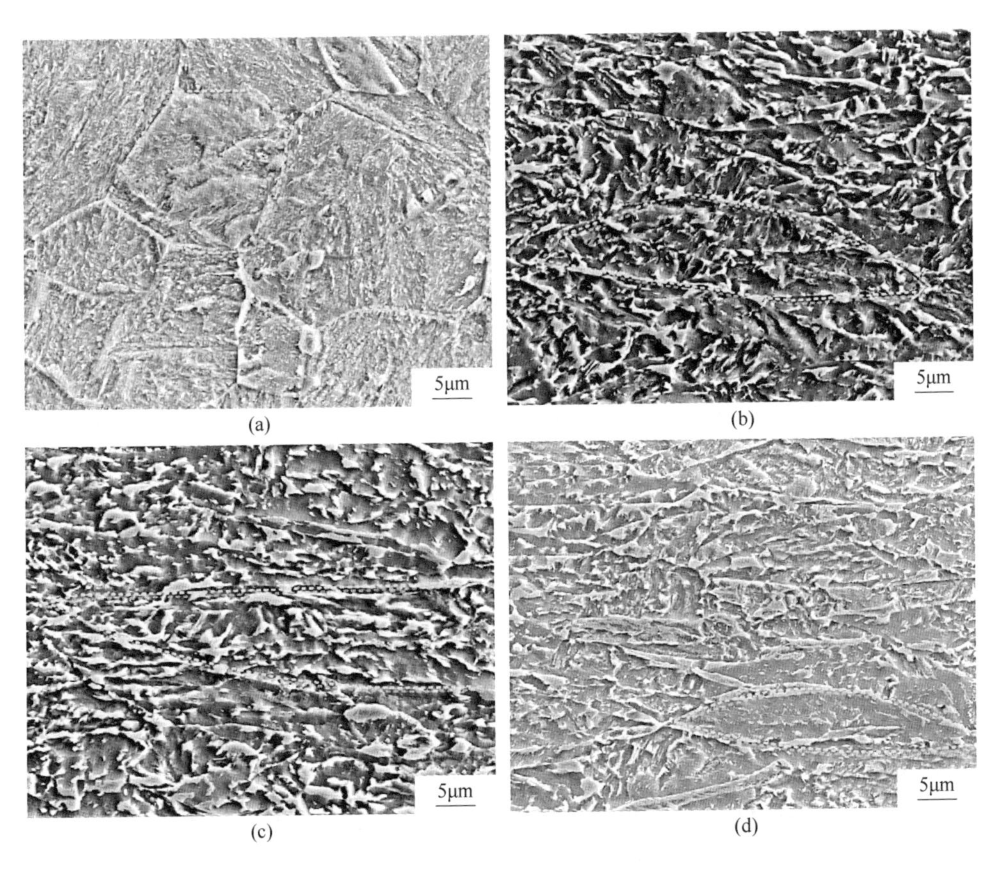

图 3-38 不同轧制冷却工艺下实验钢的 SEM 照片
(a) 工艺 1；(b) 工艺 2；(c) 工艺 3；(d) 工艺 4

子相应的长大速度快，导致了析出粒子的尺寸较大；在铁素体和贝氏体基体上沉淀析出时，析出驱动力大，质点长大速度慢，析出粒子的尺寸较小。

Q1300 高强度钢高温连续轧制（工艺 1）钢板具有最高的屈服强度和韧性，这主要是因为其组织中有部分板条贝氏体存在以及较少的 M-A 组元。两阶段控制轧制实验钢的轧态组织为粒状贝氏体，在基体上分布着大量的块状 M-A 组元。有研究表明，M-A 组元作为硬脆相在受外力作用时可促进裂纹形核，显著降低韧性，因此三组控轧控冷工艺实验钢的冲击吸收功均较低。此外，经两阶段控制轧制的实验钢具有相近的抗拉强度，但屈服强度呈现逐渐上升的趋势，其主要原因是在组织相同情况下，抗拉强度与实验钢的化学成分有关，根据 Hall-Petch 公式，细化晶粒能够提高屈服强度，而对抗拉强度的影响并不明显。与工艺 2 相比，工艺 4 的变形量更大，奥氏体晶粒变形程度增加，组织更细化，并且工艺 4 采用了轧后超快冷加空冷的冷却路径，有利于细小（Nb,V)(C,N）的沉淀析出，

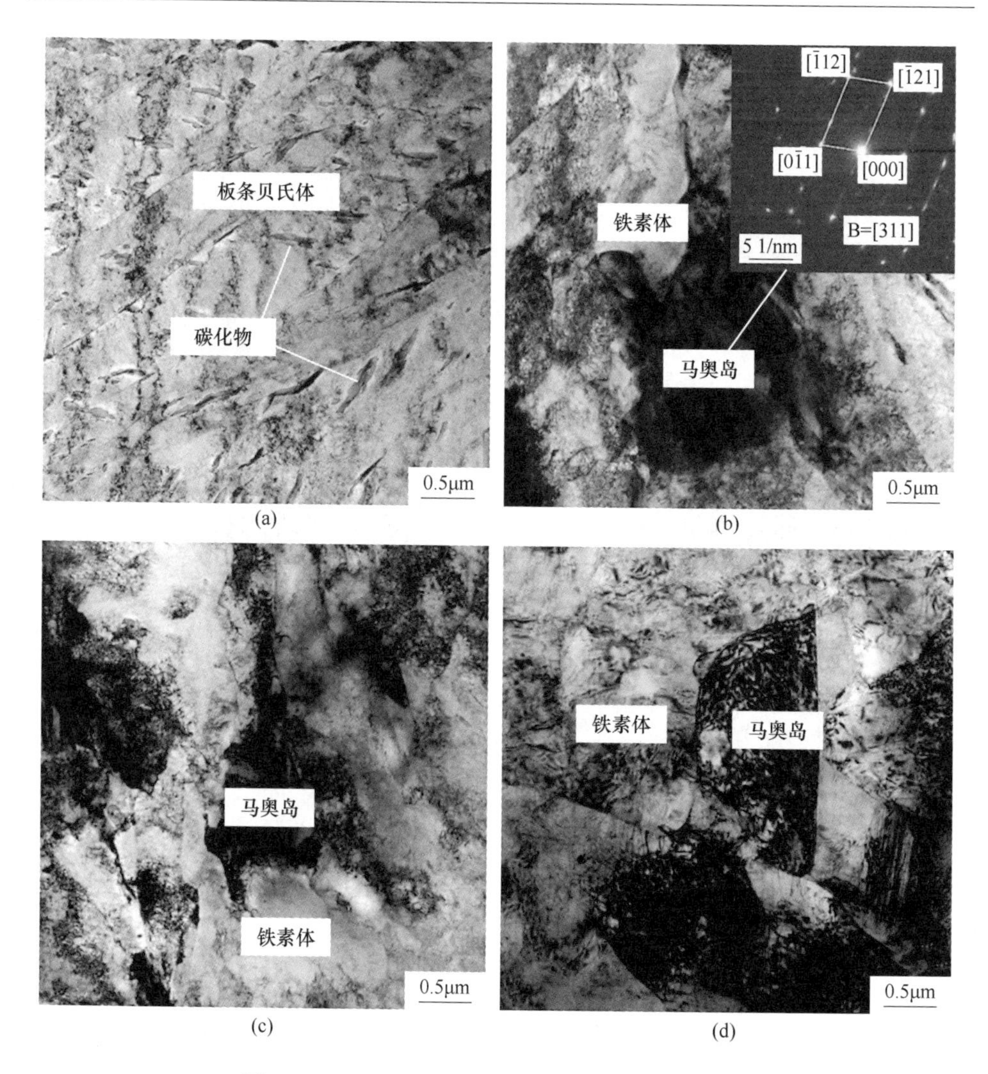

图 3-39　不同轧制冷却工艺下实验钢的 TEM 照片
（a）工艺 1；（b）工艺 2；（c）工艺 3；（d）工艺 4

提高第二相粒子沉淀强化作用。不同轧制冷却工艺下实验钢的力学性能如图 3-41 所示。

Q1300 高强度钢进行统一的 880℃淬火和 210℃回火处理，四种工艺下实验钢经淬回火后的屈服强度和抗拉强度均明显提高，并且两阶段控轧工艺（工艺 2 ~ 工艺 4）的强度和冲击吸收功均高于连续轧制工艺（工艺 1），与轧态的拉伸性能完全相反。同时还可以发现，随着未再结晶区道次压下量的增加和轧后冷却速率的增大，热处理态实验钢的屈服强度和冲击吸收功呈逐渐增加的趋势。不同轧制冷却工艺下实验钢回火态的力学性能如图 3-42 所示。

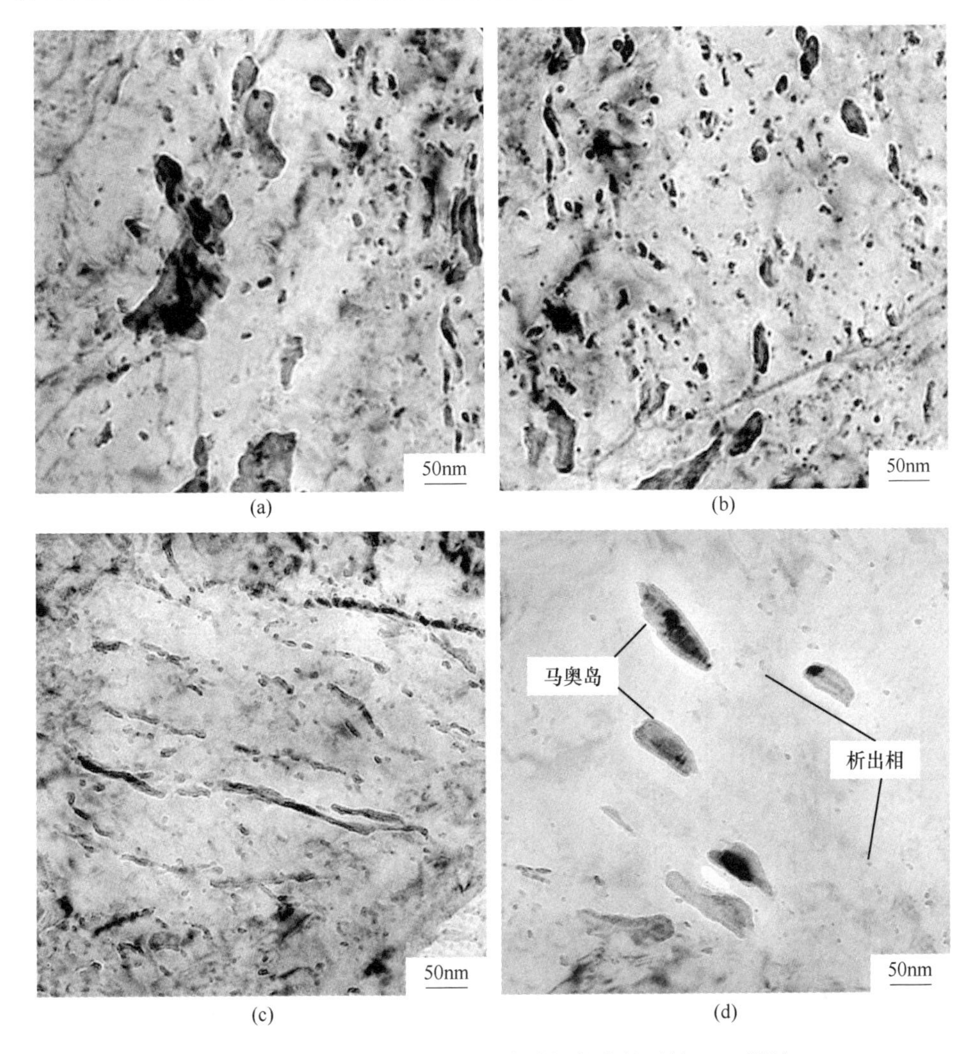

图 3-40 不同轧制冷却工艺下实验钢析出粒子的 TEM 照片
(a) 工艺 1；(b) 工艺 2；(c) 工艺 3；(d) 工艺 4

Q1300 高强度钢控轧控冷实验钢的淬火态组织比高温连续轧制实验钢的淬火态组织更加细小，这是因为未再结晶区轧制使原始奥氏体晶粒变形拉长，增加了有效晶界面积，提高再加热奥氏体形核率，如图 3-43 所示。此外，拉长变形后晶粒的宽度减小使再加热奥氏体晶粒在横向生长过程中很快相遇而停止生长。轧后超快速冷却形成的细小微合金元素碳氮化物在再加热过程中能够钉扎晶界，有效地阻碍晶粒长大，进一步细化再加热奥氏体晶粒。经淬火和低温回火后得到的显微组织均为回火板条马氏体（见图 3-44），在板条马氏体内可以发现纳米级的析出粒子，如图 3-44(b) 所示。经回火后在板条内出现了一定数量的针状 ε 碳化物，如图 3-44(d) 所示。

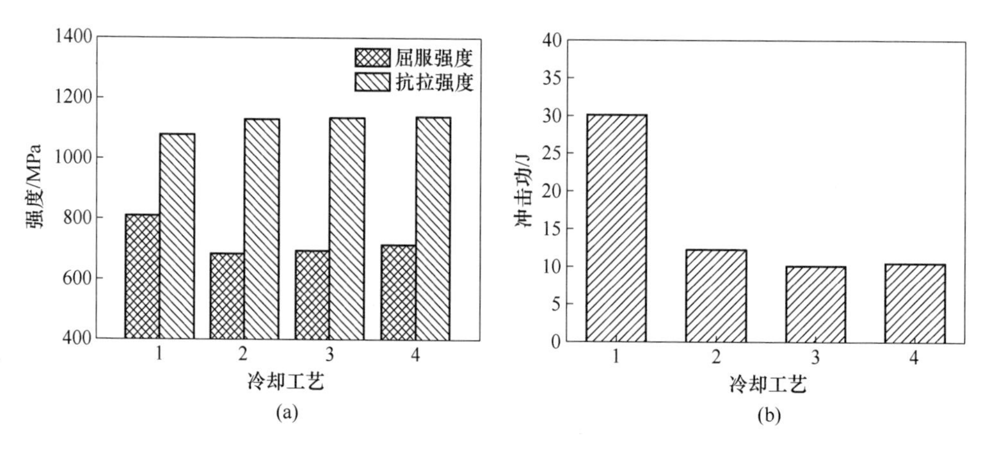

图 3-41　不同轧制冷却工艺下实验钢的力学性能

（a）拉伸性能；（b）－40℃冲击吸收功

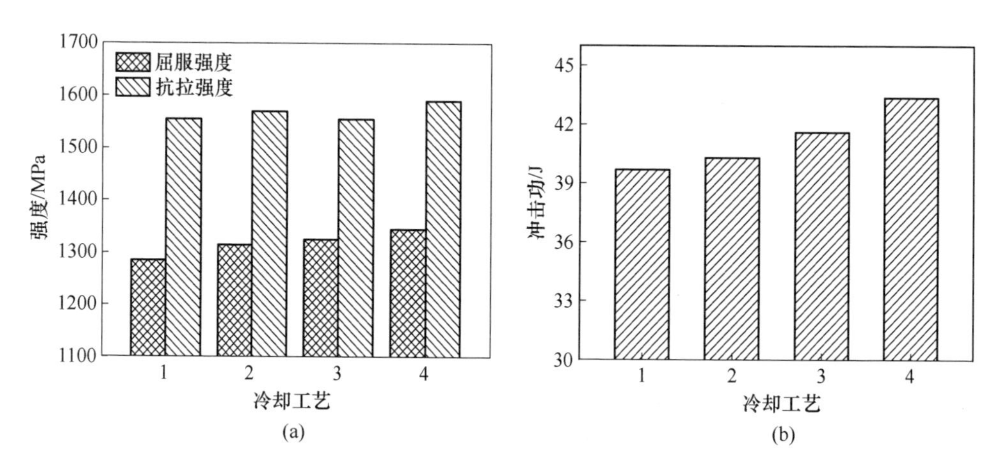

图 3-42　不同轧制冷却工艺下实验钢回火态的力学性能

（a）拉伸性能；（b）－40℃冲击吸收功

经两阶段控制轧制后的再加热奥氏体晶粒，比连续热轧实验钢的再加热奥氏体晶粒尺寸小，且晶粒尺寸分布较均匀。相比于工艺 1，工艺 4 的再加热奥氏体平均晶粒尺寸减小了 3.5μm，如图 3-45 和图 3-46 所示。

3.4.2.3　热处理工艺对组织性能的影响

马氏体板条束和板条块是板条马氏体钢强韧性的控制单元，并且板条束和板条块的尺寸与原始奥氏体晶粒尺寸密切相关。Q1300 高强度钢不同淬火温度下实验钢的原始奥氏体晶粒形貌如图 3-47 所示。

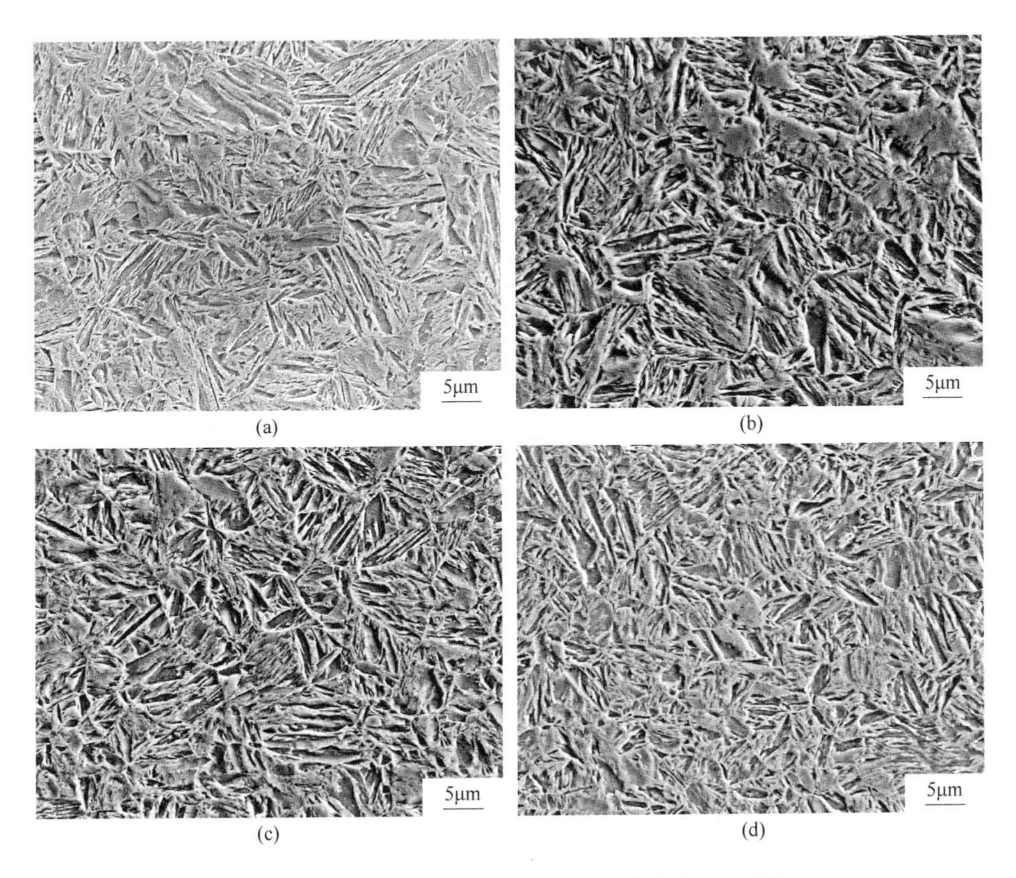

图 3-43 不同轧制冷却工艺下实验钢淬火态的 SEM 照片
(a) 工艺 1；(b) 工艺 2；(c) 工艺 3；(d) 工艺 4

由图 3-47 可见，当淬火温度为 820℃时，奥氏体晶粒尺寸较小，随着淬火温度增加，晶粒缓慢长大并保持较好的尺寸均匀性。当淬火温度增加到 920℃时，奥氏体晶粒明显长大，除了平均晶粒尺寸增加外，还出现了一些异常长大的晶粒，形成混晶组织。当淬火温度较低时，组织中细小的微合金元素碳氮化物能够钉扎原始奥氏体晶界，阻碍奥氏体晶粒长大，所以实验钢的奥氏体晶粒长大速度相对缓慢。随淬火温度升高，尤其当温度升高到 900℃以上时，微合金元素碳氮化物（此温度下主要是钒的碳氮化物）固溶到奥氏体中，钉扎奥氏体晶界的作用减弱，因此该温度下奥氏体晶粒的尺寸较大。

不同淬火温度下奥氏体晶粒尺寸的分布情况如图 3-48 所示，晶粒尺寸分布近似呈对数正态分布曲线。随着淬火温度的提高，小尺寸晶粒（小于 2μm）的数量不断减少，大尺寸晶粒（大于 10μm）的数量逐渐增加。淬火温度对奥氏体平均晶粒尺寸和尺寸分布均匀性的影响如图 3-49 所示。随着淬火温度的增加，

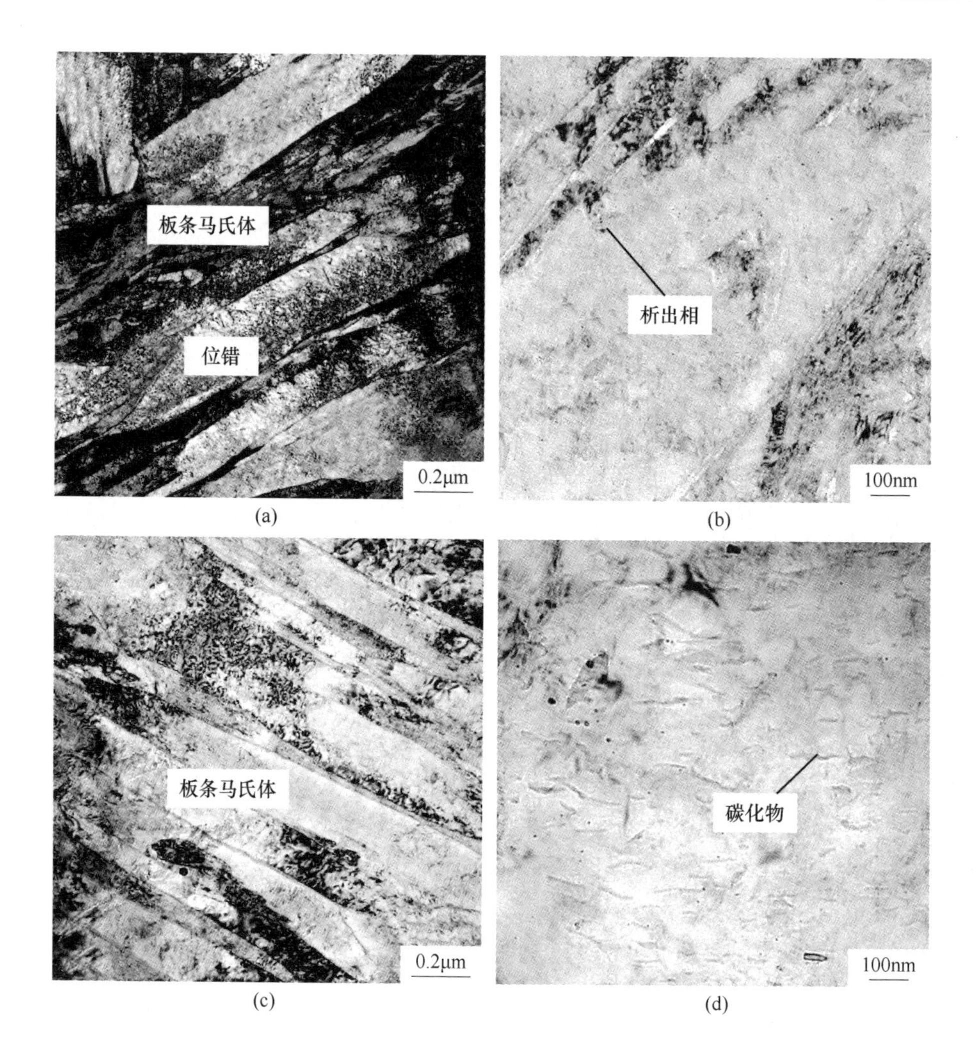

图 3-44　淬火和回火态实验钢的 TEM 照片
(a)(b) 淬火态；(c)(d) 回火态

奥氏体平均晶粒尺寸逐渐增大，晶粒尺寸分布的方差系数（标准偏差和平均晶粒尺寸的比值）先减小后增加，在 840℃和 860℃淬火时，能够获得较高的再加热原始奥氏体晶粒尺寸均匀性。

淬火温度 860℃时，不同保温时间对奥氏体晶粒尺寸的影响如图 3-50 所示。随着保温时间的延长，奥氏体晶粒尺寸逐渐增大，如图 3-50(a)～(c) 所示。当晶粒尺寸增加到一定程度时，随着时间的增加，晶粒尺寸并未发生明显的变化，如图 3-50(e) 所示。由图 3-50(f) 可知，对实验钢进行多次循环淬火处理可有效细化原始奥氏体晶粒。

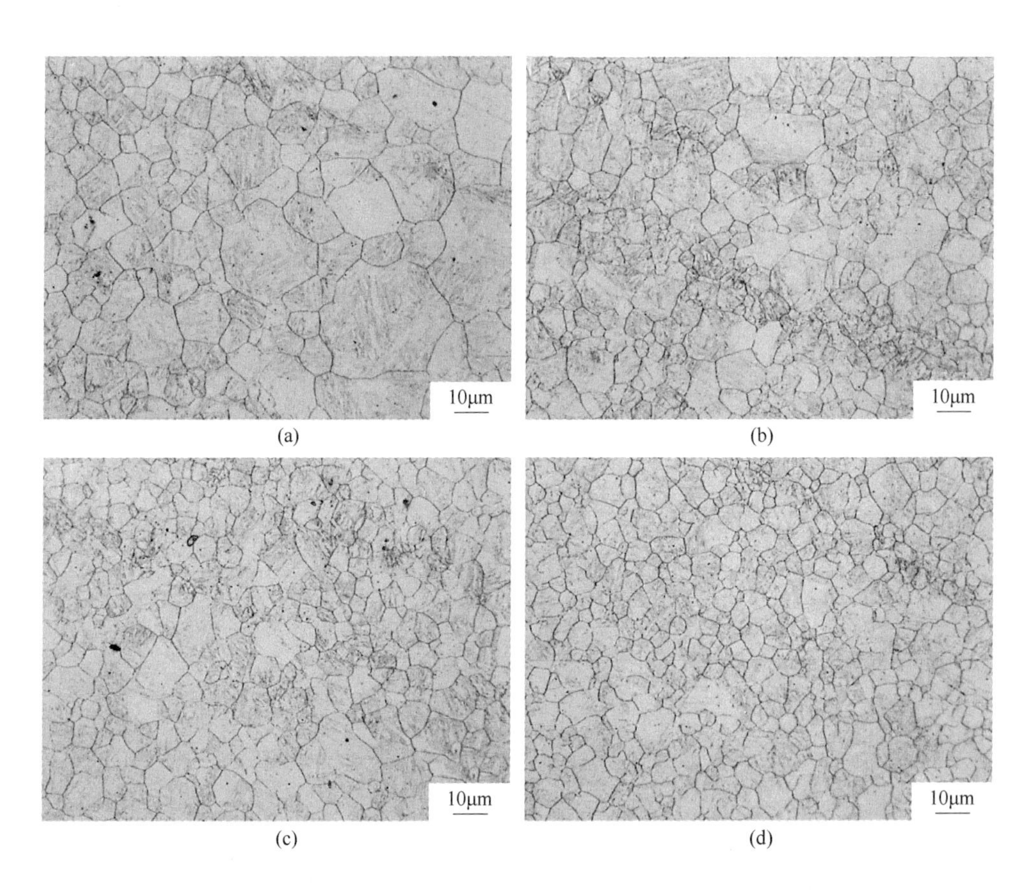

图 3-45 不同轧制冷却工艺下实验钢的再加热奥氏体晶粒形貌
(a) 工艺 1；(b) 工艺 2；(c) 工艺 3；(d) 工艺 4

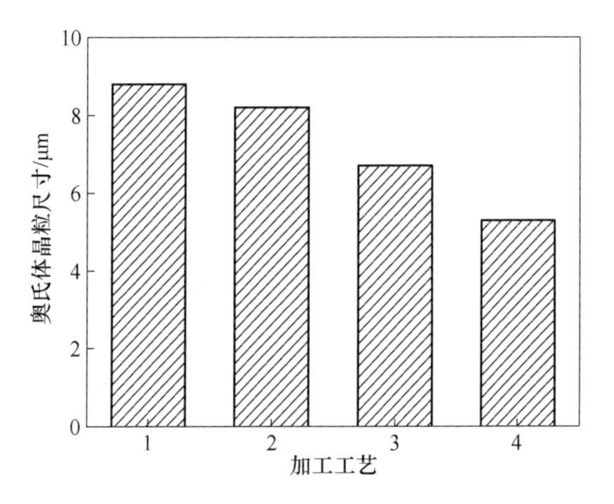

图 3-46 轧制冷却工艺对实验钢再加热奥氏体晶粒尺寸的影响

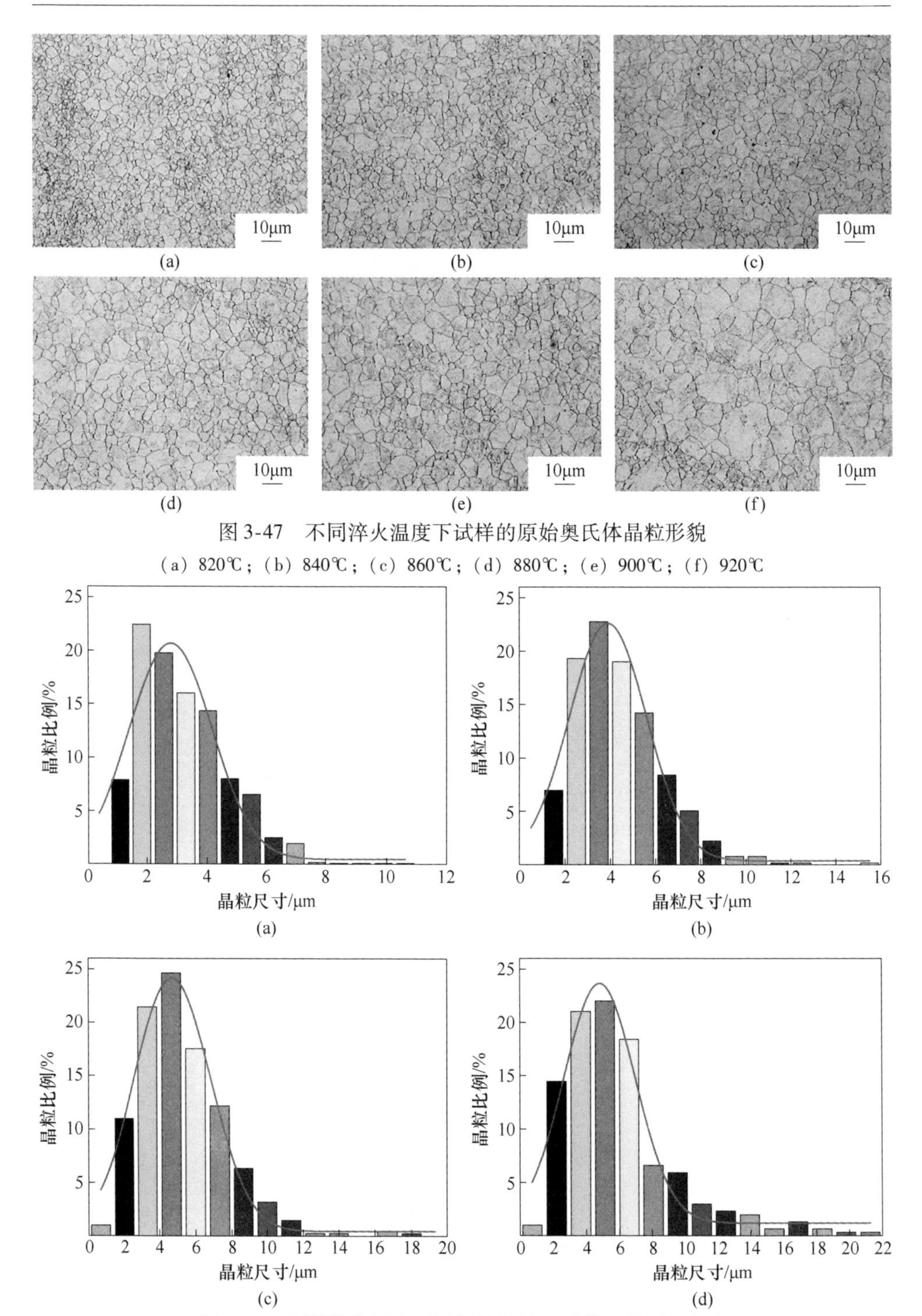

图 3-47　不同淬火温度下试样的原始奥氏体晶粒形貌

(a) 820℃; (b) 840℃; (c) 860℃; (d) 880℃; (e) 900℃; (f) 920℃

图 3-48　不同淬火温度下试样的原始奥氏体晶粒尺寸分布

(a) 820℃; (b) 860℃; (c) 880℃; (d) 900℃

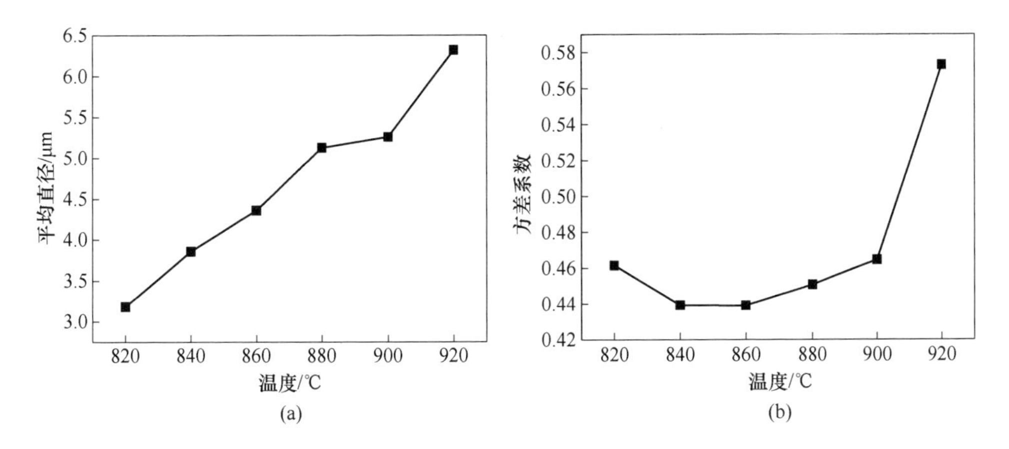

图 3-49 淬火温度对实验钢奥氏体平均晶粒尺寸的影响
（a）平均晶粒尺寸；（b）方差系数

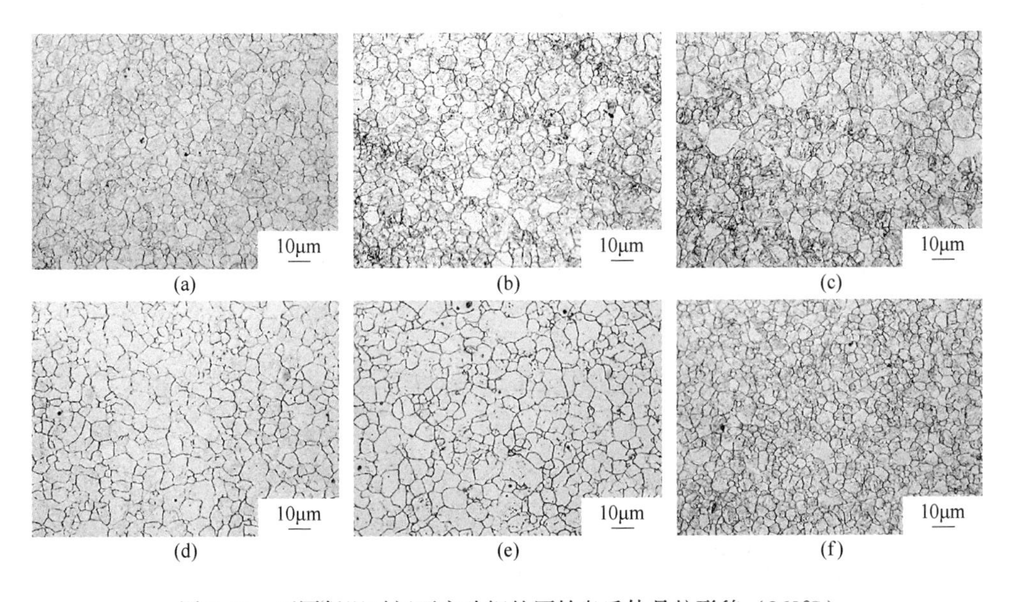

图 3-50 不同保温时间下实验钢的原始奥氏体晶粒形貌（860℃）
（a）15min；（b）30min；（c）60min；（d）120min；（e）240min；（f）循环淬火

不同淬火温度下实验钢的显微组织形貌如图 3-51 和图 3-52 所示。结果表明，实验钢淬火态的组织为典型的板条马氏体，通过 SEM 能够观察到实验钢淬火马氏体板条束和板条块的形貌。当淬火温度较低，奥氏体晶粒尺寸较小时，在一个原始奥氏体晶粒内通常只能观察到一个位向的板条束，而当晶粒尺寸较大时，则可以观察到数个不同方向的板条束，如图 3-51(d) 所示。通过 TEM 可以观察到马氏体板条间薄膜状的残余奥氏体（Retained Austenite，RA）和板条内的纳米级析出粒子，如图 3-52 所示。此外，不同淬火温度试样的 EBSD 检测结果（见图 3-53）表明，在 840℃和 860℃淬火时得到的马氏体板条块尺寸要比 880℃和 900℃时的板条块尺寸小。

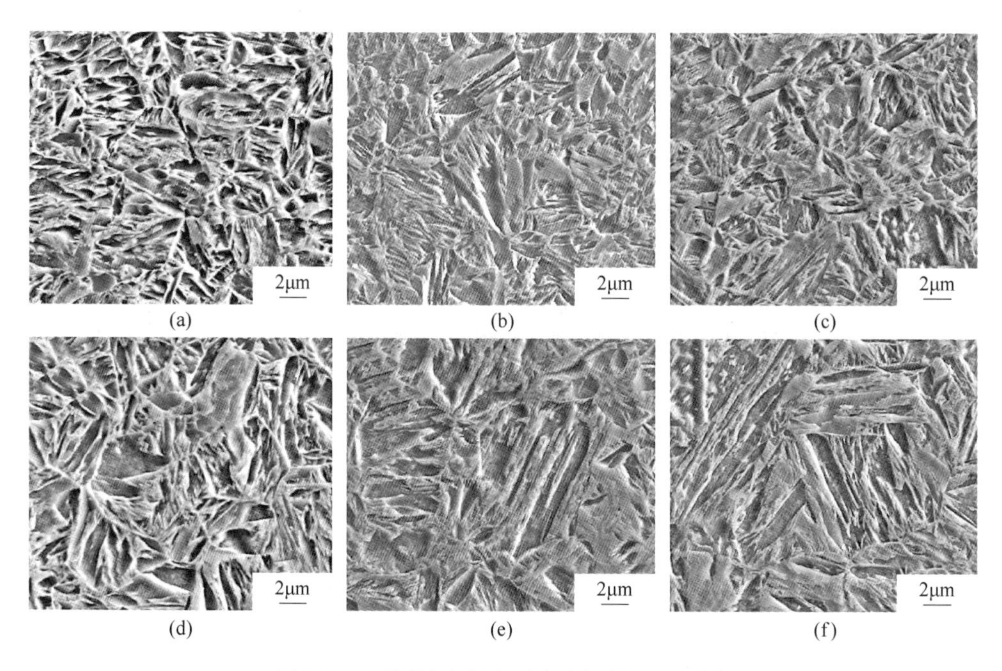

图 3-51　不同淬火温度下实验钢的 SEM 照片
（a）820℃；（b）840℃；（c）860℃；（d）880℃；（e）900℃；（f）920℃

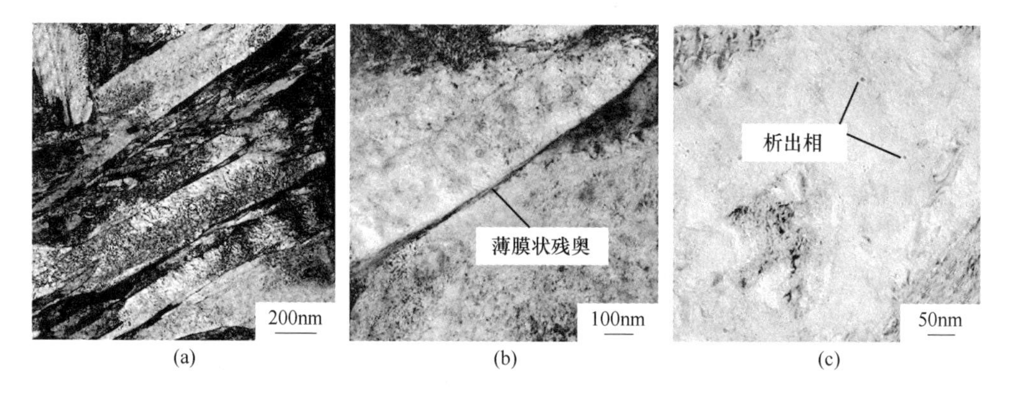

图 3-52　淬火态实验钢的精细组织
（a）板条马氏体；（b）薄膜状残余奥氏体；（c）纳米析出粒子

淬火温度对实验钢力学性能的影响如图 3-54 所示。当淬火温度在 820 ~ 860℃变化时，实验钢的屈服强度和抗拉强度未发生明显变化，这与此时奥氏体晶粒尺寸并没有发生较大变化有关。继续增加淬火温度，屈服强度和抗拉强度均

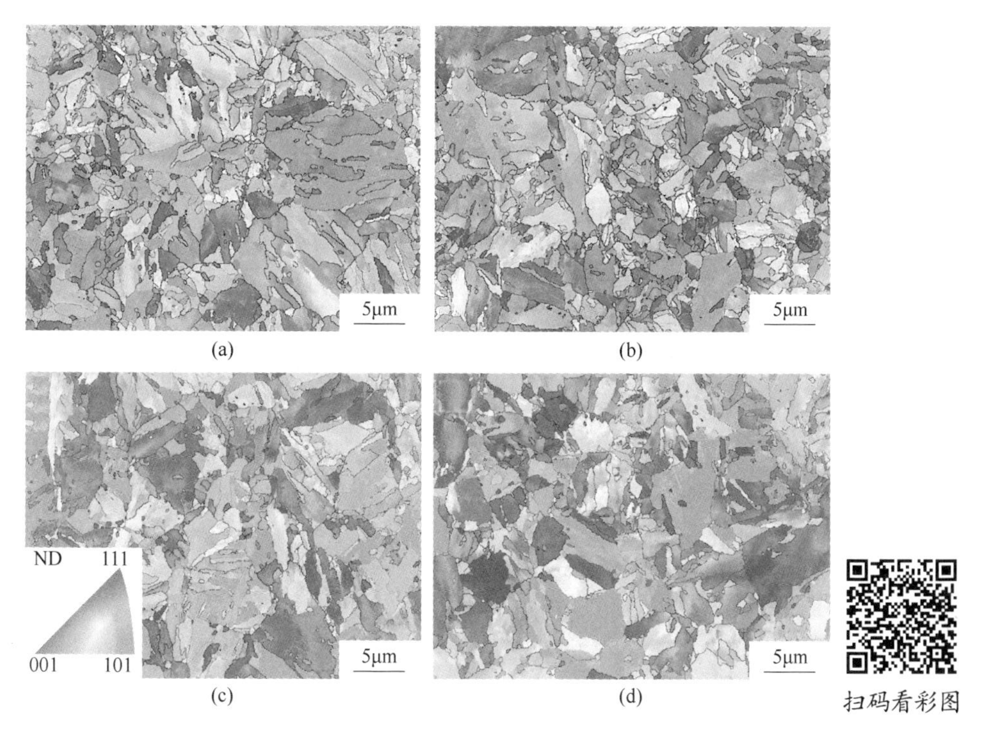

图 3-53 不同淬火温度下实验钢的 EBSD 照片
（a）840℃；（b）860℃；（c）880℃；（d）900℃

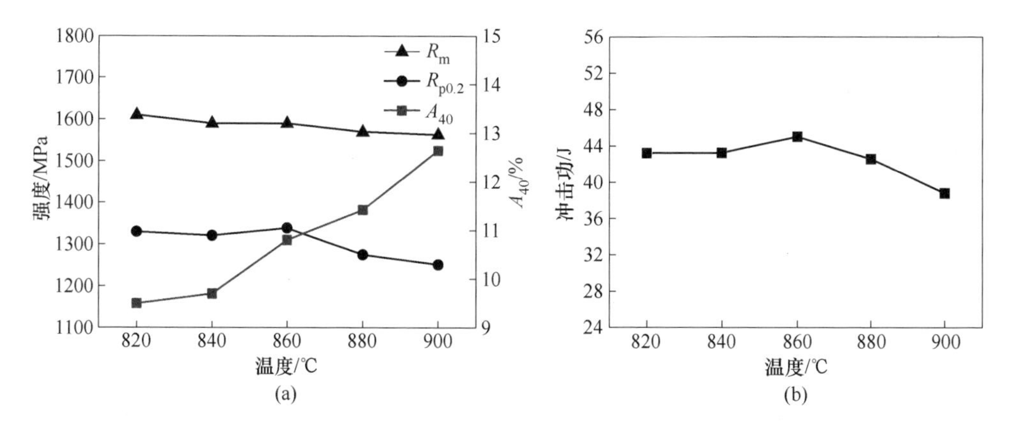

图 3-54 不同淬火温度下实验钢的力学性能
（a）拉伸性能；（b）-40℃冲击吸收功

下降，且屈服强度的下降幅度比抗拉强度更大，这主要是因为奥氏体晶粒尺寸对屈服强度的影响作用更大。实验钢的断后伸长率随淬火温度的提高而有所增加，这可能是由于奥氏体晶粒尺寸增大提高了加工硬化能力引起的。实验钢的冲击吸收功随淬火温度的增加呈现出先略微增加再降低的趋势，原始奥氏体晶界、板条束界和板条块界作为大角度晶界具有一定的阻碍裂纹扩展能力，通过对不同淬火温度下板条马氏体的大角度晶界所占比例进行统计（见图 3-55），可以发现实验钢冲击吸收功的变化规律与大角度晶界所占比例的变化规律一致。此外，本实验钢并不是原始奥氏体晶粒尺寸越小，大角度晶界的数量越多。通过对显微组织观察发现，当原始奥氏体晶粒尺寸很小时，其晶内的板条束数量减少，如图 3-51（a）所示，一个原始奥氏体晶粒内只观察到了一种位向的板条束，而当晶粒尺寸较大时，在晶内存在三个不同位向的板条束，如图 3-51(f) 所示。原始奥氏体晶界、板条束界和板条块界均是大角度晶界，而且板条束或板条块是板条马氏体钢强韧性的控制单元，因此板条马氏体钢有效晶粒尺寸的大小与淬火温度之间存在一个最优关系，试样在 860℃ 淬火时大角度晶界数量最多，比 900℃ 淬火试样的大角度晶界高出了约 7%。力学性能的检测结果也表明实验钢在 860℃ 淬火时，能够获得比较好的强度和塑韧性。

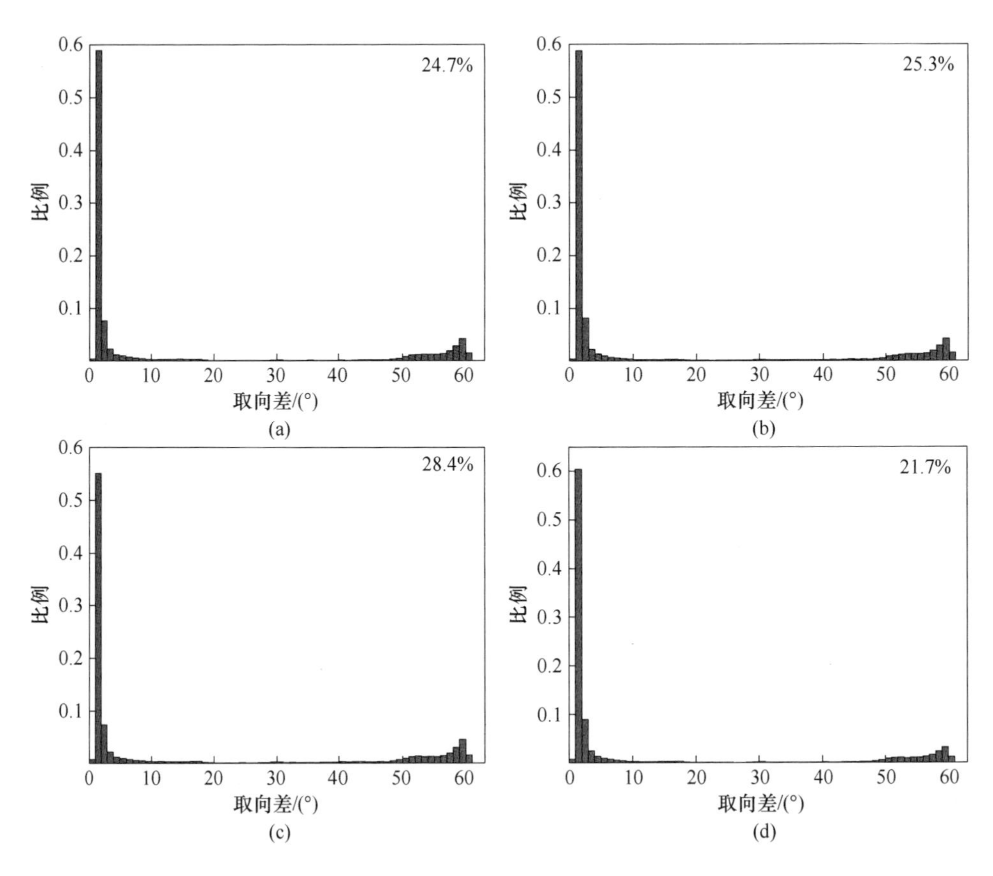

图 3-55　淬火温度对晶界取向差分布的影响

（a）820℃；（b）840℃；（c）860℃；（d）900℃

回火是调整淬火态钢板组织性能的重要工序，一方面可降低淬火应力，另一方面通过改变组织调控强韧性。不同回火温度下实验钢的显微组织形貌如图3-56所示。结果表明，当回火温度低于300℃时，相比于淬火态组织（见图3-51），马氏体板条仍然清晰可见，板条内弥散分布着呈短棒状或针状的细小碳化物，如图3-56(b)和（c）所示。对碳化物做能谱分析表明，其主要元素构成及其原子数分数为29.67%C和70.33%Fe，因此推测该碳化物为密排六方结构的ε过渡碳化物（$Fe_{2.4}C$）。对于中低碳钢，淬火马氏体中的过饱和碳原子主要偏聚在位错线的张应力区域以降低系统的弹性畸变能。当回火温度高于200℃时，碳原子具有一定的扩散能力，同时“位错管道”可以作为碳原子快速扩散的通道，易于形成富碳的核心，促使位错线附近的富碳原子偏聚区开始析出碳化物。ε过渡碳化物弥散分布在马氏体板条内部，可以起到钉扎位错的作用，有利于提高实验钢的屈服强度。当回火温度增加到400℃时，马氏体板条形貌模糊，板条内碳化物的尺寸增大，并且此时碳化物不仅在晶内出现，在一些原始奥氏体晶界和马氏体板条界面处也分布着薄片状的碳化物，如图3-56(d)所示。原始奥氏体晶界处由于原子排列不规则以及杂质原子富集，也是碳化物析出的有利位置；中温回火时，马氏体板条间薄膜状残留奥氏体分解驱动力增大，并且马氏体板条中析出一定量的碳化物后，引起马氏体收缩，板条间的残留奥氏体受到拉应力的作用，促使其分解形成脆性的碳化物。当回火温度增加到630℃时，板条形貌完全消失，

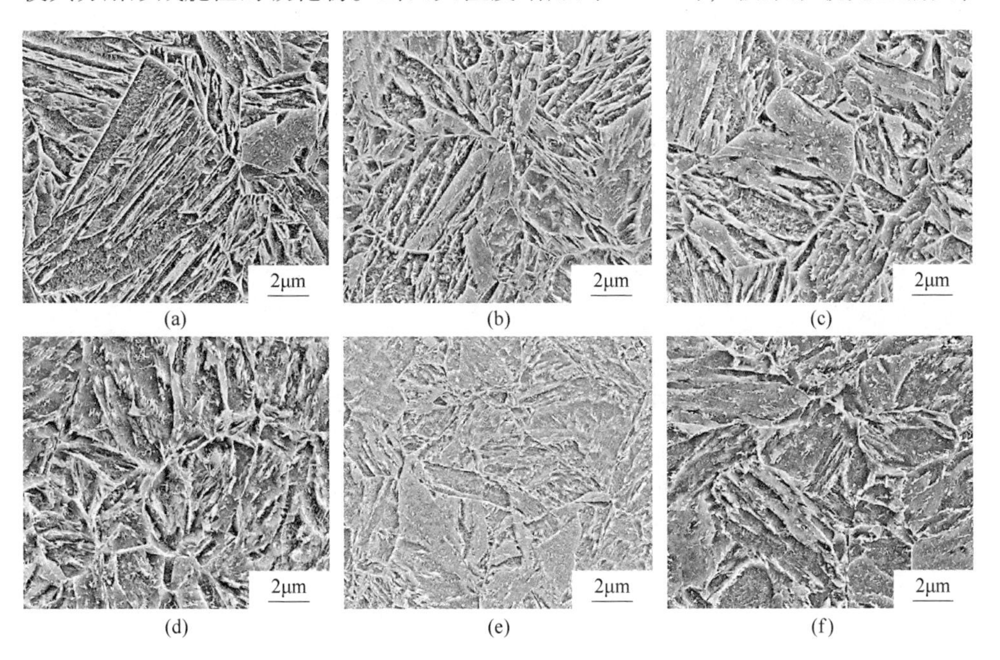

图3-56 不同回火温度下实验钢的SEM照片

(a) 220℃；(b) 250℃；(c) 300℃；(d) 400℃；(e) 500℃；(f) 600℃

棒状和薄片状渗碳体转变为球状渗碳体弥散分布在完全再结晶的铁素体基体上，形成回火索氏体组织。

由图 3-57(a) 可见，在 220℃ 回火时，Q1300 高强度钢的显微组织是高位错密度的板条马氏体，板条的宽度在 200nm 左右。通过 TEM 可以观察到长为 50 ~ 100nm、宽约 10nm 的 ε 碳化物在板条内无规则分布，如图 3-58(b) 所示，这主要是由于碳化物沿着不同惯习方向析出所造成。在 400℃ 回火时，板条内的位错密度明显下降，马氏体板条间断续分布的条状碳化物清晰可见，板条尺寸增大，如图 3-57(d) 所示。当回火温度增加到 600℃时，板条特征完全消失，α 相发生再结晶，基体组织为完全再结晶的等轴铁素体，除球状渗碳体以外，还可以观察到尺寸小于 10nm 的微合金元素碳氮化物弥散分布在铁素体基体上，这些纳米级的析出粒子可以阻碍位错运动，起到沉淀强化的作用，如图 3-58(f) 所示。

图 3-57　不同回火温度下实验钢的 TEM 照片

(a) 220℃；(b) 250℃；(c) 300℃；(d) 400℃；(e) 500℃；(f) 600℃

图 3-59(a) 表明，Q1300 高强度钢的抗拉强度随着回火温度的增加逐渐下降，经 630℃ 回火后，抗拉强度由 1636MPa 降低到 1149MPa。实验钢的屈服强度呈现先增加后降低的趋势，淬火态钢板的屈服强度为 1331MPa，在 220 ~ 300℃ 回火时，Q1300 高强度钢的屈服强度保持在 1380MPa 以上，此后继续增加回火温

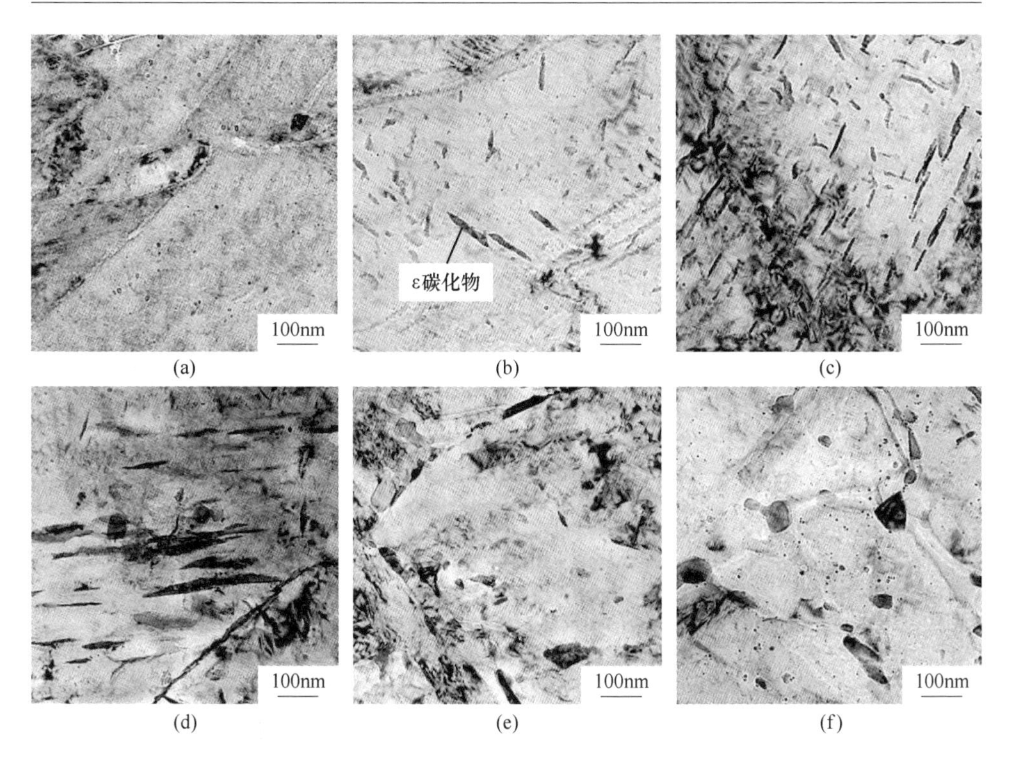

图 3-58 实验钢回火过程中的碳化物形貌变化
(a) 淬火态；(b) 220℃；(c) 300℃；(d) 350℃；(e) 500℃；(f) 600℃

度，屈服强度逐渐下降。低温回火后屈服强度提高的主要原因是 ε 碳化物的析出可以钉扎位错起到沉淀强化的作用，虽然 ε 碳化物的析出造成碳原子间隙固溶强化作用有所下降，但是此时前者对强度的提高作用要大于后者对强度的削弱。此外，值得注意的是，随着回火温度的增加，抗拉强度下降的幅度要高于屈服强度下降的幅度，屈强比由淬火态的 0.81 上升到 630℃ 回火时的 0.97。由图 3-59(b) 可知，在 250℃ 以下回火时，钢板的低温冲击韧性相比于淬火态钢板有所提高，这主要是因为一方面低温回火消除了一部分淬火应力（位错密度的降低），另一方面 ε 碳化物的析出使间隙固溶强化作用有所降低，减小了对韧性的损害。而且，此时 ε 碳化物主要在板条内析出，尺寸较小，不会促进微裂纹形核。当回火温度增加到 300℃ 时，Q1300 高强度钢低温冲击韧性开始下降，这主要是由于板条间的残余奥氏体薄膜开始分解以及板条内碳化物的尺寸增大。在 400 ~ 450℃ 回火时，钢板的冲击吸收功降到最低，此后继续增加回火温度，低温冲击韧性又逐渐升高。

Q1300 高强度钢不同回火温度下板条间残余奥氏体（Retained Austenite，RA）薄膜的变化规律如图 3-60 所示。谷底冲击功的出现主要是因为在该温度下板条

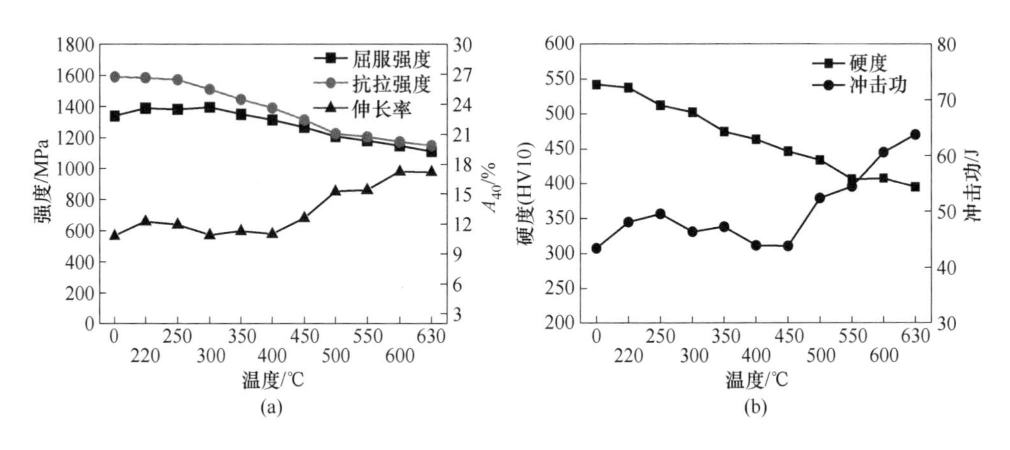

图 3-59　不同回火温度下实验钢的力学性能
（a）拉伸性能；（b）硬度和冲击韧性

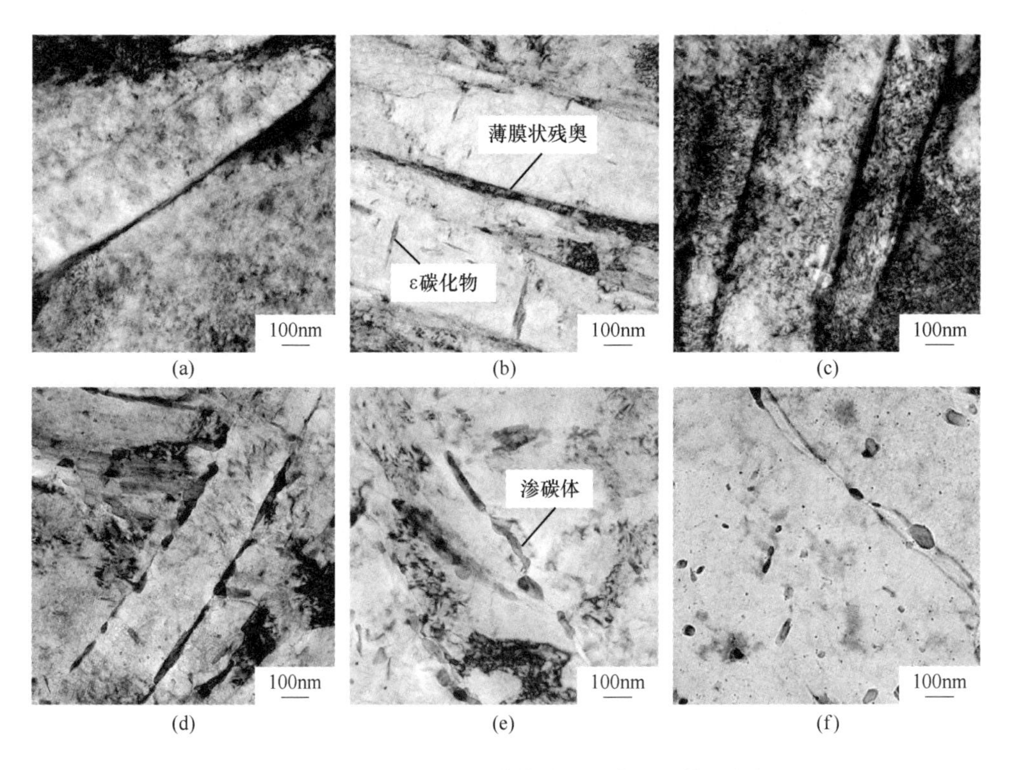

图 3-60　实验钢回火过程中薄膜状残余奥氏体的变化
（a）淬火态；（b）220℃；（c）（d）300℃；（e）400℃；（f）500℃

界面的薄膜状奥氏体分解，形成薄壳状碳化物，削弱了晶界结合力，使板条界面成为裂纹扩展的路径。随着回火温度增加，α 相发生回复或再结晶，位错密度逐渐降低，晶界上的碳化物球化，降低了对晶界的危害，使实验钢的低温冲击韧性逐渐提高。不同回火温度下 Q1300 高强度钢强度和塑韧性的结果表明，淬火态在 220～250℃回火时，可获得良好的综合力学性能。

参 考 文 献

[1] 卢柯．梯度纳米结构材料［J］．金属学报，2015，51（1）：1-10.

[2] 王有铭，李曼云，韦光．钢材的控制轧制和控制冷却［M］．北京：冶金工业出版社，1995.

[3] 王国栋，刘振宇，熊尚武．高强度低合金钢的控制轧制与控制冷却［M］．北京：冶金工业出版社，1992.

[4] 王国栋．以超快速冷却为核心的新一代 TMCP 技术［J］．上海金属，2008，30（2）：1-5.

[5] 谭智林，向嵩．Q690 低碳微合金钢热变形行为及动态再结晶临界应变［J］．材料热处理学报，2013，34（5）：42-46.

[6] 张跃，齐黄．微合金化钢［M］．北京：冶金工业出版社，2006.

[7] 李小琳，高凯，李军辉，等．超快冷条件下含 Ti 低碳微合金钢析出行为研究［C］．中国金属学会，2015：345-349.

[8] 王斌，刘振宇，冯洁，等．超快速冷却条件下碳素钢中纳米渗碳体的析出行为和强化作用［J］．金属学报，2014，50（6）：652-658.

[9] Blachowski A，Cieślak J，Dubiel S M，et al. Effect of titanium on the kinetics of the σ-phase formation in a small grain Fe-Cr alloy［J］. Journal of Alloys and Compounds，2000，308（1）：189-192.

[10] 徐祖耀，曹四维．回火马氏体脆性的机制［J］．金属学报，1987，23（6）：477-483.

4 超高强度结构钢焊接接头组织性能

4.1 焊接热循环概述

焊接热循环指在焊接热源作用下，焊件上某一点温度随时间的变化过程。图 4-1为不同焊接工艺下的温度场，由焊接热源所引起的温度场并不均匀，因此在焊接温度场中不同位置处的热循环状态势必有所差异，靠近焊接热源位置处组织受热融化形成熔池，而后凝固成焊缝；焊缝两侧的组织，由于在温度场中的位置不同，热循环过程也不尽相同，在各自焊接热循环的影响下，会发生再结晶、部分再结晶、回火等不同的组织变化。由此可见，在焊接热循环的作用下，焊缝附近的组织实质上经历了一次特殊的热处理，组织及力学性能发生了剧烈的变化。在焊接热循环的作用下，焊缝附近处于固态的金属组织及性能发生变化的区域，通常被称为焊接热影响区。

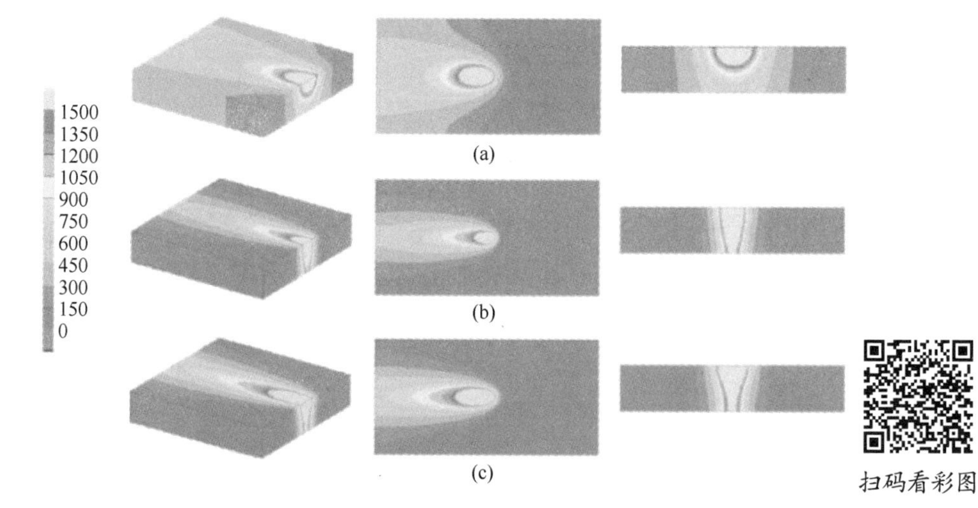

图 4-1　不同焊接工艺下的温度场
（a）电弧焊；（b）激光焊；（c）电弧－激光复合焊

对于高强度结构钢而言，相比于调制热处理，焊接热循环所经历的时间更短，图4-2为典型的焊接热循环示意图，热影响区组织在焊接热源作用下迅速升温，并在峰值温度保温极短的时间，仅为几秒或十几秒。在焊接热循环过程中，决定焊接热循环特性，且对热影响区组织性能影响最为主要的参数有：加热速度ω_H，峰值温度T_{max}，在某一温度的加热保温时间或高温停留时间t_H，在某一温度时的瞬时冷却速度ω_C，或在某一温度区间的冷却时间t_C等。

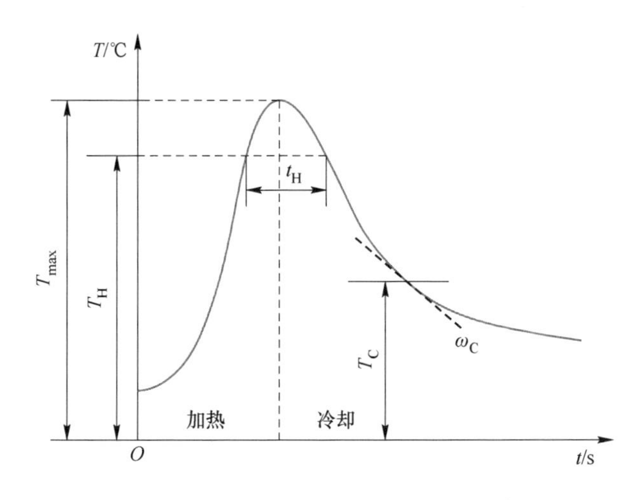

图4-2 焊接热循环示意图

4.1.1 加热速度 ω_H

焊接时的加热速度比热处理条件下快得多，较快的加热速度将会影响扩散性相变的发生以及析出物的溶解，因此也会影响到冷却时的组织转变和性能。焊接过程中材料的加热速度与所选的焊接方式、焊接工艺参数、母材的传热系数和板厚等因素有关。

4.1.2 峰值温度 T_{max}

焊接热循环中峰值温度对材料的组织性能变化有着至关重要的影响。焊接接头中不同位置处峰值温度的差异，导致了其组织具有明显的差别，峰值温度高于液相线温度处组织形成熔池，低于液相线处组织在热源的作用下发生组织转变，形成热影响区。研究表明，根据焊接传热学计算公式，在点热源和线热源的作用下焊件上某点的瞬时温度分别为：

$$T = \frac{E}{2\pi\lambda t}e^{-\frac{r_0^2}{4at}} \quad \text{（点热源）} \tag{4-1}$$

$$T = \frac{E/h}{(4\pi\lambda c\rho t)^{1/2}}e^{-\left(\frac{y_0}{4at}+bt\right)} \quad \text{（线热源）} \tag{4-2}$$

式中　E——焊接线能量，J/cm；

λ——焊材的导热系数，W/(cm · ℃)；

a——导热系数，cm^2/s；

$c\rho$——容积比热，$J/(cm^3 \cdot ℃)$；

t——传热时间，s；

r_0——距热源的坐标距离，cm；

h——板厚，cm；

b——散热系数，s^{-1}。

在峰值温度时，存在$\frac{\partial T}{\partial t}=0$，推导后可得不同热源下峰值温度为：

$$T_m = \frac{0.234E}{c\rho r_0^2} \quad （点热源） \tag{4-3}$$

$$T_m = \frac{0.242E/h}{c\rho y_0}\left(1 - \frac{by_0}{2a}\right) \quad （线热源） \tag{4-4}$$

4.1.3　高温停留时间 t_H

高温停留时间对于相的溶解或析出、扩散均质化以及晶粒粗化等影响很大，并且温度越高其影响越强烈。因此，在焊接时一般特别关心焊缝边界的高温停留时间，高温停留时间的近似为：

$$t_H \approx \frac{m_3 E}{2\pi\lambda(T_H - T_0)} \quad （点热源） \tag{4-5}$$

$$t_H \approx \frac{m_2 (E/h)^2}{4\pi\lambda c\rho(T_H - T_0)^2} \quad （线热源） \tag{4-6}$$

对于结构钢而言，$m_2 \approx 1$，$m_3 \approx 1$。

4.1.4　瞬时冷却速度 ω_C

瞬时冷却速度是指在某一瞬时温度下，材料的冷却速度。对于不同材料而言，所关注的温度点也不相同，对于低合金高强度钢来讲，主要考虑540℃时的冷却速度；奥氏体不锈钢，主要考虑700℃时的冷却速度；而铝合金时，主要考虑300℃时的冷却速度。

4.1.5　某一温度区间的冷却时间 t_C

由于瞬时冷却速度 ω_C 只能表征某一瞬时温度下材料的冷速，在实际焊接过程中很难测量，因此通常采用冷却时间来替代冷却速度，作为焊接热循环的重要参数。对于超高强度钢而言，冷却速度对奥氏体冷却过程中相变有显著的影响，为满足超高强度钢的强度需求，其合金成分的含量一般较高，因此超高强度钢具有较好的淬透性，因此在冷却过程中选用 800 ~ 500℃ 或 800 ~ 300℃ 时的冷却时间作为焊接热循环的重要参数，记为 $t_{8/5}$ 或 $t_{8/3}$。

4.2　焊接接头组织的形成与转变

4.2.1　焊缝的固态相变组织

熔焊过程中，在高温热源的作用下，母材将发生局部熔化，并与熔化的焊接材料混合形成焊接熔池。与此同时，在熔池中进行着短暂而复杂的化学冶金反应。当热源离开，熔池金属开始凝固并在冷却过程中发生固态相变。熔池冶金条件和冷却条件的不同，可得到组织性能不同的焊缝。焊接熔池的结晶规律与钢坯凝固一样，都是形核和长大的过程，但结晶条件是完全不同的。焊接是一种局部超高温快速熔化和凝固的过程，焊缝金属的凝固过程具有熔池体积小，冷却速率大，熔池中的金属液体温度不均匀，且热源中心处于过热状态的特点。

气孔、夹杂、裂纹是焊缝中常见的缺陷，显著降低焊缝金属的强度和韧性，这些缺陷的产生与焊接工艺参数密切相关。气孔是焊接熔池大量过饱和的气体（H、N、CO）在熔池中不均匀的溶质质点处、熔渣与液态金属界面及熔池底部的树枝状晶粒处形成的气泡所引起的。增加焊接电流可延长液态熔池存在的时间，有利于气体逸出，当电流过大时，熔滴变细，比表面积增大，熔滴吸收的气体较多，反而增加了产生气孔的倾向。电弧电压过高，容易使空气中的氮进入熔池，形成氮气孔。焊接速度过快，增大了冷却速率，使气体没有足够的时间从熔池中逸出，残留在焊缝中形成气孔。焊缝中的裂纹主要是热裂纹，包括结晶裂纹、液化裂纹和多边化裂纹。在特殊情况下，比如焊接超高强度钢时，在焊缝处也可能会出现冷裂纹。增加焊接热输入和提高预热温度，可减小焊缝金属的应变速率，从而降低结晶裂纹的倾向。热输入越大，输入的热量越多，分布在晶界上的低熔点共晶组织发生较严重的熔化，晶界处于液态的时间越长，产生液化裂纹的倾向就越大。此外，坡口形式、接头形式及焊接次序等也会影响接头的应力状态，进而影响裂纹的形成。

由于熔池化学成分和冷却速率不同，焊接熔池在连续冷却过程中可发生铁素体、珠光体、贝氏体和马氏体四种不同类型的组织转变，不同的组织类型使焊缝具有不同的性能。熔池化学成分和冷却速率与焊接工艺密切相关，比如焊接热输入小，冷却速率降低；焊接电流大，则熔合比大，焊缝中熔化的母材金属所占比例增加，改变焊接材料则会直接改变熔池的化学成分。

综上所述，焊接性虽然是金属材料本身所固有的性能，但是焊接工艺会影响焊缝熔池的熔化和凝固条件，进而影响焊缝的组织性能。焊接工艺参数对焊接熔池的影响主要包括：

（1）对熔池温度梯度的影响；

（2）对熔池冷却速率的影响；

（3）对熔池尺寸形状的影响。

以不同坡口形式对 JFE-EH400 钢板焊接接头组织性能的影响为例，其中 V 型坡口比 U 型坡口具有更好的散热特性，可促进焊缝针状铁素体的形核，从而提高焊缝的强韧性。相关研究表明，保护气体的成分对 950MPa 级高强度钢焊缝金属组织性能也存在影响，随着保护气体中 CO_2 含量增加，焊缝的组织由低碳马氏体和无碳化物贝氏体，逐渐向板条贝氏体过渡，并且粒状贝氏体的体积分数随 CO_2 含量增加而增加。焊缝的硬度由 380HV 降低到 280HV，冲击吸收功由 130J 减少到 90J[1]。通过斜 Y 型坡口试验研究了焊材初始 H 含量、热输入和预热温度对 S690QT 焊缝冷裂纹的影响，发现焊缝金属初始 H 含量控制着冷裂纹萌生的孕育时间，H 含量越低，孕育时间越长。预热温度、热输入影响焊缝和热影响区的组织，从而影响冷裂纹的扩展和最后的断裂强度。焊接工艺和焊接材料对 AISI 4340 高强度钢焊接接头组织性能也有显著影响，发现采用奥氏体不锈钢焊丝的焊接接头具有更好的韧性，而采用铁素体钢焊丝的焊接接头具有更好的强度。此外，保护气体成分、焊接热输入和后热温度对 1000MPa 高强度钢焊缝组织和性能的影响也十分显著，研究结果表明，随着保护气体中 CO_2 含量增加，焊缝金属组织中贝氏体含量增多，且贝氏体板条形貌由平行状向相互交织状转变；熔敷金属中的夹杂物随 CO_2 含量增加，数量增多且尺寸增大，当保护气体中 CO_2 含量（体积分数）为 30% 时，焊缝金属中出现较大尺寸的夹杂物，导致熔敷金属韧性降低；随焊接热输入增加，焊缝显微组织中贝氏体板条的宽度增加，长宽比降低，相互交织状的板条数量减少，粒状贝氏体含量逐渐增多，焊缝冲击断口形貌从韧性和脆性的混合型断裂特征向脆性断裂特征转变；当后热温度从 250℃ 升高到 600℃时，焊缝中板条组织粗化，大角晶界密度降低，碳化物析出长大且连续分布，导致焊缝平均冲击吸收功从 66J 降低到 24J。焊接热输入作为焊接热循环中的重要参数，对焊缝组织性能有显著的影响。以 1200MPa 级低合金高强度钢为例，其焊缝组织主要为针状铁素体，并含有少量粒状贝氏体。随着热输入的增加，针状铁素体含量增多且尺寸增大，粒状贝氏体含量逐渐减少。焊缝金属硬度、冲击韧性及焊接接头强度随热输入的增大基本呈下降趋势。

为提高低合金高强度钢焊接接头力学性能，针对焊缝金属针状铁素体组织，研究了低碳高强度钢焊缝金属中针状铁素体的形成机制，认为针状铁素体片或板条主要形核于焊缝金属中的夹杂物，夹杂物处的多重形核、初始铁素体上的感生形核、铁素体片之间的相互碰撞以及针状铁素体固定的取向关系是焊缝中互锁式针状铁素体形成的主要原因[2]。相关研究发现夹杂物对低合金高强度钢焊缝金属中针状铁素体的形成及裂纹扩展有显著的影响，当焊缝中夹杂物尺寸在 0.6 ~ 0.8μm 时可促进针状铁素体的形核，细化奥氏体晶粒内的铁素体。针对屈服强度

600MPa 级高强度钢焊缝冷裂纹的影响，当夹杂物尺寸小于 2μm 时会促进针状铁素体的形核，有利于提高冷裂纹抗力；当夹杂物尺寸大于 2μm 时，夹杂物一方面可以成为准解理断裂的形核位置，另一方面当微裂纹扩展至夹杂物处时可诱发新的裂纹[3]。低合金高强度钢焊缝组织中铁素体存在多种形态，在连续冷却过程中会发生先共析铁素体、魏氏组织铁素体和贝氏体铁素体等不同类型的相变，针状铁素体受控于钢的化学成分、冷却速率和夹杂物特性的影响可以有不同类型的形式，包括魏氏组织针状铁素体和贝氏体针状铁素体，如图 4-3 所示[4]。

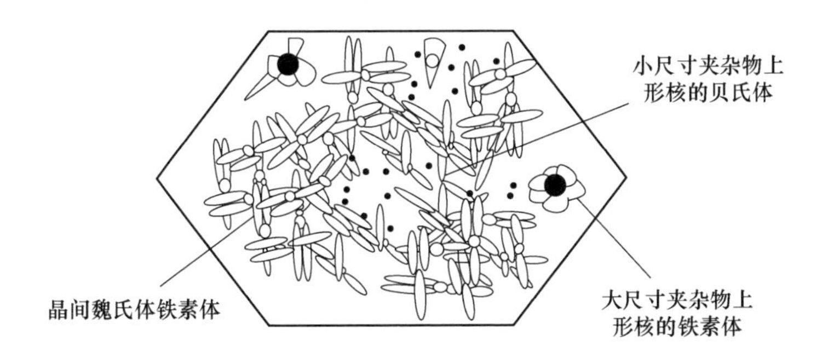

图 4-3　不同类型针状铁素体示意图

4.2.2 针状铁素体形核的影响因素

熔焊时在集中热源的作用下，焊缝两侧的母材受焊接热循环作用，原有的组织和性能发生变化的区域称为焊接热影响区。由于距离焊缝位置的不同，母材所经历的热循环过程也不相同，比如距离焊缝边界越近，其加热峰值温度越高，加热速率和冷却速率也越大。因此，在热影响区中又可以根据峰值温度的不同分为几个亚区，包括粗晶区（CGHAZ）、细晶区（FGHAZ）、临界区（ICHAZ）和亚临界区（SCHAZ）。这些不同的亚区组织和性能差异较大，熔合区和粗晶区发生了严重的晶粒粗化，通常是整个焊接接头的薄弱部位，如图 4-4(a) 所示。

对于中厚板，当采用多层多道焊时，由于后一焊道对前一焊道热影响区的再加热作用，前一焊道的粗晶区在不同的二次加热峰值温度作用下，形成了如图 4-4(b) 所示的区域 A 未转变粗晶热影响区（U CGHAZ）、区域 B 过临界粗晶热影响区（SC CGHAZ）、区域 C 临界粗晶热影响区（IC CGHAZ）和区域 D 亚临界粗晶热影响区（S CGHAZ）等二次热影响区。

与常规热处理工艺相比，焊接时的加热速率快、峰值温度高、高温停留时间短，是一种不均匀加热和冷却的过程，对母材金属的组织、性能影响较大，而且是一种在拘束条件下的局部加热过程，会产生不均匀的相变和应变。热影响区金属在焊接过程中受到高温加热和快速冷却作用，可能发生淬硬脆化、晶粒粗大和

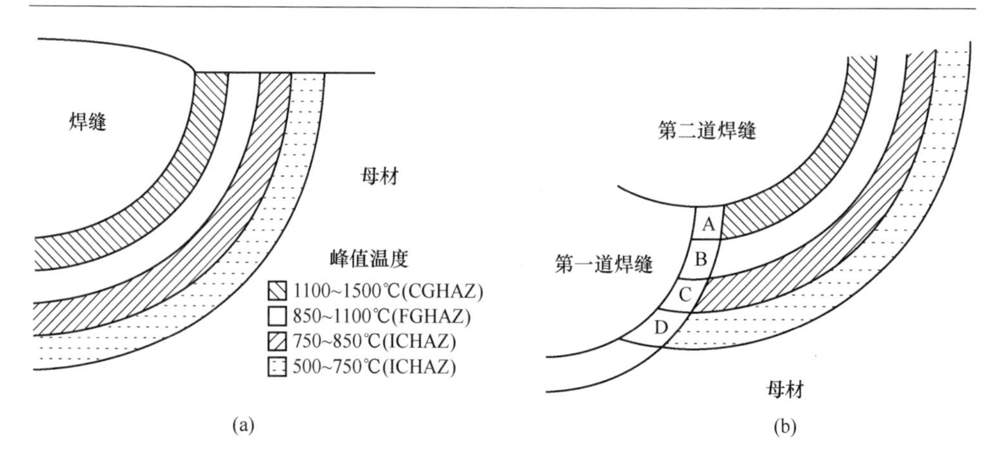

图 4-4　焊接热影响区示意图
(a) 单道次焊接；(b) 多道次焊接

回火软化等问题，甚至造成热影响区开裂等焊接缺陷。在焊接过程中，接头脆化和开裂是导致焊接结构失效或破坏的主要原因之一，尤其是对于超高强度钢，韧性相对较差，具有较高的冷裂纹敏感性。

焊接热影响区的组织性能除了与母材的化学成分有关外，还取决于焊接热循环过程。焊接热循环的主要参数包括加热速率、峰值温度、高温停留时间、冷却速率，尤其是冷却速率决定了焊接热影响区组织转变过程，通常采用 $t_{8/5}$（温度由 800℃降至 500℃所需要的时间）来研究其对组织性能的影响。

针对焊接参数对 SSAB 的 Weldox1100 高强度结构钢和 Toolox33 高强度工具钢的焊接接头力学性能发现，当焊接热输入较小时，会造成热影响区的硬化，而热输入过大时则容易造成软化，对于高强度钢存在一个比较合适的焊接热输入范围。对于典型的可焊接超高强度结构用钢 Weldox1300，其粗晶热影响区组织和性能受 $t_{8/5}$ 的影响很明显，当 $t_{8/5}$ 小于 4s 时，组织为全马氏体，$t_{8/5}$ 在 4 ~ 60s 时，组织为马氏体和贝氏体，当 $t_{8/5}$ 大于 60s 时，为贝氏体、马氏体和铁素体的混合组织。CGHAZ 的硬度和韧性随 $t_{8/5}$ 的增大而逐渐下降。其中，M-A 组元是影响 CGHAZ 韧性的主要因素，M-A 组元尺寸越大，韧性越差。同时 M-A 组元的形态对韧性也有显著的影响，长条状的 M-A 组元容易发生断裂并促进裂纹扩展，对韧性的损害较大。在多道次焊接及激光焊接等工艺下，M-A 组元的尺寸、形态依旧是影响韧性的关键因素，采用多层多道焊工艺焊接 X100 管线钢时，IC CGHAZ 的韧性随 M-A 组元的尺寸增大而减小，随 M-A 组元间距的增大而增大。采用激光焊接条件焊接的 800MPa 低合金高强度钢，其 CGHAZ 的组织主要为粒状贝氏体，其韧性随 $t_{8/5}$ 的增大先提高后降低。相关的研究人员根据 M-A 组元的平均宽度、数量、形貌和分布情况对粒状贝氏体韧性的综合影响，提出了 M-A 组元韧性参数的概念。

对于低合金超高强度钢而言，冷裂纹是一种较常见的焊接缺陷，通常发生在热影响区，也可能在焊缝中出现。焊接接头中的冷裂纹主要有以下两种形式：

（1）延迟裂纹，其主要特点是不在焊后立即出现，具有一定的孕育期，表现为时间上的滞后，延迟裂纹的产生主要取决于钢的淬硬倾向、焊接接头的应力状态和熔敷金属中的扩散氢含量；

（2）淬火裂纹，对于一些淬硬倾向很大的钢种，即使没有氢的诱发，在焊接接头拘束应力的作用下也会在焊后立即产生裂纹。

对于 C-Mn 钢和低合金钢的焊接接头冷裂纹敏感性而言，随着碳含量和碳当量的降低，不产生冷裂纹的临界预热温度和焊接热输入同时下降。不同焊接方法和焊接材料对装甲车用高强度钢 AISI 4340 焊接热影响区氢致裂纹存在显著影响，当采用药芯焊丝电弧焊（Flux Cored Arc Welding，FCAW）的焊接方法，选用奥氏体不锈钢焊丝施焊可以提高热影响区的抗冷裂纹能力。焊接参数和扩散氢含量对舰船用高强度钢热影响区冷裂纹的影响也十分显著，通过焊前预热和提高焊接热输入，可使热影响区高硬度的马氏体组织转变为硬度相对较低的马氏体和贝氏体混合组织，降低热影响区发生冷裂纹的倾向。当采用焊前预热、控制焊接热输入和焊后缓冷工艺，可有效避免高强度钢焊接热影响区冷裂纹的产生。以预热温度对高强度钢 10Ni3CrMoV 焊接接头组织性能和冷裂纹影响为例，当预热温度由 25℃增加到 150℃时，焊缝根部冷裂纹率先增加后降低；预热温度低于 90℃时，粗晶区的组织为未充分自回火的板条马氏体和上贝氏体；当预热温度增加到 150℃时，出现包含脆性 M-A 组元的粒状贝氏体；预热温度为 120℃时，粗晶区的组织为自回火充分的板条马氏体和针状铁素体，此时粗晶区具有良好的冲击韧性和冷裂纹抗力[5,6]。

4.3 超高强度钢焊接热影响区组织转变

以国内某钢厂生产的典型超高强度结构用钢 Q1300 为例，该钢板采用连铸坯控制轧制生产，再进行离线淬火 + 低温回火处理，焊接热模拟设备为东北大学轧制技术及连轧自动化国家重点实验室自主研发的 MMS-300 热力模拟实验机，如图 4-5 所示。

沿钢板横向切取热模拟试样坯料，将坯料机械加工成尺寸为 11mm × 11mm × 55mm 的焊接热模拟试样。采用 2D-Rykalin 数学模型计算 $t_{8/5}$ 对应的焊接热输入，见式（4-7）。由式（4-7）可知，当模拟板厚确定后，焊接热循环的热输入主要取决于 $t_{8/5}$。每组焊接热循环实验进行 3 次，将热模拟试样机械加工成标准的 10mm × 10mm × 55mm 夏比 V 型缺口冲击试样，采用 Instron Dynatup 9250HV 型落锤冲击试验机进行示波冲击试验，试验温度为 -40℃。采用 4%（体积分数）的硝酸酒精溶液腐蚀热模拟试样，在 Leica DMIRM 2500M 光学显微镜下观察不同焊接热循环试样的显微组织，采用 FEI-Quanta 600 扫描电镜观察冲击试样的断口形貌。通过电解抛光消除金相试样的表面应力，采用 Zeiss Ultra 55 场发射扫描电镜的电子背散射衍射装置，检测不同焊接热循环试样显微组织的晶体学取向关系和晶体结构特征，通过电解双喷减薄方法制取透射电镜试样，电解液采用9%（体积分数）的高氯酸酒精溶液，采用 FEI-Tecnai G^2 F20 透射电镜观察试样显微组织的精细结构。

图 4-5　MMS-300 热力模拟试验机

$$E = \sqrt{\frac{4\pi l\rho c\Delta t}{\frac{1}{T_2 - T_0} - \frac{1}{T_1 - T_0}}} \cdot d \tag{4-7}$$

式中　E——焊接热输入，J/cm；

l——材料的热导率，W/(cm · ℃)；

d——模拟板厚，cm；

ρ——材料的密度，g/cm^3；

c——比热容，J/(g · ℃)；

T_0——预热温度，T_1 和 T_2 为用于决定冷却时间的温度，℃；

Δt——从 T_1 到 T_2 的冷却时间，s，通常将 T_1 到 T_2 分别设定为 800℃ 和 500℃，在文中用 $t_{8/5}$代替 Δt。

4.3.1　单次焊接热循环条件下热影响区组织性能演变规律

4.3.1.1　不同亚区的显微组织特征

模拟热影响区不同亚区的焊接热循环曲线如图 4-6 所示，具体热模拟参数为：加热速率为 120℃/s，峰值温度停留时间为 1s，模拟板厚 1.2cm，峰值温度分别为 1320℃、1200℃、1050℃、950℃、850℃、780℃模拟实际焊接热影响区中的 CGHAZ、FGHAZ、ICHAZ，$t_{8/5}$为 10s（相当于 8.65kJ/cm 的焊接热输入），考察焊接热影响区不同亚区的冲击韧性。

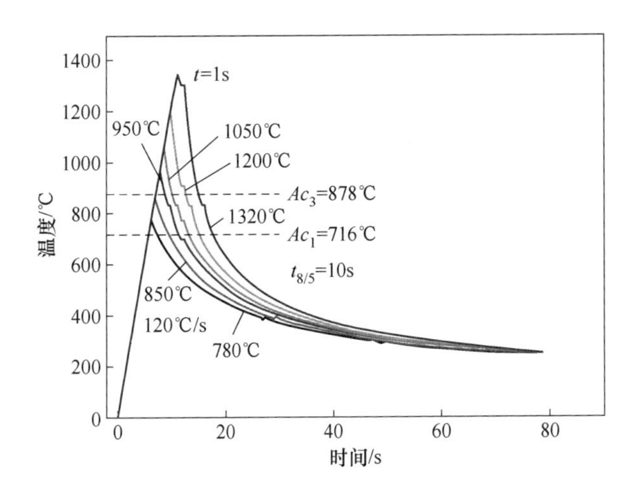

图 4-6　模拟焊接热影响区不同亚区的热循环曲线

图 4-7 和图 4-8 为相同热输入下实验钢焊接热影响区中不同亚区的显微组织。峰值温度不同造成各亚区的显微组织各不相同，在给定的焊接热输入下，当峰值温度在 950℃以上时，热影响区的组织全部为板条马氏体，这表明母材组织经过重新奥氏体化。当峰值温度在 950～1050℃时，由于高温停留时间短，加热和冷却速度都很大，重结晶的奥氏体晶粒没有足够的时间长大，因此尺寸较小，并且当峰值温度由 950℃增加到 1050℃时，奥氏体晶粒尺寸并没有发生明显的长大，直径保持在 10μm 左右［见图 4-7(c)和(d)］，这主要是母材中存在的碳氮化物粒子此时起到了钉扎晶界，阻碍晶粒长大的作用。由于在此温度范围内晶粒尺寸小、组织细化，将其定义为热影响区的细晶区。当峰值温度增加到 1200℃时，奥氏体晶粒尺寸明显增大，单个奥氏体晶粒直径高达 70μm［见图 4-7(b)］，马氏体板条长度明显增大，此时一方面晶界上原子的扩散能力增强；另一方面碳氮化物粒子开始溶解于奥氏体中，削弱了对奥氏体晶界的钉扎作用，当峰值温度增加到 1350℃时，几乎所有的粒子溶解到奥氏体中，对奥氏体晶界的钉扎作用完全消失，此时奥氏体晶粒显著长大［见图 4-7(a)］，平均直径超过 100μm。将奥氏体晶粒粗大、组织粗化的区域称为粗晶区。峰值温度为 780℃和 850℃时处于实验钢焊接条件下的 Ac_1（716℃）和 Ac_3（878℃）之间，此时的组织为铁素体和块状马氏体的混合物［见图 4-7(e) 和 (f)］。值得注意的是，当峰值温度从 780℃增加到 850℃时，虽然组织构成仍然是相似的，但是铁素体和块状马氏体的尺寸明显减小，铁素体的含量也在减少。这是因为母材在加热至临界温度区间，首先形成铁素体和碳化物，随着峰值温度的增加奥氏体形核并逐渐长大，加热温度越

高，重结晶奥氏体形核率越高，使奥氏体晶粒得到细化，并且奥氏体的长大不断地消耗周围的铁素体，造成铁素体含量相应地减少。

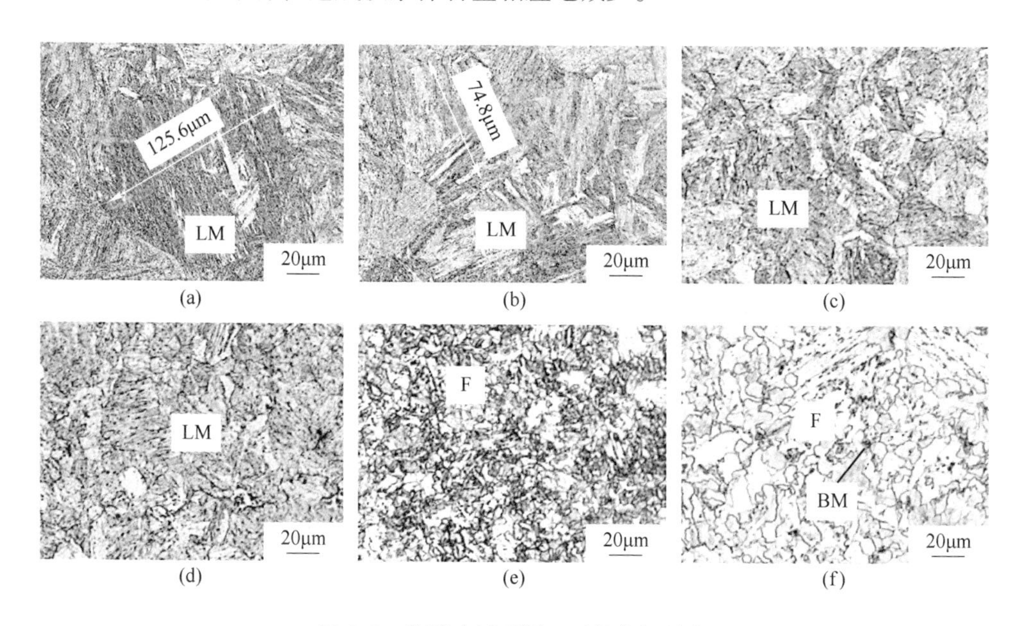

图 4-7　热影响区不同亚区的金相照片

（a）1320℃；（b）1200℃；（c）1050℃；（d）950℃；（e）850℃；（f）780℃

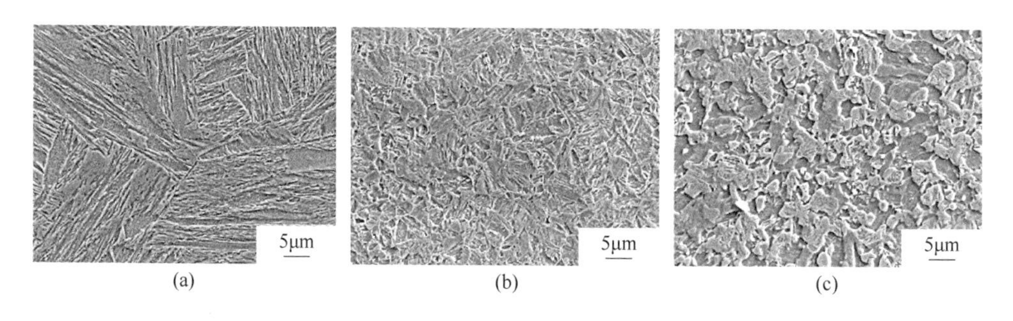

图 4-8　热影响区不同亚区的 SEM 照片

（a）1320℃；（b）950℃；（c）850℃

实验钢焊接热影响区中不同亚区显微组织的 TEM 形貌如图 4-9 所示。粗晶区和细晶区的精细结构均为高位错密度的回火板条马氏体［见图 4-9(a) 和 (b)］，板条中弥散分布着自回火 ε 碳化物，值得注意的是虽然粗晶区的奥氏体晶粒尺寸要远大于细晶区的奥氏体晶粒，但是粗晶区和细晶区的马氏体板条宽度并没有明显的差别。临界区的精细结构为铁素体和马氏体混合组织，当峰值温度由 780℃增加到 850℃时，可以明显看到铁素体的尺寸减小，马氏体的位错密度有所下降，块状马氏体向板条型马氏体转变。

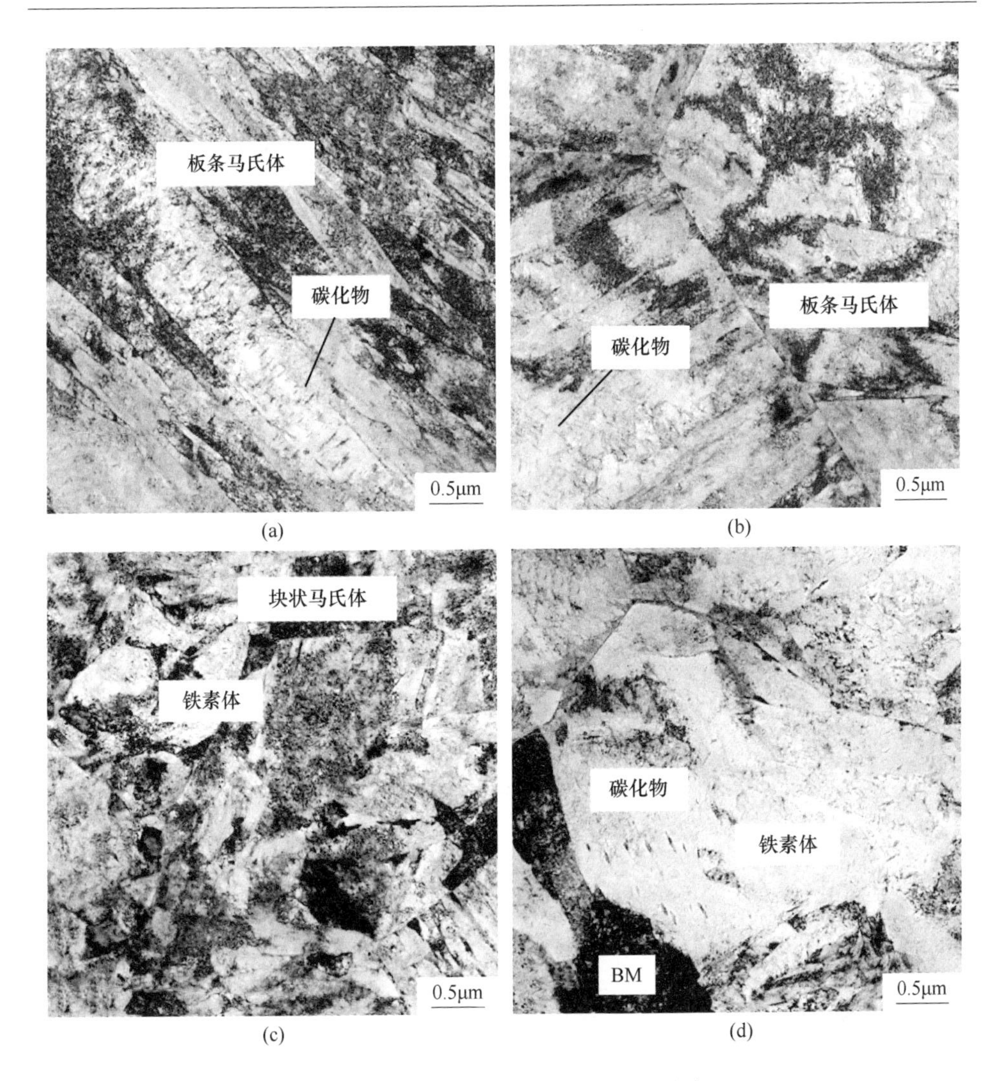

图 4-9　热影响区不同亚区的 TEM 照片

(a) 1320℃；(b) 1050℃；(c) 850℃；(d) 780℃

图 4-10 为模拟焊接热输入为 8.65kJ/cm 时，实验钢焊接热影响区中不同亚区的晶体学取向图和晶界取向差分布图（彩图可扫二维码查看），在取向差分布图中用红线代表大角度晶界（大于 15°），蓝线代表小角度晶界（2°～15°）。粗晶区和细晶区的组织均为板条马氏体，每个奥氏体晶粒被分割成不同位向的板条束（packet）结构，如图 4-10(a) 中 P1 和 P2 所示，每个板条束内的板条具有相同的惯习面。在每个板条束内，具有相同晶体学取向的板条构成了板条块（block）结构，如图 4-10(a) 中的 B1～B3。具有体心立方结构的新相马氏体和母相奥氏体之间的取向关系符合 K-S 关系，$(111)_{\gamma}/\!/(011)_{\alpha'}$，$[\bar{1}01]_{\gamma}/\!/[\bar{1}\bar{1}1]_{\alpha'}$，

根据立方晶系的对称性，具有体心立方结构的马氏体存在着24种等价晶体学关系的变体，相邻的两个变体组成一个变体对［见图4-10(c)］，板条块（block）结构又可以进一步由具有独立晶体学变体对（variants）的亚块（sub-block）组

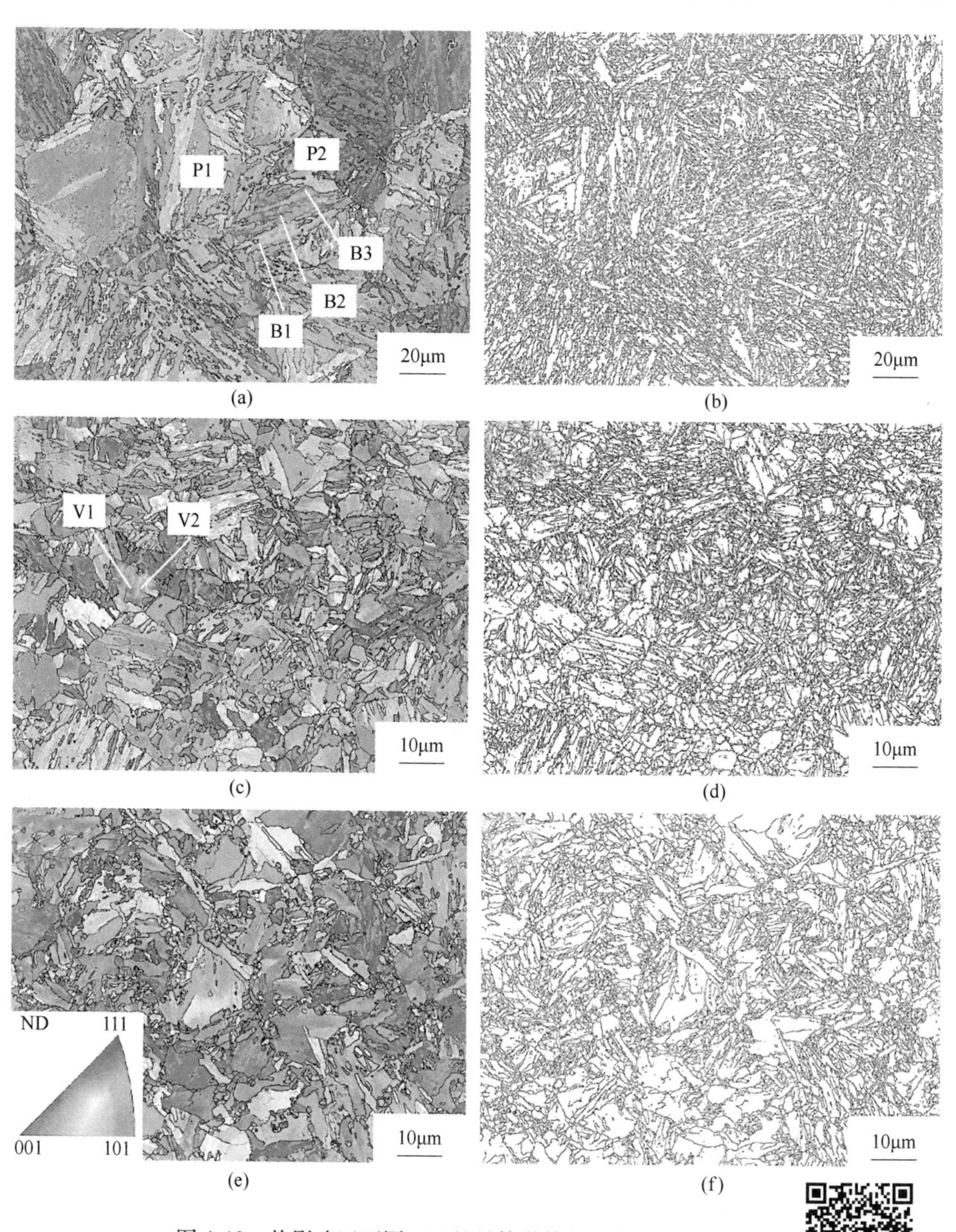

图4-10　热影响区不同亚区的晶体学特征及晶界取向差分布

(a)(b) 1320℃；(c)(d) 1050℃；(e)(f) 780℃

成。从晶界取向差分布图可知，原始奥氏体晶界、板条束界和板条块界属于大角度晶界，亚块界和板条界属于小角度晶界。与粗晶区相比，由于晶粒细化，细晶区单位面积内的奥氏体晶界数量更多。此外，由于板条束和板条块的尺寸随原始奥氏体尺寸的减小而减小，进一步增加了大角度晶界的数量。临界区的组织为再结晶的铁素体和逆转变的奥氏体，由于加热速度快，保温时间短，部分奥氏体形核后还未来得及长大就开始冷却，热输入越低，冷速越快，在整个高温区停留的时间越短，原始奥氏体晶界上分布着大量的超细晶粒［见图 4-10(f)］，并且在随后形成的块状马氏体中亚结构的取向基本一致［见图 4-10(e)］，铁素体在冷却过程中不发生相变，以粗大的块状形貌保留下来。

4.3.1.2 不同亚区的冲击韧性和断口形貌

模拟焊接热输入为 8.65kJ/cm 时，实验钢焊接热影响区中不同亚区 −40℃ 冲击吸收功如图 4-11 所示。各个亚区的组织类型和粗细程度的不同，必然造成冲击韧性的差异。焊接热模拟的峰值温度从 1350℃ 降到 1050℃ 时，实验钢的冲击吸收功逐渐提高，由于此时实验钢的组织相同，均为板条马氏体，因此冲击韧性的提高可归因于组织细化的结果。临界区的冲击吸收功相比于细晶区发生了明显降低，根据其组织构成，认为主要是高碳的块状马氏体和相邻铁素体间的强度差异较大，在冲击载荷作用下变形的不均匀导致马氏体和铁素体界面处很容易产生应力集中，从而促使微裂纹形成，降低了冲击韧性。此外，模拟的临界温度越低，铁素体和块状马氏体的尺寸越大，越容易引起更大的集中应力。

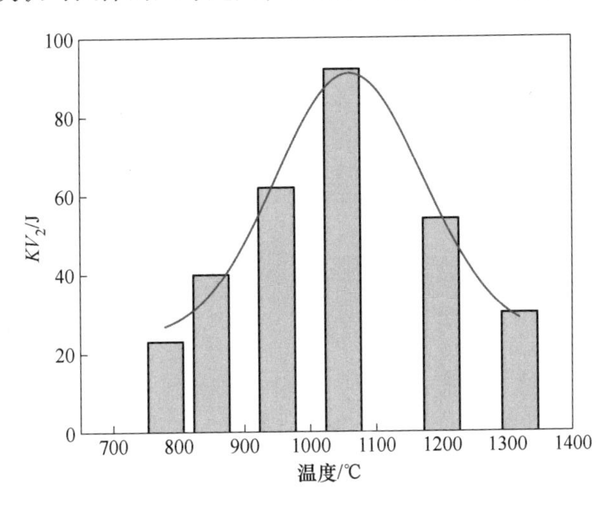

图 4-11 热影响区不同亚区的冲击韧性

不同亚区冲击试样断口表面的宏观形貌特征如图 4-12 所示。冲击试样的断口表面通常由裂纹稳定扩展阶段形成的暗灰色纤维区（Fiber Zone，FZ）、快速失稳扩展阶段形成的白亮放射区（Radiation Zone，RZ），以及边缘部分因靠近自由面，应力状态改变，形成45°方向较光滑的剪切唇区（Shear Lip Zone，SLZ）三个部分构成。如图4-12(c）所示，纤维区形貌凹凸不平，无金属光泽，有明显的塑性变形，呈暗灰色纤维状；放射区无明显的塑性变形，表面平整，呈现出金属光泽的晶状颗粒。放射区对冲击韧性的贡献不大，但是从断口形貌可以分析试样断裂的方式及判断试样冲击韧性的高低。在冲击过程中，断口放射区对应的是裂纹失稳扩展阶段，裂纹扩展速度快消耗的能量比较少，大部分能量消耗在两个阶段：

（1）裂纹失稳扩展前发生塑性变形的纤维区；

（2）裂纹失稳扩展后形成的二次纤维区和剪切区。

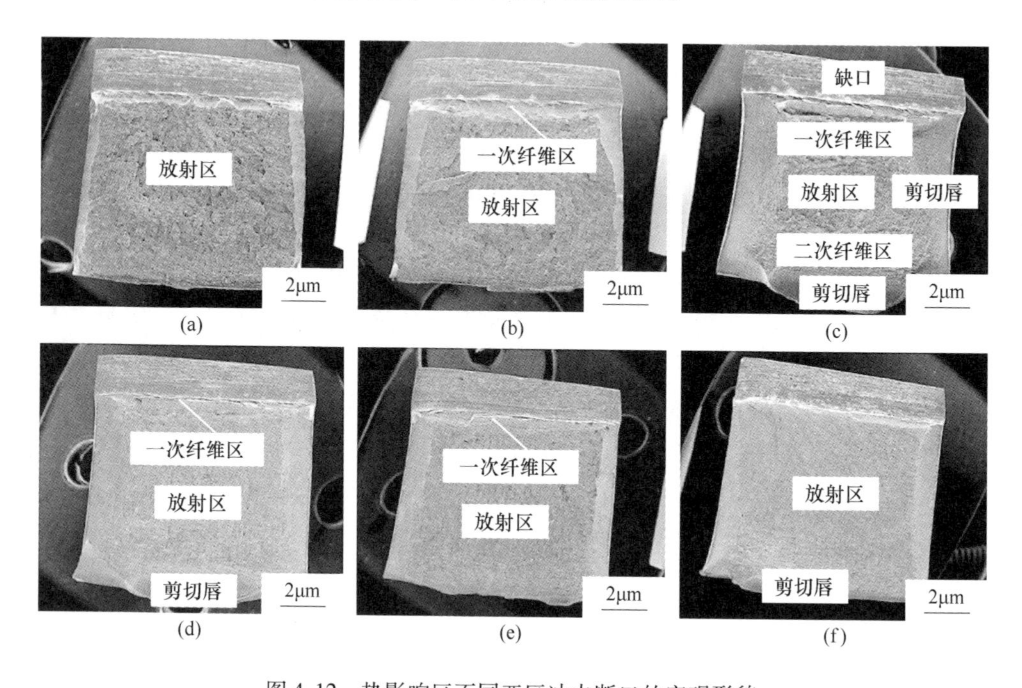

图4-12　热影响区不同亚区冲击断口的宏观形貌

（a）1320℃；（b）1200℃；（c）1050℃；（d）950℃；（e）850℃；（f）780℃

因此，纤维区和剪切区面积越大，材料的冲击韧性越好，反之，放射区所占比例越大，材料的冲击韧性越差。由图4-12可以发现，细晶区冲击试样的断口包含全部三个区域，并且纤维区和剪切区的面积较大［见图4-12(c）和（d)］，说明具有较好的冲击韧性。在粗晶区中，当峰值温度由1320℃降低到1200℃时，冲击试样断口的纤维区面积有明显增加，但整个断口以放射区为主，表明粗晶区的冲击韧性较差。临界区试样的冲击断口也同样以放射区为主，尤其是当临界温度为780℃时，断口不存在一次纤维区，整个放射区非常平整［见图4-12(f)］，表明试样在断裂过程中几乎没有发生塑性变形。当峰值温度增加到850℃时，临界区试样的断口表面出现了一定面积的一次纤维区［见图4-12(e)］，表明裂纹在形成后经过了一段时间的稳态扩展后才进入失稳扩展阶段。

各个亚区冲击试样的断口均存在一定比例的放射区，不同亚区冲击试样断口放射区的微观形貌如图4-13所示。峰值温度为1320℃时，粗晶区冲击试样断口放射区的微观形貌呈典型的解理断裂特征［见图4-13(a)］，平直的河流花样从起裂处向四周延伸，直至遇到大角晶界处形成解理台阶，较大尺寸的单元解理面表明裂纹在扩展过程中所消耗的能量较小。随着峰值温度降低，断裂形式向准解理断裂过渡［见图4-13(b)］，在断口表面开始出现部分韧窝，韧窝是金属韧性断裂的主要微观特征，是金属材料在微区范围内塑性变形产生的显微孔洞。细晶区冲击试样的断口完全由韧窝组成［见图4-13(c) 和 (d)］，属于典型的韧性断裂。临界区冲击试样断口的微观形貌也属于解理断裂，并且随峰值温度的降低，单元解理面的尺寸增大，表明此时裂纹更容易扩展。

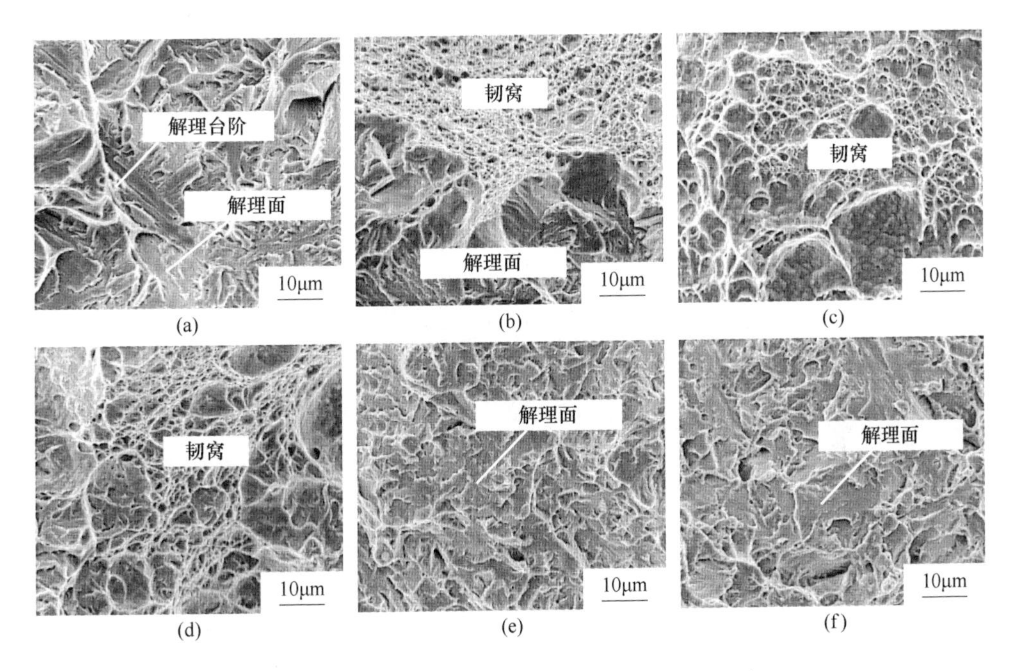

图4-13 热影响区不同亚区冲击断口的微观形貌
(a) 1320℃；(b) 1200℃；(c) 1050℃；(d) 950℃；(e) 850℃；(f) 780℃

显微组织的不同造成各亚区的冲击韧性有比较大的差异，在同一亚区内虽然组织相同，但是粗细程度不同也会引起韧性的变化。在模拟焊接热输入为8.65kJ/cm时，细晶区的冲击韧性与母材相近甚至高于母材，而粗晶区和临界区的冲击韧性相比于母材都有明显下降。

4.3.1.3　热输入对粗晶热影响区的组织性能的影响

焊接热循环参数主要包括加热速率（ω_H）、峰值温度（t_{peak}）、高温停留时间（t_H）和热输入（E）。热输入是焊接热循环过程中的重要参数，直接决定热影响区的冷却过程，从而影响热影响区的组织和性能。因此，研究热输入对热影响区中各亚区组织性能的影响十分必要。这里需要指出的是，焊后冷却速率是不断变化的，通常用 $t_{8/5}$ 来近似代表焊后的冷却速率。采用式（4-1）可计算出不同 $t_{8/5}$ 所对应的焊接热输入，结果见表 4-1。模拟粗晶区的焊接热循环曲线如图 4-14 所示。

表 4-1　不同 $t_{8/5}$ 对应的焊接热输入

v/℃ · s^{-1}	1	2	5	10	15	20	30	40	50
$t_{8/5}$/s	300	150	60	30	20	15	10	7.5	6
E/kJ · cm^{-1}	47.28	33.43	21.14	14.95	12.21	10.57	8.65	7.48	6.69

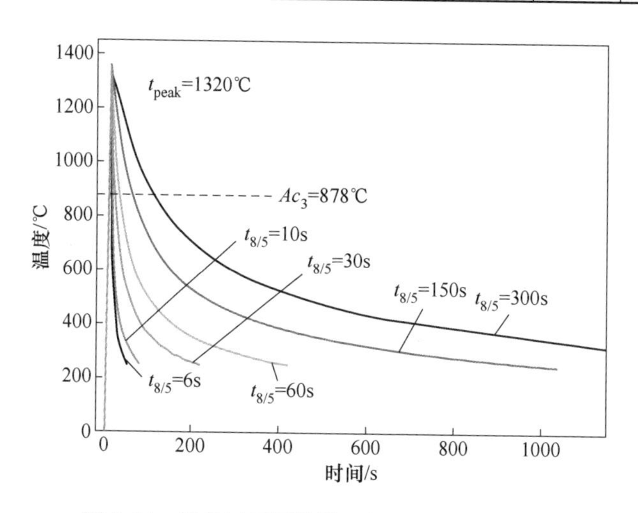

图 4-14　粗晶区不同热输入的焊接热循环曲线

不同热输入下实验钢 CGHAZ 的显微组织如图 4-15 所示。当 $t_{8/5}$ 为 10s 时，对应的焊接热输入为 8.65kJ/cm，此时冷却速度足够大，CGHAZ 的组织为全马氏体组织，由于加热温度高，奥氏体晶粒严重粗化，但仍可以观察到部分原始奥氏体晶界轮廓，且马氏体板条束（packet）和板条块（block）结构清晰可见，细长的马氏体板条甚至可以贯穿整个奥氏体晶粒。当 $t_{8/5}$ 增加到 30s 时，由于冷却速度减小，CGHAZ 的组织以板条马氏体（LM）为主，出现了部分的板条贝氏体（LB）组织。当 $t_{8/5}$ 继续增加到 60s 时，马氏体组织完全消失，此时 CGHAZ 的组织由板条贝氏体和少部分的上贝氏体构成［见图 4-15(d)］，板条贝氏体中的碳化物主要集中在贝氏体铁素体内部，属于下贝氏体范畴，由于母相奥氏体中的含碳量低，因此贝氏体铁素体的形貌呈板条状，而上贝氏体中的条状和短棒状碳化物分布在铁素体板条间。当 $t_{8/5}$ 高于 150s 时，此时对应的焊接热输入大于 30kJ/cm，CGHAZ 的组织为上贝氏体（UB）和粒状贝氏体（GB）的混合组织，并且随着热输入的继续增加，上贝氏体的数量减少，粒状贝氏体的数量逐渐增多。粒状贝氏体与上贝氏体相比，其相变温度略高于上贝氏体，其铁素体基体的板条变宽，甚至板条形貌消失。此时冷却速度较小，奥氏体中的碳和合金元素扩散充分，使碳在某些地方聚集形成富碳区，富碳区在随后的冷却过程中转变为块状 M-A 组元，分布在铁素体基体和原始奥氏体晶界上，如图 4-15(f) 所示。

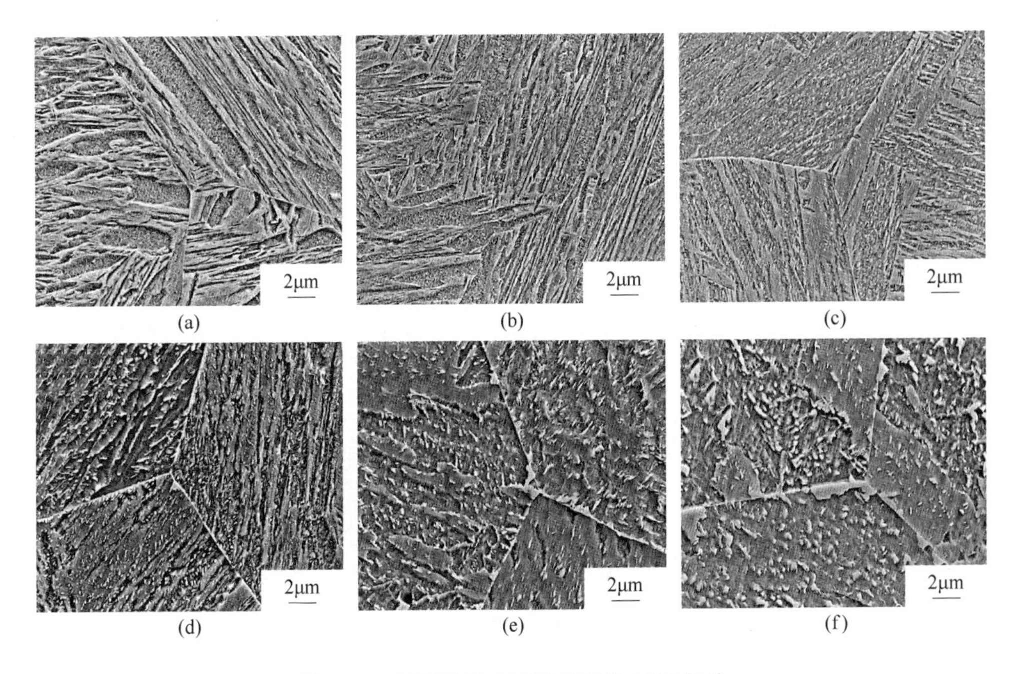

图 4-15 不同热输入下粗晶区的 SEM 照片

(a) $t_{8/5}=6$s；(b) $t_{8/5}=10$s；(c) $t_{8/5}=30$s；(d) $t_{8/5}=60$s；(e) $t_{8/5}=150$s；(f) $t_{8/5}=300$s

不同热输入下实验钢 CGHAZ 显微组织的 TEM 形貌如图 4-16 所示。当 $t_{8/5}$ 小于 10s 时，可以发现 CGHAZ 显微组织中相互平行的马氏体板条［见图 4-16(a) 和 (b)］，马氏体板条宽度约 0.2μm。由于峰值温度高，原始奥氏体晶粒粗大，此时观察到的马氏体板条具有相同的位向，属于同一个板条束（packet）。当 $t_{8/5}$ 增加到 30s 时，板条形貌仍然可见，板条宽度略微增大，且在板条内部分布着少量的与板条主生长方向呈 55°～60°夹角的细小碳化物［见图 4-16(c)］，这是下贝氏体和上贝氏体与板条马氏体之间显著的区别。当 $t_{8/5}$ 增加到 150s 时，CGHAZ 显微组织的 TEM 形貌如图 4-16(d) 和 (e) 所示。岛状 M-A 组元分布在无定形

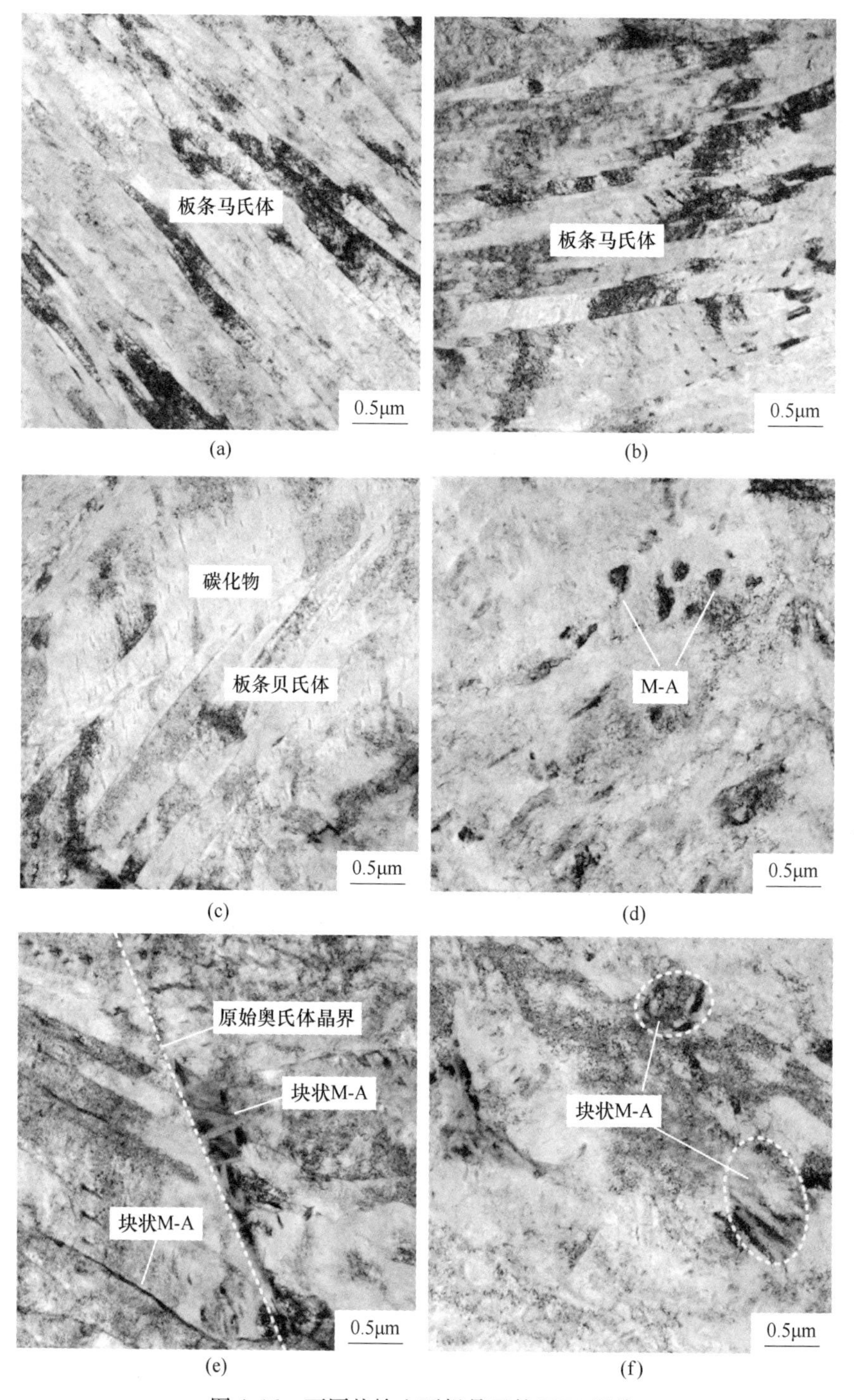

图 4-16　不同热输入下粗晶区的 TEM 照片

(a) $t_{8/5}=10s$；(b) $t_{8/5}=30s$；(c) $t_{8/5}=60s$；(d)(e) $t_{8/5}=150s$；(f) $t_{8/5}=300s$

铁素体基体上形成粒状组织，上贝氏体沿奥氏体晶界向晶内平行生长，在相邻铁素体内存在连续或断续的碳化物，在部分奥氏体晶界处也有块状 M-A 组元存在。此外，随着热输入的增大，冷却时间延长，M-A 组元的尺寸逐渐增大，其形貌由小岛状转变为块状和长条状，如图 4-16(f) 所示。

为研究 CGHAZ 中 M-A 组元的形貌和分布情况，将金相试样重新机械抛光后，采用 LePera 溶液（4% 苦味酸酒精 +1% 偏重亚硫酸钠以 1 : 1 比例混合）腐蚀试样，着色腐蚀后的 M-A 组元呈白色，贝氏体呈黑色，铁素体呈褐色，如图 4-17 所示。由图可见，随着 $t_{8/5}$ 的增加，M-A 组元的形貌、尺寸和分布情况都发生了明显的改变。当 $t_{8/5}$ 为 10s 时，得到的是全马氏体组织，没有 M-A 组元出现；当 $t_{8/5}$ 增加到 60s 时，组织中开始出现长条状 M-A 组元及部分大块状 M-A 组元，条状 M-A 组元的出现是由于此时冷却速度较慢出现了上贝氏体组织，贝氏体铁素体通常优先在奥氏体晶界处形核，并且受到相邻板条的阻碍铁素体晶核一般向

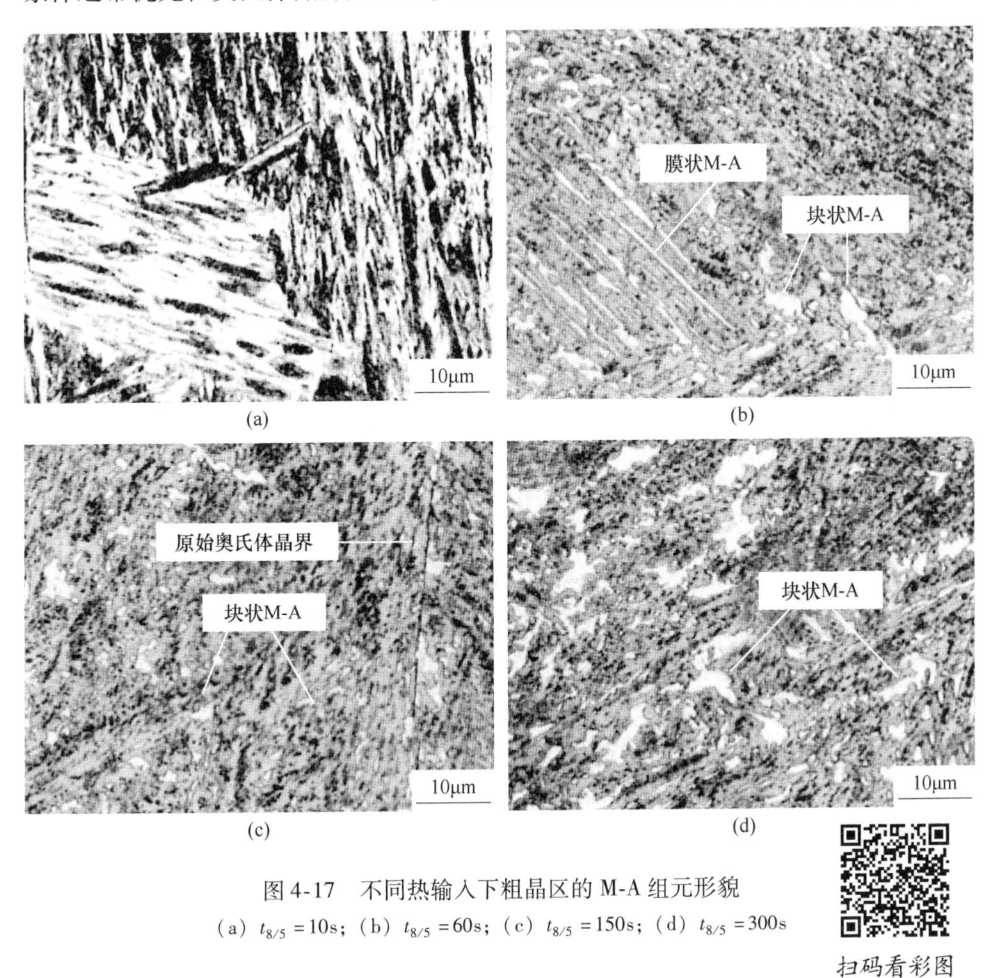

图 4-17 不同热输入下粗晶区的 M-A 组元形貌

（a）$t_{8/5}=10s$；（b）$t_{8/5}=60s$；（c）$t_{8/5}=150s$；（d）$t_{8/5}=300s$

扫码看彩图

晶内生长，在随后的生长过程中过饱和的碳原子不断地向界面处扩散，形成富碳的条状奥氏体，这些富碳的奥氏体条具有较高的稳定性，在随后的冷却过程中全部或部分形成条状马氏体；当 $t_{8/5}$ 增加到 150s 时，长条状 M-A 组元数量明显减少，块状 M-A 组元尺寸增大，数量增多，并且可以观察到在原始奥氏体晶界上形成的块状 M-A 组元；继续增加 $t_{8/5}$，M-A 组元的尺寸继续增大，单位面积内的数量相对减少。

采用 Image-Pro Plus 软件对不同热输入下 CGHAZ 中 M-A 组元的尺寸、数量和面积进行统计，结果见表 4-2。随着 $t_{8/5}$ 的增加，M-A 组元的最大宽度和平均宽度都在不断增大。当 $t_{8/5}$ 由 60s 增加到 300s 时，M-A 组元的最大宽度由 3.31μm 增加到 5.90μm，平均宽度由 0.46μm 增大到 0.98μm。M-A 组元的最大长度和平均长度先减小后增大，这是由于在 $t_{8/5}$ 为 60s 时，存在部分粗大的上贝氏体组织，而上贝氏体板条间的残留奥氏体的形貌呈相应的长条状，因此使 M-A 组元的最大长度和平均长度较大。当 $t_{8/5}$ 增大到 150s 时，上贝氏体数量逐渐减少，粒状贝氏体的数量相应增多，铁素体基体上分布着大量的岛状 M-A 组元，从而使其平均长度减小，但同时使 M-A 组元的数量显著增多。当 $t_{8/5}$ 增大到 300s 时，冷却速度进一步减小，碳原子有足够的时间进行长程扩散，相变界面前沿通过上坡扩散聚集的碳峰值浓度会随着长程扩散的进行有所降低，但是聚集的高碳区域范围会扩大，随着过冷度的增大，这些高碳区域残余奥氏体会转变为尺寸较大的块状 M-A 组元。

表 4-2　不同 $t_{8/5}$ 下粗晶区的 M-A 组元尺寸

$t_{8/5}$/s	最大长度/μm	平均长度/μm	最大宽度/μm	平均宽度/μm	面积分数/%	总个数/个
60	20.71	1.39	3.31	0.46	3.63	155
150	5.25	0.84	4.39	0.53	4.51	379
300	8.94	1.57	5.90	0.98	6.88	161

不同热输入下 CGHAZ 中 M-A 组元的尺寸分布如图 4-18 所示。结果表明，当 $t_{8/5}$ 为 60s 时，M-A 组元的宽度主要集中在 0.5μm 左右；当 $t_{8/5}$ 增加到 150s 时，尺寸在 0.5 ~ 1μm 所占的比例明显增多；$t_{8/5}$ 继续增加到 300s 时，除了 0.5 ~ 1μm 的 M-A 组元所占的比例继续增加之外，还出现了一部分宽度在 1 ~ 3.5μm 的 M-A 组元。此外，图 4-18 的统计结果表明，随着 $t_{8/5}$ 的增加，长宽比较高的 M-A 组元数量不断减少，近似等轴的多边形 M-A 组元数量逐渐增多。

采用示波载荷冲击可记录试样冲击时的载荷-时间曲线和冲击功-时间曲线，通过 OriginPro 软件，去掉原始数据的高频部分，通过 50 个点快速傅里叶变换得到光滑曲线，原始数据和处理后数据的典型冲击载荷-时间曲线如图 4-19 所示。当冲击试验在试样的韧脆转变温度范围内，依据载荷-时间曲线可将金属材料的

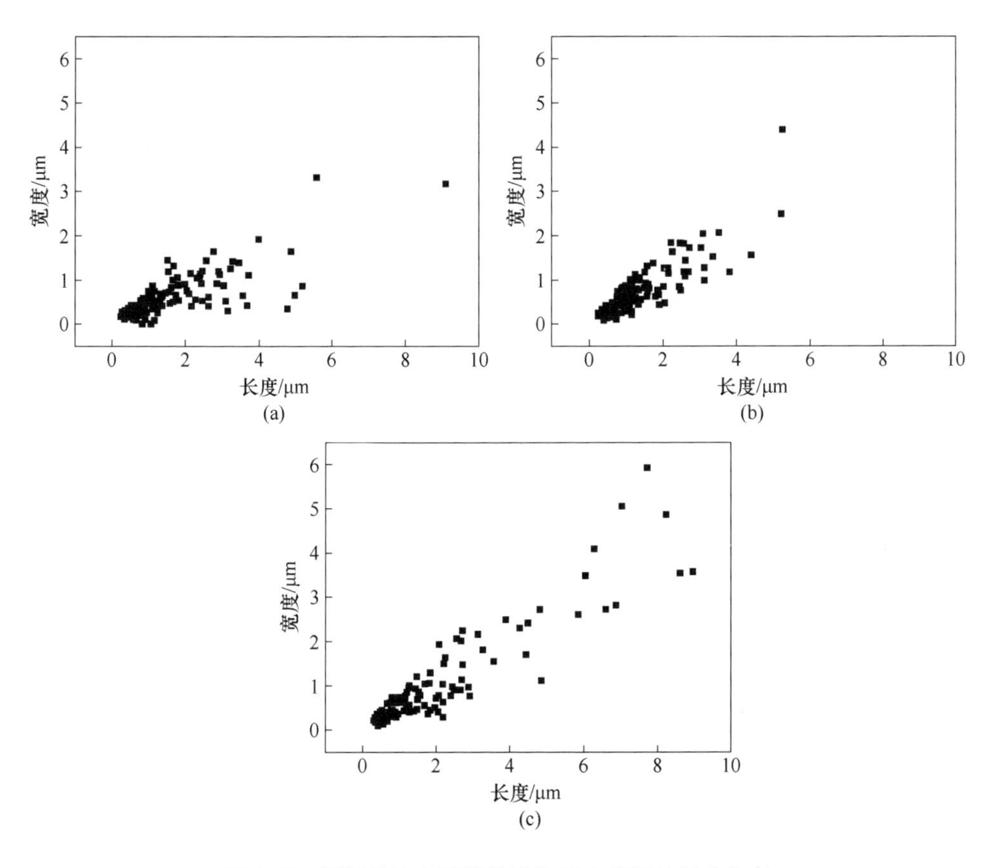

图 4-18 不同热输入下粗晶区的 M-A 组元的尺寸分布

（a）$t_{8/5}$ =60s；（b）$t_{8/5}$ =150s；（c）$t_{8/5}$ =300s

冲击断裂过程分为 5 个阶段［见图 4-19(a)］，即弹性变形阶段、塑性变形阶段、裂纹塑性扩展阶段、裂纹失稳扩展阶段及最后的延性断裂阶段。根据载荷－时间曲线，以峰值载荷作为临界点可将总冲击吸收功分为裂纹形核功和裂纹扩展功两个部分，由此可见，裂纹形核功包括弹性变形和塑性阶段所吸收的能量，而裂纹扩展功则包括裂纹塑性扩展、失稳扩展及延性断裂阶段所吸收的能量［见图 4-19(b)］。

不同热输入下 CGHAZ 的－40℃冲击试验结果如图 4-20 所示。结果表明，当 $t_{8/5}$小于 30s 时，随着 $t_{8/5}$的增加，总冲击吸收功并没有明显的变化，并且都表现出较高的裂纹形核功（大于 40J）和相对低的裂纹扩展功（小于 10J）；当 $t_{8/5}$增加到 60s 时，裂纹形核功明显下降，由 46J 下降到 24J，下降幅度约 50%，表明此时在裂纹形成前试样缺口处的塑性变形量显著下降，此外，裂纹扩展功也急剧下降（小于 2J），裂纹扩展功代表试样抵抗裂纹扩展的能力，说明当微裂纹形成后立即发生失稳扩展造成了试样的宏观断裂，没有发生塑性扩展和延性断裂过程；此后，继续增加 $t_{8/5}$，CGHAZ 的冲击吸收功单调下降，当 $t_{8/5}$ 增加到 300s 时，总冲击吸收功不足 5J，冲击韧性较差。

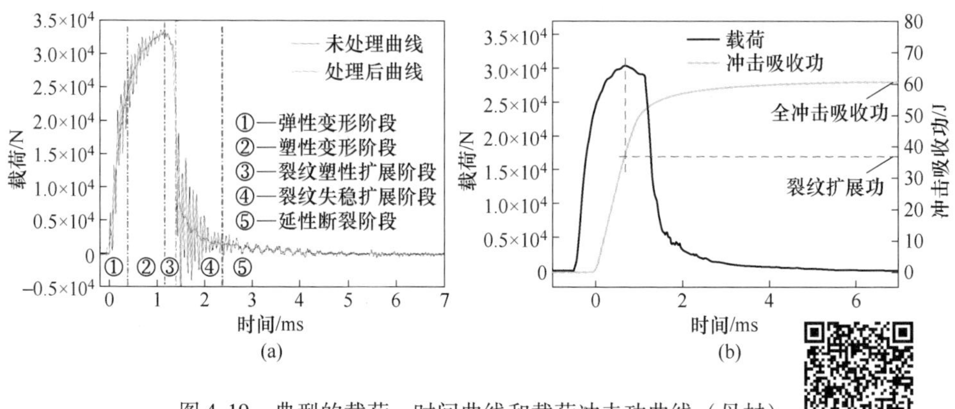

扫码看彩图

图 4-19　典型的载荷 - 时间曲线和载荷冲击功曲线（母材）

（a）载荷 - 时间曲线；（b）载荷 - 冲击功曲线

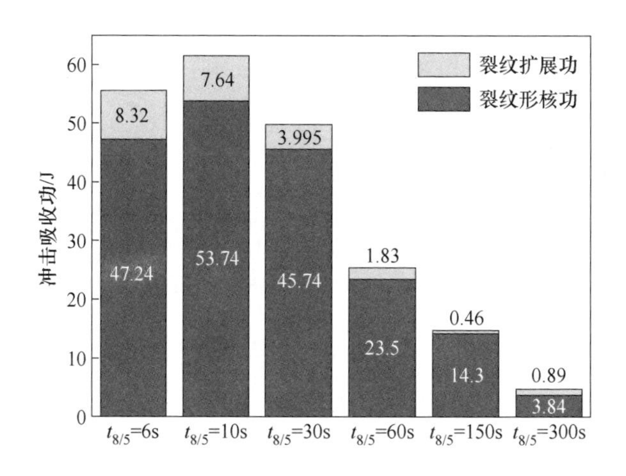

图 4-20　热输入对实验钢粗晶热影响区冲击韧性的影响

CGHAZ 冲击试样的断口形貌随热输入的变化如图 4-21 所示。由宏观断口形貌可以看出，当 $t_{8/5}$ 为 10s 时，断口形貌由纤维区、放射区和剪切区三部分构成，尽管纤维区和剪切区的面积较小，但表明了试样在裂纹形成后还是存在一定的稳定扩展和低能量撕裂过程，此外放射区的宏观断口形貌较粗糙，从断口放射区的微观形貌发现其为准解理断裂形式，断口表面由解理面和撕裂棱构成，撕裂棱上分布着大量细小的韧窝。随着 $t_{8/5}$ 的增加，宏观断口剪切区的面积在不断减小，纤维区几乎完全消失，放射区的面积在不断增大，并且从放射区的微观形貌发现，撕裂棱的数量在减少，单元解理面的尺寸变大。直至 $t_{8/5}$ 增加到300s 时，宏观断口全部由放射区组成，表明此时试样缺口处裂纹一旦形成就立即发生失稳扩展，放射区微观形貌中平直的河流花样向四周延伸，单元裂纹路径明显增加，表明此时裂纹扩展所需要消耗的能量非常小。

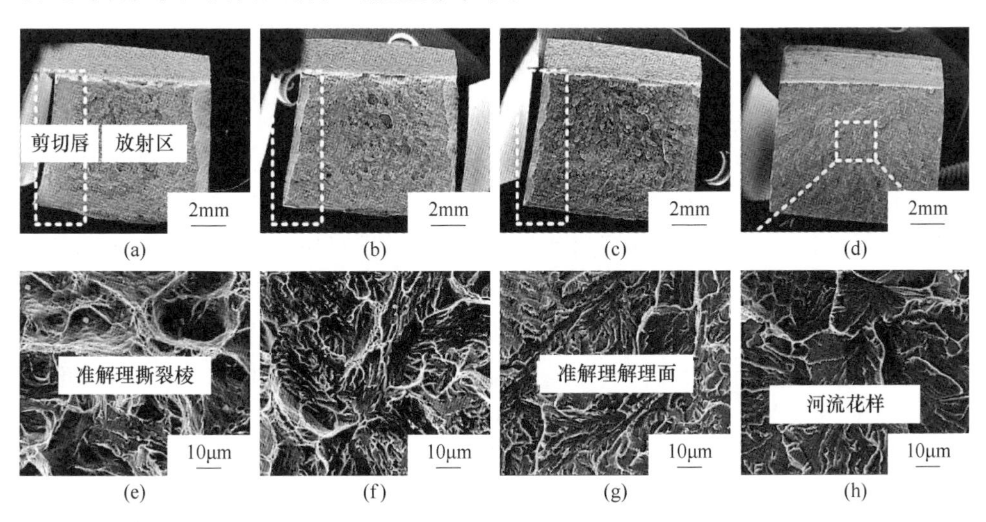

图4-21 不同热输入下粗晶区的冲击断口形貌

(a)(e) $t_{8/5}=10s$；(b)(f) $t_{8/5}=60s$；(c)(g) $t_{8/5}=150s$；(d)(h) $t_{8/5}=300s$

4.3.1.4 热输入对细晶区和临界区组织性能的影响

热影响区中不同亚区的组织和冲击韧性是不同的。因此，有必要研究热输入对各个亚区组织性能的影响。FGHAZ 和 ICHAZ 的模拟焊接热循环曲线如图4-22 所示。

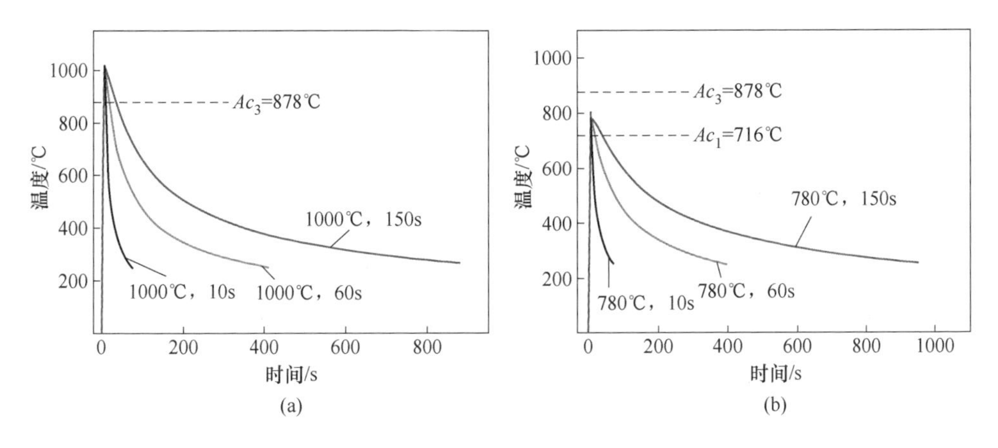

图4-22 细晶区和临界区的焊接热循环曲线

(a) FGHAZ；(b) ICHAZ

不同热输入下 FGHAZ 和 ICHAZ 的显微组织如图 4-23 所示。当热输入较低（$t_{8/5}$为 10s）时，基体组织经快速加热后全部转变为奥氏体，在随后的快速冷却过程中形成了马氏体。由于此时模拟的焊接热循环加热速度非常快，峰值温度停留时间短，冷却速率比较大，FGHAZ 的奥氏体晶粒的均匀化过程并不充分，同时存在直径为 2～3μm 的超细晶粒及直径达 7～8μm 的细晶粒，晶粒大小不均匀，如图 4-23(a) 所示。随着热输入的增大，高温区（大于 Ac_3）停留时间延长，奥氏体晶粒尺寸均匀性提高，如图 4-23(b) 所示；此外，由于此时冷速下降，出现了部分板条贝氏体组织。随着 $t_{8/5}$继续增加，可以发现奥氏体晶粒尺寸并没有明显地长大［见图 4-23(c)］，这是因为钢中的碳氮化物粒子起到了钉扎晶界的作用；此时细晶区的组织与粗晶区相似，都是由板条贝氏体和板条马氏体组织向粗大的粒状贝氏体过渡。临界区的峰值加热温度在 Ac_1 和 Ac_3 之间，因此加热时的组织以再结晶的铁素体和逆转变的超细奥氏体晶粒为主，这些超细的奥氏体晶粒含碳量高，在随后的冷却过程中转变为马氏体，块状铁素体在冷却过程中不发生相变，如图 4-23(d) 所示。随着焊接热输入的增大，高温停留时间延长，再结晶铁素体的数量增多，块状马氏体的尺寸变小，继续增加焊接热输入，铁素体和块状马氏体的尺寸相应增大。此外，在临界区的铁素体基体上还可以观察到一些尺寸非常小的岛状组织，这是在快速加热时形成的小尺寸奥氏体经冷却后形成

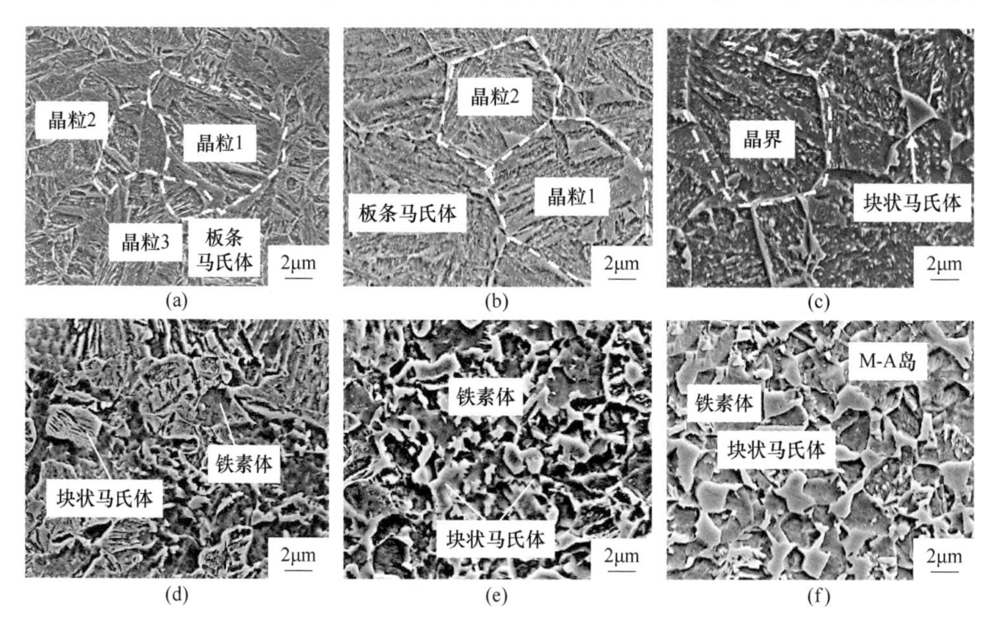

图 4-23　不同热输入下细晶区和混晶区的 SEM 照片

(a) FGHAZ（$t_{8/5}=10s$）；(b) FGHAZ（$t_{8/5}=60s$）；(c) FGHAZ（$t_{8/5}=150s$）；(d) ICHAZ（$t_{8/5}=10s$）；(e) ICHAZ（$t_{8/5}=60s$）；(f) ICHAZ（$t_{8/5}=150s$）

的 M-A 岛。值得注意的是，虽然在不同热输入下 ICHAZ 都由铁素体和块状马氏体组成，但是块状马氏体的形貌明显不同，低热输入时的块状 M-A 组元中板条形貌清晰，能观察到板条中的碳化物，而热输入较高时的块状 M-A 组元表面光滑，内部结构不明显。这主要是因为在临界区加热时，热输入的不同造成高温区停留时间不同，从而导致逆转变奥氏体中的碳含量不同引起的。当热输入较低时，高温停留时间短，再结晶铁素体的数量少，并且碳原子没有足够的时间扩散到逆转变奥氏体中，导致逆转变奥氏体中的碳含量较低，Ms 相应提高，在随后冷却转变为马氏体的过程中发生了自回火，因此，当 $t_{8/5}$ 为 10s 时在 ICHAZ 中观察到的是经过自回火的块状马氏体。当热输入较高时，高温停留时间相应增加，再结晶铁素体含量增多，碳原子的扩散时间延长，碳化物溶解充分，导致逆转变奥氏体中的碳含量提高，Ms 下降，因此在随后的马氏体转变过程中较难发生自回火。

实验钢 FGHAZ 和 ICHAZ 的 −40℃ 冲击吸收功随热输入的变化如图 4-24 所示。由图可知，在相同的 $t_{8/5}$ 下，FGHAZ 的冲击韧性要优于 ICHAZ。随着 $t_{8/5}$ 的增大，ICHAZ 的冲击吸收功明显下降，尤其是裂纹形核功，当 $t_{8/5}$ 增加到 60s 时，ICHAZ 的裂纹形核功下降幅度超过了 50%，裂纹扩展功降低到 1.47J，表明此时 ICHAZ 试样在冲击载荷的作用下，裂纹容易形成并且立即发生失稳扩展，属于完全脆性断裂；此后继续增加热输入，ICHAZ 的裂纹形核功继续下降。对于 FGHAZ，随着 $t_{8/5}$ 的增加，裂纹形核功逐渐下降，尤其是当 $t_{8/5}$ 由 60s 增加到 150s 时，裂纹形核功发生了显著降低；FGHAZ 的裂纹扩展功随着 $t_{8/5}$ 的增加先增大后下降，当 $t_{8/5}$ 增加至 150s 时，虽然总冲击吸收功有所下降但仍保持在较高的水平（大于 50J），远高于此时 CGHAZ 和 ICHAZ 的冲击吸收功。值得注意的是，当 $t_{8/5}$ 由 10s 增加到 60s 时，FGHAZ 的裂纹扩展功由 19.57J 增加到 35.34J，表明此时裂纹在扩展过程中遇到了更大的阻力，需要消耗更多的能量。这主要是由于此时 FGHAZ 显微组织中出现了部分板条贝氏体，板条贝氏体和板条马氏体间相互切割，使组织更加细小。通过 EBSD 试验检测不同热输入下试样中大角度晶界的数量，如图 4-25 所示。结果表明，当 $t_{8/5}$ 由 10s 增加到 60s 时，大角晶界的数量明显增加。大角晶界数量越多，裂纹扩展的阻力越大，造成冲击吸收功增加。

不同热输入下 FGHAZ 冲击试样的断口形貌如图 4-26 所示。当 $t_{8/5}$ 为 10s 和 60s 时，宏观断口中的纤维区和剪切区所占面积大，并且放射区的微观形貌主要是韧窝［见图 4-26(d) 和 (e)］，表明此时 FGHAZ 具有较高的冲击韧性。此外，当 $t_{8/5}$ 增加到 60s 时，纤维区的面积有所增加，表明此时试样的塑性较好，裂纹在扩展过程中裂纹尖端区域不断地发生塑性变形，释放裂纹尖端的应力集中，使裂纹在发生失稳扩展前经历了一段较长的延性扩展阶段。当 $t_{8/5}$ 为 150s 时，宏观断口较平整，纤维区基本消失，放射区面积显著增大，并且放射区断裂形式由韧

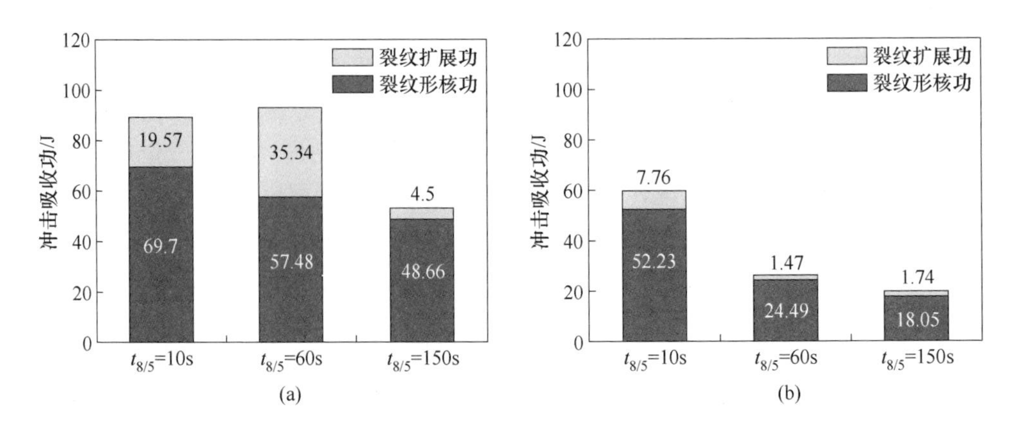

图 4-24　热输入对不同热影响区冲击韧性的影响

（a）FGHAZ；（b）ICHAZ

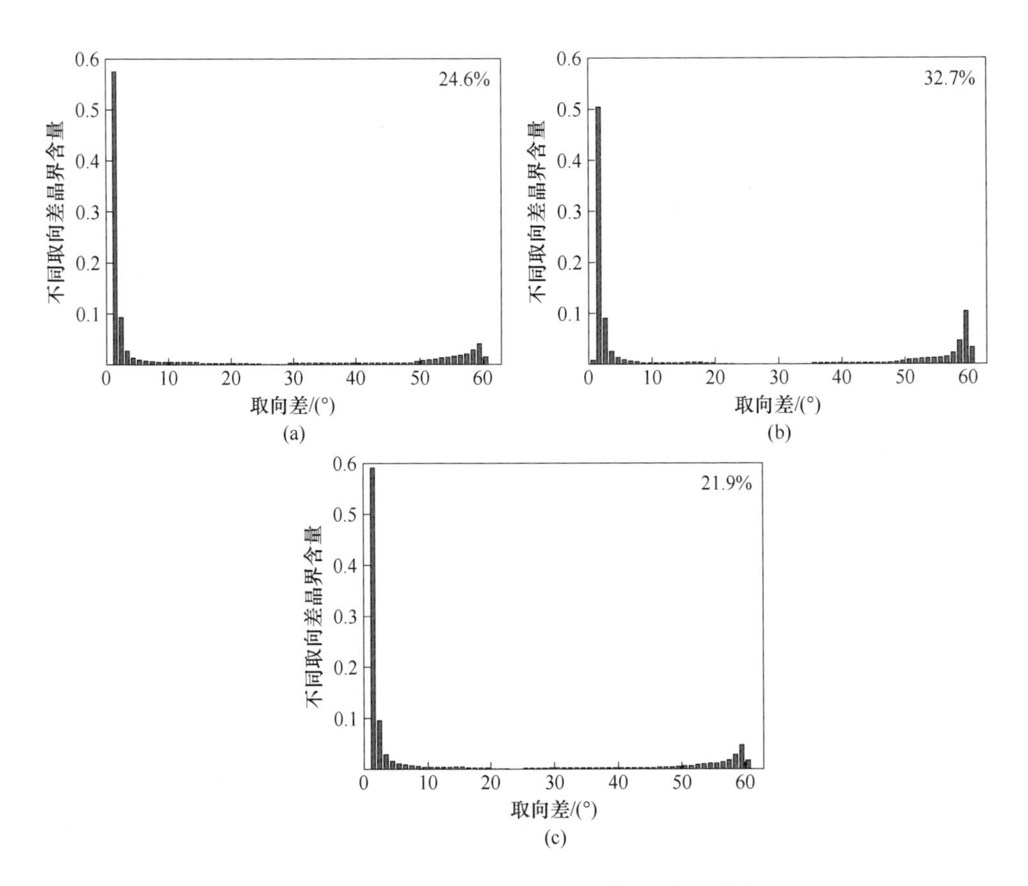

图 4-25　不同热输入下细晶区的晶界取向差分布

（a）$t_{8/5}$ = 10s；（b）$t_{8/5}$ = 60s；（c）$t_{8/5}$ = 150s

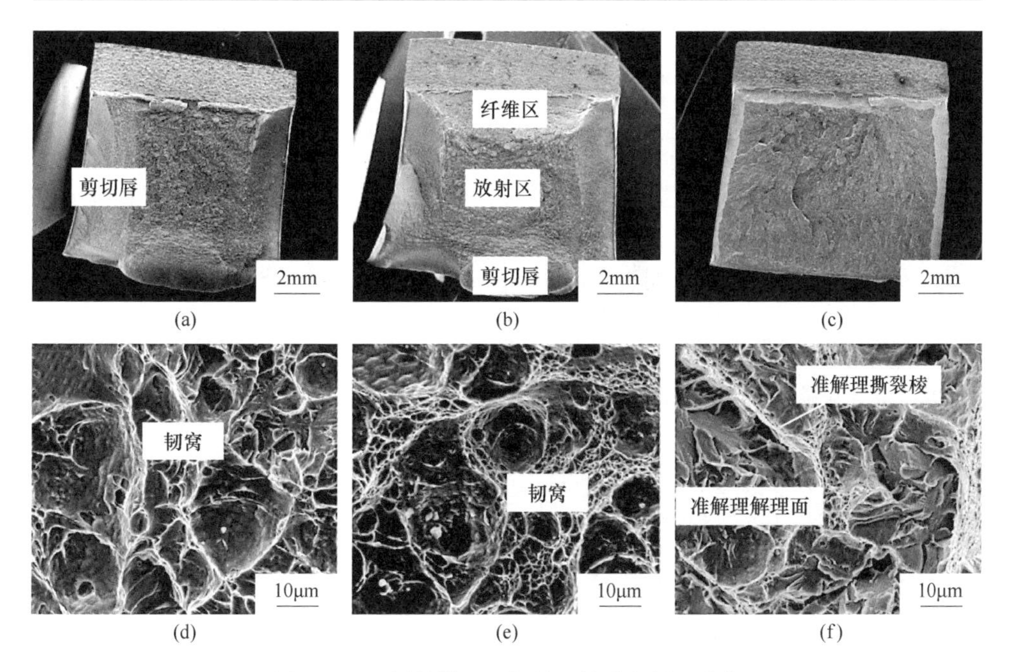

图 4-26 不同热输入下细晶区的冲击断口形貌
(a)(d) $t_{8/5}=10s$；(b)(e) $t_{8/5}=60s$；(c)(f) $t_{8/5}=150s$

性断裂转变为准解理断裂，断口表面由较粗大的解理面和撕裂棱组成。ICHAZ 冲击试样的断口形貌如图 4-27 所示，在宏观断口形貌上并没有发现明显的纤维区，整个断口主要以放射区为主和部分侧剪切区，其放射区的微观形貌为尺寸较小的解理面和宽度较大、数量较多的由细小韧窝组成的撕裂棱，呈准解理断口形貌特征。随着 $t_{8/5}$增加，侧剪切区的面积逐渐减小直至消失，一旦裂纹形成后直接发生低能量的撕裂过程直至完全断裂，而且此时放射区撕裂棱的数量减少，单元解理面的长度增加，表明裂纹扩展阶段所消耗的能量显著减小，如图 4-27(c) 和 (f) 所示，这与图 4-24 中 ICHAZ 非常低的裂纹扩展功相一致。

值得注意的是，当 $t_{8/5}$ 为 150s 时，对比 FGHAZ 和 ICHAZ 的冲击断口形貌，宏观断口形貌都是以放射区为主，而且放射区的断裂形式都呈准解理断裂特征，解理面的尺寸相差较大，FGHAZ 的单元解理裂纹扩展路径明显大于 ICHAZ 的解理裂纹，这主要是由于组织类型不同造成的，此时临界区组织中存在大量尺寸较大的块状高碳马氏体和铁素体组织，二者间的强度差距较大，在冲击载荷作用下在界面处形成应力集中，当超过临界应力时，产生裂纹。由于块状高碳马氏体的塑性较差，裂纹在其中快速扩展，发生脆性断裂，此时的单元解理面尺寸与块状马氏体的尺寸有关。FGHAZ 的组织主要为 M-A 尺寸较小的粒状贝氏体，其裂纹形成后向四周扩展，直到遇到奥氏体晶界等大角度晶界时，形成解理台阶或撕裂棱，此时细晶区的解理面尺寸与板条束和板条块的尺寸有关。

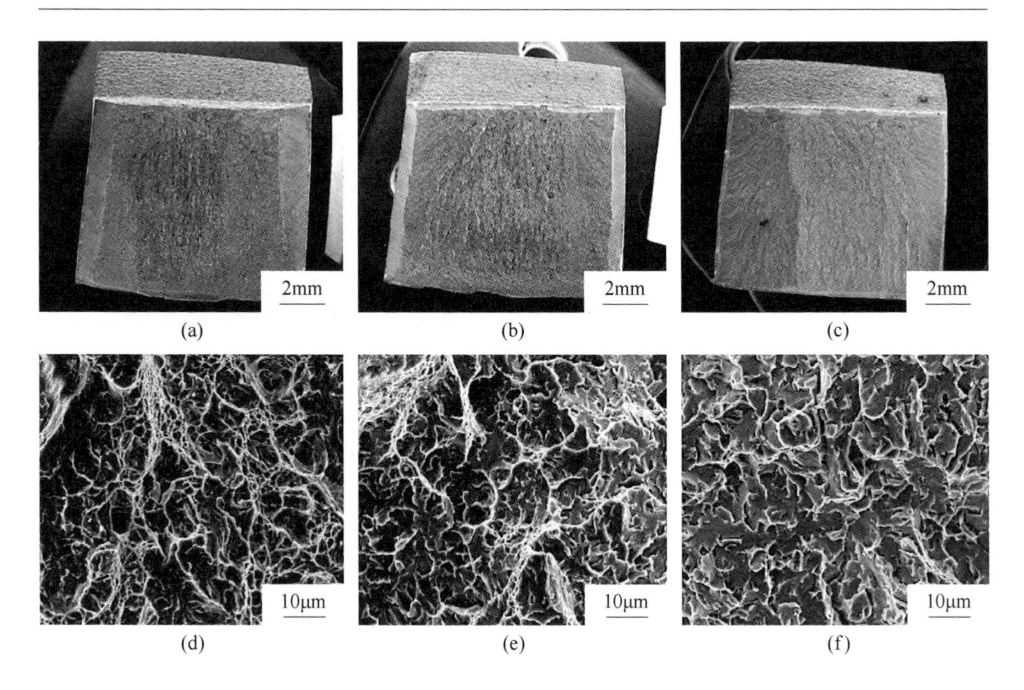

图 4-27　不同热输入下临界区的冲击断口形貌

(a)(d) $t_{8/5}=10s$；(b)(e) $t_{8/5}=60s$；(c)(f) $t_{8/5}=150s$

4.3.2　单次焊接热循环作用下热影响区脆化机制

结合图 4-20 和图 4-24 的冲击试验结果与图 4-15 和图 4-23 中的显微组织可以发现，都是当组织中出现 M-A 组元时，CGHAZ、FGHAZ 和 ICHAZ 的冲击吸收功显著下降，而且裂纹形核功的下降幅度要明显高于裂纹扩展功。此外，热模拟试样的断裂形式大部分为准解理断裂，随焊接热输入的增加，解理面尺寸不断增大，韧性撕裂棱的数量不断减少，当热输入增加到一定程度后，断裂形式转变为完全的解理断裂。因此，有必要研究 M-A 组元对实验钢焊接热影响区裂纹形核的影响，以及裂纹形核后的扩展过程。

4.3.2.1　微裂纹的形核机制

根据 Griffith 断裂理论，材料的临界断裂应力（σ_c）主要取决于微裂纹尺寸（d），见式（4-8）。

$$\sigma_c=\left[\frac{\pi E\gamma_p}{(1-\nu^2)d}\right]^{1/2} \tag{4-8}$$

式中　σ_c——临界断裂应力，MPa；

E——弹性模量，GPa；

γ_p——断裂面的有效表面能，J/m^2；

ν——材料的泊松比；

d——裂纹有效尺寸，μm。

M-A 组元导致微裂纹形核的几种机制，如图 4-28 所示。图 4-28(a) 表示在外力作用下，M-A 组元由于自身脆性导致开裂，尤其是贝氏体或马氏体板条间条状 M-A 组元容易开裂且没有阻碍裂纹扩展的能力；图 4-28(b) 表示奥氏体向马氏体转变形成 M-A 组元的过程中发生体积膨胀，造成与基体间存在相变诱导的残余拉应力，相邻 M-A 组元间产生的叠加拉应力更大，促使 M-A 组元与基体界面处产生裂纹；图 4-28(c) 表示 M-A 组元与周围相邻铁素体基体间的硬度差很大，在外力作用下，铁素体首先发生塑性变形，变形在 M-A 组元处受阻，容易在界面处产生应力集中，当集中应力达到一定程度时，M-A 组元与基体脱离；图 4-28(d) 表示在界面减聚力作用下，M-A 组元与基体界面处产生裂纹。由此可见，无论是条形还是块状 M-A 组元以哪一种机制形成微裂纹，微裂纹的尺寸与 M-A 组元的尺寸相近。将 E(210GPa)、ν(0.3)、γ_p(14J/m^2) 和不同热输入下粗晶区中 M-A 组元的尺寸代入式 (4-8) 中发现，当 M-A 组元最大宽度由 3.31μm（$t_{8/5}$ 为 60s）增加到 5.9μm（$t_{8/5}$ 为 300s）时，σ_c 由 2385MPa 下降至 1786MPa。因此，随着 M-A 组元尺寸的增加，裂纹更易形成。

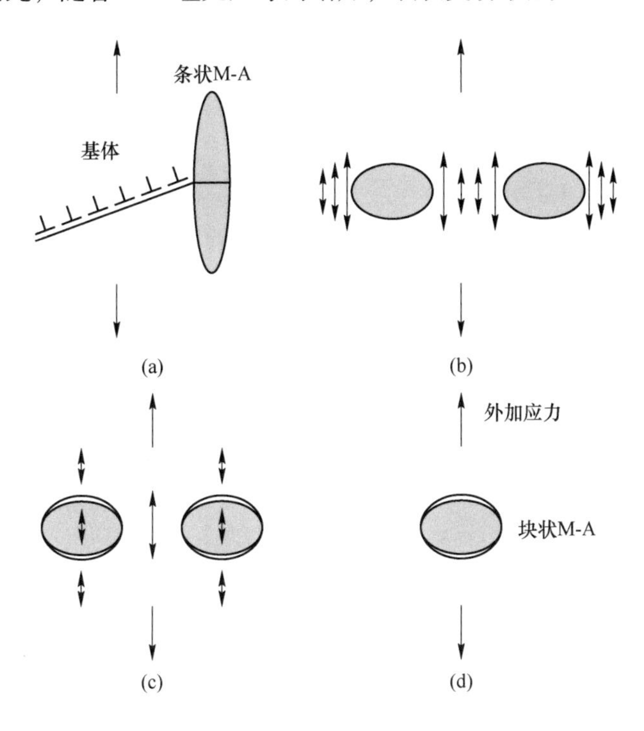

图 4-28　由 M-A 组元引起的四种裂纹形核机制示意图

通常情况下，材料的断裂形式主要取决于实验温度下材料的屈服应力与临界断裂应力的相对大小，当屈服应力小于临界应力时，断裂前会发生塑性变形；当屈服应力大于临界断裂应力时，材料的断裂形式为完全的解理断裂。由于V型试样缺口处的应力集中及冲击试验的高应变速率，试样的动态屈服应力要明显高于静态屈服应力。这从另一方面导致含有M-A组元的材料在冲击载荷作用下更易发生断裂。

此外，有研究表明M-A组元导致开裂的微观机制还受晶体结构、形态、应力状态等方面的影响，当局部三轴应力比 $\tau<1.2$ 时，更容易在M-A组元和基体界面处发生分离现象；当M-A组元为长条状时，M-A组元则更容易发生自身断裂，M-A组元为块状时，容易发生界面分离开裂现象。

4.3.2.2　晶界取向差在裂纹扩展中的作用

热模拟试样冲击断口的一次裂纹和二次裂纹形貌如图4-29所示。由冲击试样的一次裂纹扩展路径可以发现裂纹在原始奥氏体晶界、板条束界和板条块界均

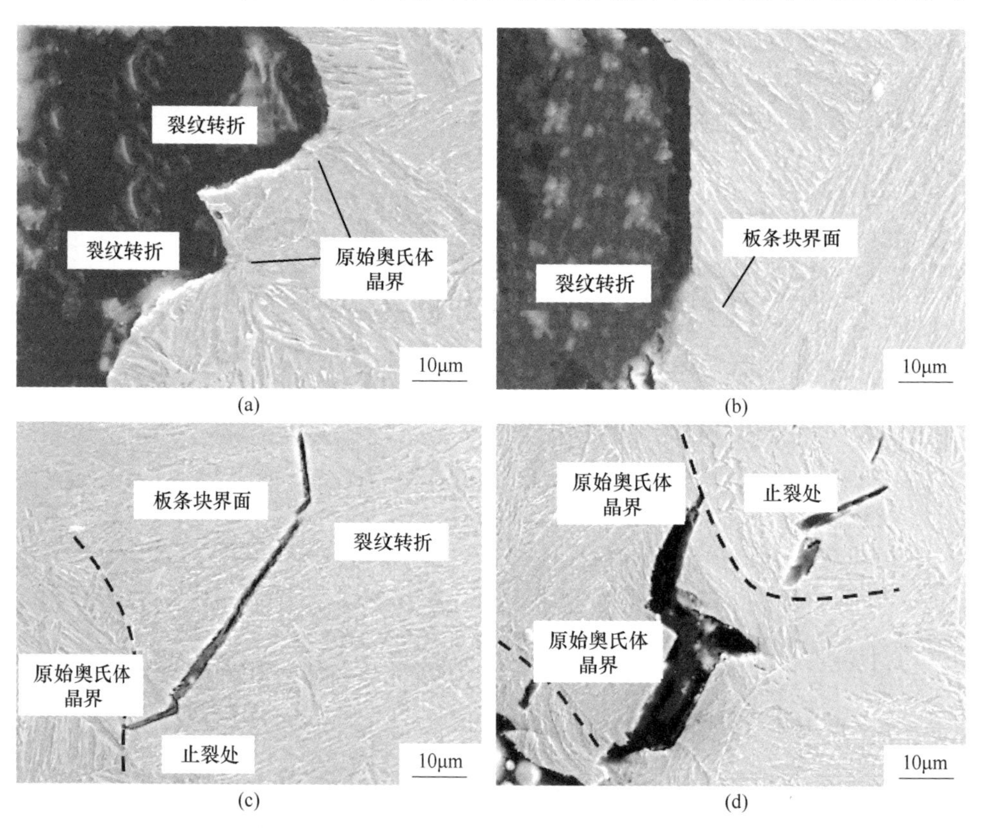

图4-29　热模拟试样冲击断口表面一次裂纹和二次裂纹形貌

(a)(b) 一次裂纹；(c)(d) 二次裂纹

发生了偏转，说明裂纹扩展需要消耗更多的能量，尤其是在图 4-29(b) 中可以明显看出一次裂纹在遇到板条块界之前呈直线扩展，遇到板条块界之后裂纹发生了一定角度的偏转。从二次裂纹的扩展路径可以发现二次裂纹在上述三种晶界处发生了偏转或终止于晶界处，以上结果证明了原始奥氏体晶界、板条束界和板条块界作为大角度晶界能够有效地阻碍裂纹扩展，提高裂纹扩展所需消耗的能量，也在一定程度上解释了细晶区韧性好、粗晶区和临界区韧性相对较差的原因。

4.3.3 二次焊接热循环下热影响区组织性能演变规律

在多层多道焊接时，后一焊道对前一焊道的热影响区有再加热作用，不同的再加热温度产生不同类型的二次热影响区。根据二次加热峰值温度（t_{p2}）的不同，可将再加热粗晶热影响区分为未转变粗晶热影响区（U CGHAZ），$t_{p2}>1300℃$；过临界粗晶热影响区（SC CGHAZ）、$Ac_3<t_{p2}<1300℃$；临界粗晶热影响区（IC CGHAZ），$Ac_1<t_{p2}<Ac_3$；亚临界粗晶热影响区（S CGHAZ），$t_{p2}<Ac_1$。

4.3.3.1 不同再加热粗晶区的组织性能

二次加热峰值温度分别为 1320℃、1050℃、700℃ 和 580℃ 模拟 U CGHAZ、SC CGHAZ、IC CGHAZ 和 S CGHAZ，不同再加热粗晶区的显微组织如图 4-30 所示。相比于 CGHAZ 的组织形貌，U CGHAZ 的组织未发生明显变化，仍为粗大的板条马氏体；SC CGHAZ 的显微组织也是板条马氏体，但是其板条明显细化，这是由于二次加热峰值温度明显降低，奥氏体晶粒尺寸减小，进而细化了板条束和板条块等亚结构；IC CGHAZ 的显微组织由晶界上分布的块状马氏体和晶内的回火马氏体组成；S CGHAZ 的显微组织则为回火马氏体，虽然此时回火温度较高，但是高温停留时间短，回火并不充分，显微组织仍呈现出板条状形貌。

不同再加热粗晶热影响区在 −40℃ 下的冲击吸收功如图 4-31 所示。与 CGHAZ 相比，U CGHAZ 和 IC CGHAZ 的冲击吸收功有所下降，尤其是 IC CGHAZ，其冲击吸收功的下降幅度达到约 50%，而 SC CGHAZ 和 S CGHAZ 则表现出较好的冲击韧性。因此，有必要研究多层多道焊时 IC CGHAZ 的组织性能变化规律及其脆化机制。

4.3.3.2 IC CGHAZ 的组织性能变化规律

IC CGHAZ 的模拟焊接热循环曲线如图 4-32 所示，二次热循环峰值温度（t_{p2}）分别为 720℃、760℃ 和 800℃，$t_{8/5}$ 为 10s，由 2D-Rykalin 模型可计算出其对应的焊接热输入为 8.65kJ/cm。

$t_{8/5}$ 为 10s 时，不同二次峰值温度下 IC CGHAZ 的显微组织如图 4-33 所示。由图可见，当 t_{p2} 不高于 760℃ 时，实验钢在原奥氏体晶界处形成了大量尺寸在

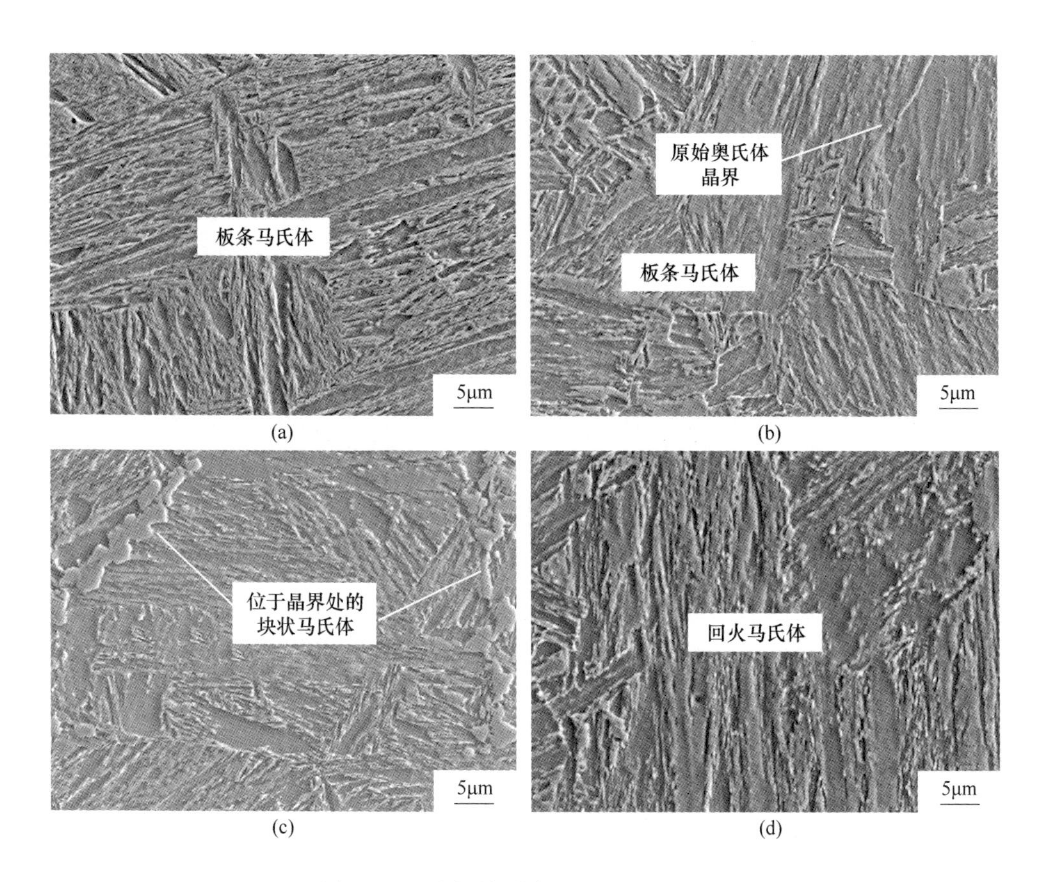

图 4-30　不同再加热粗晶区的 SEM 照片

（a）U CGHAZ；（b）SC CGHAZ；（c）IC CGHAZ；（d）S CGHAZ

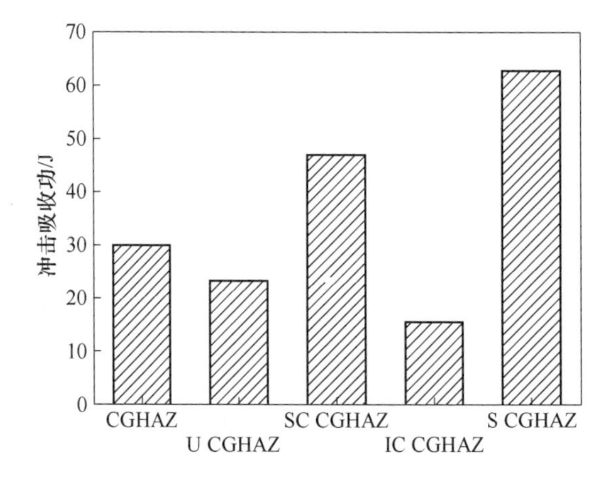

图 4-31　不同再加热粗晶区的冲击韧性

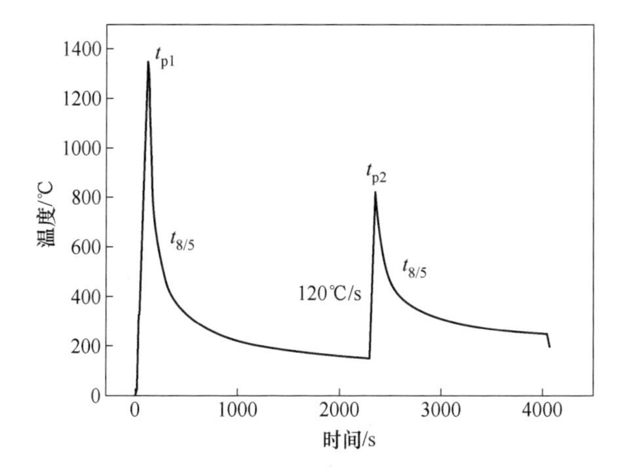

图 4-32 模拟临界粗晶热影响区的热循环曲线

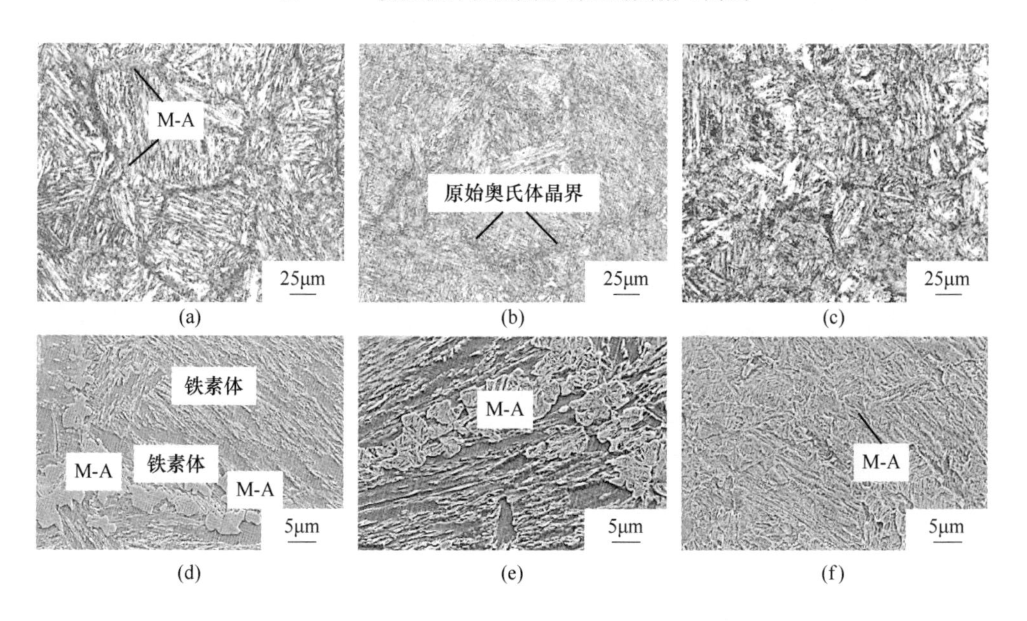

图 4-33 不同 t_{p2} 下 IC CGHAZ 的显微组织

(a)(d) 720℃；(b)(e) 760℃；(c)(f) 800℃

2μm 左右的块状 M-A 组元，M-A 组元呈链状分布，显示出原始奥氏体晶粒轮廓。此外，从 SEM 图中可以发现，t_{p2} 为 720℃时的块状 M-A 组元表面较光滑，难以分辨其内部结构，且在 M-A 组元附近有部分铁素体出现，而 t_{p2} 为 760℃时的 M-A 组元从形貌上看为发生回火的马氏体组织，M-A 组元附近的铁素体数量减少，并且在奥氏体晶粒内部也出现了 M-A 组元。当 t_{p2} 增加到 800℃时，原始奥氏体晶界轮廓几乎消失，未出现明显的链状 M-A 组元，由于 M-A 组元呈完全分解状态分布于基体组织中，在光学显微镜下较难识别。

不同 t_{p2} 下实验钢 IC CGHAZ 显微组织的 TEM 形貌如图 4-34 所示。当 t_{p2} 为 720℃时，在原始奥氏体晶界处逆转变的奥氏体经冷却后转变为不规则形状的 M-A 组元，M-A 组元内的高位错密度使其内部结构在 TEM 图像下仍难以辨认。由于再加热过程加热速度快，保温时间短，即使加热温度为 720℃时，CGHAZ 的原始板条马氏体组织仅发生回复并未发生再结晶，此时原始奥氏体晶内 α 相仍保持板条状特征，板条内位错密度减小，且分布着较多的碳化物。当 t_{p2} 增加到 800℃时，可以清晰地发现 M-A 组元的内部结构呈板条状，其周围为发生回复后的板条状 α 相，板条内位错密度进一步降低，碳化物的数量明显减少。

图 4-34　不同 t_{p2} 下 IC CGHAZ 的 TEM 照片

(a)(b) 720℃；(c)(d) 800℃

不同 t_{p2} 下实验钢 IC CGHAZ 冲击试样的断口形貌如图 4-35 所示。当 t_{p2} 低于 760℃时，冲击试样的宏观断口较平整，只由放射区（RZ）和纤维区（FZ）两个区域组成，且断口表面放射区面积较大，微观断口形貌以河流花样（river pattern）为主，在局部区域存在撕裂棱（tearing ridge），表现为明显的脆性断裂特征，而当 t_{p2} 增加到 800℃时，宏观断口粗糙不平，纤维区所占面积比例明显增大，微观断口形貌主要以韧窝为主，表现出明显的韧性断裂特征。

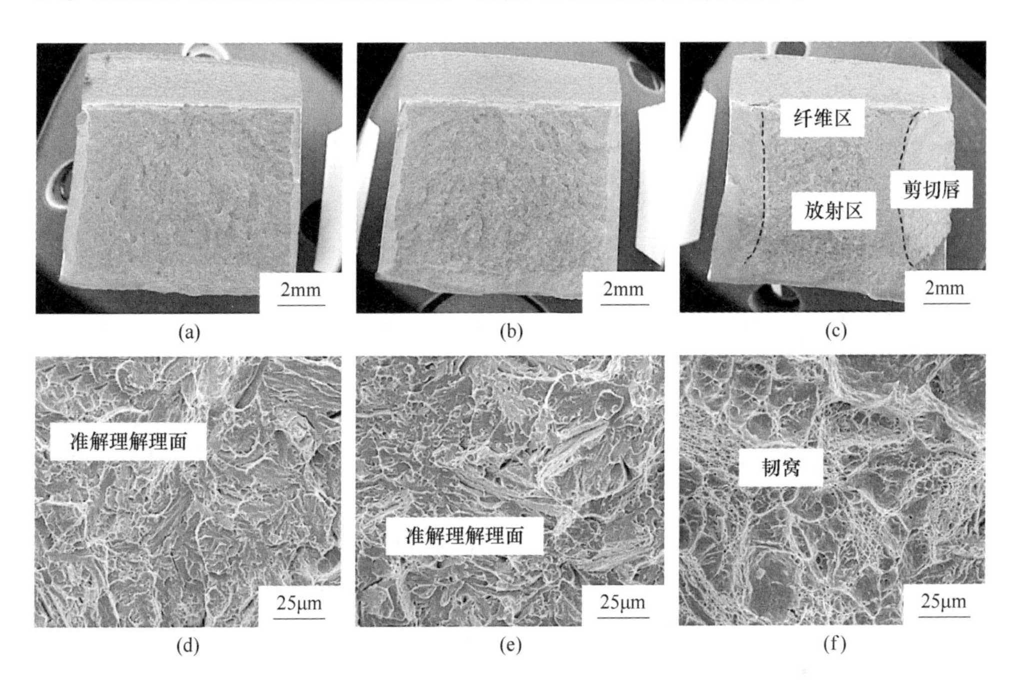

图 4-35 不同 t_{p2} 下 IC CGHAZ 的冲击断口形貌

(a)(d) 720℃；(b)(e) 760℃；(c)(f) 800℃

不同 t_{p2} 下实验钢 IC CGHAZ 的 -40℃ 冲击试验结果如图 4-36 所示。由图可知，随着 t_{p2} 的增加，IC CGHAZ 的冲击吸收功逐渐提高。当 t_{p2} 低于 760℃时，随着 t_{p2} 增加，裂纹形核功提高，裂纹扩展功基本保持不变，并且数值较低，表明试样在裂纹扩展阶段所吸收的能量非常少，几乎不具备阻碍裂纹扩展的能力；而当 t_{p2} 增加到 800℃时，除了总冲击吸收功显著增加外，裂纹扩展功也有较大的提高，表明此时试样阻碍裂纹形核和扩展的能力均得到了显著提高。冲击吸收功的差异主要与不同 t_{p2} 下 IC CGHAZ 中的 M-A 组元有关。

4.3.3.3 IC CGHAZ 的脆化机制

粗大的 M-A 组元具有高的硬脆性，容易成为脆性断裂的起裂源。实验钢在冲击应力的作用下，M-A 组元与相邻基体组织间硬度差异造成的形变不相容，使

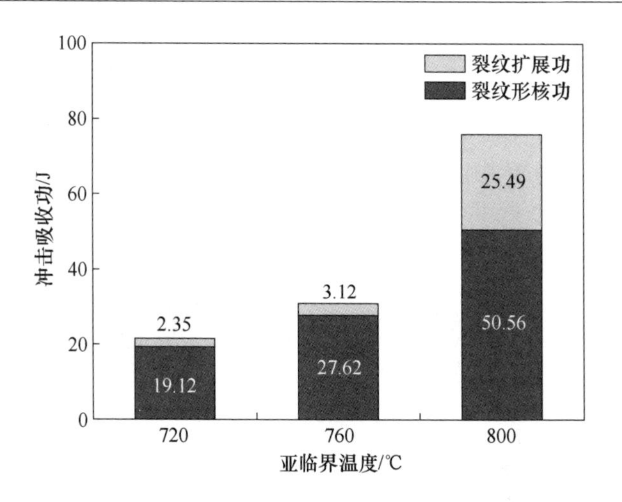

图 4-36　不同 t_{p2} 下 IC CGHAZ 冲击吸收功

基体组织的塑性变形无法通过 M-A 组元的变形得到释放，造成 M-A 组元周围产生应力集中，当集中的应力超过临界断裂应力时，在 M-A 组元与基体界面处萌生微裂纹，微裂纹在外力作用下进一步扩展。值得注意的是，当 t_{p2} 由 720℃ 增加到 760℃时，实验钢的 IC CGHAZ 的裂纹形核功由 19.12J 提高到 27.62J，表明裂纹形核需要消耗更多的能量，当 t_{p2} 增加到 800℃时，裂纹形核功进一步提高到 50.56J。由此可以说明，虽然不同 t_{p2} 下在 IC CGHAZ 中都会形成 M-A 组元，但是 t_{p2} 的高低对 IC CGHAZ 的冲击韧性有较大的影响。M-A 组元作为脆性断裂的裂纹源，其主要原因是其与相邻基体组织形变不相容造成界面处的应力集中，M-A 组元与相邻基体的硬度差异越大，形变不相容程度就越严重，越容易在 M-A 组元与基体的界面处形成微裂纹，而 M-A 组元的硬度与其碳含量和组织类型密切相关。

不同 t_{p2} 下 IC CGHAZ 晶界 M-A 组元的形貌如图 4-37 所示。t_{p2} 为 720℃时略高于 Ac_1（695℃），此时原始奥氏体晶界处部分铁素体的出现促使碳原子不断向晶界逆转变奥氏体中扩散，使得逆转变奥氏体中碳含量增加，降低其 *Ms* 点，在随后的冷却过程中含碳量较高的逆转变奥氏体转变成硬度较高的 M-A 组元，与相邻的铁素体基体产生较大的硬度差。当 t_{p2} 为 760℃时，晶界处铁素体的量明显减少，逆转变奥氏体中的碳含量相应降低，*Ms* 点提高，冷却过程中形成碳含量相对较低的 M-A 组元产生自回火现象，从图 4-37(d) 中也可以观察到 M-A 组元中分解的回火板条马氏体组织，会降低其与相邻的回火屈氏体组织间的硬度，相应地减小了实验钢在冲击应力作用下 M-A 组元与基体界面处的应力集中，从而提高了裂纹形核功。

当 t_{p2} 增加到 800℃时，冲击试样的裂纹形核功和裂纹扩展功均有较大的提高，尤其是裂纹扩展功，由 3.12J 提高到 25.49J，表明此时裂纹形核后经过了一

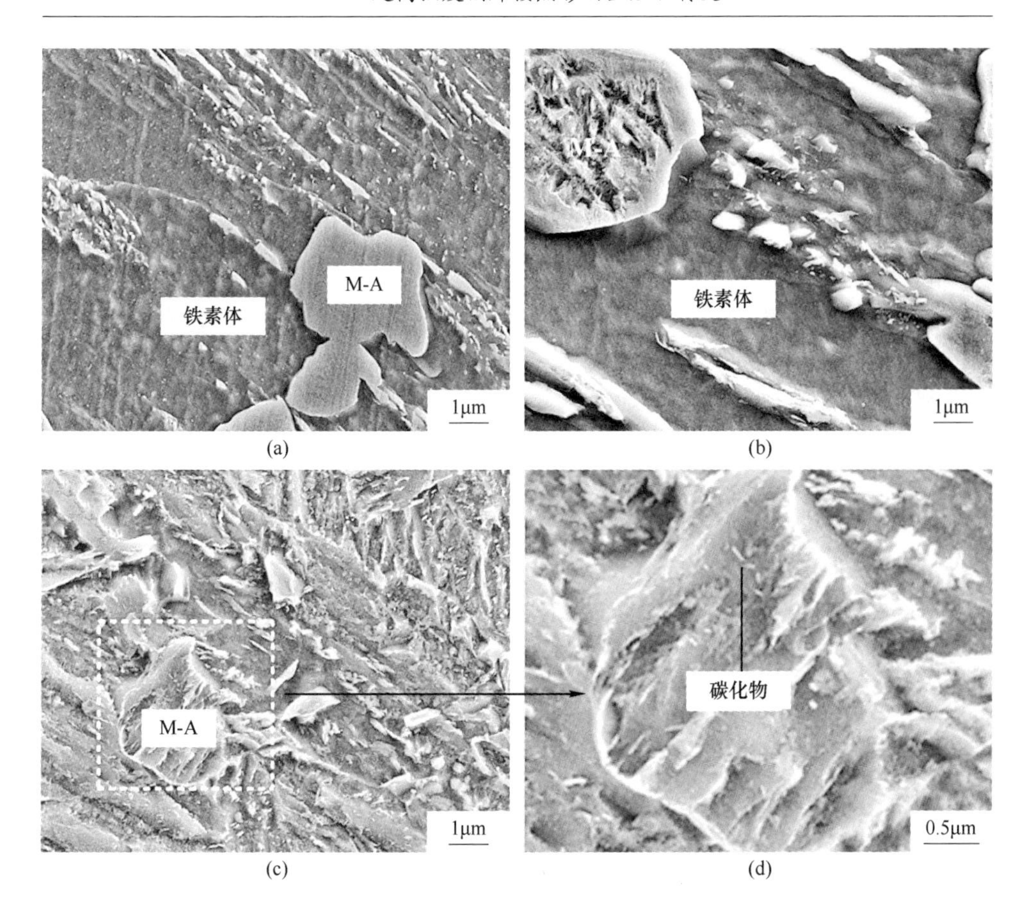

图 4-37 不同 t_{p2} 下 IC CGHAZ 的 M-A 形貌
(a) 720℃；(b) 760℃；(c)(d) 800℃

定程度的扩展后才导致宏观断裂。这是因为在原始奥氏体晶界处的链状 M-A 组元消失，降低了对晶界的弱化作用。原始奥氏体晶界、板条束界和板条块界作为大角度晶界具有阻碍裂纹扩展的作用，如图 4-38(a) 所示，当冲击断口的一次裂纹扩展到原始奥氏体晶界时，发生了一定角度的偏转，说明此时裂纹扩展需要消耗更多的能量，提高了韧性；而当原始奥氏体晶界上分布着块状 M-A 时，不但不能起到阻碍裂纹扩展的作用，反而成为了微裂纹的形核源，裂纹将呈直线穿过附有块状 M-A 组元的原始奥氏体晶界，如图 4-38(b) 所示。

当 t_{p2} 低于 760℃时，在原始奥氏体晶界处形成了链状 M-A 组元，在冲击应力作用下，多个微裂纹可能会同时产生，微裂纹扩展很短距离甚至是还未扩展时就会相互连接，进而导致宏观脆性断裂。这与 t_{p2} 为 720℃和 760℃时实验钢的冲击吸收功值相一致，裂纹扩展功只有 2 ~ 3J，表明裂纹一旦形成试样就立即发生断裂。如图 4-39 所示，在冲击断口表面部分区域甚至出现了沿晶脆性断裂特征。

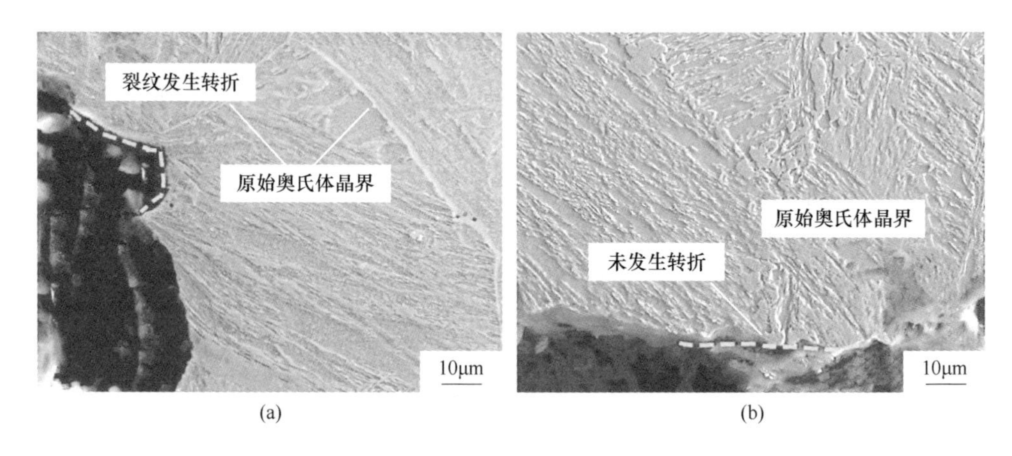

图 4-38　不同亚区冲击断口一次裂纹扩展路径
(a) CGHAZ; (b) IC CGHAZ

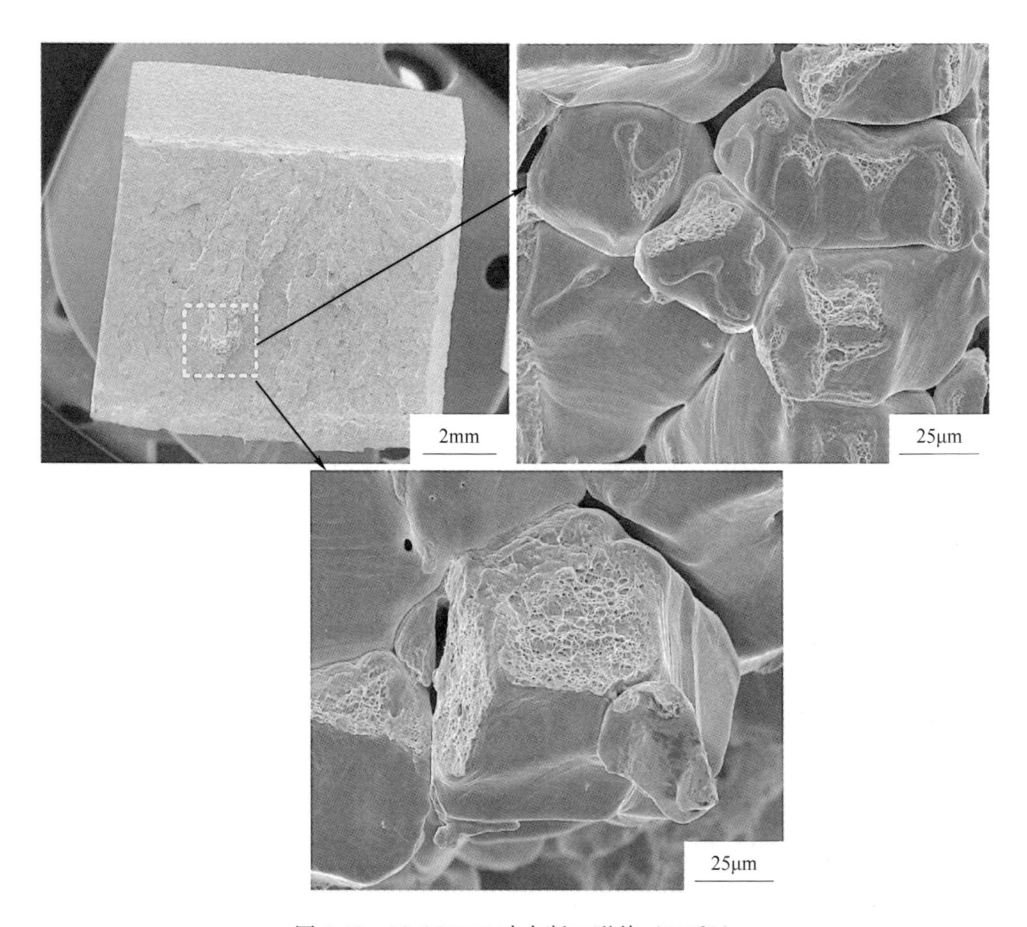

图 4-39　IC CGHAZ 冲击断口形貌（720℃）

由于M-A组元在基体中的弥散分布导致微裂纹形成后并不能立即与相近的裂纹相互连接，因此有利于提高裂纹扩展功。裂纹形核功的增大主要是因为该t_{p2}接近Ac_3（816℃），在原始奥氏体晶界甚至晶内所形成的逆转变奥氏体的碳含量与基体中的碳含量相近，此时的奥氏体不稳定，在随后的冷却过程中形成的自回火板条马氏体与周围的回火屈氏体组织间的硬度差异进一步缩小。此外发生回复的α相中位错密度降低，碳化物尺寸减小、数量减少均有利于提高裂纹形核功，因为碳化物与M-A组元相似具有非常高的硬脆性，同样与基体间存在形变不相容性作用，容易造成应力集中导致微裂纹形成。

4.4 工艺参数对焊接接头力学性能的影响

对于超高强度结构钢，为确保焊接质量，焊接材料的选择非常重要。长期以来，高强度钢的焊接通常按照等强匹配原则选择焊接材料，即熔敷金属的力学性能和母材相当。然而，从冶金因素、熔合比和力学上的拘束强化效果等方面考虑，焊接接头的强度和断裂行为不同于均匀材料，等强匹配可能对提高强度有利，但是会使焊缝金属韧性和抗裂性能下降。因此，对于抗拉强度不小于1000MPa的超高强度钢，除考虑强度外，还必须考虑焊接接头的韧性和裂纹敏感性。为提高服役过程中的安全性，应从等韧性的原则选择焊接材料，通过适当降低焊缝强度，增加焊缝金属的塑性储备，降低接头拘束应力，从而降低形成冷裂纹的风险。因此，焊接材料选用法国沙福公司生产的实心焊丝ED-FK 1000，直径1.2mm，焊丝的化学成分及力学性能见表4-3。

表4-3 焊丝化学成分和力学性能

化学成分（质量分数）/%							力学性能			
C	Si	Mn	Cr	Ni	Mo	P	R_{eL}/MPa	R_m/MPa	A/%	-40℃ KV_2/J
0.13	0.81	1.73	0.30	2.27	0.59	0.012	965	1010	13	47

保护气体的成分对焊缝中的氧含量、夹杂物含量和分布有一定的影响，进而影响焊缝在冷却过程中的组织转变。保护气体采用80% Ar +20% CO_2混合气，可以使焊接过程具有较好的熔滴过渡模式、高的熔敷率和良好的焊缝成形性能。一方面利用氩气保护具有电弧稳定、飞溅小的优点；另一方面又因为含有一定比例的CO_2，克服了用单一氩气焊接时产生的阴极漂移现象及焊缝成形不良等问题。

坡口形式的选择，不仅直接影响焊接结构的生产成本，而且影响焊接质量。坡口除保证母材焊透外，还能起到调节母材金属和填充金属比例的作用，由此可以调整焊缝的性能。坡口形式的选择主要根据板厚和采用的焊接方法确定，同时兼顾焊接工作量大小、焊接材料消耗、坡口加工成本和焊接施工条件等，以提高生产效率、降低成本。本节中，对焊钢板的坡口形式及尺寸如图4-40所示。

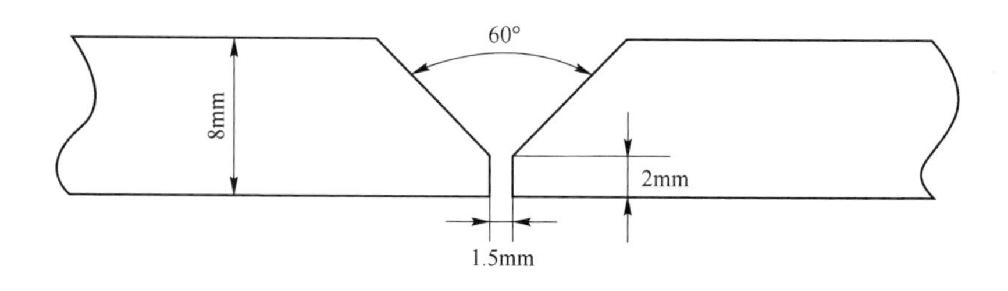

图 4-40　气体保护焊钢板坡口形式与尺寸

在焊接方法确定后，焊缝及焊接热影响区的组织主要取决于冷却速度，冷却速度则主要由热输入决定，因此选择合理的热输入十分重要。过大的冷却速度会造成淬硬组织并易产生裂纹，冷却速度过小则造成晶粒粗大和脆化，降低材料的韧性，因此最佳热输入应当是在保证不产生淬硬组织的前提下，具有较高的冷却速度。根据焊接热模拟实验结果，选择 7.5kJ/cm、10kJ/cm、14.5kJ/cm 和 18.5kJ/cm 四种焊接热输入，具体焊接参数见表 4-4。试板焊前进行 100℃ 保温 1h 预热处理，焊后进行 200℃ 保温 2h 消氢处理，保护气体流量为 22L/min，焊接设备采用的是德国 CLOOSE-GLC 403 型半自动焊机，如图 4-41 所示。

表 4-4　气体保护焊接工艺参数

编号	电流/A	电压/V	焊速/cm · min^{-1}	预热温度/℃	热输入/kJ · cm^{-1}
1	220	24	42	100	7.5
2	230	25	33	100	10.5
3	250	28	29	100	14.5
4	280	32	29	100	18.5

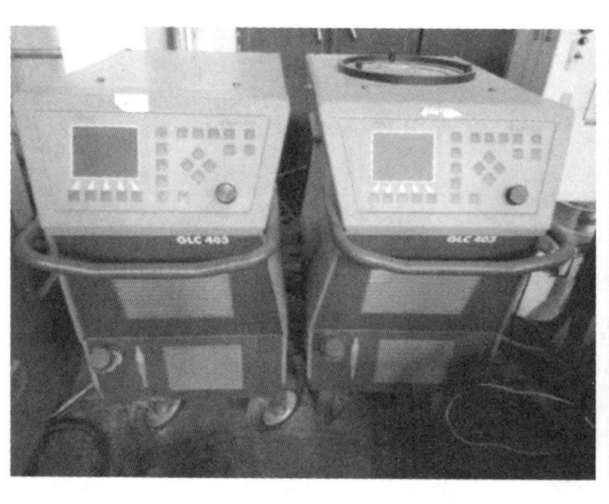

图 4-41　气体保护焊接设备

由于焊接热循环对母材不均匀加热和快速冷却的特点，通常会产生CGHAZ、ICHAZ和IC CGHAZ等脆性热影响区，导致热影响区成为焊接接头的薄弱区域。采用后热处理，可以起到降低焊接应力，改善焊接接头组织和性能的作用。采用熔化极混合气体保护焊接方式，焊接工艺参数选用电流230A，电压25V，焊接速度5.5mm/s，进行8mm钢板对焊试验。对焊后钢板分别进行300℃、400℃、500℃和600℃保温15min，研究后热温度对焊接接头组织和力学性能的影响。

4.4.1 焊接热输入对接头性能的影响

热输入为7.5kJ/cm时实验钢焊接接头不同亚区的显微组织如图4-42所示。沿图4-42(a)中箭头方向，各亚区的组织不断发生变化，这主要是由于在焊接过程中各区域峰值温度不同所引起的。焊缝区（WM）经历了熔化和凝固过程，其显微组织主要取决于焊丝的化学成分和冷却速度，以针状铁素体为主，如图4-42(b)所示。在焊缝与母材相邻的部位其峰值温度处于固液相线之间，称作熔合区（FLZ）。在此区域内，焊缝金属和母材发生熔合，在化学成分和组织性能上都存在较大的不均匀性，容易产生裂纹和缺陷。在熔合线两侧和熔合线上可以观察到针状铁素体和粗大的马氏体两种不同的组织形貌。靠近熔合区的母材经历高的峰值温度（1200℃~熔点），处于严重过热状态，奥氏体晶粒发生显著粗化，形成的粗晶热影响区（CGHAZ）经快速冷却后得到粗大的板条马氏体组织，如图4-42(d)所示。随着离熔合区的距离增加，峰值温度不断降低，再加热奥氏体晶粒尺寸不断减小。

值得注意的是，由于焊接热循环是峰值温度高、停留时间短且高温区冷却极快的过程，在HAZ中峰值温度略高于Ac_3的区域会形成一个细晶区域(FGHAZ)，奥氏体晶粒刚刚形成来不及长大就快速冷却，形成极细小的马氏体组织，如图4-42（e）所示。在热影响区和母材之间存在一个明显的混合组织区域（ICHAZ），该区域的峰值温度在Ac_1~Ac_3之间，在加热过程中形成了铁素体和奥氏体的两相组织，经快速冷却后转变为铁素体和块状马氏体组织[见图4-42(f)]，可以发现在ICHAZ中两相组织的比例是不均匀的，这主要是由于温度梯度引起的。峰值温度靠近Ac_3时，块状马氏体的比例增加，反之，铁素体的含量增多。在远离焊接热源区域，母材所承受的最高加热温度低于钢的Ac_1，基体组织相当于经历了高温回火过程，不发生奥氏体转变，板条马氏体发生再结晶转变为多边形铁素体，碳化物颗粒球化，形成回火索氏体组织。

图4-43为热输入为7.5kJ/cm时焊接接头热影响区不同亚区的EBSD质量图和取向差晶界分布图。对焊缝、粗晶区、细晶区和临界区内组织的晶界取向差分布进行统计（见图4-44），粗晶区的大角晶界（大于15°）比例最低。

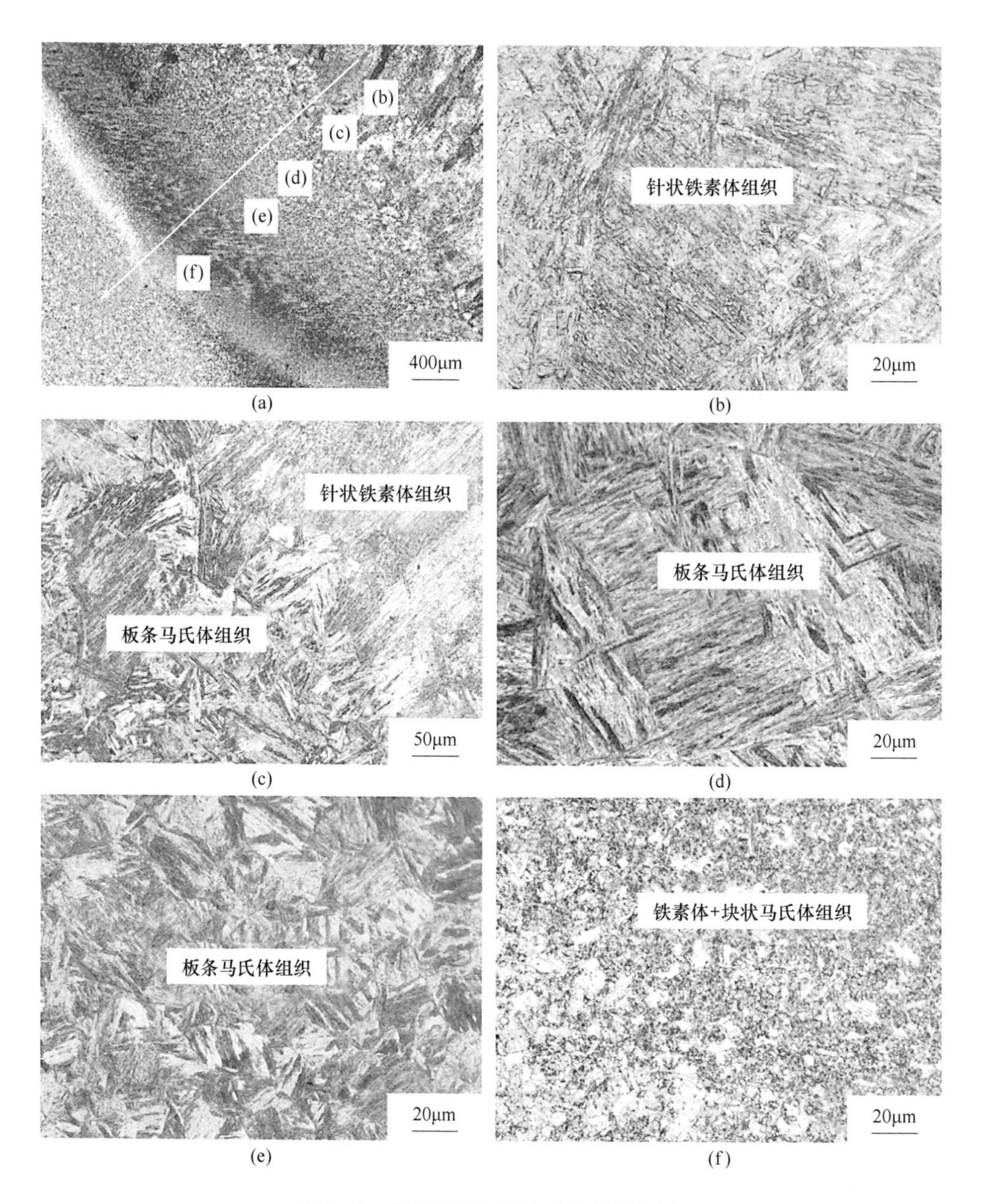

图 4-42　焊接接头不同亚区的显微组织

(a) 接头全貌；(b) WM；(c) FLZ；(d) CGHAZ；(e) FGHAZ；(f) ICHAZ

由图 4-45 可以看出，焊接接头的组织由焊缝至母材是不均匀的，因此各区域对接头力学性能的影响各不相同。由于在焊材选用上采取的是等韧匹配，因此焊缝的强度对整个接头的强度有较大影响，而热影响区中粗晶区容易发生脆化或

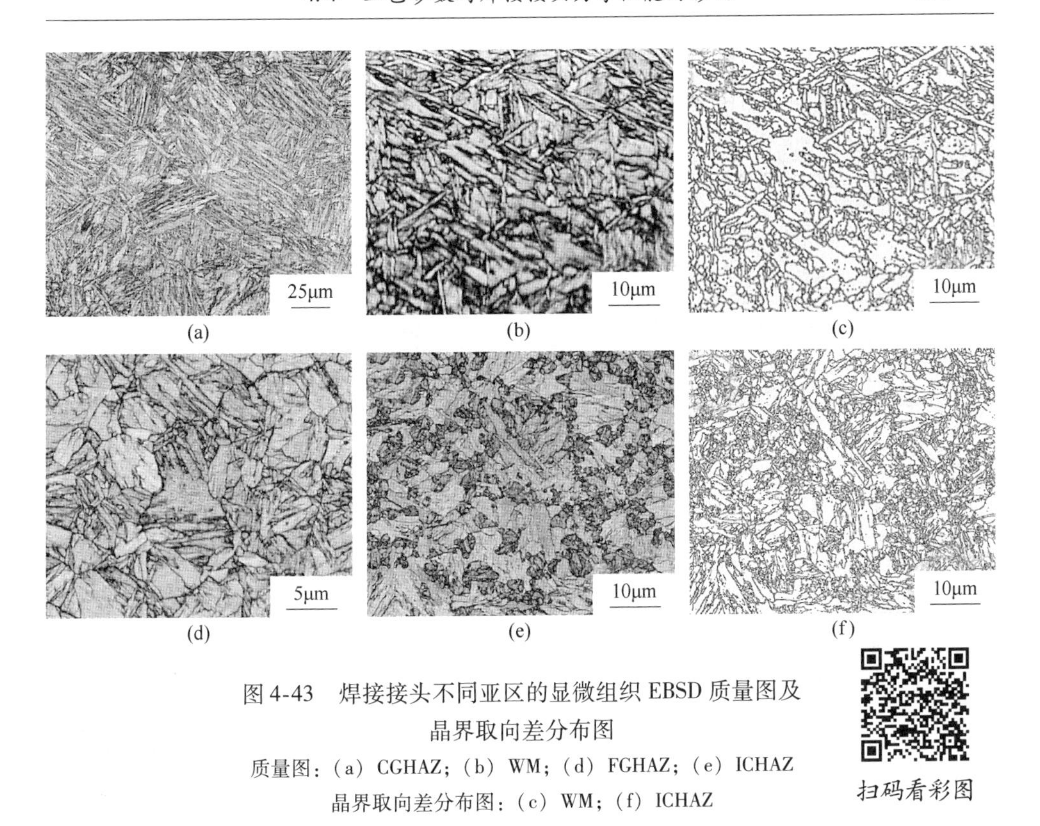

图 4-43 焊接接头不同亚区的显微组织 EBSD 质量图及晶界取向差分布图

质量图：(a) CGHAZ；(b) WM；(d) FGHAZ；(e) ICHAZ

晶界取向差分布图：(c) WM；(f) ICHAZ

大角晶界含量/%

0 5 10 15 20 25 30 35

焊缝 粗晶区 细晶区 临界区

图 4-44 焊接接头不同亚区大角晶界比例

产生裂纹，对接头韧性的影响非常关键。因此，为了得到力学性能优异的焊接接头，有必要研究不同焊接热输入下焊缝和粗晶热影响区的组织性能演变规律。

不同热输入下焊缝的显微组织如图 4-46 所示。长期以来，针状铁素体（以下简称“针铁”）被认为是单一相变产物，早期的研究表明针铁是晶内形核的魏

图 4-45　焊接接头不同亚区显微组织晶体学特征
(a) CGHAZ; (b) FGHAZ; (c) ICHAZ; (d) WM

氏组织铁素体。有些学者则认为针铁是晶内形核的贝氏体。最近，有研究表明针铁的本质是冷却过程中晶内不同相变产物相互碰撞的产物，并不是单一的相变组织。在焊缝连续冷却过程中，冷却速度的不同和夹杂物尺寸、数量的变化，可形成不同类型的针铁组织。由图 4-46 可见，不同热输入下焊缝的组织均以针状铁素体为主，但随着焊接热输入的增加，针铁的形貌、类型和比例都发生了变化。当热输入较小时（7.5kJ/cm），焊缝的组织主要是针铁，此时热输入小冷速快，抑制了扩散型相变的发生，单个细小的贝氏体铁素体片在晶内夹杂物处形核，当夹杂物密度很高时，随机方向生长的贝氏体铁素体片相互碰撞，形成了细小且相互缠结的结构，称为贝氏体针铁（B-AF）。此外，在局部区域出现了板条贝氏体，此时焊缝的组织为贝氏体针铁＋少量板条贝氏体的混合组织。随着热输入的增大，焊缝的组织仍然以贝氏体针铁为主，板条贝氏体消失，在局部区域出现了初生准多边形铁素体［见图 4-46(b)］和沿奥氏体晶界向晶内生长的较粗大的魏氏组织铁素体［见图 4-46(b) 和 (c)］。相比于贝氏体相变，魏氏组织铁素体的长大是通过成对铁素体间的相互协调来完成的，需要的驱动力更小，因此魏氏组

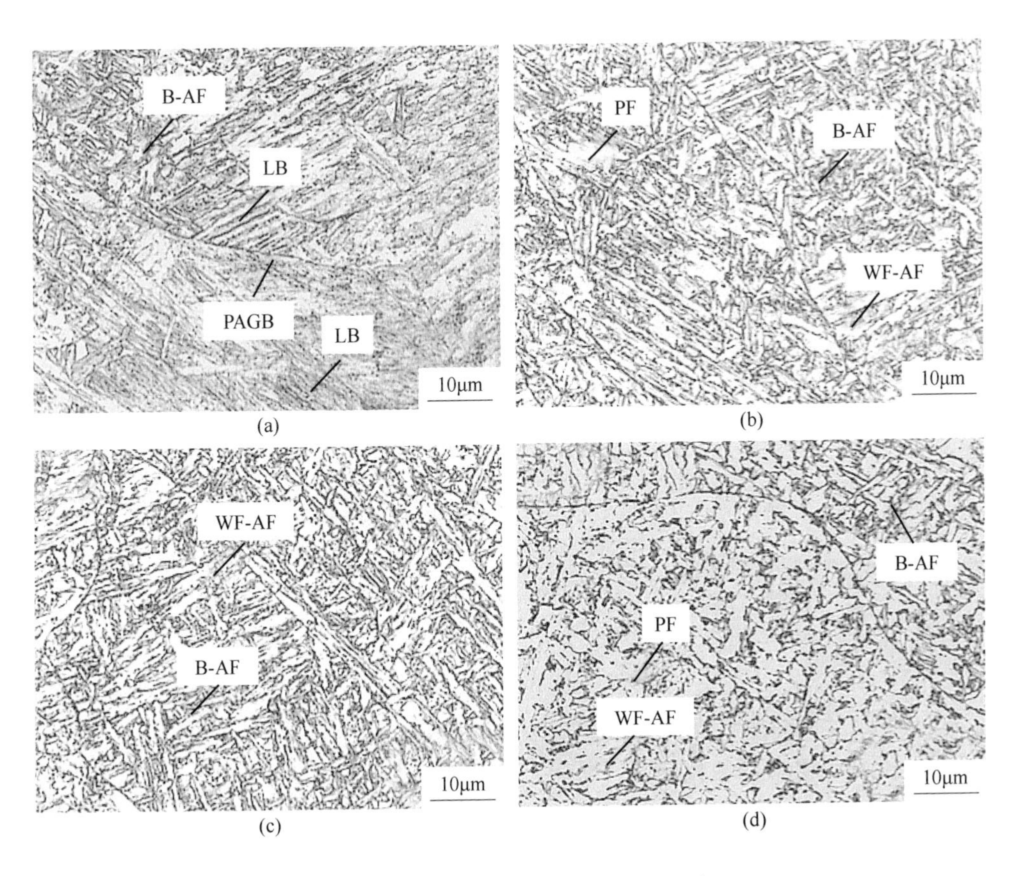

图4-46 不同热输入下焊缝的金相照片

（a）7.5kJ/cm；（b）10.5kJ/cm；（c）14.5kJ/cm；（d）18.5kJ/cm

织相变通常在较小的过冷度下就可以完成[7]，魏氏组织针铁的尺寸较粗大。当热输入增加到18.5kJ/cm时，冷却速度进一步降低，此时焊缝组织主要为粗大的魏氏组织铁素体，贝氏体针铁的数量较少，在奥氏体晶界和晶内形成的准多边形铁素体数量明显增多，如图4-46(d) 所示。不同热输入下焊缝组织的TEM形貌如图4-47所示。由图可见，在热输入为7.5kJ/cm时，贝氏体针铁在夹杂物处形核并沿某一方向生长，局部区域的板条贝氏体清晰可见，如图4-47(b) 所示；当热输入增加到18.5kJ/cm时，除了针状铁素体的尺寸变得粗大，作为针铁形核质点的夹杂物尺寸也增大［见图4-47(c)］，利用能谱检测夹杂物的成分，可以确定该夹杂物主要是硅锰的氧化物，如图4-47(d) 所示。以上组织检测结果表明，焊缝中针铁组织的粗细程度主要取决于相变产物的类型，贝氏体针铁比魏氏组织针铁尺寸更加细小。

不同热输入下粗晶热影响区的显微组织如图4-48所示。当热输入为7.5kJ/cm

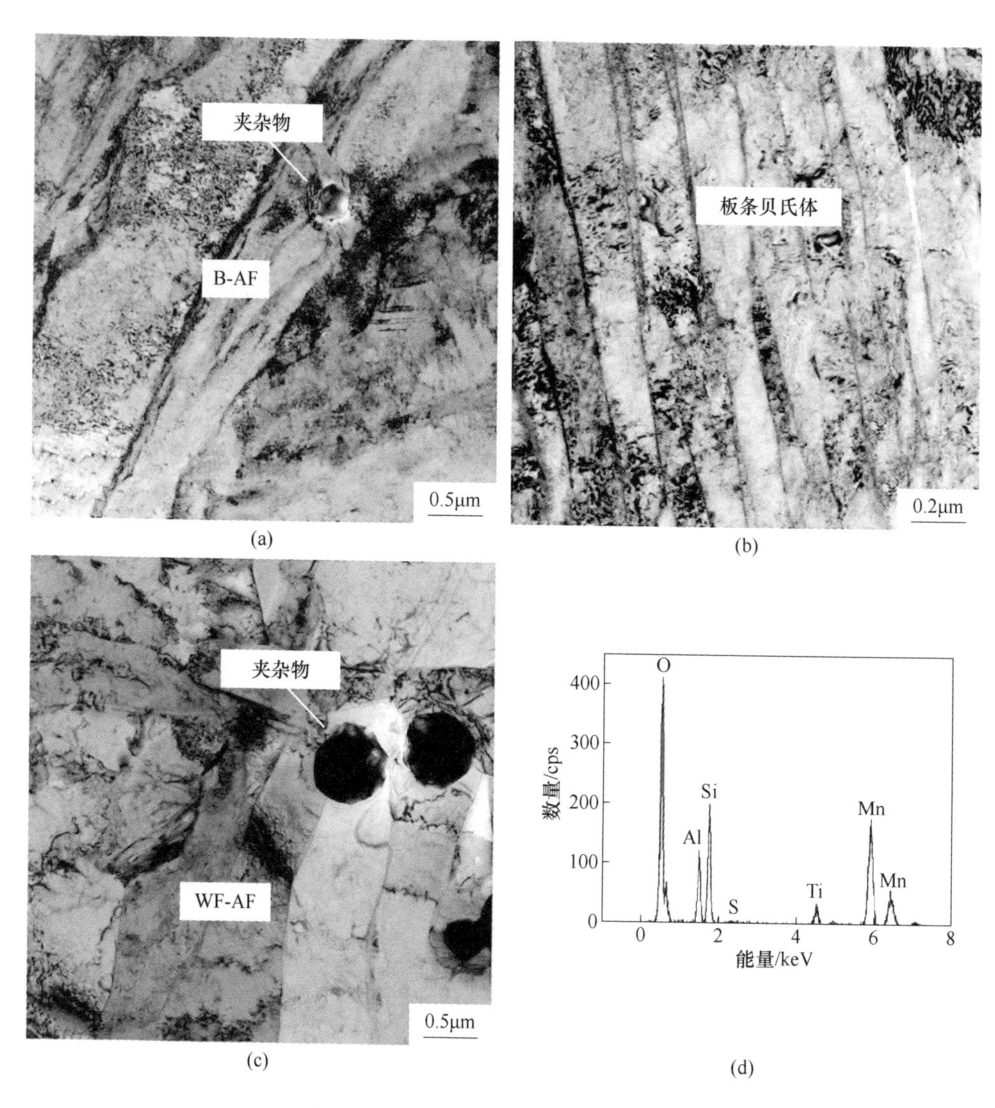

图 4-47　不同热输入下焊缝的 TEM 照片

(a)(b) 10. 5kJ/cm；(c) 18. 5kJ/cm；(d) 图 (c) 中夹杂物能谱

时，冷速足够大，此时的显微组织主要为板条马氏体，如图 4-48(a) 所示；当热输入增大到 10. 5kJ/cm 时，冷速下降，部分区域开始出现板条贝氏体，此时的显微组织为板条马氏体加板条贝氏体的混合组织。此后，随着热输入继续增加，板条马氏体的数量逐渐减少，板条贝氏体的数量相应增多，如图 4-48(c) 所示。当热输入继续增大到 18. 5kJ/cm 时，冷速进一步减小，出现了粒状贝氏体，此时的显微组织是板条马氏体、板条贝氏体和粒状贝氏体的混合组织，如图 4-48(d) 所示。

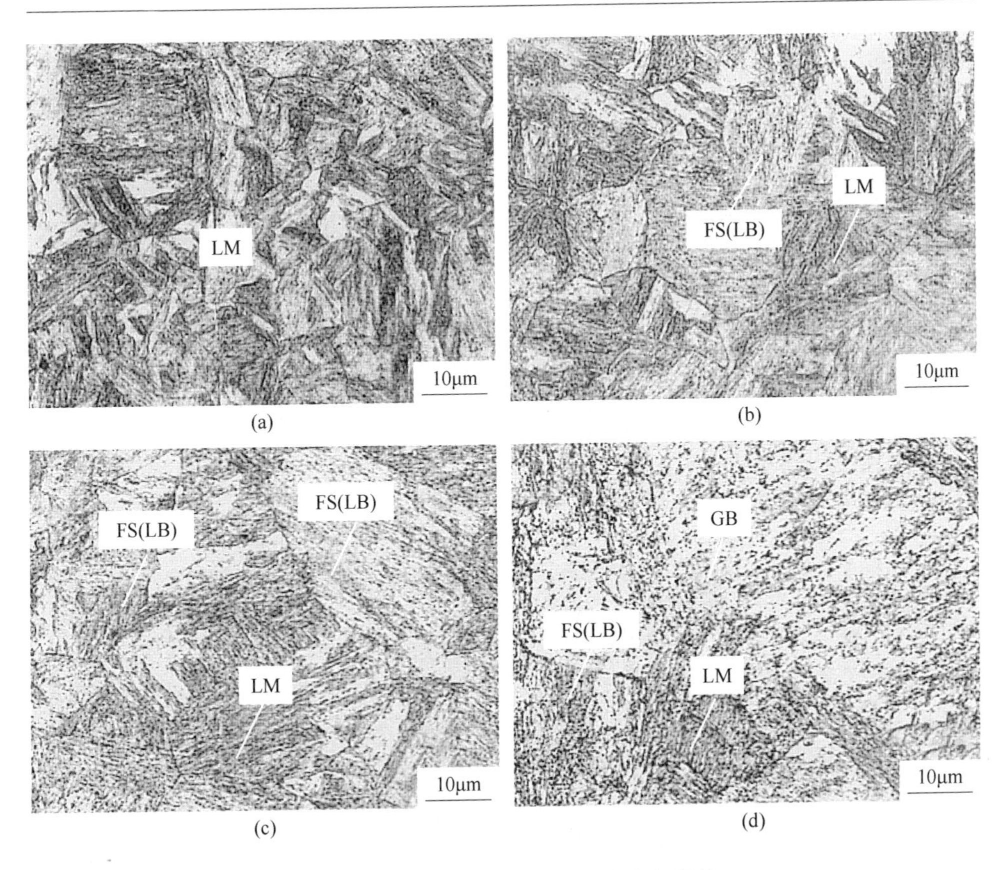

图 4-48 不同热输入下粗晶区的金相照片
(a) 7.5kJ/cm；(b) 10.5kJ/cm；(c) 14.5kJ/cm；(d) 18.5kJ/cm

粗晶区组织的 TEM 形貌如图 4-49 所示。图 4-49(b) 表明，在热输入较低时，较高的冷却速度导致在粗晶区中的部分区域出现了孪晶马氏体组织。由图 4-49(c) 可见，在平行排列的板条中分布着近似沿同一方向分布的片状碳化物，有研究认为这是板条贝氏体区分于上贝氏体和马氏体的典型特征。在图 4-49(d) 中可以观察到在基体上分布着形状不规则的块状 M-A 组元，这主要是由于当热输入增加到一定程度时降低了焊后冷却速度，碳不断地向未转变奥氏体中扩散，在随后的冷却过程中，这些富碳的奥氏体会转变成块状、条状或其他形状的 M-A 组元。不同热输入除了引起粗晶区显微组织的类型发生变化，由图 4-48 还可以发现随着热输入的增加，粗晶区的再加热奥氏体晶粒尺寸也在不断地增大。

焊缝和粗晶热影响区显微组织中各组成相比例随焊接热输入的变化见表 4-5。随着热输入的增大，焊缝中针铁的数量先增大后减小，并且针铁类型由贝氏体针铁向魏氏组织针铁转变；粗晶区中板条马氏体的比例逐渐降低，板条贝氏体的含量相应地增加。

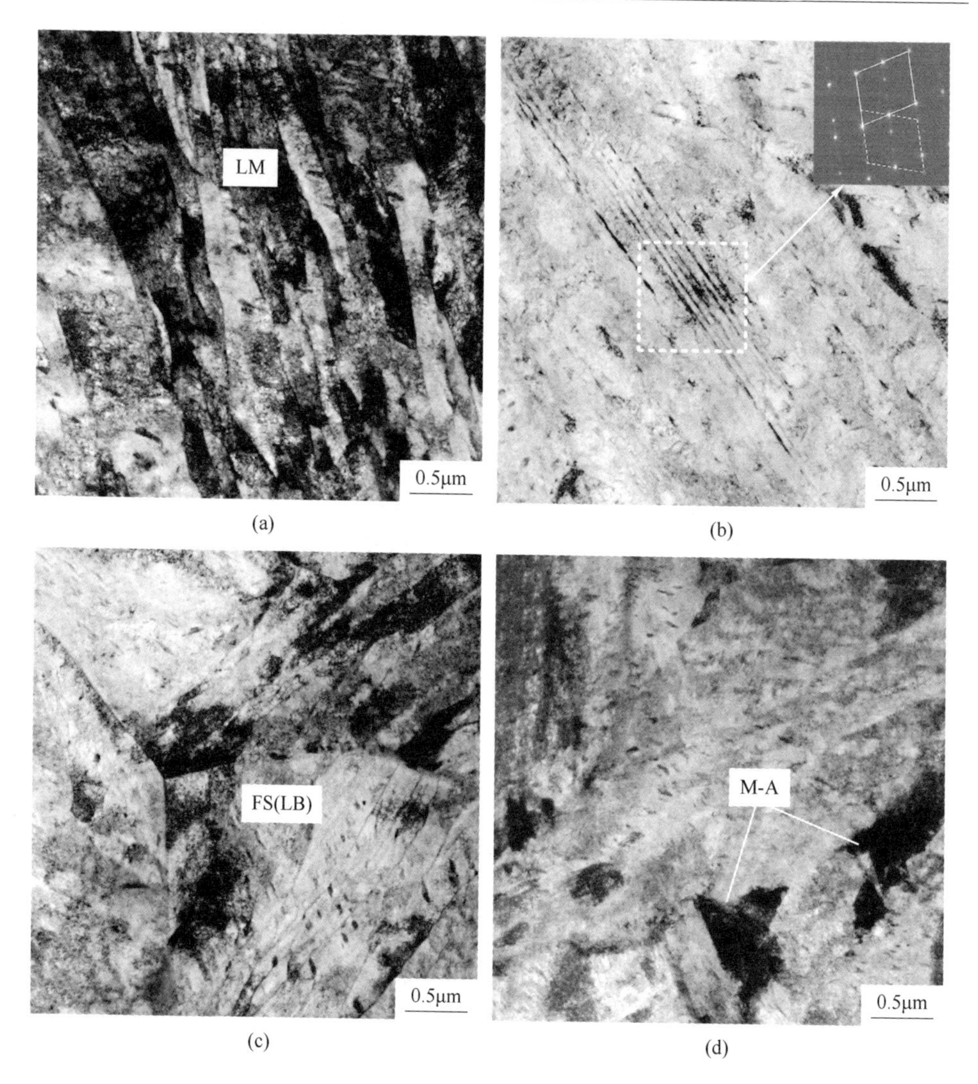

图 4-49　不同热输入下粗晶区的 TEM 照片

(a) 7.5kJ/cm；(b) 10.5kJ/cm；(c) 14.5kJ/cm；(d) 18.5kJ/cm

表 4-5　不同热输入下焊缝和粗晶区显微组织定量分析结果

线能量 /kJ · cm^{-1}	焊　缝	粗　晶　区
	组织含量(体积分数)/%	组织含量(体积分数)/%
7.5	68.6% B-AF + 18.3% B + 13.1% M(L)	Total M
10.5	91.8% B-AF + 5.2% B + 2.4% WF + 0.6% PF	94.9% M(L) + 5.1% B - FS(LB)
14.5	91.6% B-AF + 2.9% B + 4.3% WF + 1.2% PF	78.7% M(L) + 21.3% B-FS(LB)
18.5	89.3% WF-AF + 7.1% WF + 3.6% PF	30.4% M(L) + 55.4% B-FS(LB) + 14.2% GB

不同热输入下焊接接头的力学性能如图 4-50 所示。随着热输入增大，焊接接头的强度呈逐渐下降的趋势。当焊接热输入为 18. 5kJ/cm 时，接头强度下降明显，不仅远低于母材的强度，而且低于焊材的强度。焊接接头的冲击韧性随热输入的变化规律如图 4-50(b) 所示，焊缝和热影响区的冲击韧性均随着热输入的增大呈先增加后降低的趋势。对于焊缝，当热输入在 14. 5kJ/cm 时具有最高的冲击吸收功，至于粗晶热影响区，在 10. 5kJ/cm 热输入时的冲击韧性最好。焊接接头的硬度随热输入的变化规律如图 4-50(c) 所示。接头硬度的变化规律相似，但是随着热输入的增加，焊接接头的软化区域扩大，硬度下降幅度逐渐增大。

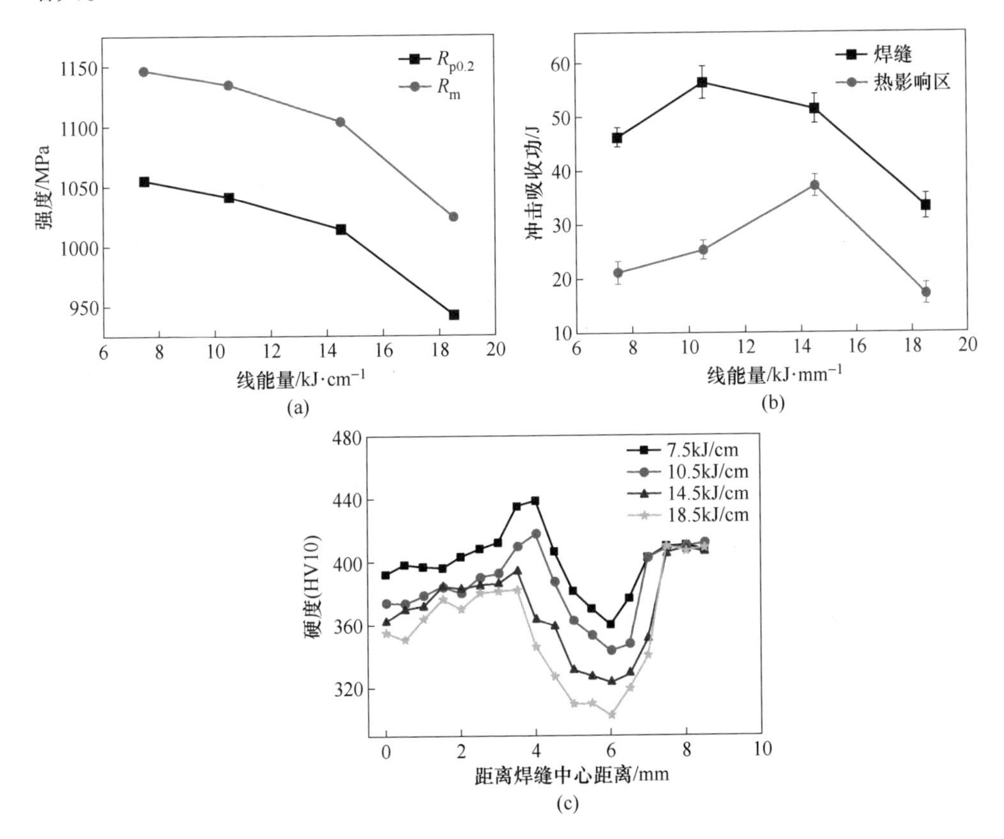

图 4-50 热输入对焊接接头力学性能的影响
(a) 强度；(b) 冲击韧性；(c) 硬度

不同热输入下焊缝冲击试样的断口形貌如图 4-51 所示。当热输入为 7. 5kJ/cm 时，断口呈现出准解理断裂和韧性断裂的混合形貌［见图 4-51(a)］，准解理断裂区域表现出细小的单元解理面，平直的河流花样从解理起裂处向四周延伸，直至遇到大角度晶界后形成解理台阶；断口形貌上还存在带有细小韧窝的撕裂棱，这些撕裂棱有利于韧性的提高。当热输入增加到 10. 5kJ/cm 时，冲击断口形貌为韧窝聚集的韧性断裂，如图 4-51(b) 所示。此后，随着热输入的增加，冲击断口形貌又转变为准解理和韧窝的混合形貌。值得注意的是，单元解理面的尺寸随热输入的增加逐渐增大，韧窝的数量相应减少。

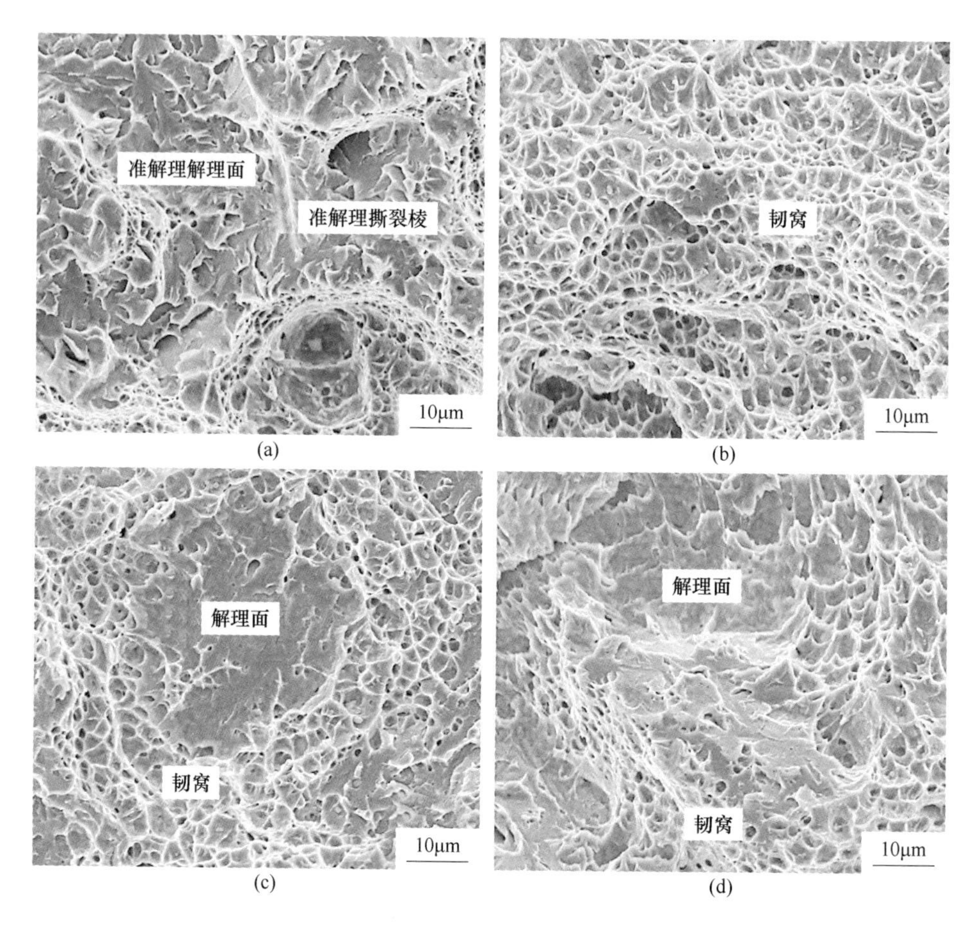

图 4-51　不同热输入下焊缝冲击断口形貌

(a) 7. 5kJ/cm；(b) 10. 5kJ/cm；(c) 14. 5kJ/cm；(d) 18. 5kJ/cm

不同热输入下焊缝组织的取向分布及晶界取向差统计如图 4-52 所示。结果表明，当热输入为 7. 5kJ/cm 时，焊缝组织是互锁式的针状铁素体和板条贝氏体的混合物。当热输入增加到 18. 5kJ/cm 时，针状铁素体明显粗化，并且出现了部分块状铁素体。焊缝区大角度晶界比例随着热输入的增加先升高后降低。当热输入增加到 14. 5kJ/cm 时，大角度晶界比例增加的原因是贝氏体组织消失，针状铁素体的含量增加；继续增加热输入，贝氏体针铁向魏氏组织针铁转变，组织粗化，使大角度晶界的比例进一步下降。

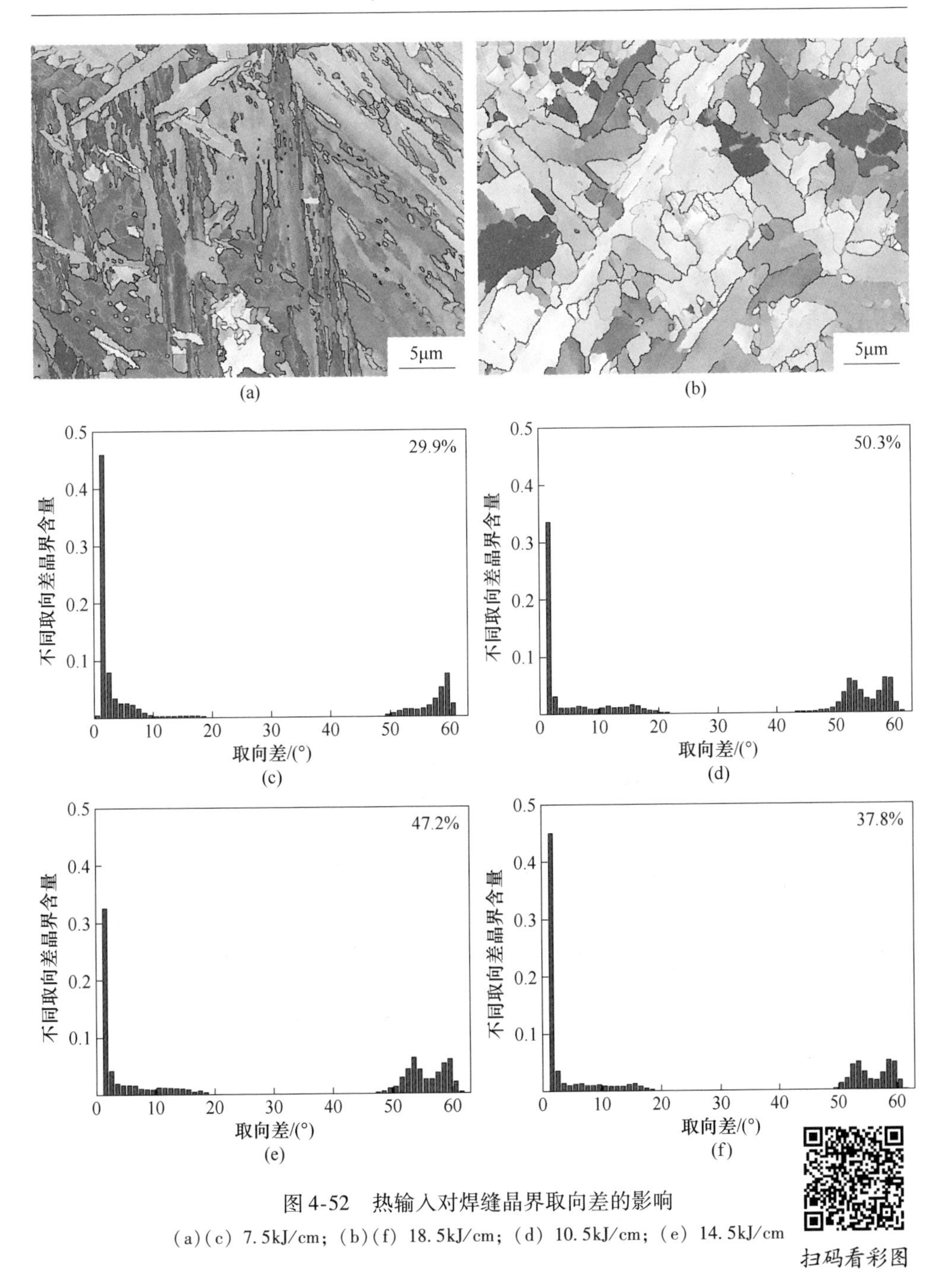

图 4-52　热输入对焊缝晶界取向差的影响

(a)(c) 7.5kJ/cm；(b)(f) 18.5kJ/cm；(d) 10.5kJ/cm；(e) 14.5kJ/cm

焊缝中形成针状铁素体的一个重要因素就是存在大量细小弥散分布的夹杂物。针对夹杂物促进针状铁素体形核存在以下四种可能机制[8]：

(1) 氧化物夹杂惰性界面的异质形核机制；

（2）夹杂物与针状铁素体的共格界面降低晶格错配位能机制；

（3）夹杂物与基体间热膨胀系数差异机制；

（4）夹杂物附近微区贫锰缩小奥氏体相区机制。

综上所述，夹杂物的尺寸、晶体结构和化学成分均有可能影响针状铁素体的形核过程。

如图 4-53(a) 所示，以一个直径大于 0.5μm 的夹杂物为中心形成多个不同方向生长的针状铁素体条，周围铁素体在自催化机制的促进下形核或以其他夹杂物为质点而形核，形成了相互交叉的连锁结构。然而，并不是所有的夹杂物都可以成为针状铁素体的形核质点，如图 4-53(b) 所示，尺寸较小的夹杂物并没有起到形核位置的作用，反而被生长的铁素体所吞噬。如图 4-54 所示，采用电子探针（Electronic Probe Microscope, EPM）分析了焊缝金属中夹杂物的元素分布特征，结果表明，焊缝中的夹杂物主要是氧化物，含有 Mn、Si、Al、Ti 等合金元素。值得注意的是，该夹杂物包括核心和外壳，夹杂物内部是 Al、Mn、Ti 的氧化物，外壳是一层硫化物覆盖在氧化物表面。此类高熔点的氧化物夹杂主要是在焊缝金属的凝固阶段形成，其成分与焊接材料的化学成分密切相关。

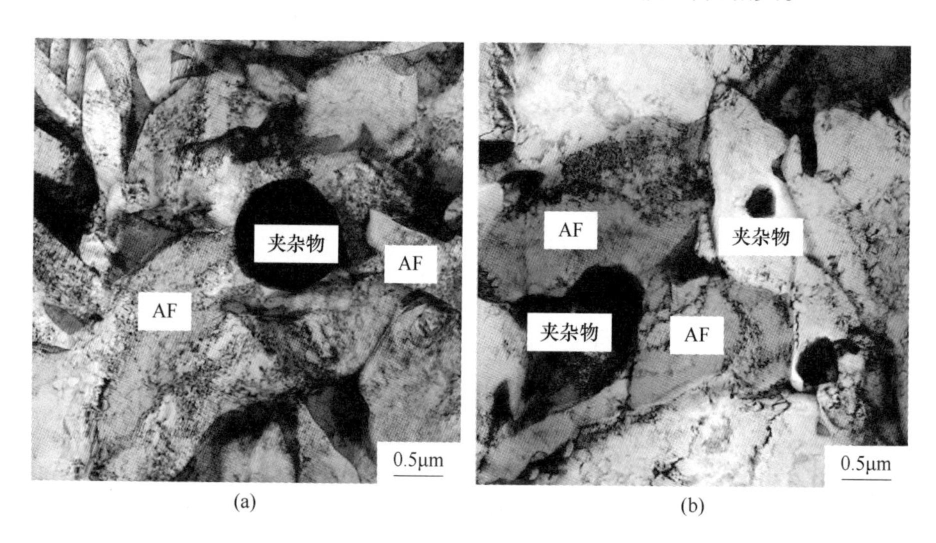

图 4-53　焊缝中夹杂物与针状铁素体间的关系

（a）夹杂物促进针铁形核；（b）夹杂物被针铁吞噬

基于经典的异质形核理论，“惰性基质”模型（Inert Substrate Model）常用来解释夹杂物促进铁素体形核现象，该模型表明铁素体在夹杂物上的形核势垒低于均质形核势垒，但是高于晶界形核势垒。因此，当夹杂物尺寸增大到一定程度时，可以提供最大的形核驱动力，焊缝组织中夹杂物促进针状铁素体形核的最优尺寸在 1.1μm 左右。不同热输入下焊缝中夹杂物的形貌及尺寸统计结果如

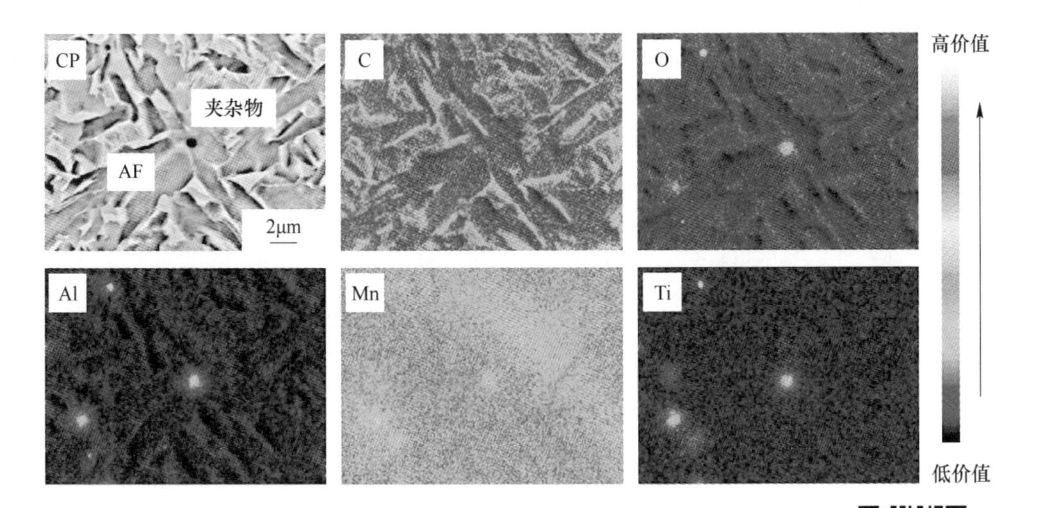

图 4-54 焊缝中夹杂物化学元素分布

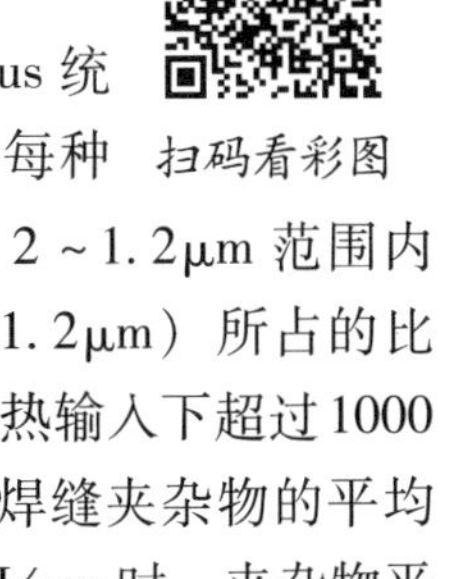
扫码看彩图

图 4-55 所示，焊缝中含有大量球状夹杂物。采用 Image-Pro Plus 统计了不同热输入下夹杂物的尺寸分布情况［见图 4-55(d)］，每种工艺下统计 20 张照片。结果表明，焊缝中夹杂物的尺寸在 0.2 ~ 1.2μm 范围内变化，随着焊接热输入的增大，大尺寸夹杂物的数量（0.6 ~ 1.2μm）所占的比例明显增加，表明部分夹杂物在高热输入下长大。对不同焊接热输入下超过 1000 个夹杂物的尺寸进行统计分析，焊接热输入为 7.5kJ/cm 时，焊缝夹杂物的平均直径为 0.36μm，最大直径为 1.07μm。当热输入增加到 18.5kJ/cm 时，夹杂物平均直径增加到 0.49μm，最大直径可达 1.81μm。这种尺寸分布的差异主要是由于在凝固过程中夹杂物长大行为的不同所造成。在脱氧钢中夹杂物的长大有如下三种机制[9]：

（1）夹杂物的碰撞长大机制；

（2）脱氧反应过程中夹杂物的扩散长大机制；

（3）Ostwald 熟化机制。

夹杂物之间的相互碰撞能够使夹杂物尺寸快速增大。钢液中上升夹杂物之间的碰撞概率比较低，因此这种碰撞机制需要通过外力对熔池的强搅拌作用为夹杂物之间提供相互碰撞的机会，对于焊接熔池在没有足够的熔体搅拌情况下可排除夹杂物的碰撞长大行为。此外，对于扩散控制的脱氧反应（包括反应物扩散到氧化物夹杂核心的过程），当熔体内氧化物夹杂的形核质点很多时，氧化物夹杂的扩散长大行为瞬间完成[10]。这表明随焊接热输入的增大，焊缝金属中氧化物夹杂主要是通过 Ostwald 熟化机制长大。由于焊接过程中熔池的温度略高于熔点且基本保持不变，因此焊缝中夹杂物的长大可以认为是一个等温过程，其长大规律

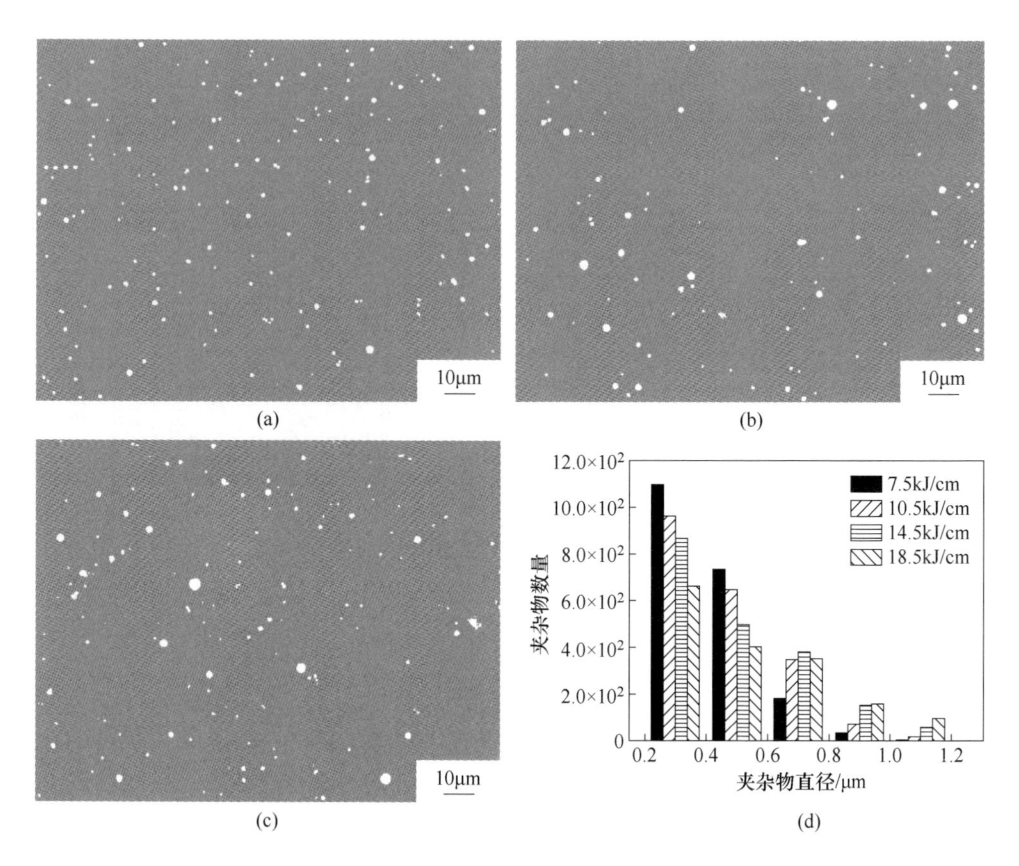

(a)　(b)　(c)　(d)

图 4-55　热输入对焊缝中夹杂物尺寸分布的影响

(a) 7.5kJ/cm；(b) 14.5kJ/cm；(c) 18.5kJ/cm；(d) 尺寸分布

符合 Wagner 方程：

$$\bar{d}_{\mathrm{v}}^{3}=\bar{d}_{0}^{3}+\frac{64\sigma D_{0}C_{0}V_{\mathrm{n}}^{2}}{9RT}t\approx kt \tag{4-9}$$

式中　$\bar{d}_0$——夹杂物的初始平均直径，μm；

σ——夹杂物的界面能，J/m^2；

D_0——氧的扩散系数，m^2/s；

C_0——氧的体积分数，$10^{-4}\%$；

V_n——夹杂物的摩尔体积，L/mol；

t——夹杂物在液相中的停留时间，s；

R——气体常数，J/(mol · K)；

T——绝对温度，K；

k——比例系数。

焊缝金属在液相中的停留时间主要与焊接热输入有关，近似满足如下关系：

$$t \approx 2.13\eta E \tag{4-10}$$

式中 η——电弧热效率，对于气体保护焊 η 通常取 0.85；

E——焊接热输入，kJ/cm。

通过不同热输入下焊缝夹杂物的平均直径与液相停留时间的关系可以回归出比例系数 k（见图 4-56），进而得到夹杂物平均直径和时间的关系式（4-11）。将式（4-10）代入式（4-11）中，可得到夹杂物平均直径和焊接热输入的关系式（4-12）。

$$\bar{d}_v \approx 0.24t^{1/3} \tag{4-11}$$

$$\bar{d}_v \approx 0.24 \times (2.13\eta E)^{1/3} \tag{4-12}$$

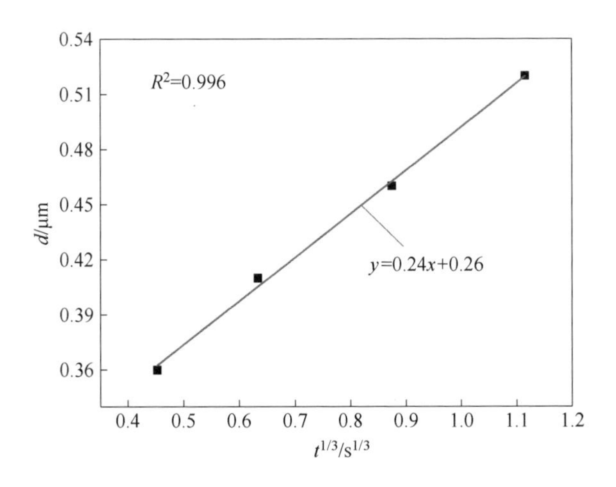

图 4-56 焊缝中夹杂物平均直径与液相保持时间的关系

氧化物复合夹杂可以促进晶内铁素体形核，细化铁素体晶粒，改善冲击韧性，但是另一方面，较大尺寸的夹杂物也会因为其与基体变形能力的不协调，产生应力集中，成为微裂纹的形核源，从而使韧性降低。当焊缝中夹杂物的尺寸大于 1μm 时，则有可能成为解理裂纹的形核源。因此，从促进针状铁素体形核，改善焊缝冲击韧性的角度来说，夹杂物的平均直径应控制在 0.5 ~ 1μm。

由不同焊接热输入下焊接接头的显微组织和力学性能检测可知，焊接接头硬度分布具有基本一致的变化规律，在粗晶区存在淬硬现象，在混晶区发生了软化；抗拉强度随焊接热输入的增大逐渐下降；在相同热输入下，焊缝的冲击韧性优于粗晶热影响区，主要原因是焊缝的组织为针状铁素体。随着热输入的增大，焊缝和热影响区的冲击韧性略有下降；当热输入增大至 18.5kJ/cm，焊接接头的软化区域变宽，硬度下降幅度增大。对于 1300MPa 级超高强度工程机械用钢，当焊接热输入在 10.5 ~ 14.5kJ/cm 时能够使焊接接头具有良好的综合力学性能。

4.4.2　后热处理对接头性能的影响

不同后热温度下焊缝的显微组织如图 4-57 所示。结果表明，焊缝经 300℃后热处理后，显微组织仍然为尺寸细小的针状铁素体和部分板条贝氏体的混合组织［见图 4-57(a)］，此时铁素体晶粒长宽比较大，具有明显的方向性。当后热温度增加到 400℃时，针铁形貌开始出现较大的变化，宽度方向尺寸明显增加。当后热温度增加到 500℃时，贝氏体板条合并，针状铁素体粗化，长宽比减小，部分针铁发生回复再结晶形成多边形铁素体，互锁结构几乎消失。继续增加后热温度，针铁尺寸不断增大，数量减少，多边形铁素体的数量逐渐增多。

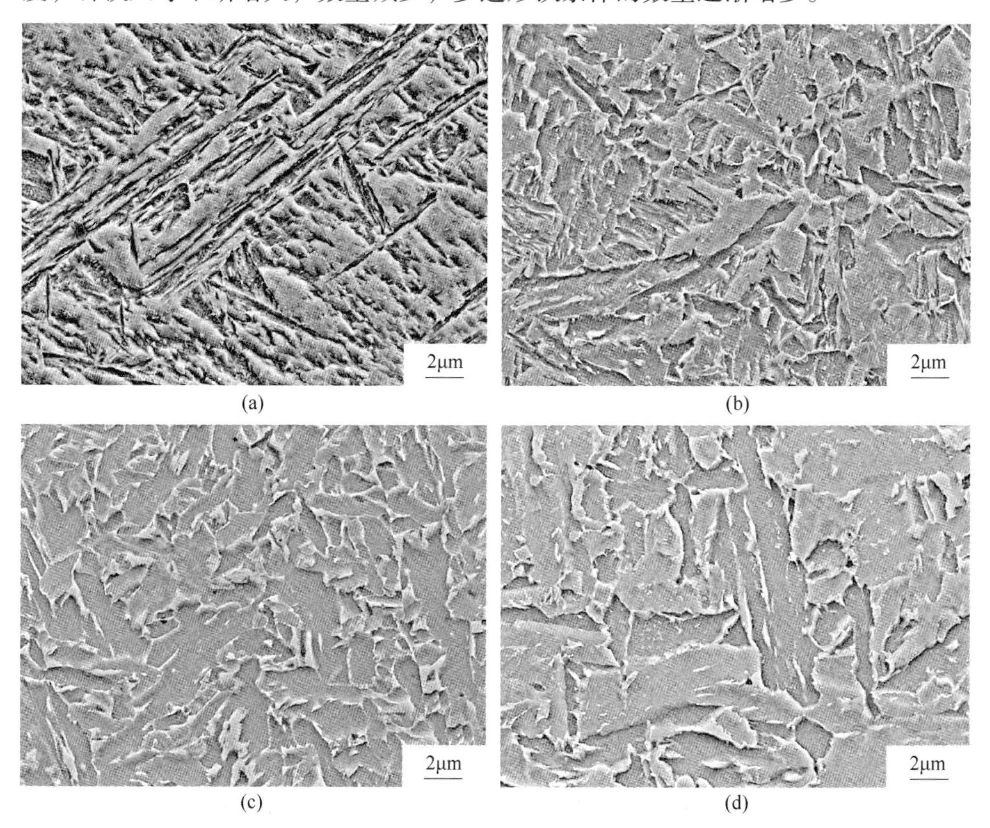

图 4-57　不同后热温度下焊缝的 SEM 照片
(a) 300℃；(b) 400℃；(c) 500℃；(d) 600℃

不同后热温度下粗晶区的显微组织变化情况如图 4-58 所示。从组织形貌上看，不同后热温度下粗晶区的显微组织相似，都是马氏体板条上分布着大量的碳化物，但是随着后热温度的增加，马氏体板条有逐渐合并粗化的趋势。此外，后热温度为 300℃时，马氏体板条内的碳化物为针状，随着后热温度的提高，针状碳化物逐渐向球形碳化物转变。

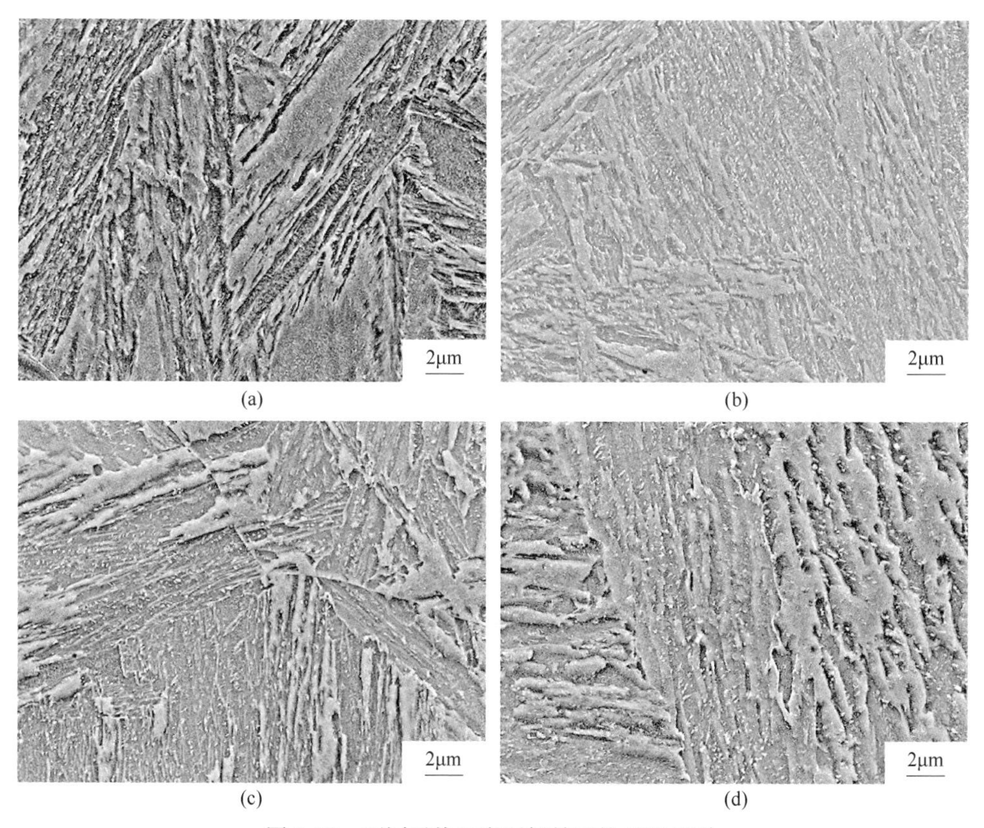

图4-58 不同后热温度下粗晶区的SEM照片
(a) 300℃; (b) 400℃; (c) 500℃; (d) 600℃

不同后热温度下临界区的显微组织形貌如图4-59所示。临界区的初始组织为铁素体和马氏体的双相组织［见图4-59(a)］，块状高碳马氏体或M-A组元与周围铁素体间存在较大的硬度差，在受到外力作用时，由于铁素体和马氏体间的不均匀变形能力，在两相界面处容易导致应力集中产生裂纹。随着后热温度的提高，块状马氏体逐渐分解［见图4-59(c)］，铁素体晶粒尺寸逐渐增大。

不同后热温度下焊接接头的力学性能如图4-60所示。结果表明，经300℃后热处理后，焊接接头的屈服强度和抗拉强度有所增加，随着后热温度的增加，强度逐渐降低。当后热温度增加到500℃以上时，接头强度基本保持不变，如图4-60(a)所示。热影响区的冲击吸收功随后热温度增加逐渐升高，焊缝的冲击吸收功在300℃后热处理时基本保持不变，随后呈现连续下降的趋势。对于粗晶区和细晶区，其初始组织均为淬火马氏体，经后热处理后，析出碳化物，位错发生回复，降低间隙固溶对韧性的损害，从而提高冲击吸收功；另外，随后热温度的增加，马氏体板条逐渐发生回复再结晶，碳化物球化，进一步降低对韧性的损害。至于临界区，后热处理使块状马氏体分解，降低了铁素体和马氏体两相之

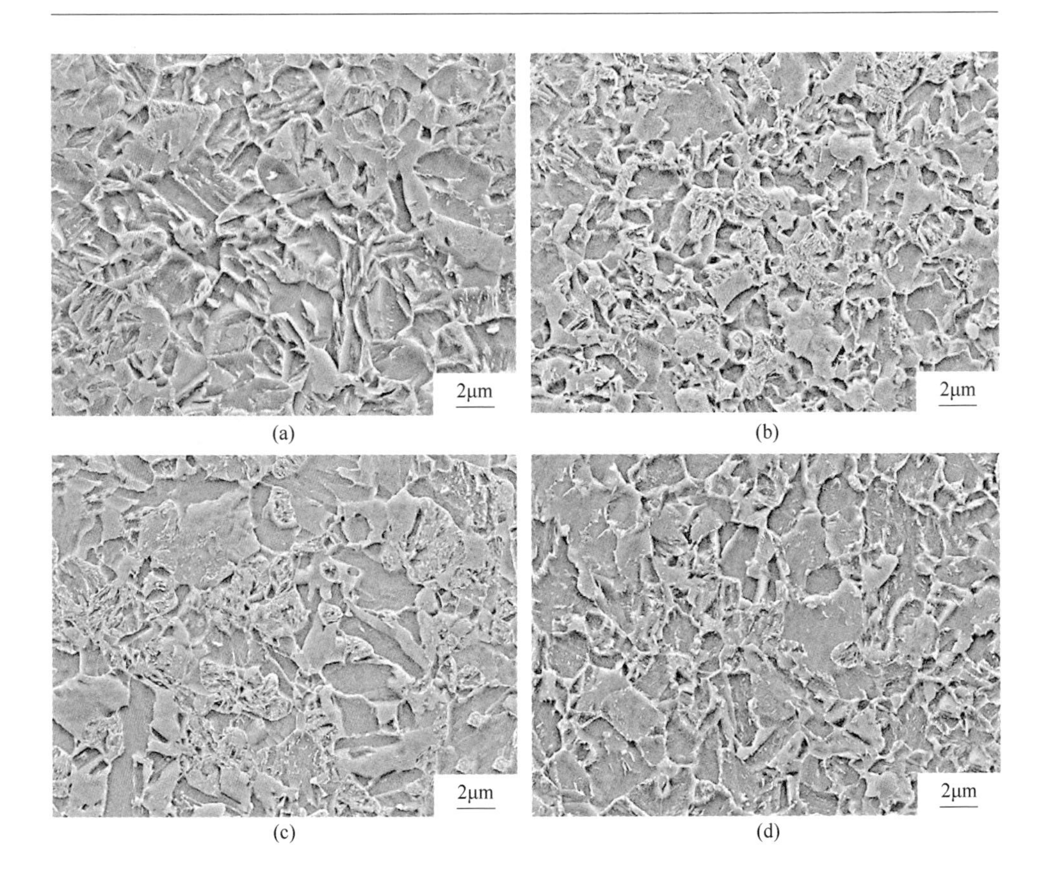

图 4-59　不同后热温度下临界区的 SEM 照片

（a）300℃；（b）400℃；（c）500℃；（d）600℃

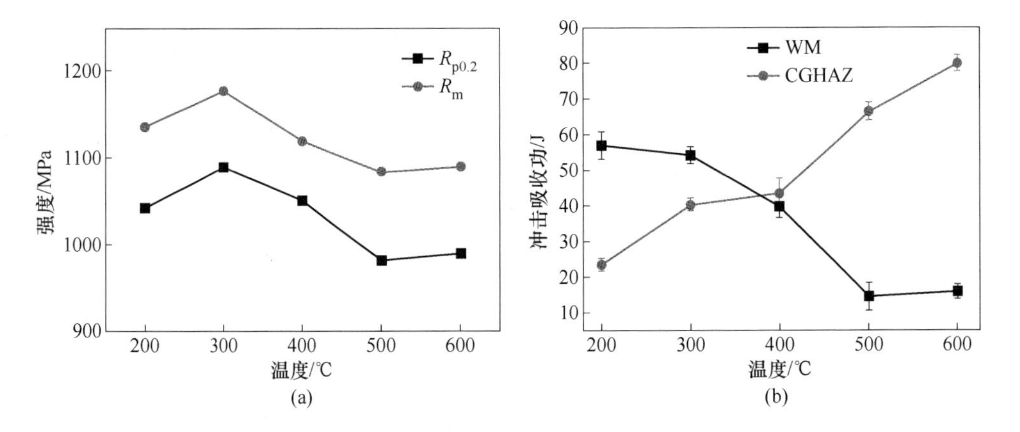

图 4-60　后热温度对焊接接头力学性能的影响

（a）强度；（b）冲击韧性

间的变形能力不均匀性，能够延缓裂纹的形核。因此，后热有利于提高整个热影响区的冲击吸收功。经 300℃后热处理后，焊缝冲击吸收功基本保持不变的主要原因是：一方面，此时焊缝的显微组织仍然是针状铁素体，虽然此时针铁的尺寸增大，但仍保持了相互缠结的针状结构；另一方面，低温后热对焊缝中的板条贝氏体起到了回火作用。当后热温度高于 400℃时，焊缝冲击吸收功显著下降的主要原因是针铁逐渐转变为粗大的块状铁素体。此外，针铁中的碳原子不断地向针铁间的残余奥氏体中扩散，这种高碳的奥氏体在随后的冷却过程中转变为硬度较高的块状或条状 M-A 组元，一方面成为裂纹形核源，另一方面铁素体间的条状 M-A 组元削弱了界面的结合力，成为裂纹扩展的通道。

不同后热温度下焊接接头的硬度分布情况如图 4-61 所示，后热温度对焊接接头不同亚区的硬度影响规律如图 4-62 所示。结果表明，在不同后热温度下焊接接头的硬度变化趋势是相似的，但是各亚区的硬度值有较大的变化。在 300℃后热时，焊接接头各区域的硬度值相比于未后热时并没有发生明显变化，硬化区

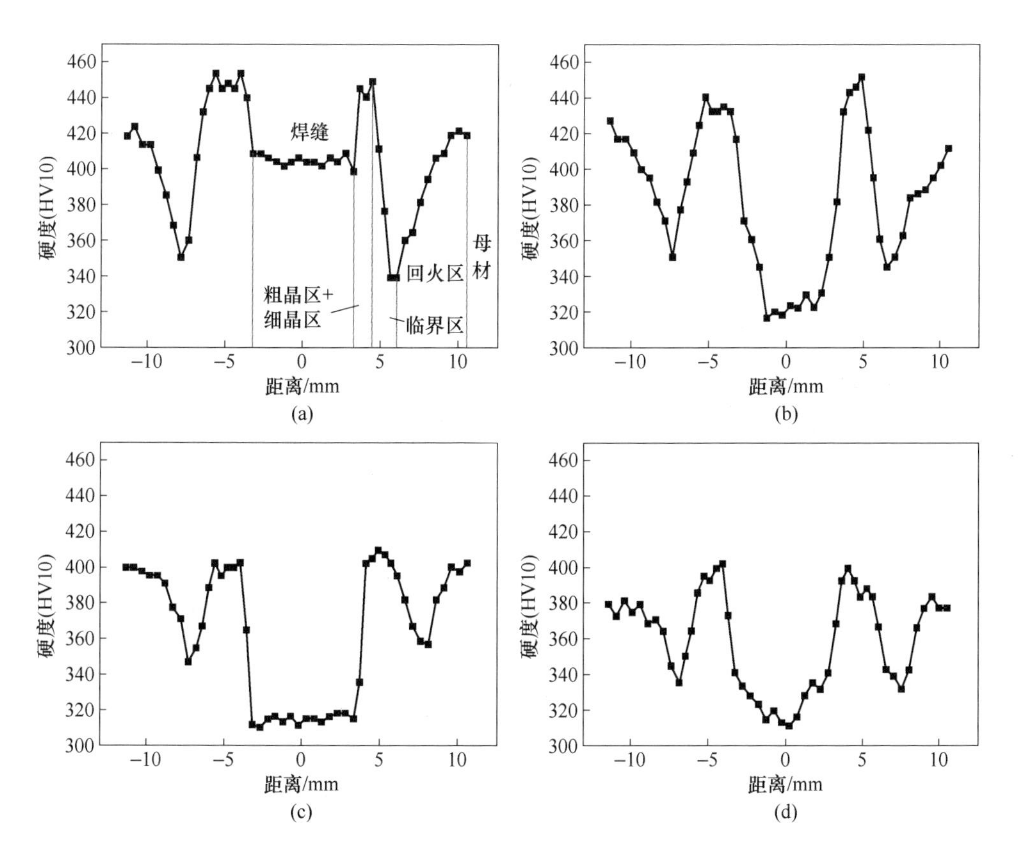

图 4-61 不同后热温度下焊接接头的硬度分布
（a）300℃；（b）400℃；（c）500℃；（d）600℃

（粗晶区）的硬度在450HV10左右，由于块状马氏体的分解，软化区（临界区）硬度略有下降。焊缝的硬度略有提高，这主要是因为后热导致碳化物的析出，产生沉淀强化。当后热温度增加到400℃，由于针铁的粗化及板条贝氏体合并，同时析出了大量的碳化物，因此焊缝硬度明显下降。继续增加后热温度，焊缝的硬度基本保持不变。对于硬化区，后热温度增加到500℃时，硬度值开始出现明显的下降，值得注意的是，随着后热温度的增加，粗晶区和母材的硬度值趋于一致，硬化区逐渐消失。

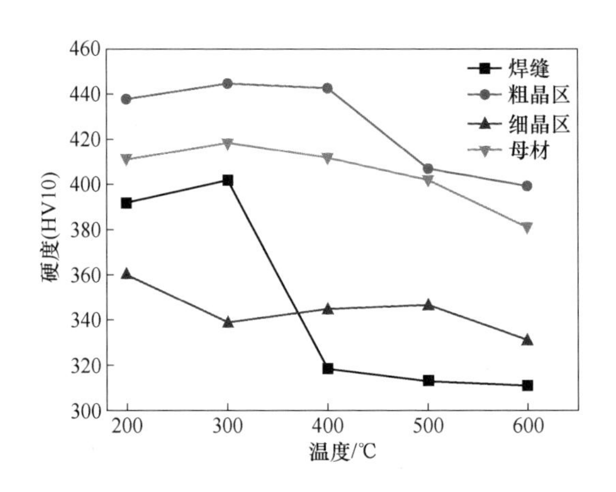

图4-62　后热温度对焊接接头不同亚区硬度的影响

力学性能的检测结果表明，当焊接接头进行300℃后热处理时，接头整体强度略有提高，焊缝和热影响区的韧性基本保持不变；当后热温度增加到400℃时，焊缝的软化导致接头强度下降，但此时焊缝和热影响区的韧性都有所提高；当后热温度增加到500℃时，接头的强度和焊缝的韧性下降，热影响区的冲击吸收功继续增加。因此，采取适当温度的后热处理可以提高1300MPa级超高强度钢焊接接头的强韧性。

参考文献

[1] Gouda M, Takahashi M, Ikeuchi K. Microstructures of gas metal arc weld metal of 950MPa class steel [J]. Science and Technology of Welding and Joining, 2005, 10 (3): 369-377.

[2] Wan X L, Wang H H, Cheng L, et al. The formation mechanisms of interlocked microstructures in low-carbon high-strength steel weld metals [J]. Materials Characterization, 2012, 67: 41-51.

[3] Jiang Q L, Li Y J, Wang J, et al. Effects of inclusions on formation of acicular ferrite and propagation of crack in high strength low alloy steel weld metal [J]. Materials Science and Technolo-

gy, 2011, 27 (10): 1565-1569.

[4] Thewlis G, Whiteman J A, Senogles D J. Dynamics of austenite to ferrite phase transformation in ferrous weld metals [J]. Materials Science and Technology, 1997, 13 (3): 257-274.

[5] 彭杏娜, 魏金山, 于德润, 等. 液压支架用1000MPa级高强钢焊接性试验研究 [J]. 煤矿机械, 2012, 33 (4): 66-68.

[6] 李郁文, 叶赐麒, 陈铠, 等. 35CrMnSiMoVA 超高强度钢焊接冷裂纹敏感性的研究 [J]. 北京工业大学学报, 1985 (1): 64-71.

[7] Bhadeshia H K D H. A rationalisation of shear transformations in steels [J]. Acta Metallurgica, 1981, 29 (6): 1117-1130.

[8] Sarma D S, Karasev A V, Jonsson P G. On the role of non-metallic inclusions in the nucleation of acicular ferrite [J]. ISIJ International, 2009, 49: 1063-1074.

[9] Kluken A O, Grong O. Mechanisms of inclusion formation in Al-Ti-Si-Mn deoxidized steel weld metals [J]. Metallurgical and Materials Transactions A, 1989, 20 (8): 1335-1349.

[10] Hong T, Debroy T, Babu S S, et al. Modeling of inclusion growth and dissolution in the weld pool [J]. Metallurgical and Materials Transactions B, 2000, 31 (1): 161-169.

5 超高强度结构钢的焊接性

5.1 焊接性概述

5.1.1 钢的焊接性

在高强度钢的实际使用过程中，焊接成型是必不可少的成型工序之一，因此高强度钢的焊接性能一直作为考量其使用性能的重要指标之一。钢材的焊接性能指在一定的焊接条件下，能够获得完整的焊接接头且满足其使用条件的能力，焊接性可以分为两个方面：第一是焊接成型过程中获得完整的焊接接头的能力，即工艺焊接性；第二是焊接接头实际使用条件下的使用性能，即使用焊接性。因此，焊接工艺简单且焊接接头性能好的，称为焊接性能好；焊接工艺复杂或焊接接头性能较差的情况则称为焊接性能差。

对于熔焊工艺，焊接包括冶金过程及热过程，其中冶金过程主要影响焊缝金属的组织及性能；热过程主要影响热影响区组织及性能，因此可分为冶金焊接性及热焊接性。冶金焊接性指熔焊高温下的熔池金属与气相、熔渣等相之间发生化学冶金反应所引起的焊接性变化，包括焊缝合金元素的氧化、还原、蒸发，进而影响焊缝化学成分；氧、氮、氢等气体的溶解析出对气孔的形成以及焊缝性能的影响；焊缝结晶及冷却过程中，受焊接熔池合金成分、凝固结晶条件、焊接接头热胀冷缩及拘束应力的影响，焊接接头产生热裂纹及冷裂纹。热焊接性指的是焊接过程中向接头区域输入大量的热量，导致焊缝周围组织升温后冷却，对靠近焊缝的热影响区处的组织及性能有很大的影响，造成热影响区处组织强度、韧性、硬度等性能发生变化。焊接的热焊接性除材料因素外，受焊接工艺影响较大，例如焊接线能量、焊前预热、焊后缓冷、水冷等操作均会对热焊接性产生影响。

钢材的焊接性受各种因素的影响，其总体可归结为材料因素、工艺因素、结构因素和使用因素四个方面。材料因素，如母材的成分设计、钢液的纯净度、母材的组织均匀性等，焊接材料的选择，包括焊条、焊丝、焊剂的选择；工艺因素，焊接的工艺包括焊接工艺方法的选择（如手工电弧焊、埋弧焊、气体保护焊等），焊接工艺的确定，如施焊顺序、线能量大小、预热温度、层间温度及焊后冷却条件的确定；焊接接头的结构因素，如结构设计、结构刚度和应力集中情况；实际使用因素，焊接接头在实际使用过程中，使用性能受各种因素的影响，力学性能的影响、大气及海水等各个因素对焊接接头的腐蚀性能影响、低温高温等温度因素对焊接接头使用性能的影响等，不同的使用条件对焊接接头的影响也有着很大的差别。因此在实际焊接过程中，钢材焊接性能的分析需综合考虑各种因素的影响，才能准确分析出材料的焊接性能。

基于工程机械用超高强度结构用钢本身而言，影响其焊接性的主要因素为钢材成分设计及钢液洁净度。高强度钢为获得足够的强度及韧性，在合金成分设计时加入一定量的合金元素，如 C、Mn、Cr 等的添加，能够显著提高钢材淬透性，但同时增加了材料焊接冷裂纹的风险；钢液中部分杂质元素与其他元素形成低熔点金属化合物，如钢中存在的 S 能够与 Ni 结合形成 Ni_3S_2（熔点为 644℃）、共晶体 Ni-Ni_3S_2（熔点为 625℃），存在于界面位置处的 Ni_3S_2 及 Ni-Ni_3S_2 将显著提高钢材焊接过程中热裂纹风险。合金元素对高强度钢焊接性能的影响将根据元素作用的不同，在后续冷裂纹、热裂纹形成机理中分别进行叙述。

5.1.2 如何分析钢的焊接性

由于影响钢材焊接性能的因素颇多，因此钢材的焊接性分析也相对复杂，在焊接性分析时需考虑其实际使用情况，有针对性地进行焊接性试验。在钢材焊接性分析时也应从焊接接头完整性及使用性两方面入手，针对以下几个内容进行焊接性分析：

（1）焊接接头抵抗冷裂纹的能力，包括氢致延迟裂纹、淬硬脆化裂纹及低塑性脆化裂纹；

（2）焊接接头抵抗热裂纹的能力，如结晶裂纹、高温液化裂纹、多边化裂纹等；

（3）热影响区组织抵抗再热裂纹的能力，焊接接头在一定温度范围内再次加热产生的裂纹为再热裂纹；

（4）焊接接头组织抗脆性转变能力，对于低合金超高强度钢而言，焊接过程中热影响区靠近熔池部位金属在焊接热循环的作用下发生奥氏体相变并长大，在冷却过程中相变形成粗大的组织会在一定程度上降低材料的低温性能；

（5）对于厚板焊接，需考虑焊接接头抵抗层状撕裂性能；

（6）结合焊接接头实际应用条件，有针对性地进行抗海水、大气腐蚀试验，高温蠕变强度试验等焊接性分析试验。

5.2 工程机械用超高强度钢焊接接头裂纹及其防治方法

5.2.1 冷裂纹的形成机理

焊接冷裂纹指焊接接头冷却到较低温度时所产生的焊接裂纹，对于高强度钢而言，一般指低于 *Ms* 温度点。焊接接头中的冷裂纹既存在于热影响区中，也能够在焊缝中出现，且其裂纹扩展既有沿晶断裂，又有穿晶断裂。实际焊接中，焊接接头的冷裂纹通常为两种类型的混合，因此不能简单根据断口形貌对冷裂纹进行分类。作为常见的焊接裂纹，其典型的类型有延迟裂纹、淬硬脆化裂纹和低塑性脆化裂纹三种，其中低塑性脆化裂纹一般常见于铸铁补焊、硬质合金堆焊和高铬合金焊接的焊接接头中；对于高强度钢及超高强度钢，其冷裂纹多以前两种为主，且延迟裂纹所占比例偏高。淬硬脆化裂纹指淬硬组织在应力作用下马上产生的，没有任何延迟特征的裂纹，而延迟裂纹与其最大的区别在于，延迟裂纹是淬硬组织在扩散氢及拘束应力的共同作用下产生的，具有延迟效应的裂纹。

根据冷裂纹出现在焊接接头中的位置及形态，冷裂纹可分为以下几种类型。首先是缺口裂纹（notch cracks），最常见的焊接冷裂纹，由于焊接接头的焊缝根部以及焊趾位置的缺口造成应力集中，当该处组织为马氏体等韧性较差的组织时，就会诱发裂纹的产生，其中出现在焊缝根部的裂纹称为根部裂纹（root cracks），出现在焊趾位置的裂纹为焊趾裂纹（toe cracks）。其次为焊道下裂纹（underbead cracks），该裂纹一般尺寸较小，形成于距离熔合线 0.1～0.2mm 的热影响区内，裂纹近似平行于熔合线且一般不会暴露在焊缝表面。由于该区域一般为较为粗大的马氏体组织，韧性较差，容易形成裂纹，上述三种冷裂纹分布示意图如图 5-1 所示。

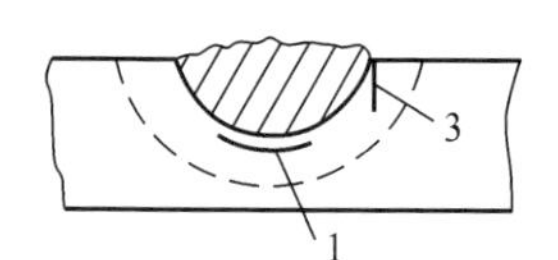

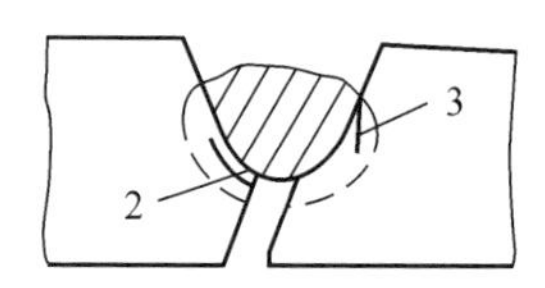

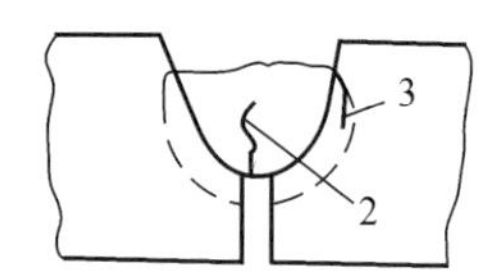

图 5-1　几种冷裂纹分布
1—焊道下裂纹；2—根部裂纹；3—焊趾裂纹

此外，在一些淬硬性较大的合金钢焊接接头中有可能出现横裂纹（transvers cracks），该类裂纹一般起源于焊缝，并向热影响区和焊缝扩展，且裂纹扩展方向一般垂直于熔合线。在某些奥氏体焊条焊接的合金结构钢中，其焊接接头的焊缝未融合区和凝固过渡层中会出现凝固过渡层裂纹（transition cracks），由于母材对焊缝熔池合金成分的稀释作用导致凝固过渡层出现粗大马氏体组织所引发的冷裂纹。

焊接冷裂纹作为焊接裂纹的一种，其本质是在焊接应力以及其他致脆因素作用下，材料的原子结合遭到破坏，产生新的界面，进而形成的缝隙。因此，根据目前现有的相关研究，焊接冷裂纹的形成主要受淬硬组织、氢扩散、焊接应力三个因素影响。

5.2.1.1 淬硬组织对冷裂纹形成的影响

针对工程机械用超高强度钢而言，焊接接头中的淬硬组织为靠近焊缝金属的熔合区及热影响区中的粗大的马氏体组织。高强度钢为获得较高的强度，需加入一定量的C、Mn、Cr等提高淬透性的合金元素，以确保淬火形成强韧性匹配良好的马氏体组织，这也导致高强度钢焊接接头在焊接热循环的作用下容易形成粗大的马氏体，严重降低焊接接头的韧性，增大了冷裂纹的敏感性。研究表明，随着焊接接头中马氏体含量的增加，斜Y坡口焊接裂纹试验中表层裂纹率、根部裂纹率以及断面裂纹率均会提高。一般而言，焊接接头中马氏体体积分数越高，越容易促进冷裂纹形成，马氏体体积分数的提高，会导致焊接接头的最高硬度值提高，因此采用最高硬度试验能够有效反映超高强度钢的冷裂纹倾向。值得一提的是，对于强度级别不同的高强度钢，产生冷裂纹的临界硬度值不宜采用固定值衡量，需根据钢材实际情况确定，焊缝金属的临界硬度相比于热影响区低25%左右。

马氏体对焊接冷裂纹的影响与其形态也有着重要的关系，而焊接接头中马氏体的形态主要受到合金元素（以C元素为主）以及焊接热循环参数的影响。随着钢中C元素含量的提高，马氏体相变的终了温度 Mf 点温度降低，钢的 Mf 点温度越低，相应的焊接冷裂纹的敏感性越高。对于高碳钢［$w(C)>0.6\%$］，淬火时形成韧性极差的孪晶马氏体，且孪晶马氏体相变速度极快，相变时马氏体相互碰撞或与原始奥氏体晶界碰撞后形成显微裂纹，进一步提高组织的脆性。孪晶马氏体的形成受淬火冷却速度的影响，增大淬火冷却速度，形成孪晶马氏体的最小含碳量降低，提高了焊接接头组织的冷裂纹敏感性。对于超高强度钢而言，一般情况下都需要对焊接接头进行保温缓冷处理，防止冷裂纹的形成。缓冷方式可以根据焊接结构的具体情况来定，采用石棉被或石棉絮覆盖等手段。焊接接头中马氏体形态不仅受到冷却速度的影响，整个焊接热循环的过程对其最终形态均有影响，其中过热条件下产生的粗大针状马氏体极大地增大冷裂纹敏感性。

有必要指出，单纯降低淬火冷却速度，增加焊接线能量并不能解决焊接接头组织脆化的问题，线能量过高会导致奥氏体晶粒粗大，部分奥氏体相变成上贝氏体，形成马氏体与上贝氏体的混合组织或完全的上贝氏体组织。研究表明，上贝氏体组织的脆性与其板条间形成的M-A岛组织有关，M-A岛仅在贝氏体相变的条件下形成，析出于贝氏体化铁素体板条间，其形成机理与贝氏体相变过程中C元素扩散有关。在贝氏体化铁素体形成过程中存在C元素不断向奥氏体扩散的行为，导致奥氏体中C含量不断提高，在连续冷却至400～350℃时，贝氏体周围的奥氏体中C含量（质量分数）能够达到0.5%～0.8%。C元素的富集提高了奥氏体的稳定性，部分高碳奥氏体不发生贝氏体相变，在更低的温度下部分相变为马氏体，另一部分形成室温下稳定的残余奥氏体，马氏体与残余奥氏体的混合组织为 M-A 岛。

5.2.1.2　扩散氢含量对冷裂纹形成的影响

一般情况下，钢中的氢含量很低，由氢元素扩散导致的延迟开裂常见于焊接接头组织中，因此对焊接结构中氢元素的来源有必要做简要说明。焊接接头中氢元素来自焊接过程中水的分解，包括存在于外界气氛、保护气体及焊材、焊剂甚至于母材本身的水分。由于金属外层电子与氢原子外层电子间的相互作用，分解产生的氢原子首先吸附在金属表面，其中能量较高的氢原子溶解于金属内部。金属内部的氢有两种存在形式：一是固溶态的氢；二是扩散氢，扩散氢是导致延迟裂纹产生的主要原因之一。由于延迟裂纹的产生过程中涉及氢的扩散、聚集，因此裂纹具有延迟性。

氢在焊接接头中的扩散行为较为复杂，焊接接头中存在较大的温度梯度、不均匀的应力场、组织不均匀等因素均会对氢扩散产生影响。为探索氢扩散聚集对焊接接头延迟裂纹的影响，相关研究人员进行了载荷作用下焊接接头电解充氢试验，将焊接接头处组织抛光后表面涂以甘油，观察氢气泡的形成位置，相关试验的主要试验现象及结论如下：

（1）在无载荷情况下，氢气泡产生的位置相对均匀；施加载荷后，氢气泡较为集中地产生于焊缝根部位置，且在间歇性载荷实验中，卸载后氢气泡随之消失，重新加载一段时间后氢气泡再次出现，这是由于焊缝根部应力集中，结果证明拘束应力对氢扩散有较大影响。

（2）氢气泡产生于微裂纹的尖端后方一段距离的微裂纹中，裂纹尖端三向应力区中的氢原子被释放出来，并在微裂纹中适当位置处形核产生氢气泡。

（3）当载荷增加或扩散氢含量提高时，裂纹形核及扩展的时间均随之缩短，且不产生裂纹的临界应力值也有所降低。

上述相关研究表明，在应力场作用下，应力集中位置处聚集的大量的扩散氢是延迟裂纹产生的重要原因。氢原子的半径很小，因此其在钢中的扩散速度也较快，氢原子不断逸出，裂纹产生时焊接接头中的扩散氢含量低于原始扩散氢含量。由于应力集中的影响，焊接接头中扩散氢分布并不均匀，因此裂纹形核位置的实际扩散氢含量相对较高，且目前没有相应手段能够准确测量其实际值。

5.2.1.3　拘束度对冷裂纹形成的影响

焊接裂纹的产生，应力是必要的条件，在焊接接头中，拘束应力由热应力、组织应力及结构应力三部分组成，在高强度钢的焊接过程中，拘束应力不可避免。

（1）热应力来自焊接接头不均匀加热及冷却，不同位置处组织的热胀冷缩不一致导致的内应力。在焊缝金属冷却凝固的过程中发生体积收缩，导致焊接接头处组织处于拉应力状态。一般情况下，焊接接头组织相对于整体焊接结构而言，仅占很小的一部分比例，在狭小的区域内存在着极大的温度梯度，因此热应力在拘束应力组成中是不可忽视的一部分。热应力大小与母材及焊缝金属的热物理性质有关，也与焊接结构的刚度以及焊接工艺有关。

（2）组织应力是冷却过程中由于内外温度差造成组织转变不同，引起内外比体积的不同变化而产生的内应力。在高强度钢的焊接冷却过程中，奥氏体分解引起膨胀，导致组织处于压应力状态，一定程度上减轻冷却收缩产生的拉应力。

（3）结构应力所受影响因素较多，如焊接工艺、焊接顺序、结构的刚度和自重、负载情况等均会对结构应力产生影响，因此焊接接头的结构应力情况较为复杂。

焊接结构的拘束应力是产生冷裂纹的主要原因之一，但目前很难准确地测量拘束应力大小，裂纹形成时其尖端位置应力水平也很难掌握，因此在拘束应力对裂纹产生的定量研究工作中，提出了拘束度的概念。拘束度是衡量焊接接头刚度的量，通过表征不同外拘束条件的宏观拘束力作为评价影响冷裂纹的力学条件，根据根部裂纹的形成条件，提出了拉伸拘束度和弯曲拘束度两个概念。

拉伸拘束度 R_F 是针对不发生角变形条件下的对接接头的拘束度，其定义为，相当于为使焊接接头根部间隙弹性位移单位长度时，单位长度焊缝所应受的力的大小。对于两端固定的对接接头拘束度见式（5-1）。

$$R_F = \frac{Eh}{l} \tag{5-1}$$

式中　E——母材金属的弹性模量，MPa；

h——板厚，mm；

l——拘束长度，mm。

在对接接头拉伸拘束度作用下，焊缝金属承受的拘束应力 σ_w 见式（5-2）~式（5-4）。

$$\sigma_w = mR_F \tag{5-2}$$

$$m = \alpha\sqrt{\frac{\theta_w H \tan\beta}{c}} \tag{5-3}$$

$$H = \frac{0.24U\eta}{\alpha_\rho} \tag{5-4}$$

式中　α——线胀系数；

θ_w——收缩开始时的温度，℃；

H——焊条比熔覆热，J/g；

c——比热容，J/(g·℃)；

U——电弧电压，V；

η——加热焊件的热能有效利用系数；

α_p——焊条融化系数，g/(A · s)；

β——坡口角度的一半。

由上述公式可知，拘束应力受多种因素影响，但相同工艺下拘束应力与拘束度成正比，由式（5-1）可知，当拘束应力达到材料的屈服强度时，式（5-2）不再适用。随着拘束长度的增大，焊接接头的拘束度降低，拘束应力也随之降低，焊接接头冷裂纹的断面裂纹率也随之降低。

对于多道焊或双面焊，在不受拘束的情况下，常因焊缝收缩而发生角变形，焊缝根部处于拉应力状态，当应力状态超过某处组织的抗拉强度时，将导致焊接接头产生根部裂纹，针对角变形导致根部裂纹的情况，提出了弯曲拘束度的概念。弯曲拘束度 R_s 定义是，相当于为使焊接接头产生单位角变形时，单位长度的焊缝所受的弯矩大小。对于两端固定的对接接头，且焊缝收缩中心在板厚的1/2 处时，由钢板角变形引起的弯曲拘束度见式（5-5）。

$$R_s = \frac{M}{\theta} \tag{5-5}$$

式中　M——单位长度焊缝所受的弯矩，kgf · mm/mm(1kgf = 9. 80665N)；

θ——角变形的 1/2，rad。

弯曲拘束度越大则越不容易产生根部裂纹，在拉伸拘束度与弯曲拘束度同时存在时，弯曲拘束度能够一定程度上降低拉伸拘束度的影响。拘束度的引入本身还是为了解释应力对焊接冷裂纹的影响，从 5. 1. 2 小节中可知，应力对氢的扩散有影响，应力集中的部位往往存在氢元素的聚集，同时应力能够影响焊接结构组织的相变，因此淬硬组织、氢扩散及应力三个因素相互影响，最终导致在应力集中的位置产生冷裂纹。

5. 2. 2　防止焊接冷裂纹的方法

根据焊接冷裂纹的形成因素，针对淬硬组织、氢扩散及拘束应力这三个方面，实现焊接冷裂纹的预防，其原则主要是改善组织韧性、避免一切扩散氢及降低焊缝拘束应力。主要的预防手段可以分为冶金措施和工艺措施两种，包括改善钢种成分、合理选用焊接材料、制定适当的焊接工艺、采用预热和焊后热处理等手段。

5. 2. 2. 1　防止焊接冷裂纹的冶金措施

冶金措施主要针对母材及焊接材料的化学成分进行调整，改善焊缝金属及热影响区金属的韧性，避免脆性组织对裂纹的促进作用，同时尽可能地降低焊接接头中扩散氢含量，避免延迟裂纹的产生，相应的预防手段有以下几种。

A 改进母材的化学成分

为衡量母材化学成分对产生焊接冷裂纹倾向的影响，将钢中的合金元素采用一定比例换算为当量的碳，制定了碳当量公式，一定程度上实现母材化学成分对焊接冷裂纹倾向的定量分析。随着钢铁材料的不断发展革新，碳当量公式也不断地改进完善，随着冶炼技术及控制轧制技术的发展，钢材的碳含量不断降低，材料韧性大为提高，为符合实际情况，钢材的冷裂纹敏感指数公式也不断修正，目前行业内较为认可的冷裂纹敏感指数见式（5-6）。

$$P_{cm} = w(C) + \frac{w(Si)}{30} + \frac{w(Mn)}{20} + \frac{w(Cu)}{20} + \frac{w(Ni)}{60} + \frac{w(Cr)}{20} + \frac{w(Mo)}{5} + \frac{w(V)}{10} + 23w(B^*) \tag{5-6}$$

式中 $w(B^*)$——硼的有效含量（质量分数），%。

冷裂纹敏感指数公式表明，除 B、C 元素外，其余合金元素在公式中的系数均远小于 1，且一般高强度钢中添加的 B 元素含量（质量分数）普遍低于 0.005%，因此其余合金元素对于焊接接头冷裂纹倾向的影响要远低于 C 元素，降低钢材 C 元素含量是减少其冷裂倾向的有效途径。在高强度钢中，C 元素是保证钢材强度、提高钢材淬透性的不可或缺的元素，碳元素的降低势必会导致固溶强化效果的下降甚至影响材料的淬透性，出现钢板心部性能下降等问题。因此，碳元素的降低与钢材微合金元素的添加需同时进行，确保钢材具有足够的强度和淬透性。研究表明，钢材的微合金化在保证强度的同时，还能够一定程度上提高材料的韧性，对预防冷裂纹的产生有着重要的作用，部分合金元素的添加能够提高焊接接头性能的均匀性。

为确保焊接接头的韧性，在钢材的冶炼环节尽量采取精炼技术，确保钢液中的磷、硫、氧、氮降低到极低的含量。在焊接热输入的作用下，母材部分组织发生奥氏体化并长大，有害元素偏聚在原始奥氏体晶界处，会严重降低室温时材料的韧性，促使冷裂纹形成。

B 严格控制氢来源

氢扩散是延迟裂纹产生的根本原因之一，扩散氢主要是气氛、坡口附近油污铁锈以及焊接材料等所含的水分解产生。焊接前要仔细清理焊丝、坡口处的油污、铁锈等杂质，并注意环境湿度。焊条选择时可选用低氢焊条，焊条、焊丝使用前可进行烘干，对于冷裂纹倾向较低的高强度钢，将焊条、焊丝于 450℃ 烘干就可以一定程度上预防延迟裂纹。

C 提高焊缝金属的韧性

在焊条、焊丝选择时，采用低强匹配原则适当降低焊缝强度，能够在一定程度上降低拘束应力，降低根部裂纹产生概率。在母材中添加微量元素，使之在熔焊过程中融入焊缝中去，或在焊丝、焊条中添加微量元素，也能起到焊缝金属晶粒细化，提高焊缝韧性的作用。提高焊缝金属的变形能力，可以更多承担整个焊接接头的变形，降低焊接接头冷裂纹敏感性。Te、Se 及稀土元素等表面活性元素添加到焊缝中，能够有效起到除氢的作用，进一步抑制了焊接接头的延迟裂纹的产生。

5.2.2.2 防止焊接冷裂纹的工艺措施

冷裂纹预防的工艺措施，仍旧是针对冷裂纹产生的三个关键因素，优化焊接工艺参数、焊接工序，进而改善组织性能，促进焊接接头中氢元素逸出，降低氢含量，减少焊接接头拘束应力，其工艺手段有以下几种。

A 进行适当的预热

预热是现场施工时防止冷裂纹产生的有效手段之一，适当的预热能够有效地降低焊接接头热应力，焊接结构处于较高的温度下可以降低焊后冷却速度，改善组织性能，防止脆性组织产生。较小的冷却速度有助于氢元素的逸出，减少焊接接头扩散氢浓度，起到预防延迟裂纹的作用。预热温度的选择受各种因素的影响，包括钢种类型、钢板厚度、环境温度、氢含量、焊条焊丝种类等。选用等强匹配的焊材时，随着母材强度的提高，预热温度也随之升高。钢材强度级别升高，其成分设计等因素导致钢材淬硬性提高，焊接接头氢敏感程度也随之提高，因此需要提高焊接预热温度，提高焊接接头组织的韧性，同时促进氢元素逸出，降低焊接接头中扩散氢含量。当采用低强匹配原则选取焊丝焊条时，由于拘束应力更多地集中在焊缝金属，作用于热影响区的拘束应力更低，因此可以适当降低预热温度。

B 合理调节焊接热输入

一般情况下，对于低碳低合金钢而言，适当提高焊接线能量能够有效降低接头冷却速度，避免脆硬组织形成，对焊接接头整体性能有利。对于奥氏体长大相对容易的钢种，提高焊接线能量容易导致奥氏体粗化，淬火形成粗大的马氏体组织，反而容易促使焊接冷裂纹产生，因此焊接线能量的大小需视钢种而定。对于工程机械用超高强度钢而言，钢材本身均具有较高的淬硬性，提高焊接热输入能够有效降低焊接接头的硬度，因此实际焊接过程中可以根据需求适当增大焊接热输入，同时超高强度钢对强度有着严格的要求，焊接时应避免热输入较大使焊接接头组织发生软化，影响焊接结构整体的使用性能。

C 采用多层焊接工艺

对于单层焊接而言，工艺合理的多层焊接可以有效降低根部裂纹率，其要点在于合理控制层间温度或层间时间间隔。在第一层焊缝未产生根部裂纹，仍处于裂纹潜伏期时完成第二道焊缝的焊接，利用第二次焊接的热输入促进第一层焊缝中氢逸出，并且软化第一层焊缝的脆硬组织，降低根部裂纹率。因此采用多层焊接工艺时，合理控制层间温度，尤其是第一层与第二层的层间温度，就显得格外重要，其时间间隔应控制在几分钟内，避免第一层焊缝产生根部裂纹，同时保证扩散氢充分逸出，防止氢元素的逐层累积。

另外，多层焊接的多次加热可能产生较大的残余应力，使得焊接接头发生角变形，促进根部裂纹产生，因此采用多层焊接时可根据情况适当提高预热温度。

D 进行焊后热处理

在焊接结束后，延迟裂纹形成前，对焊接结构进行加热，可以有效地避免延迟裂纹。焊后低温热处理主要作用是促进氢元素扩散，降低焊接结构的残余应力，适当提高温度也可以起到改善组织的作用。对于能够进行焊后热处理的焊接结构，可以适当降低预热温度，因此预热温度、焊接层间温度和焊后热处理加热温度根据实际情况相互协调。

对于工程机械用超高强度钢，部分结构件对钢板的强度要求较高，且焊接热输入对热影响区附近组织有回火软化作用，因此需根据实际性能需求，选择合理的焊后加热温度，避免焊接结构强度下降严重。

5.2.3 焊接热裂纹的形成

焊接热裂纹是在焊接接头冷却过程中，温度仍处在较高温度下，在固相线温度附近时形成的裂纹。焊接接头中宏观上明显可见的热裂纹一般都有较为严重的氧化特征，断口表面无金属光泽，这也是其在高温下形成所导致的。热裂纹既可以形成于焊缝也能够形成于热影响区靠近焊缝的部位，焊接热裂纹的微观裂纹主要表现为沿晶断裂，分布于原始奥氏体晶界处，根据热裂纹形成原理的不同可分为结晶裂纹、液化裂纹和多边化裂纹三类。

研究表明，焊接裂纹多形成于固液两相温度区间内，焊缝金属凝固末端时期，如图 5-2 所示，在焊缝凝固初期熔池中仅存在尺寸较小的晶核，金属液体较多且流动性好，金属液能够填满凝固收缩及冷却造成的缝隙，因此在凝固初期阶段不易形成裂纹。在凝固末端时期，熔池中晶粒不断长大并相互接触，导致剩余在晶粒间的金属液流动受阻，同时较低的温度也导致金属液黏性增大，流动困难。随着焊缝金属温度的下降，已经结晶的金属发生体积收缩，拉应力使得液态薄膜处产生裂纹，此时的液态金属不能填满收缩产生的缝隙，因此形成结晶裂纹（solidification cracking）。结晶裂纹通常在高于固相线温度，低于晶粒长大并相互连接形成骨架的温度范围内形成，在这一温度范围内焊缝金属的塑性变形能力较低，因此成为脆性温度区间。当焊缝金属中存在较多 P、S 之类能够产生低熔点共晶相的杂质元素时，凝固后期在晶界位置处容易形成液态薄膜，加剧结晶裂纹的产生。

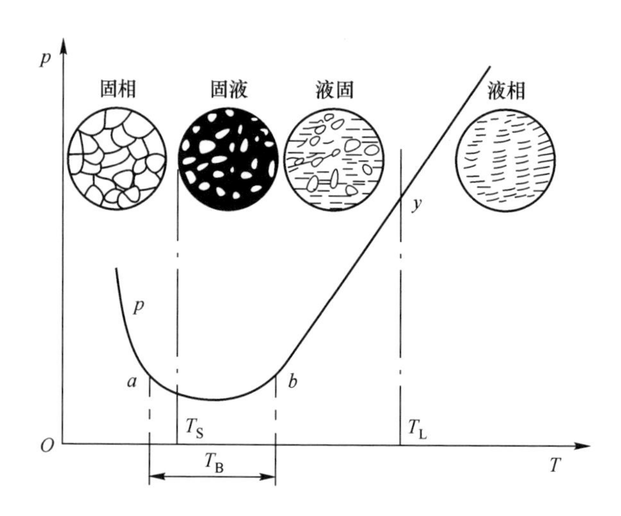

图 5-2　熔池结晶过程的塑性及流动性变化

T—温度；p—塑性；y—流动性；T_L—液相线；T_S—固相线；T_B—脆性温度区间

在焊接热影响区靠近焊缝的位置，由于焊接热输入的影响，也会发生局部晶界位置熔化形成液膜，最终发生开裂的情况。钢液纯净度较低导致母材中 P、S 杂质元素较多时，晶界间形成的 FeS、Fe_3P 等低熔点杂质在焊接热输入作用下发生熔化；晶界处存在较多的低熔点共晶相，在焊接热输入作用下，热影响区中的共晶相会在低于固相线的温度下，发生低温共晶重新熔化，在晶粒间形成液膜。例如 NbC 与奥氏体能够在低于固相温度约 70℃ 的温度下，发生共晶反应，使得晶界处先液化形成液膜。晶间液膜的出现导致母材的强度、塑性均严重下降，在应力作用下热影响区中发生开裂，形成高温液化裂纹（liquation cracking）。

晶界裂纹与高温液化裂纹的形成原理有一定的相似之处，均是晶粒间液膜导致材料强度、塑性下降，并在拉伸应力作用下引发的裂纹，由晶间液膜引起的热裂纹其形成原理如图 5-3 所示。当晶粒未发生相互连接时，晶粒间的液态金属能够自由流动，在应力的作用下晶粒由实线位置移动至虚线位置处，此时产生的缝隙由液态金属填补。当凝固后期，金属处于脆性温度区间时，晶粒间相互连接导致变形集中于变形抗力较低的液膜处，由于金属晶粒的变形抗力远大于液相，因此在晶粒发生塑性变形前，裂纹就会在 2—2 截面处形成。

综上，结晶裂纹与液化裂纹产生条件可概括如下：金属在高温下脆性温度区间内，强度及塑性均严重下降，随着温度的降低金属内部拉应力逐渐增大，进而应变逐渐增大，当金属的塑性低于其所承受的拉应变时，就会形成热裂纹。

焊接接头在稍低于固相线温度下形成的多边化裂纹（polygonzation cracking）形成原理与上述两种热裂纹完全不同，是缺陷聚集导致的塑性、强度下降，进而引发的开裂现象。材料在稍低于固相线的温度，在高温及应力的作用下，晶格缺

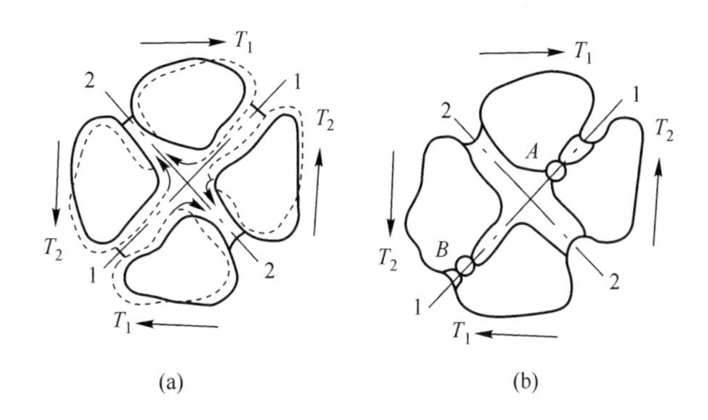

图 5-3 晶间液膜导致的热裂纹示意图

（a）平衡状态晶粒间液相能够自由流动；（b）应力状态下晶粒长大导致 A、B 发生咬合

陷发生聚集进而形成了多边化边界，这类边界结合能力很低，在拉应力作用下很容易发生开裂，形成多边化裂纹，裂纹的附近通常会同时出现再结晶晶粒。金属晶体在高温下通常会发生晶界扩散变形，其本质可以看作是晶界空位、位错的运动，参考金属晶体高温蠕变断裂的机理，多变化裂纹的断裂机制也可以分为两种：楔形开裂模型及空穴开裂模型。

楔形开裂的机理如图 5-4 所示，在发生晶界扩散变形时，在阻碍变形的障碍附近位置处会存在一定程度的应变集中，进而导致微裂纹的形核。三个晶粒相交的顶端位置，比较容易形成较大的应变集中，因此在该位置最容易发生微裂纹的形核。Hemsworth 等人认为楔形开裂理论能够一定程度上解释焊接过程中固相线温度下形成的热裂纹。

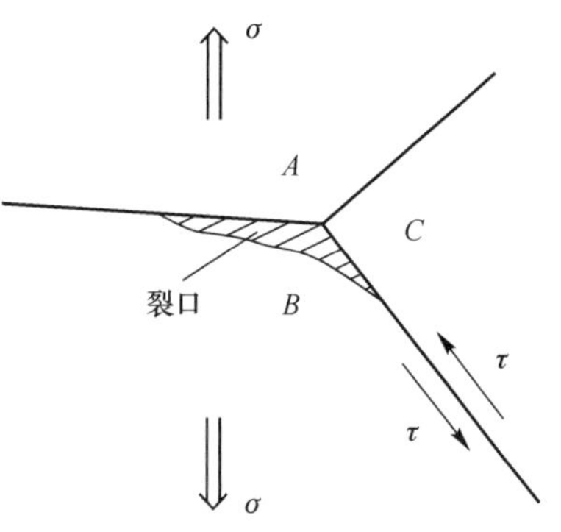

图 5-4 楔形开裂机理示意图

对于楔形开裂在焊接热裂纹断裂机理的应用，M. X. Шоршоров 则认为这个楔形开裂理论不太符合焊接实际。其研究首先发现，焊接热裂纹一般不是在三晶粒顶点形核；其次，高温时在三晶粒顶点产生应变集中的可能性不大；最后，实际冷却过程中存在着显著的晶界迁移现象，而在三晶粒顶点形成微裂纹时一般看不到晶界迁移现象。对于固相线温度以下的焊接热裂纹，空穴开裂模型更符合高温、低应力条件下裂纹形核机理，其断裂机理如图 5-5 所示。在低于固相线的温度下，已凝固的结晶前沿在高温及应力的作用下，晶格缺陷发生迁移和聚集形成二次边界，使得材料的强度、塑性大幅度下降，在轻微的拉应力作用下，沿多边化边界开裂，形成多边化裂纹。

由于高温下形成的第二相能够阻碍位错运动，多边化裂纹一般出现在奥氏体

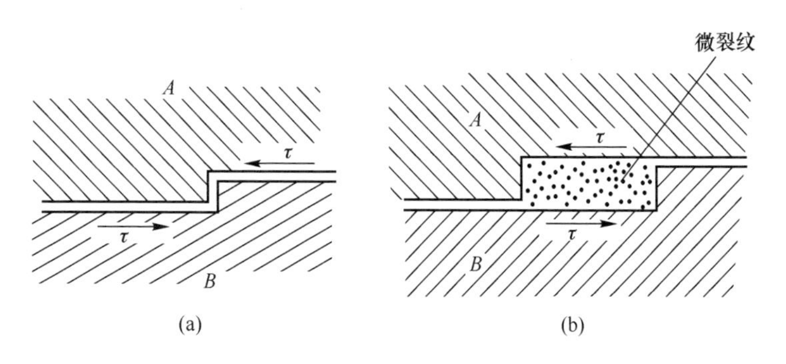

图 5-5　空穴开裂示意图
(a) 缺陷迁移；(b) 微裂纹形成

焊缝或纯金属焊缝中，也会出现在热影响区中，断口上能够观察到滑移线，且裂纹附近的组织中通常存在再结晶晶粒，因此多边化裂纹通常出现在再结晶之后。

5.2.4　防止焊接热裂纹的方法

对于低合金高强度钢，焊接时为确保焊接接头的强度，一般选择铁素体焊丝，以获得较高的强度，一定程度上降低了多边化裂纹发生的可能。因此对于低合金马氏体高强度钢而言，一般针对其结晶裂纹及液化裂纹进行研究。根据前文所述，结晶裂纹与液化裂纹形成主要受两个必要因素影响：一是冶金因素；二是工艺因素，即力因素。

5.2.4.1　防止焊接热裂纹的冶金措施

影响材料焊接热裂纹敏感性的冶金因素主要是钢材成分，包括合金元素及有害的杂质元素对热裂纹敏感性的研究。针对低合金高强度钢而言，化学成分对热裂纹敏感性的影响可以简单从三个方面综合考虑，分别是脆性温度区间的大小、晶界低熔点相及凝固组织形态。

在低合金高强度钢中，凝固过程固液共存的脆性区间及由于冷却、凝固所导致的拉应力是不可避免的，但并非所有的材料均有较高的热裂纹倾向。在金属凝固温度区间中，固液温度区间仅占其中一部分，若在此温度区间内焊接应力已经达到较高的水平，材料的应变高于凝固组织所具有的塑性时，则有很大的概率形成热裂纹；与之相反，则凝固组织中不会形成热裂纹。研究表明，凝固组织的热裂纹倾向与脆性温度区间的大小有关，脆性温度区间越大则结晶裂纹的倾向越大，凝固组织的脆性温度区间的大小与其合金成分密切相关，如图 5-6 所示，除合金元素在液相、固相中均不互溶的情况下，其余情况中焊接热裂纹倾向均随合金含量发生变化。据研究表明，钢中合金元素的偏析系数越大，所引起的高温脆性温度区间的最大值也越大，因此在高强度钢成分设计时，合理限制易偏析元素，例如C、P、S等元素的含量，防止其在晶界处偏析是防止热裂纹的有效方法之一。

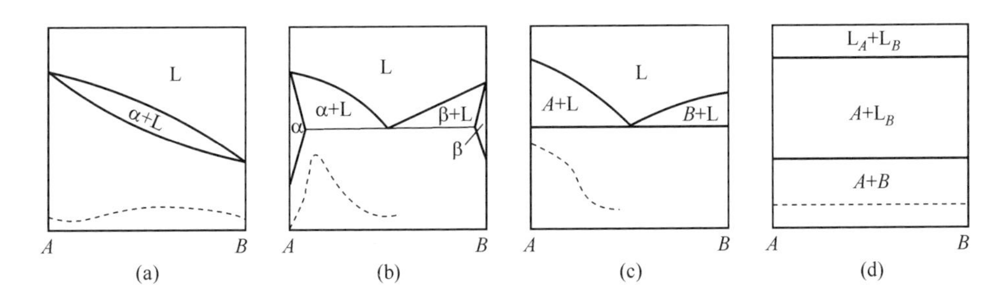

图5-6 合金相图与焊接热裂纹倾向

（a）无限固溶；（b）有限固溶体；（c）不形成固溶体；（d）液相与固相均不相溶

（虚线表示焊接热裂纹倾向）

P、S在低合金高强度钢中属于极易偏析的元素，存在于钢中的P、S元素能够与γ-Fe发生共晶反应，以S元素为例，其在γ-Fe中的溶解度很低，1365℃时溶解度达到最大，仅为0.05%；温度降低至1200℃时，溶解度相应降低至0.03%。当存在于钢中的S元素超过0.013%时，在988℃时会发生γ-Fe与FeS的共晶反应，温度高于共晶反应温度时组织中就会形成液相。且由于S在γ-Fe中的固溶度很低，凝固过程中导致S元素富集在晶界位置处形成晶间液膜，因此微量存在的S就会很大程度上提高高强度钢的焊接热裂纹倾向，严重影响低合金高强度钢的焊接性能。

当凝固组织的焊接热应力水平较高，且晶间的液相呈膜状存在时，焊接热裂纹形成的可能性也会大幅度提高，但如果晶间的液相呈分散状态，形成热裂纹的倾向也会相应地减小很多。

5.2.4.2 防止焊接热裂纹的工艺措施

防止热裂纹产生的工艺措施主要为调整焊接时的线能量、预热温度、焊接顺序以及焊接接头结构等方法，通过调节上述工艺参数改变焊接接头的应力状态，避免熔池过热，并起到改善焊接接头的化学成分等作用。在实际生产过程中，针对具有一定焊接热裂纹敏感性的超高强度钢，综合调整各项工艺参数可以一定程度上避免热裂纹的产生。

A 合理控制线能量输入，防止熔池过热

线能量对焊接接头热裂纹的影响主要表现为其对焊缝凝固组织的影响，适当降低焊接线能量避免熔池过热，能够有效地防止柱状晶的产生，进而避免了液态薄膜的产生。降低焊接热输入的方法通常为降低焊接电流，而不是提高焊接速度，在平焊条件下，焊接电流的降低不仅能够防止熔池过热，还能够提高焊缝成形系数 Φ，避免结晶裂纹的形成。

$$\Phi = B/H \tag{5-7}$$

式中　B——焊缝宽度；

H——熔池深度。

焊缝成形系数较高的焊缝组织，凝固过程中低熔点共晶产物聚集在熔池顶部，防止偏析集中，并使其与焊接接头拉应力成一定角度，降低热裂纹倾向。在实际焊接过程中，保证 Φ 不小于 1，即保证焊缝宽度大于熔池深度。与此相比，采用提高焊接速度的方式降低焊接线能量，会导致 Φ 降低，焊接接头热裂纹倾向提高。同时焊接速度的提高还会影响熔池形状，进而影响焊接接头凝固组织形貌。在实际焊接中，应避免焊接速度较大而形成泪滴状熔池或蘑菇状熔池。

B　降低冷却速度

焊接接头冷却速度的降低能有效降低焊接接头的变形速度和应变增长率，因此对于降低焊接接头的热裂纹及冷裂纹倾向均有效果，对于降低焊接接头冷却速度的方法也有许多种。对于具有焊接热裂纹倾向的钢材来说，采用焊接预热及焊后缓冷的办法能够有效防止热裂纹的产生。提高焊接热输入的方法也能够提高冷却速度，但提高焊接热输入容易导致熔池过热，反而提高了热裂纹倾向，因此在实际焊接过程中不宜采用此方法。

C　采用合理焊接顺序和刚性较小的接头形式

在多道焊缝焊接过程中，一般选择先焊接具有较大拘束度的焊缝，后焊接拘束度较小的焊缝，以保证最后几道焊缝有较大的收缩自由，避免焊缝拘束度在焊接过程中增大，减少其应变量。在焊接结构设计时，就应充分考虑接头刚度及拘束度对内应力的影响，尽量降低焊接接头内应力，减小热裂纹倾向。

5.3　焊接性试验

5.3.1　焊接性试验内容

为准确分析材料的焊接性，焊接性试验内容需针对材料焊接接头完整性及使用性两个方面考虑，因此焊接性试验内容可概括为以下几个方面：

（1）焊缝及热影响区金属抵抗冷裂纹产生的能力。在高强度钢的焊接中，冷裂纹是最为常见的缺陷，是衡量其焊接性能的重要内容。焊接接头中的冷裂纹通常具有延迟性且危害严重。高强度钢在焊接热循环的作用下，热影响区位置发生相变，很大程度地改变了热影响区处的组织及性能，同时产生较大的焊接应力以及氢扩散的行为，几种因素共同作用导致冷裂纹的产生。材料对焊接冷裂纹的抵抗能力可以通过计算以及焊接试验来评定。

(2) 焊缝金属抵抗热裂纹产生的能力。热裂纹是一种常见的焊接缺陷之一，在焊接熔池结晶过程中，存在较大的应力，同时受到母材或焊材中存在的P、S等有害元素影响，就有可能产生热裂纹。热裂纹的形成通常与低熔点化合物有较大的关联，焊缝金属抵抗热裂纹的能力一般通过热裂纹敏感指数及热裂纹试验来评定。

(3) 焊接接头抵抗脆性断裂的能力。在焊接热循环、冶金反应及结晶过程的影响下，焊接接头的某一部位发生严重的脆化，大幅度降低其韧性及韧脆转变温度，很大程度上影响了焊接接头在低温环境下的使用能力。因此，为确保焊接接头韧性，焊接接头抵抗脆性断裂能力是焊接性试验不可缺少的一部分。

(4) 焊接接头的使用性能。在焊接性试验的选择中，需根据焊接结构实际使用情况进行焊接性试验的选择，如低温环境下焊接接头的低温韧性，海洋环境下焊接接头耐海水腐蚀性能、厚板焊接接头抗撕裂性能、部分低合金钢的应力腐蚀试验等。

5.3.2 焊接性试验方法分类

焊接性试验按照其试验方式可大致分为两类：一是模拟类方法，采用焊接热模拟试验机模拟实际焊接工艺；二是实焊类方法，直接对施焊后的焊接接头在实际使用条件下进行各种性能检测试验，以实际结果进行焊接性评定。

模拟类方法一般不需要实际焊接，而是采用焊接热模拟试验机进行焊接热循环模拟，同时可采用人工开缺口或电解充氢等手段，对实际焊接过程中材料焊接接头位置处可能出现的组织性能变化及缺陷进行模拟，为实际焊接提供依据。模拟类方法主要有热模拟法、焊接热-应力模拟法等。模拟类方法能够有效缩短试验周期，降低加工费用及材料费用，同时模拟类方法能够将焊接接头中某一个区域放大，便于其组织性能的检测分析。但是由于该类方法试验参数不能完全与实焊参数一致，因此所得实验结果与实际焊接结果有一定的偏差。

焊接热模拟试验通过模拟一定工艺下焊接接头某一位置的焊接热循环，实现该区域组织、应力状态、相变过程等过程的模拟，有效地放大该区域的几何尺寸，便于分析检测该区域的组织性能。焊接热模拟在测定材料焊接热影响区连续冷却组织转变图（SH-CCT图）及焊接接头脆化等方面具有重要的作用。焊接热模拟试验主要对不同工艺下的焊接热循环进行模拟，其中主要参数包括加热速度（v_H）或加热时间（t'）、峰值温度（T_P）、高温停留时间（t_H）、冷却速度（v_C）或冷却时间（$t_{8/5}$）等，并可根据实际焊接情况进行多道次焊接热模拟。

实焊类试验需根据实际焊接工艺制定相应的试验参数，根据实际焊接结果进行焊接性评定，其主要试验类型有焊接接头力学性能试验、裂纹敏感性试验、断裂韧性试验、低温脆性试验和高温蠕变试验等，相关类型试验种类较多，可根据实际焊接工艺、设计需求及使用条件等进行相关试验选择。

5.3.3　选择焊接性试验的原则

根据焊接性定义，评定焊接性的原则主要包括以下两点：一是评定焊接接头产生工艺缺陷的倾向，一般主要进行抗裂性试验，即工艺焊接性评定，为制定合理的焊接工艺提供依据；二是评价焊接接头是否满足实际使用需求，即使用焊接性评定。目前行业内已有焊接性试验种类很多，且为满足焊接接头性能评定需要，相关试验方法种类仍会不断增加，在焊接性试验选择时，应满足以下原则：

（1）可比性。进行焊接性试验时应尽可能接近实际工艺条件，以确保焊接性试验结果能够较为确切地反映实际焊接接头的焊接性。

（2）针对性。选择焊接性试验时，需根据实际焊接工艺情况及焊接结构使用条件进行试验设计，充分考虑母材、焊材、焊接工艺、焊接接头结构和使用条件等多方面因素，以确保焊接试验具有良好的针对性，试验结果能够准确地反映实际焊接时可能存在问题。在焊接试验选择时，应优先选择国际、国内所规定的标准试验方案，并严格按照试验方案进行试验。所进行的焊接性试验不存在可供选择的标准时，应采用行业内公认的试验方法。

（3）可重复性。需保证焊接性试验结果准确可靠且具有可重复性。实验参数设计应具有规律性且避免人为因素引入误差，影响实验数据准确性。

（4）经济型。在确保所获得的实验数据稳定准确、能够反映实际情况的同时，还应当尽量减少原料消耗，力求设计简单且试验周期短，节省试验费用。

焊接接头的使用性能评价较为复杂，需根据其实际使用条件以及具体设计要求进行试验，通常进行拉伸、弯曲、冲击等常规力学试验，除此之外还需根据需求进行高温蠕变、低温冲击、应力腐蚀、海水腐蚀等相关试验。

5.3.4　常用焊接性试验方法

5.3.4.1　斜 Y 型坡口焊接裂纹试验

斜 Y 型坡口焊接裂纹试验，又称小铁研试验，是一种冷裂敏感性评定试验方法。该试验所产生的裂纹多出现于焊根尖角外的热影响区，当焊缝金属的抗裂性能不好时，裂纹可能扩展到焊缝金属，甚至贯穿到焊缝表面。而裂纹可能在焊后立即出现，也可能在焊后数分钟后，乃至数小时后才开始出现。因此，本试验方法主要用于评定低合金钢热影响区的焊接冷裂敏感性，也可作为母材和焊材组合的裂纹试验；若不改变焊接工艺规范，可以用来确定防止冷裂的最低预热温度和焊接热输入的范围。作为焊接性试验常用的一种，其试验方法可参考现有的船舶业行业标准《斜Y型坡口焊接裂纹试验方法》(CB/T 4364—2013)，其样品标准尺寸如图5-7所示。

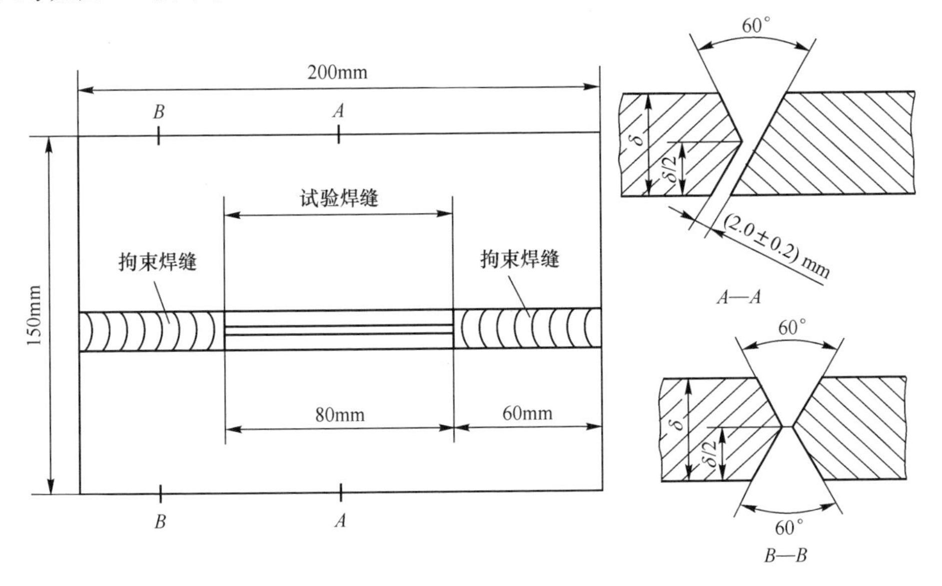

图5-7　斜Y型坡口焊接裂纹试验样品尺寸
δ—钢板厚度

斜Y型坡口焊接裂纹试验是通过在试板两侧焊接全熔透焊缝，对试验焊缝施加拘束，以评价焊接接头在规定条件下的冷裂纹敏感性。样品坡口采用切削加工，且在焊接前应保证坡口无水、油污及锈，并按图5-7所示拼装，每组试验准备3个试样。根据试验材料的性能选取相应的焊材、焊剂后进行拘束焊缝的焊接，采用双面焊接，严格保证拘束焊缝的质量，焊缝角变形控制在5°以内，拘束焊缝无裂纹存在。试验焊缝焊接前应清除坡口处拘束焊缝造成的飞溅物，并采取相应的焊接工艺参数进行焊接，手工焊与半自动焊焊接方式有所不同，其焊接方式示意图如图5-8所示。试验焊缝采用平焊单焊道，试验焊缝与拘束焊缝两端不连接且弧坑填满。焊后样品在要求的环境下放置48h后，采用机械方式去除拘束焊缝并解剖试验焊缝，避免剧烈震动引发裂纹扩展等。

将试验焊缝机械解剖后进行焊缝表面、根部及断面裂纹检测，采用目视检测并使用精度不小于0.02mm的测量工具进行测量，以此计算焊缝表面、根部及断面的裂纹率。焊缝裂纹测量方式如图5-9所示，裂纹实际形状为曲线按直线长度测量，重叠裂纹不应分别测量。

焊缝表层裂纹率测量无须破坏焊缝，其裂纹长度测量方式如图5-9(a)所示，依次测量每一条裂纹长度，并按照式(5-8)计算焊缝的表面裂纹率C_f，最终表面裂纹率为三组试样平均值。

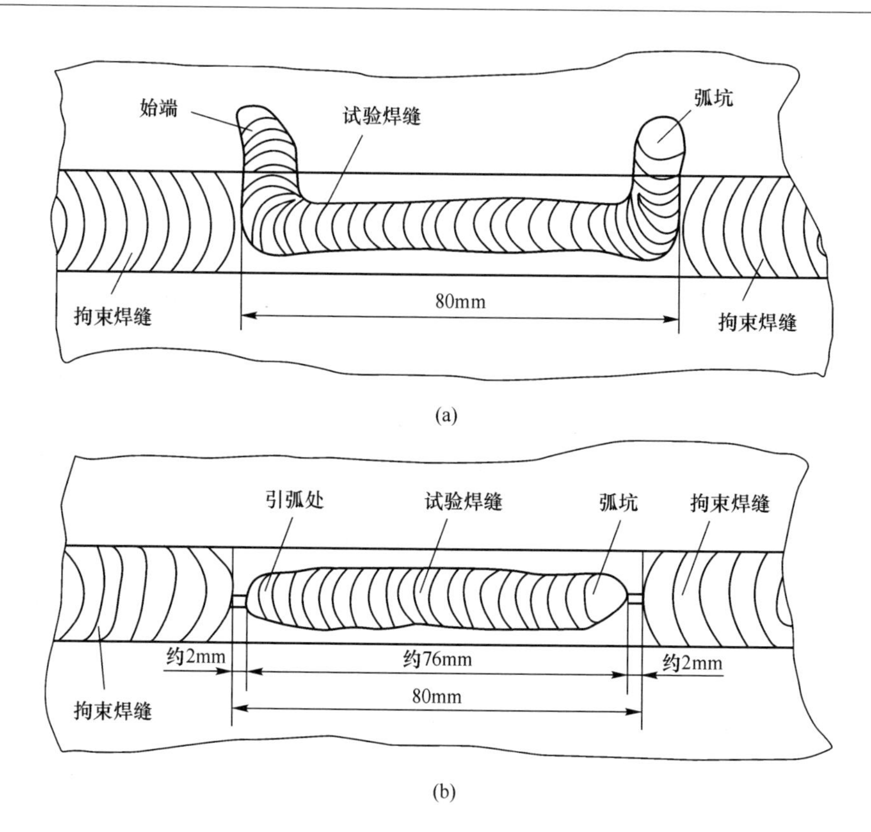

图 5-8　斜 Y 型坡口焊接裂纹试验方法

（a）手工焊接；（b）半自动焊接

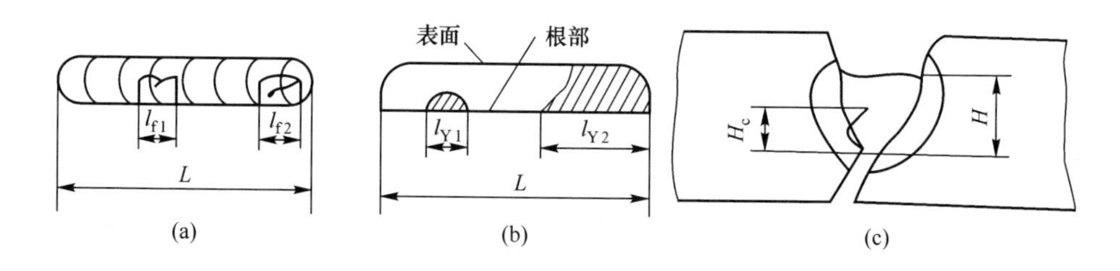

图 5-9　裂纹测量方式

（a）表层裂纹；（b）根部裂纹；（c）截面裂纹

L—试验焊缝长度；l_f—表层裂纹长度；l_Y—根部裂纹长度；

H_c—截面裂纹高度；H—试验焊缝最小厚度

$$C_f = \sum l_f / L \times 100\% \tag{5-8}$$

根部裂纹的检测需对焊缝进行适当的着色后拉断或弯断，并测量出每一条裂纹的长度，而后按照式（5-9）计算焊缝的根部裂纹率，最终取三组试样平均值为焊缝根部裂纹率。

$$C_Y = \sum l_Y / L \times 100\% \tag{5-9}$$

焊缝截面裂纹率的检测需用机械方法将焊缝四等分，而后对五个截面的断面裂纹率进行检测、统计、计算，截面的断面裂纹率计算方法见式（5-10），每个试验焊缝断面裂纹率为五个截面的断面裂纹率平均值，最终试验焊缝的断面裂纹率为三个样品的平均值。

$$C_s = \sum H_c / H \times 100\% \tag{5-10}$$

试验焊缝的分割方式根据焊接方式确定，手工焊与半自动焊接的焊缝，其分割方式略有不同，手工焊焊缝需将平行于坡口的焊缝两端之间的距离四等分，避免人为操作对焊缝引弧及收弧处裂纹的影响。采用半自动焊接时，将焊缝宽度开始均匀的起始端和弧坑之间的距离四等分，因此计算时包括引弧及收弧处的冷裂纹，但收弧处的热裂纹不计算在内。

斜 Y 型坡口焊接裂纹试验其特点在于，焊接接头拘束度大，根部尖角处存在应力集中，因此认为试验中表面裂纹率低于 20%，则能够进行安全生产。

5.3.4.2 最高硬度试验

焊接热影响区的最高硬度试验能在一定程度上反映钢材的焊接淬硬倾向和冷裂纹敏感性，且试验方法简单易行。焊接热影响区最高硬度试样标准尺寸如图 5-10 所示，其长度 $L = 200\text{mm}$，宽度 $B = 150\text{mm}$，钢板厚度 $\delta \leqslant 20\text{mm}$。若钢板厚度大于 20mm，则需机械加工成 20mm 后，且保留一个轧制面；若钢板厚度小于 20mm，则不需要加工。

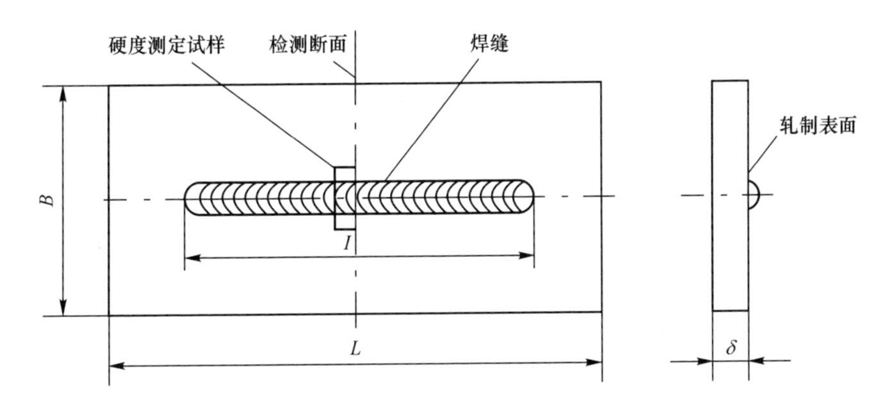

图 5-10 焊接热影响区最高硬度试件标准尺寸

焊接热影响区最高硬度试验焊接方法适用于手工电弧焊，焊接前应清除试件表面的水、油、氧化皮和铁锈，焊接时试件两端需支撑架空，试件下面留有足够的空间。试件焊接前可进行预热处理，采用平焊位置焊接，沿试件轧制表面的中心线焊接长度 $l = (125 \pm 10)\text{mm}$ 的焊缝，焊条直径为 4mm，焊接电流为 $(170 \pm$

10)A，焊接速度为(0.25 ±0.02)cm/s。

焊后样品在空气中自然冷却，不进行任何焊后热处理，经 12h 的自然冷却后，垂直切割焊缝中部，在此截面上截取硬度测量试样。焊缝切割及硬度试样截取过程中避免温度过高影响试验结果。硬度试样经金相磨制后，腐蚀出熔合线，而后按图 5-11 所示划一条既与熔合线底部相切于 *O* 点，又平行于试样轧制表面的线作为硬度测量线。硬度采用维氏硬度测量，沿直线每隔 0.5mm 测量一个点，以切点 *O* 及其两侧 7 个以上的点作为硬度测量点。样品硬度检测按照《金属维氏硬度试验　第 1 部分：试验方法》(GB/T 4340.1—2009) 进行。

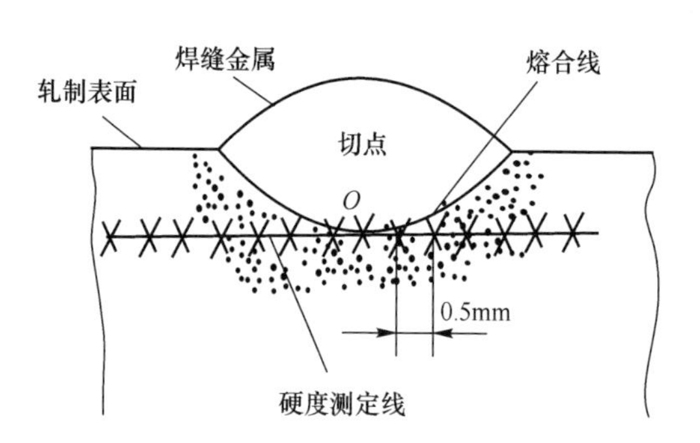

图 5-11　硬度检测位置

5.3.4.3　插销试验

插销试验主要用于定量地研究焊接冷裂纹的敏感性，也可用于研究再热裂纹和层状撕裂等，由法国巴黎焊接研究所格兰荣（Granjon）等人提出，插销试验的基本原理是把被试钢材做成圆柱形试棒，插入与试棒直径相同的底板的孔中，其上端与底板的上表面平齐。试棒的上端有环形缺口或螺旋形缺口，然后在底板上施焊，焊道通过试棒的上端，使缺口位置正处于热影响区的粗晶区。待焊后冷至 100 ~150℃时加载，得出试验条件下的临界应力 σ_{cr}。在被测材料或产品制取插销时，必须说明插销相对于金属纤维的取向或相对于厚度方向的位置。插销的类型有环形缺口插销和螺形缺口插销两种，其标准尺寸如图 5-12 所示。

对于图 5-12 中的环形缺口插销及螺形缺口插销，其尺寸如下：圆柱直径 $A=8$mm(或 6mm)；缺口深度 $h=(0.5\pm0.05)$mm；缺口角度 $\theta=40°\pm2°$；缺口根部半径 $R=(0.1\pm0.02)$mm。

测试部分长度 l 当采用螺纹连接时，应大于底板厚度；采用夹头连接时，应大于底板与夹头厚度的总长。

对于螺形缺口插销，其螺距 $P=1$mm，且螺纹长度应保证焊接热影响区粗晶区位于螺纹内，确保试验数据准确；对于环形缺口插销，缺口与插销端面的距离

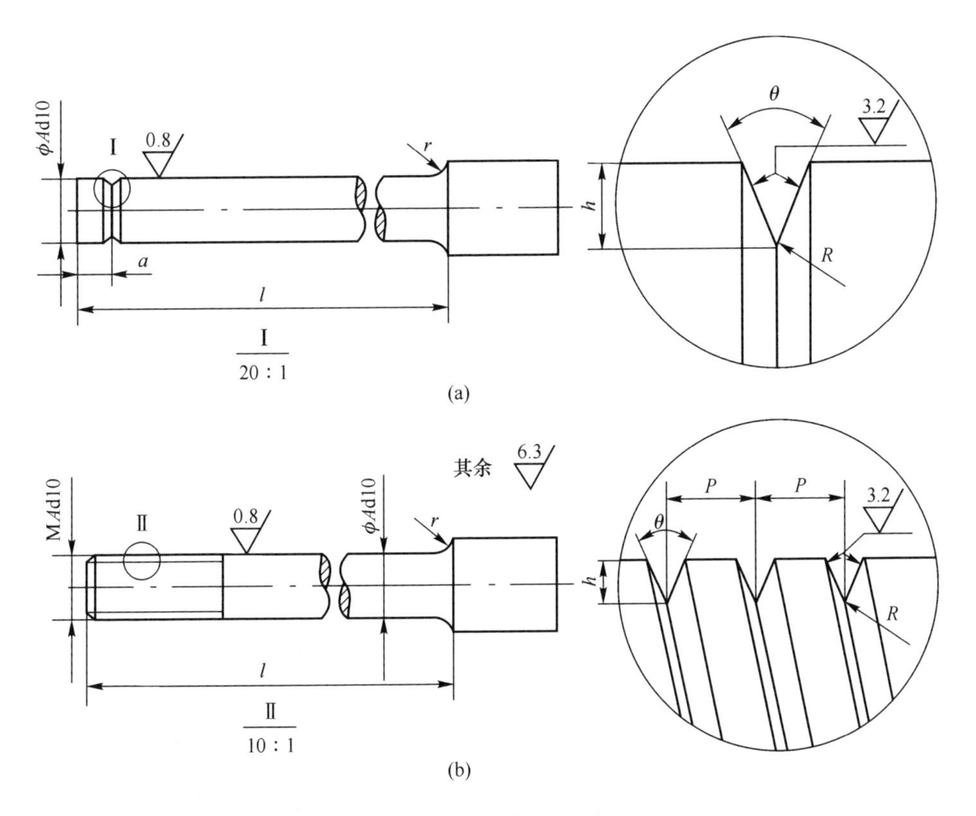

图 5-12 插销标准尺寸

（a）环形缺口插销；（b）螺形缺口插销

a 要求较为严格，需保证焊道熔深与缺口根部所确定的平面相切或相交，同时缺口根部圆周被熔透的部分不得超过缺口圆周的 20%。

插销试验底板应选用与被研究材料相同或具有相同热物理参数的材料，底板厚度为 20mm，其尺寸如图 5-13 所示。底板长度 300mm，宽度 200mm，底板钻孔数不大于 4，且位于底板纵向中心线上，孔间距 33mm。当焊接线能量大于 20kJ/cm 或有特殊需要，可考虑增大底板厚度、长度或宽度，焊后底板平均温度不得高于原始温度 50℃。

插销在底板孔中的配合尺寸为 $\phi A\ \frac{\mathrm{H10}}{\mathrm{d10}}$，将插销装配在底板上后进行焊接，其焊接材料包括焊条、焊丝、焊剂和保护气体等均需按照规定选取。焊接前不采取预热时，默认焊接温度为室温，采取预热处理时，需保证插销和底板均处于预热温度。而后按照所选用的焊接方式施焊，焊道长 100 ~ 150mm，且同组试验焊道长度应相等，焊道方向垂直于底板纵向。焊接过程中，应准确记录焊接热输入情况，测定 800 ~ 500℃ 的冷却时间（$t_{8/5}$），还应记录 500 ~ 100℃ 的冷却时间或

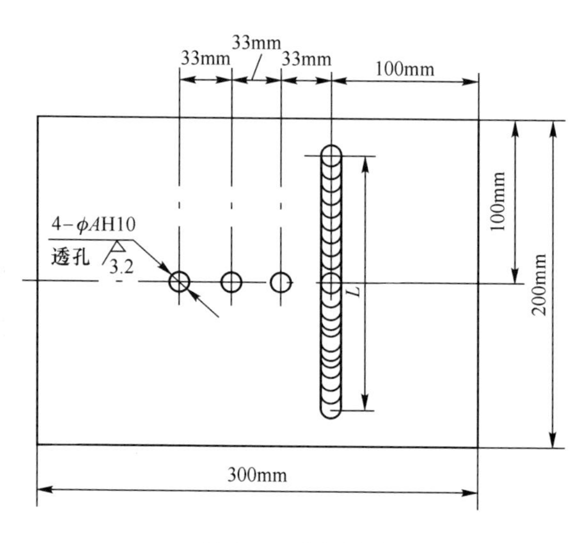

图 5-13　底板尺寸

T_{max} ~100℃的冷却时间。焊接热循环应以置于焊缝或焊接热影响区的热电偶测定，测定点的最高温度不应低于 1100℃。

当试件冷却到比初始温度高 50 ~70℃，但不应低于 100℃时，对插销施加拉伸静载荷，载荷应逐渐升高，并在 1min 内在试件冷却到 100℃前加载完毕。当试件需进行焊后热处理时，应先进行加载，而后进行热处理。当焊接不预热时，试件载荷保持 16h 不断裂即可卸载；当存在焊前预热时，试件至少保持 24h。如试件未断，应增加载荷重复上述试验，直至试件发生断裂。然后再降低约 10MPa 的载荷而试件不发生断裂，此值即为临界应力。

5.3.4.4　压板对接焊接裂纹试验

压板对接焊接裂纹试验法又称 C 形拘束对接焊接裂纹试验法或 FISCO 裂纹试验，适用于评定碳钢、低合金钢、不锈钢及其焊条的热裂倾向。该法具有要求试件少、制备方便、试验结果重复性好等优点，是常见的焊接性试验方法之一，同时也是我国焊条验收检查的主要试验方法之一，并列为国标 GB/T 4675.4—1984（现已废止），但标准未严格规定试验条件和评定标准，因此只能采用偏于保守的无裂纹准则。焊条验收检查中，一般可将出现的弧坑裂纹忽略不计，由于热裂纹敏感性在很大程度上与焊接热输入密切相关，因此实验时应严格注意实验条件的一致性，以保证实验结果准确可靠。

压板对接焊接裂纹试验的试件为两块尺寸为 200mm × 120mm 的钢板，沿长边对接，试件厚度无具体要求，根据实际情况确定，两钢板可开 I 型坡口或 V 型坡口，采用机械切削加工制备，并对缺口附近表面进行打磨或机械切削，以避免氧化皮的影响。该试验的试验装置如图 5-14 所示，由 C 形拘束框架、齿形底座和紧固螺栓等组成。

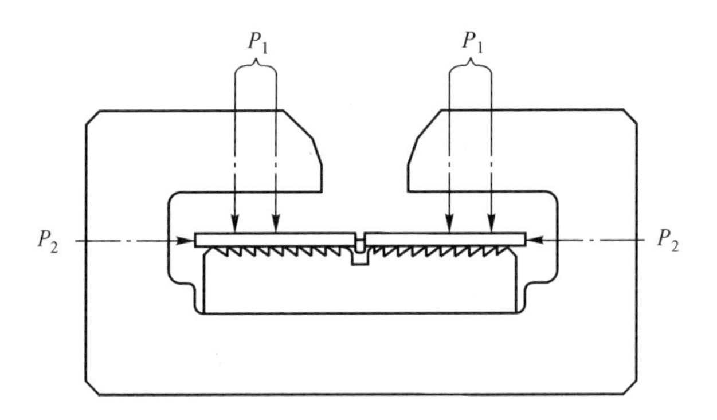

图 5-14 压板对接焊接裂纹试验装置

在该试验中，两块试板的对接间隙是一个重要的参数指标，间隙大小在 0 ~ 6mm 范围内，根据试验需求确定，为确保对接间隙准确，装配前需在坡口处装入相应尺寸的塞片。装配完成后用水平方向的螺栓紧固，上紧至顶到试件即可，垂直方向的螺栓需用测力扳手，以 1200kgf · cm(1kgf = 9.80665N)的扭矩紧固好。而后按照图 5-15 所示，顺次焊接四条长度为 40mm 的焊缝，焊缝间距为 10mm，焊接弧坑原则上不填满。焊接结束后 10min 将试板从装置中卸下，待试件冷却后沿焊缝轴向掰断，观察焊缝有无裂纹并测量裂纹长度，根据测量结果计算焊缝裂

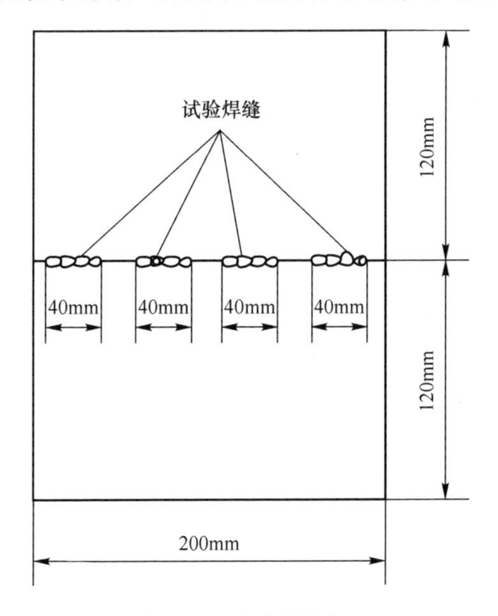

图 5-15 试验焊缝位置

纹率，其计算公式见式（5-11）。

$$C = \frac{\sum l_i}{\sum L_i} \times 100\% \qquad (5\text{-}11)$$

式中　C——裂纹率,%；

$\sum l_i$——四条试验焊缝的裂纹之和，mm；

$\sum L_i$——四条试验焊缝的长度之和，mm。

采用压板对接焊接裂纹试验评定材料及所选焊材热裂纹倾向时，应严格保证取样时间，避免实验结果的人为操作误差。除此之外，由于试验焊缝还有可能形成冷裂纹，因此要根据裂纹形貌特征进行识别，在裂纹率计算时予以区别。

5.4　工程机械用超高强度结构钢焊接性试评定

5.4.1　Q960 的焊接性试验结果

目前低合金高强度钢 Q960 在国内工程机械等领域有着较为广泛的应用，且国内多家钢企均能够进行高强度钢 Q960 的稳定工业生产，相比于强度级别更高的 Q1100 和 Q1300，由于高强度钢 Q960 碳当量更低,因此其具有更好的焊接性能。在此选取国内某钢厂生产的高强度钢 Q960 调制态钢板,进行 Q960 焊接性试验。

5.4.1.1　SH-CCT 曲线

高强度钢 Q960 的 SH-CCT 曲线测定采用 MMS-300 热模拟实验机，在真空度为 13.3Pa 的条件下进行。通过膨胀仪测量试样中间焊接热电偶处的径向膨胀量，确定不同冷却条件下材料的相变温度，焊接热循环曲线如图 5-16 所示。

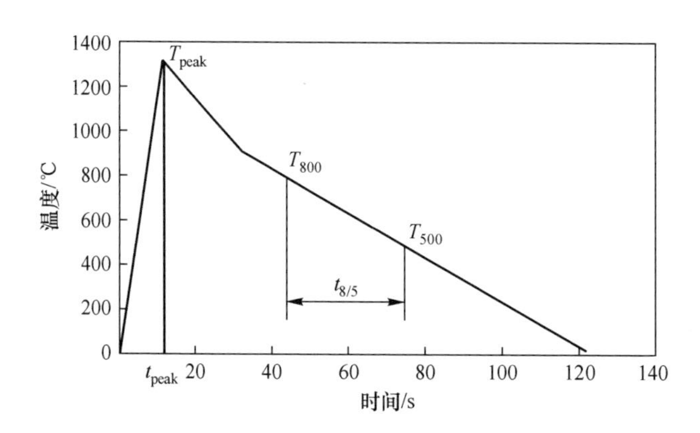

图 5-16　焊接热循环曲线

图中所标注的参数分别为峰值温度 T_{peak}，试样从室温加热到 T_{peak} 所需的时间 t_{peak}；800℃冷却至 500℃所需时间 $t_{8/5}$。选取的具体焊接热循环参数如下。

（1）加热过程：加热速度为120℃/s；

（2）保温过程：峰值温度为1320℃，保温时间为1s；

（3）冷却过程：从峰值温度以20℃/s的速度降温到950℃，再分别以0.5℃/s、1℃/s、2℃/s、5℃/s、10℃/s、15℃/s、20℃/s、30℃/s、40℃/s一系列冷却速度冷却到室温，所对应$t_{8/5}$分别为600s、300s、150s、60s、30s、20s、15s、10s和7.5s。

不同冷却速度下样品的组织如图5-17所示，实验结果表明，冷却速度对实验钢的组织形态产生显著影响，当冷却速度较小时（0.5～2℃/s），组织主要为粒状贝氏体；当冷却速度较高时（15～40℃/s），焊接热影响区组织主要为马氏体组织；但在一定的冷却速度范围内（2～15℃/s），热影响区既有贝氏体也有马氏体，其中，在冷速超过5℃/s时开始出现马氏体组织。

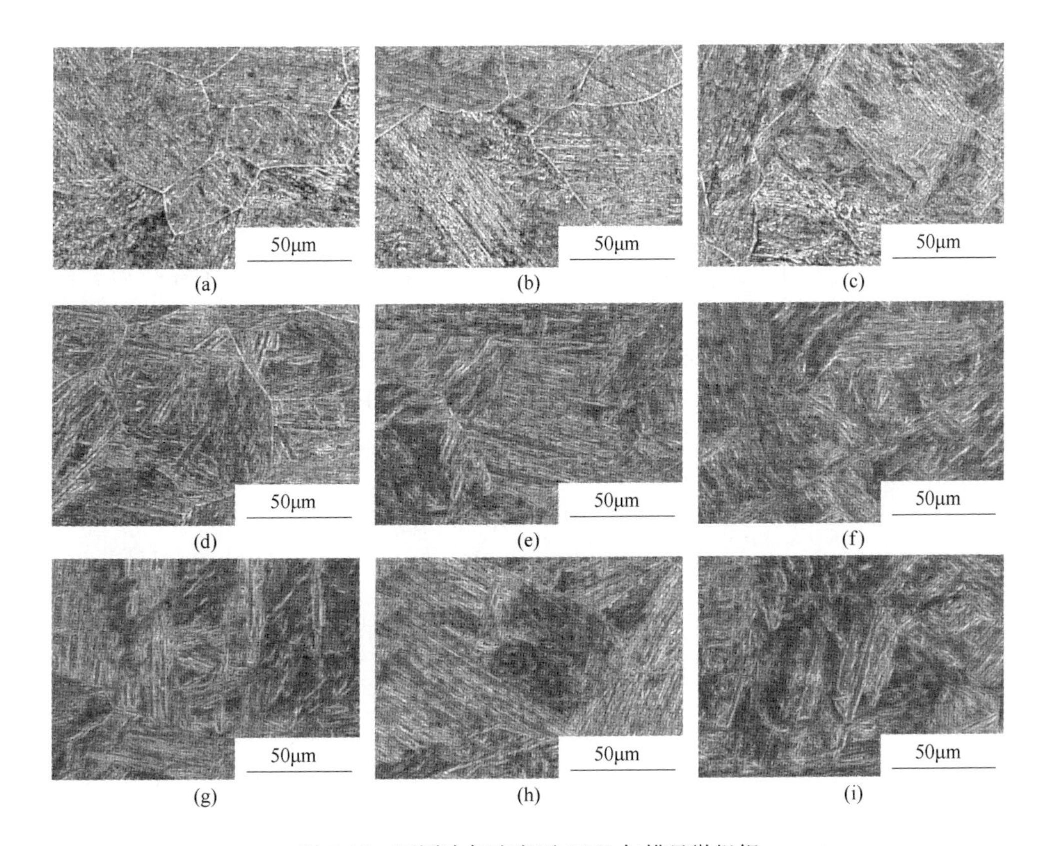

图5-17　不同冷却速度下Q960扫描显微组织

（a）$t_{8/5}=600$s；（b）$t_{8/5}=300$s；（c）$t_{8/5}=150$s；（d）$t_{8/5}=60$s；（e）$t_{8/5}=30$s；（f）$t_{8/5}=20$s；（g）$t_{8/5}=15$s；（h）$t_{8/5}=10$s；（i）$t_{8/5}=7.5$s

以不同的冷却速度将试样冷却到室温后，连续冷却转变产物出现富碳物，在

$5s < t_{8/5} < 10s$ 区间内富碳物有所增加，原因在于在该冷速下连续冷却时，碳有足够的时间由 α/γ 相变前沿界面向 γ 内以较快速度扩散，导致残余奥氏体中碳含量升高，发生稳定化。贝氏体进一步转变，将稳定化的奥氏体包围，在随后的冷却过程中，形成富碳奥氏体，但随着冷速的增加奥氏体只能在短距离内富碳，造成其数量相应增加。随着冷却速度的增加，富碳奥氏体尺寸有所减少，这是因为冷速越大，贝氏体开始转变温度越低，相变的驱动力越大，奥氏体中碳原子的扩散能力差，因而，形成富碳的难度增加。当冷却速度为 15℃/s 时，连续冷却转变产物全部为马氏体；当冷却速度提高到 30℃/s 时，组织类型为板条马氏体；当冷却速度大于 40℃/s 时，组织主要为板条马氏体组织。

不同冷却速度条件下模拟试样的维氏硬度如图 5-18 所示。由图 5-18 可知，随着 $t_{8/5}$ 的增加，冷却速度的降低，显微硬度呈逐渐减小的趋势，最高硬度为 454。其原因为连续冷却条件下，冷速过快时，高温下奥氏体中的碳来不及扩散、聚集，从而以过饱和的形式存在于原奥氏体中，并随之在低温区间发生相变，形成的转变产物不仅富集碳，而且还含有大量的晶格缺陷，因而促使其硬度值逐渐升高。当 $t_{8/5}$ 大于 15s 后，硬度值增加趋势减小，原因为此时转变的产物都为马氏体，马氏体含量一定，故硬度值变化不大。当 $60s < t_{8/5} < 150s$ 时，硬度值显著增加，原因在于此时贝氏体大量转化为马氏体，马氏体含量显著增加。当 $t_{8/5}$ 大于 300s 后，试样的硬度低于母材，此时，将出现软化现象。实验钢在冷却过程中冷速加快时，马氏体含量增加，硬度值增大，最高硬度值达 454，为减少淬硬倾向和冷裂纹敏感性，在采用小热输入极限条件焊接时应采用焊前预热或焊后缓冷等特殊措施来避免获得淬硬组织和防止冷裂纹的产生。

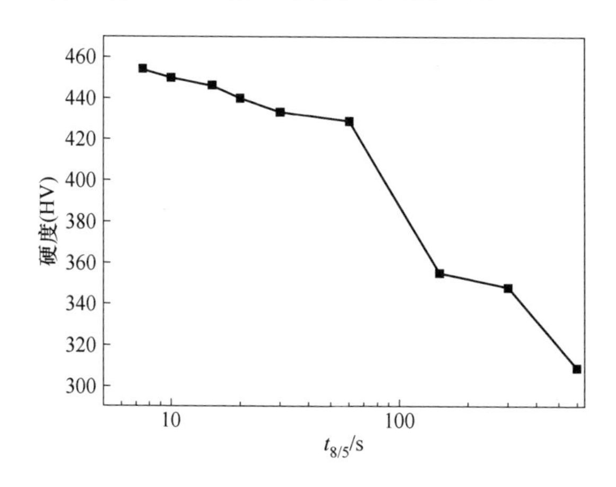

图 5-18　不同冷速下高强度钢 Q960 硬度

结合上述实验结果，所得高强度钢 Q960 的 SH-CCT 曲线如图 5-19 所示，实验结果表明，随着焊接热输入的增加，焊后冷却速度由快变慢，低碳钢热影响区粗晶区发生了 M、M + B 和 B 三种不同类型的组织转变。当 $t_{8/5}<30$s 时，热影响区粗晶区发生的是 100% 的 M 相变，并且随着冷却时间的减少马氏体含量逐渐增多，显微硬度值增加很快；当 $t_{8/5}<15$s 时，随着冷却时间的降低，组织类型不变，仍然是马氏体组织，故显微硬度变化不大；当 $30\text{s} \leqslant t_{8/5}<150$s 时，热影响区粗晶区发生的是 M 和 B 的相变，随冷却时间的减少，B 减少 M 增多，显微硬度值增加；当 $t_{8/5} \geqslant 150$s 时，发生的是 100% 的 B 相变。

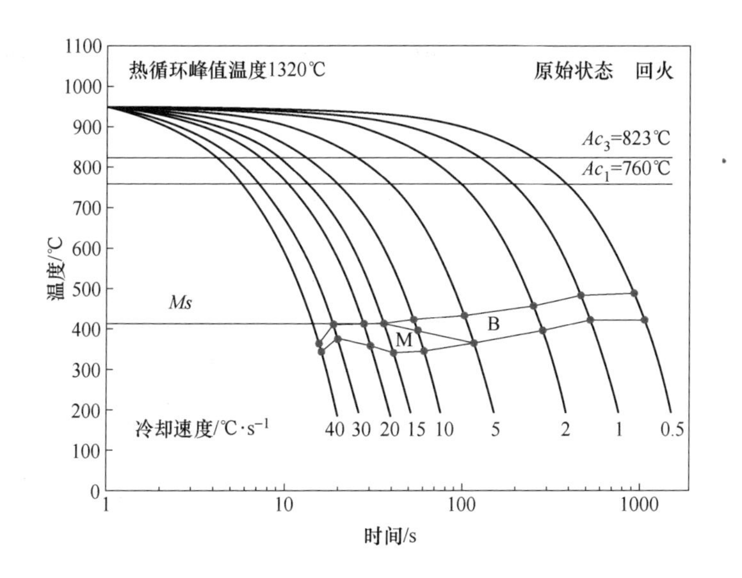

图 5-19 高强度钢 Q960 的 SH-CCT 图

5.4.1.2 斜 Y 型坡口焊接试验

高强度钢 Q960 斜 Y 型坡口焊接实验按照国家标准 GB 4675.1 规定执行，分别进行了室温（26℃）不预热、120℃、150℃三种预热条件下的焊接裂纹试验。试件焊后放置 48h，进行表面、断面裂纹检查，具体试验参数见表 5-1。

表 5-1 高强度钢 Q960 斜 Y 型坡口焊接试验参数

焊丝牌号	规格 /mm	焊接电流 /A	电弧电压 /V	焊接速度 /mm · min^{-1}	保护气体
MF1100M	ϕ1.2	270	27	370	80% Ar + 20% CO_2

高强度钢 Q960 斜 Y 型坡口焊接实验横截面图如图 5-20 所示，在焊后放置 48h 的情况下，对样品的表面裂纹率及断面裂纹率进行统计，统计结果见表 5-2，30mm 厚 Q960 钢板在室温不预热条件下焊接，小铁研试验的表面裂纹率为 100%，断面裂纹率为 30.7%；当预热温度为 120℃和 150℃时，表面裂

纹率及断面裂纹率均为零。试验结果表明，30mm 厚 Q960 钢采用 MF1100M 焊丝、80% Ar + 20% CO_2 气体保护焊，在较苛刻的拘束条件下焊接，预热温度应在 120℃以上。

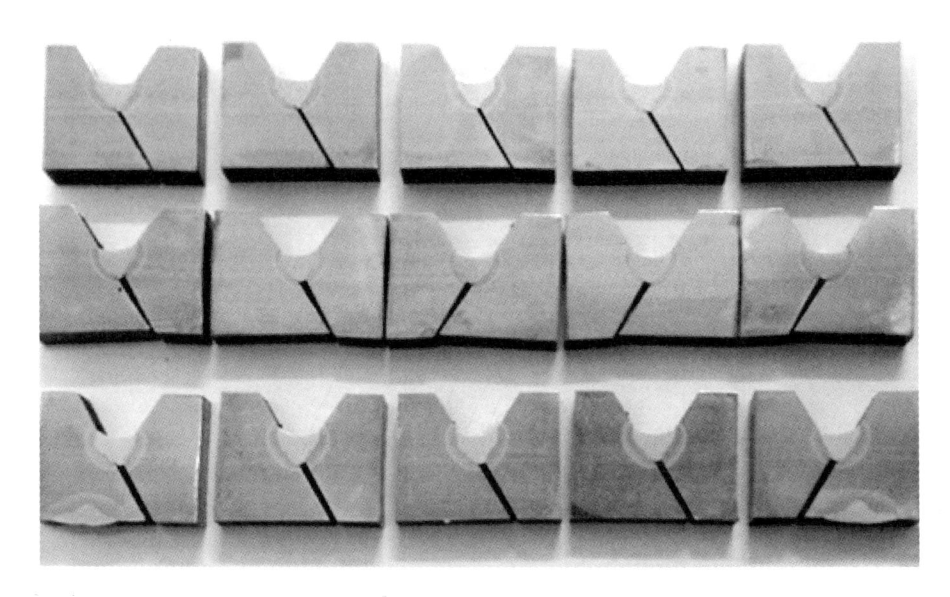

图 5-20　高强度钢 Q960 斜 Y 型坡口焊接实验横截面图
（第一排：不预热；第二排：预热 120℃；第三排：预热 150℃）

表 5-2　高强度钢 Q960 斜 Y 型坡口焊接试验裂纹率统计结果

预热温度/℃	表面裂纹率/%	断面裂纹率/%	平均裂纹率/%
不预热	100	14.6，46.9，20.6，30.2，41.3	30.7
120	0	0	0
150	0	0	0

上述实验结果表明，在苛刻的拘束条件下（如定位焊、对接焊根部焊道、补焊等）焊接，应采取必要的预热措施，30mm 厚 Q960 钢板预热温度应在 120℃。由于不同厚度钢板焊接时结构的拘束程度不同，在同样焊接条件下防止焊接冷裂纹所需要的预热温度是不一样的，如果实际结构 Q960 钢板的板厚小于 30mm，预热温度可相应降低或可以不预热，但需通过必要的试验确定。鉴于在焊接过程中，氢致开裂是产生裂纹的主要原因，所以实际产品焊接时应优先选择超低氢的焊接材料及焊接工艺，厚板焊接后建议进行及时的消氢处理。

5.4.1.3　热影响区最高硬度试验

高强度钢 Q960 热影响区最高硬度试验按照国家标准 GB 4675.5 进行，将

30mm 厚 Q960 钢板刨削至 20mm（保留一个轧制面），进行热影响区最高硬度试验，如图 5-21 所示。本试验进行室温不预热条件下的最高硬度测定，采用 MF1100M 焊丝、80% Ar + 20% CO_2 气体保护焊进行最高硬度试验试板的焊接，焊接条件见表 5-3。试板焊后 12h，对样品进行 HV 测定，每隔 0.5mm 测一点。

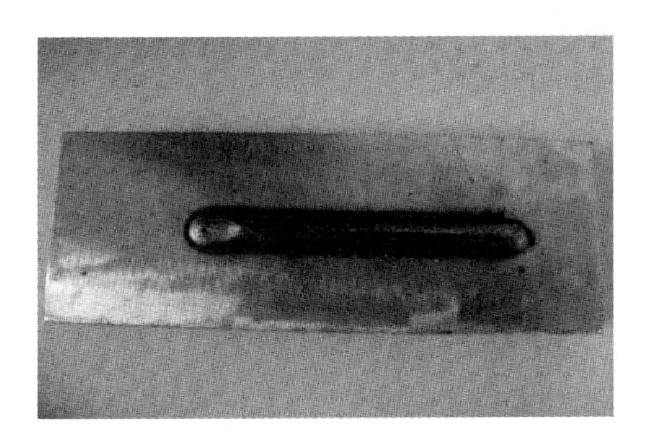

图 5-21 热影响区最高硬度试验实物图

表 5-3 热影响区最高硬度焊接条件

焊丝牌号	焊接电流 /A	电弧电压 /V	焊接速度 /mm · min^{-1}	保护气体	气体流量 /L · min^{-1}
MF1100M	270	27	370	80% Ar + 20% CO_2	15 ~ 20

焊接热影响区最高硬度试验是用测定的焊接热影响区的最高硬度值 HV_{max} 间接评价钢材焊接冷裂倾向。高强度钢 Q960 热影响区最高硬度实验结果见表 5-4，在室温不预热条件下焊接，Q960 钢板热影响区最高硬度为 HV_{max} = 421，实验结果表明，Q960 钢板焊接热影响区有一定的淬硬倾向。

表 5-4 高强度钢 Q960 热影响区最高硬度试验结果

预热温度	维氏硬度（HV）	最高维氏硬度（HV_{max}）
不预热（室温）	302，292，302，312，319，327，348，421，345，336，322，312，306，294，309	421

5.4.2 Q1100 的焊接性试验结果

低合金高强度钢 Q1100 焊接试验所选用的试验材料为国内某钢厂生产的 Q1100 钢板，其化学成分见表 5-5，该钢板成分及力学性能均满足国家标准《超高强度结构用热处理钢板》（GB/T 28909—2012）要求，为常规的 1100MPa 级工程机械用低合金高强度钢 Q1100。

表 5-5 低合金高强度钢 Q1100 合金成分（质量分数） （%）

C	Si	Mn	P	S	Cr	Ni + Mo + V + Al	Ti + Nb	B
0.175	0.233	1.238	0.0052	0.0028	0.530	<0.9	<0.05	0.0015

5.4.2.1 SH-CCT 曲线

本试验所采用的焊接热循环工艺参数如下，其加热速度为 120℃/s，峰值温度为 1320℃，保温时间为 1s，为模拟不同的焊接热输入，选用的 $t_{8/5}$分别为 5s、6s、7.5s、10s、15s、30s、60s、150s、300s 及 600s。在冷却过程中试样发生相变，在热膨胀曲线上出现拐点，根据该拐点所对应的温度确定各冷却速度对应的相变温度。线能量对高强度钢焊接接头组织具有较大的影响，图 5-22 为不同线能量下高强度钢 Q1100 组织，实验结果表明，当 $t_{8/5}$较大时（600～60s），焊接线能量较大，材料组织主要为贝氏体；当 $t_{8/5}$较低时（30～5s），焊接热影响区组织主要为马氏体组织；在一定的冷速范围内（60～30s），热影响区既有贝氏体也有马氏体。

从图 5-23 可以看出：贝氏体由奥氏体晶界向晶内生长，可以清楚看出原奥氏体晶界，若将方向一致、互相平行的一个贝氏体区域，称为一个板条束的话，可以看出，原奥氏体晶粒内部形成了方向各异的贝氏体板条束，这些板条束将原奥氏体晶粒分成不同的区域，贝氏体板条束的尺寸相差很大，平行的板条之间为残余奥氏体或碳化物。当冷速大于 5℃/s 时，组织的切变长大特征越发明显，组织中开始出现板条马氏体组织。低碳贝氏体与马氏体的微观特征区别并不明显，主要是因为，碳的低含量使马氏体晶格畸变较小，同样贝氏体中渗碳体析出量也非常少，低碳钢的板条贝氏体已不存在中碳典型的碳氮化物析出取向特征，低碳钢板条贝氏体与马氏体已没有明显的外观特征区别，因此，目前采用较多的说法是统称为低碳板条组织，而不进行刻意的名词区别。有关形成原因主要为，当冷速较低时，过冷奥氏体在高于 B_s 点时进行孕育，当冷却至 B_s 点以下时进行贝氏体转变，碳原子有足够时间进行长程扩散，在缓慢冷却时处于界面碳的过饱和度降低，碳化物的析出变得困难，从而使得冷速过高或过低都对粒状贝氏体的形成不利。在较高冷速下，奥氏体内部存在碳浓度梯度，由于碳浓度在界面的积累造成很高的碳过饱和，造成碳化物在铁素体/奥氏体界面上析出，从而形成板条贝氏体[1]。

粒状贝氏体是由铁素体板条和分布在板条间或板条界的马氏体/奥氏体（M-A）小岛组成，热影响区的脆化是导致焊接接头韧性变差的主要原因，其中 M-A 组元脆化是热影响区的主要脆化形式，因此很有必要对不同冷却速度下的 M-A 组元数量和形态进行研究。采用 Lepera 着色腐蚀剂对实验钢模拟焊接热循环后的组织进行着色腐蚀，铁素体基体为灰黑色，M-A 组元为白色；用 Lepera

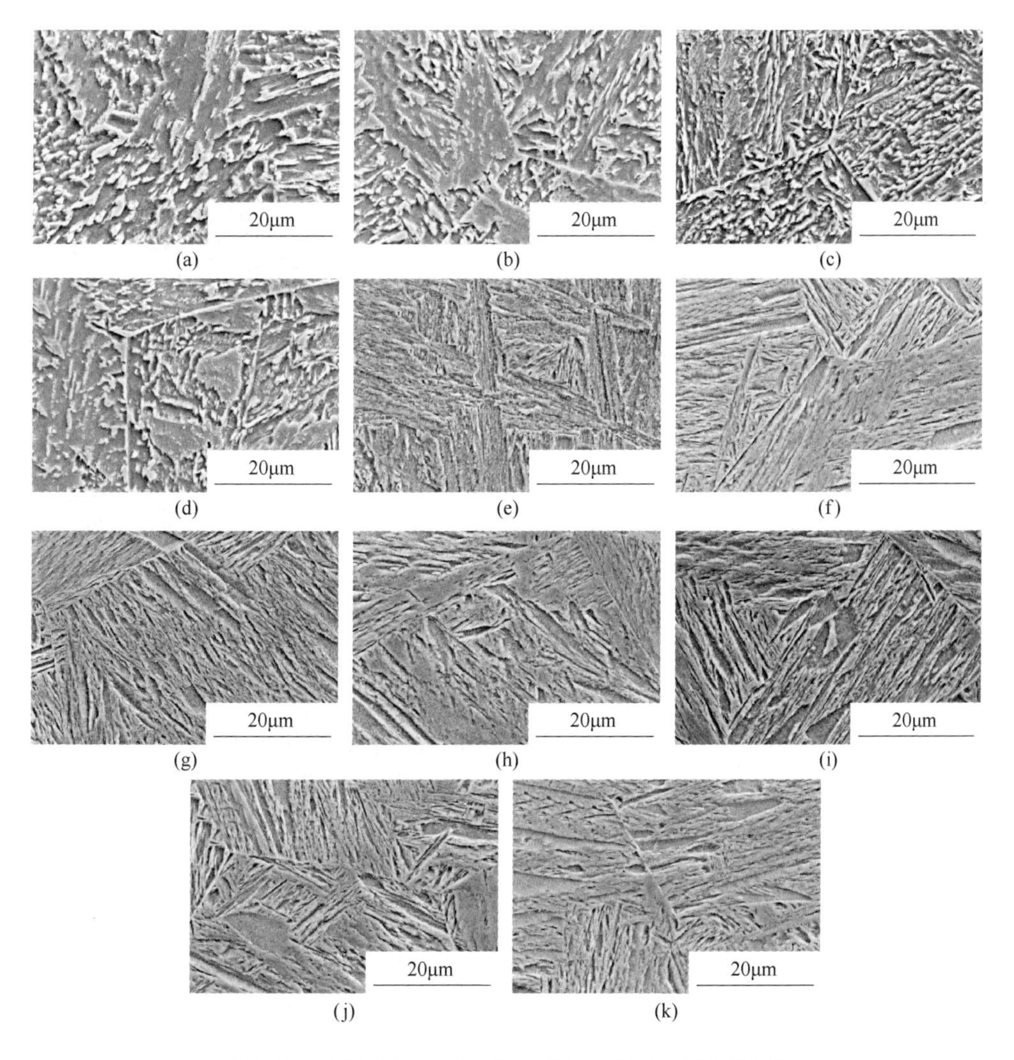

图 5-22　高强度钢 Q1100 在不同冷速下的扫描显微组织

(a) $t_{8/5}=600$s；(b) $t_{8/5}=300$s；(c) $t_{8/5}=150$s；(d) $t_{8/5}=60$s；(e) $t_{8/5}=30$s；(f) $t_{8/5}=20$s；(g) $t_{8/5}=15$s；(h) $t_{8/5}=10$s；(i) $t_{8/5}=7.5$s；(j) $t_{8/5}=6$s；(k) $t_{8/5}=5$s

着色腐蚀剂腐蚀后，不同冷却速度下的热影响区 M-A 组元形貌图如图 5-23 所示：高强度钢 Q1100 在不同冷却速度下的 M-A 组元形状各异，有长条状、圆岛状和不规则的块状。

当 $t_{8/5}$ 为 600～150s 时，奥氏体晶粒粗化。碳扩散时间变长，扩散的距离变长，热影响区存在 M-A 组元，随着冷却速度的增加，奥氏体晶粒粗化得到缓解，M-A 的体积分数是逐渐减小的，且尺寸也得到了细化；当 $t_{8/5}$ 为 60～30s 时，热影响区基本上不存在 M-A 组元；当 $t_{8/5}$ 低于 30s 时，热影响区完全不存在 M-A 组

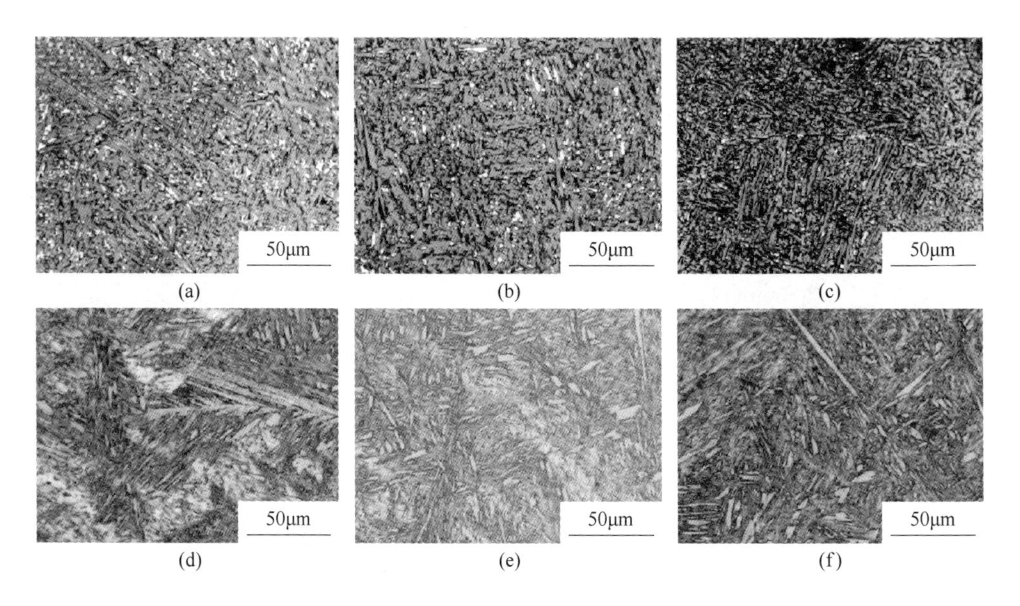

图 5-23　不同 $t_{8/5}$ 条件下粗晶区中的 M-A 组元形貌

(a) $t_{8/5}=600s$；(b) $t_{8/5}=300s$；(c) $t_{8/5}=150s$；(d) $t_{8/5}=60s$；(e) $t_{8/5}=30s$；(f) $t_{8/5}=20s$

元。由此可知，当焊接线能量较大，冷却速度较小，热影响区生成单一的贝氏体时，才会存在 M-A 组元。粒状贝氏体的含量越多，M-A 组元的数量也越多，尺寸越大；当热影响区的组织中出现马氏体时，M-A 组元逐渐消失；当热影响区为单一的马氏体时不存在 M-A 组元。

在焊接的过程中，M-A 岛的出现主要受冷却速度的影响。尽管 M-A 岛的存在可起到一定强化作用，但它同时也破坏了基体的连续性，因为在不同形状的 M-A 岛周围或多或少地会产生一些晶格畸变而引起应力集中，这必然要影响材料的断裂行为，进而影响材料的韧性。与弥散分布的点状、球状的 M-A 岛相比，长条状和尖角状的 M-A 岛更易引起应力集中，进而成为裂纹的萌生源和裂纹的低能量扩展通道[2]。因此，在高强度钢的生产焊接过程中要严格控制 M-A 组元的形状和数量，换言之，在高强度钢的焊接过程中要严格控制焊接线能量的大小，避免生成大量的带尖角块状和长条状的 M-A 组元。

如图 5-24 所示，根据不同模拟焊接热循环曲线得到的相变点数据、组织特征和性能结果，可以绘制出高强度钢 Q1100 的 SH-CCT 曲线，该曲线反映了试验钢在焊接条件下的组织性能变化规律。结果表明，随着焊接热输入的增加，焊后冷却速度由快变慢，Q1100 钢热影响区粗晶区发生了 B、M + B 和 M 三种不同类型的组织转变。当 $t_{8/5}$ 小于 30s 时，热影响区粗晶区发生的是 100% 的 M 相变；当

$t_{8/5}$在 30 ~ 60s 时，热影响区粗晶区发生的是 M 和 B 的相变，随冷却速度的增加，B 减少 M 增多，当 $t_{8/5}$大于 60s 时，发生的是 100% 的 B 相变。

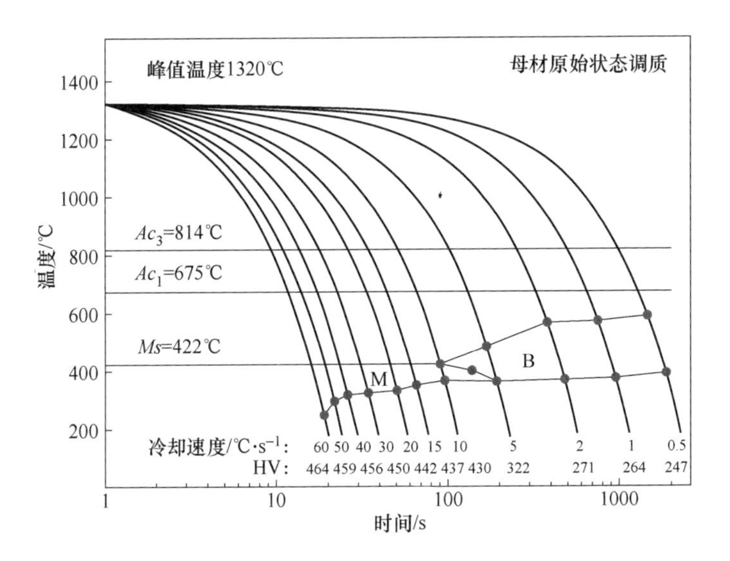

图 5-24 高强度钢 Q1100 的 SH-CCT 图

5.4.2.2 斜 Y 型坡口焊接试验

实验钢 Q1100 的预热温度范围选取在 50 ~ 100℃ 时，既能达到预热的目的，又能避免因预热温度过高而引起的焊接作业困难，因此，本实验选取室温、75℃、120℃ 三个预热温度，来研究不同预热温度时的冷裂敏感性。

对于抗拉强度 $\sigma_b \geqslant 800$MPa 的高强度钢，焊材选择时除考虑强度外，还必须考虑焊接区韧性和裂纹敏感性，其焊材的选择不应要求具有与母材相同的强度，而是应从等韧性的原则选择焊接材料，即低强匹配，通过适当降低焊缝强度，增加焊缝金属的塑性储备，降低接头拘束应力，减轻熔合区的负担，降低冷裂纹的生成倾向[3]。因此高强度钢 Q1100 斜 Y 型坡口焊接裂纹试验的拘束焊缝和试验焊缝均采用 ED-FK1000 实芯焊丝和 80% Ar + 20% CO_2 混合气进行气体保护焊，环境温度 25℃，焊接工艺参数见表 5-6。

表 5-6 斜 Y 型坡口焊接裂纹试验焊接参数

焊丝牌号	规格 /mm	焊接电流 /A	电弧电压 /V	焊接速度 /mm · min^{-1}	保护气体	气体流量 /L · min^{-1}
ED-FK1000	ϕ1.2	250	24	300	80% Ar + 20% CO_2	15

斜 Y 型坡口焊接裂纹试验具体试样尺寸、实验步骤及内容均参照国家标准

GB 4675.1—1984 进行，试验焊缝焊后放置 48h，进行试验焊缝的裂纹检查，其结果见表 5-7。

表 5-7　斜 Y 型坡口焊接裂纹试验结果

编号	预热条件	间隙/mm	表面裂纹率	断面裂纹率/%	平均断面裂纹率/%	根部裂纹率/%	平均根部裂纹率/%
1	25℃（室温）	1.81~1.90	0	12.4	13	3.1	2.7
	25℃（室温）	2.01~2.10	0	13.6		2.3	
2	75℃	1.78~1.89	0	0	0	0	0
	75℃	1.90~2.03	0	0		0	
3	125℃	1.83~1.95	0	0	0	0	0
	125℃	1.91~2.06	0	0		0	

实验结果表明，在室温下焊接实验钢时，Q1100 钢极易产生焊接冷裂纹，平均断面裂纹率达到 13%，平均根部裂纹率也有 2.7%；而随着预热温度的升高，裂纹率显著降低，裂纹敏感性大大降低。焊前预热 75℃时，在试验焊缝和根部近缝区均不会产生裂纹。说明在此预热温度下进行拘束焊接，完全可以避免焊接冷裂纹的产生。

5.4.2.3　热影响区最高硬度试验

热影响区最高硬度试验按照国家标准《焊接性试验　焊接热影响区最高硬度试验方法》(GB 4675.5—1984）进行，采用 ED-FK1000 实芯焊丝和 80% Ar +20% CO_2 混合气进行气体保护焊，环境温度 25℃，试验钢板厚为 6mm，无须加工，焊接工艺参数见表 5-8。

表 5-8　最高硬度试验焊接条件

试样编号	焊丝规格/mm	试样尺寸/mm×mm×mm	预热温度/℃	电流/A	电压/V	焊接速度/$mm \cdot min^{-1}$	焊接线能量/$kJ \cdot cm^{-1}$
1	ϕ1.2	75×200×6	25	250	24	300	12
2	ϕ1.2	150×200×6	75	250	24	300	12
3	ϕ1.2	150×200×6	125	250	24	300	12

焊接热影响区最高硬度试验的实物照片及测试结果如图 5-25 所示。试验结果表明，高强度钢 Q1100 在焊接线能量为 12kJ/cm 常温条件下施焊时，热影响区最高硬度为 431HV；当预热温度为 75℃时，热影响区最高硬度值为 401HV；预热温度为 125℃时，热影响区最高硬度值为 390HV。随着预热温度的降低，热影响区最高硬度值呈现下降的趋势。

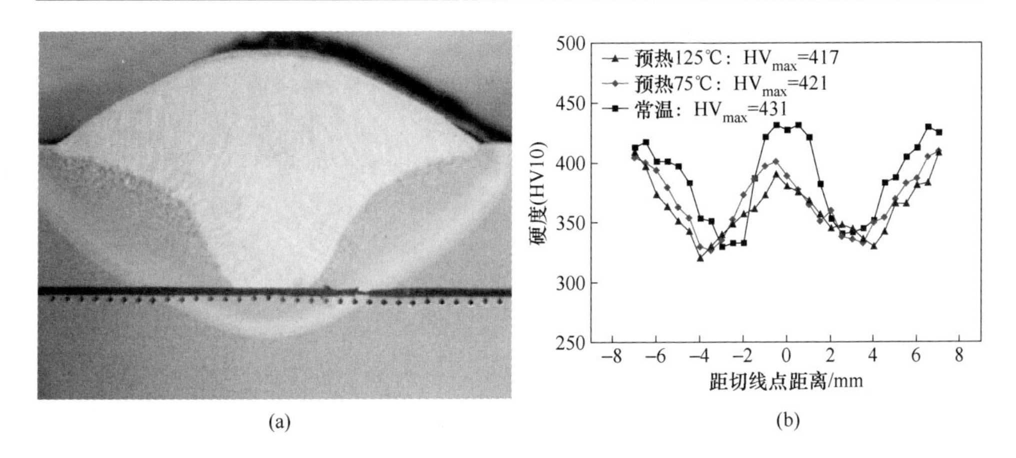

(a) (b)

图 5-25 焊接热影响区的最高硬度试验实物照片及硬度分布曲线

(a) 实物照片；(b) 硬度分布曲线

同时，还可以发现，实验钢的焊接接头热影响区 2 ~ 4mm 范围内存在一定程度的软化，随着预热温度的增大，软化区最低值离融合线的距离越远，硬度降低。即随着预热温度的增加，热影响区软化趋势更加明显，虽然此时塑性大大提高，但会导致焊接接头强度下降，因此在实际生产中应严格选择合适的预热温度。

由于焊接 HAZ 的最高硬度主要取决于母材的化学成分与焊接冷却条件，其实质是反映不同金相组织的性能。焊接时可以通过增大冷却时间 $t_{8/5}$ 来降低 HAZ 的最高硬度，但是过分延长 $t_{8/5}$ 会使 HAZ 在高温停留时间太长，从而使晶粒粗化，并导致第二相析出等，所以应主要通过控制热输入，配合焊前预热和焊后缓冷等工艺措施，实现控制 HAZ 的最高硬度，同时又不使 HAZ 晶粒粗化，导致接头力学性能的降低。

按照国际焊接协会提出的热影响区最高硬度评定标准，一般认为，钢板的抗拉强度 $1100\text{MPa} \leqslant R_m \leqslant 1340\text{MPa}$，马氏体含量（质量分数）处于 60% ~ 70% 时，焊接热影响区不容易产生冷裂纹的评定标准可以由最高硬度值不大于 350HV（普通低合金高强度钢）修正为 400HV，当超过 400HV 时，此时应考虑预热。采用该工艺焊接后，热影响区硬度略高于该临界值，考虑到高强度钢 Q1100 本身的组织性能，可以认为在此工艺下就可以避免实验钢的冷裂倾向。

5.4.3 Q1300 的焊接性试验结果

5.4.3.1 SH-CCT 曲线

SH-CCT 曲线是正确选择焊接材料、优化焊接工艺参数、制定焊后热处理参数的重要依据，也可以用于判断不同焊接热循环条件下获得的金相组织和硬度，评估发生冷裂纹的可能性。

CGHAZ 不同焊接热循环条件下的显微组织如图 5-26 和图 5-27 所示。随着 $t_{8/5}$的增加，CGHAZ 的组织由板条马氏体（LM）逐渐过渡为板条贝氏体（LB）、粒状贝氏体（GB）和粒状组织（GS）。当 $t_{8/5}$由 6s 增加到 60s 时，显微组织均为板条马氏体，但是板条马氏体的亚结构板条块的尺寸明显增大，主要原因是高温停留时间延长导致原始奥氏体晶粒粗大；当 $t_{8/5}$增加到 150s 时，由于冷速下降，板条马氏体消失，此时的显微组织主要以板条贝氏体为主，在部分区域出现了粒状贝氏体，在贝氏体铁素体的界面上分布着大量的细小条状或粒状 M-A 组元；此后，随着 $t_{8/5}$的继续增加，CGHAZ 的组织主要为粒状贝氏体，还有部分在多边形铁素体基体上分布着大量块状 M-A 组元的粒状组织；当 $t_{8/5}$增加到 300s 时，此时粒状贝氏体中铁素体和 M-A 组元的尺寸明显增大；当 $t_{8/5}$增加到 2500s 时，M-A 组元光洁平整的表面变得粗糙不平，这是由于 M-A 组元中碳含量有所降低，马氏体发生了自回火。

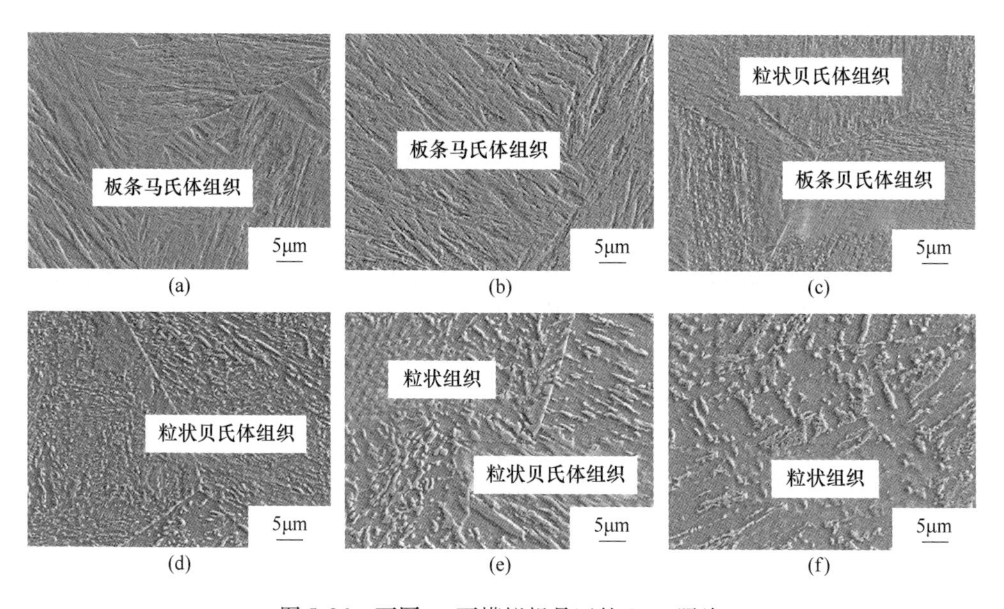

图 5-26　不同 $t_{8/5}$下模拟粗晶区的 SEM 照片

(a) 6s；(b) 60s；(c) 150s；(d) 300s；(e) 600s；(f) 2500s

随着 $t_{8/5}$增加，粒状贝氏体的数量增多，M-A 组元尺寸增大。M-A 组元的尺寸和形貌主要受相界面的移动速度和碳原子在残余奥氏体中的扩散速度影响。在冷却速度相对较快时，相界面的移动速度小于碳原子在铁素体中的扩散速度且大于碳原子在奥氏体中的扩散速度时，在奥氏体界面前沿会形成富碳的微区［见图 5-28(a)］，因此 M-A 组元尺寸小且主要分布在板条间。当冷却速度较小时，碳原子有足够的时间进行长程扩散，相变界面前沿通过上坡扩散聚集的峰值碳浓度

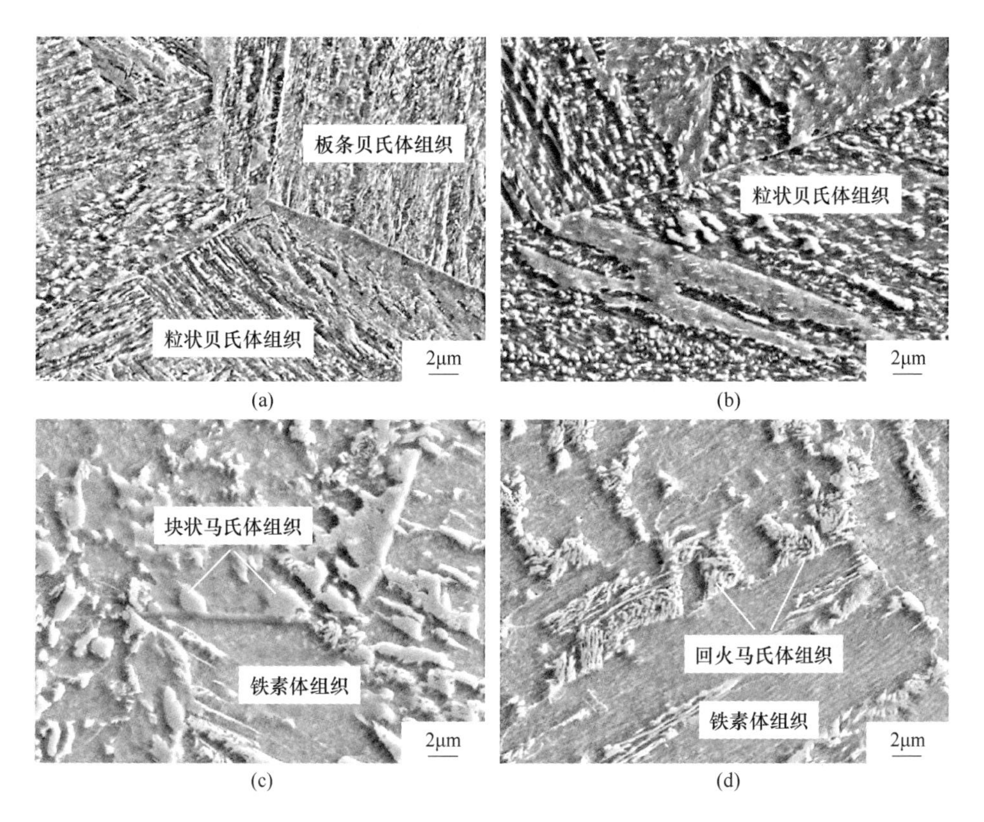

图 5-27 不同 $t_{8/5}$ 下 M-A 组元的形貌

（a）150s；（b）300s；（c）600s；（d）2500s

会随着长程扩散的进行有所降低，但是聚集的高碳区域范围会扩大［见图 5-28（b）］，随着过冷度的增大，这些高碳区域残余奥氏体会转变为尺寸较大的条状或块状 M-A 组元。

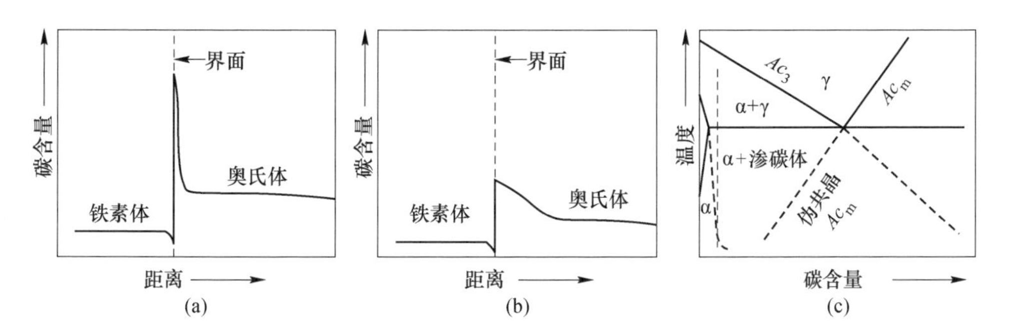

图 5-28 冷却速度对铁素体和奥氏体相界面碳原子分布的影响示意图

（a）大冷速；（b）小冷速；（c）准平衡态 Fe-C 相图

不同冷速下（对应不同的 $t_{8/5}$）实验钢模拟粗晶热影响区的硬度如图 5-29 所示。由图可知，当冷速小于 5℃/s 时，随着冷速的增大，热影响区的硬度逐渐增大；当冷速达到 5℃/s，此时的显微组织为全马氏体，硬度为 434HV10，此后继续增大冷却速度，热影响区的硬度基本保持不变。

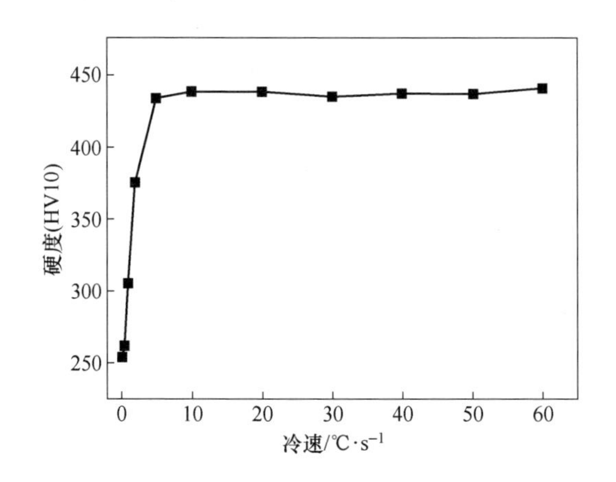

图 5-29　模拟粗晶区的硬度变化

根据热膨胀曲线测定出不同冷速下的相变点，结合显微组织观察和硬度检测结果绘制出实验钢的 SH-CCT 曲线，如图 5-30 所示。由图可知，整个相图包含粒状贝氏体（GB）、板条贝氏体（LB）和板条马氏体（LM）三个独立的相区。当冷速小于 0.5℃/s 时，粗晶区的显微组织处在单相粒状贝氏体区；当冷速大于 5℃/s 时，则处在单相马氏体区；冷速处于 0.5 ~2℃/s 时，处于粒状贝氏体和板条

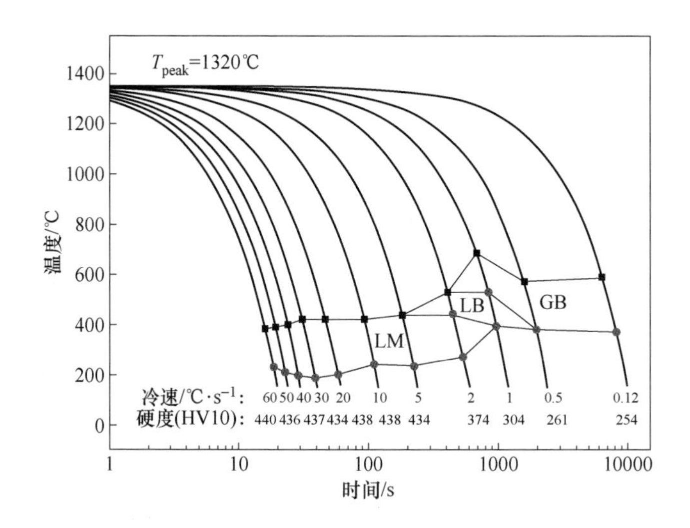

图 5-30　模拟粗晶区的 SH-CCT 曲线

贝氏体混合相区；当冷速大于2℃/s时，开始出现马氏体组织。值得注意的是，当冷速由0.12℃/s增加到0.5℃/s时，粒状贝氏体的相变开始点略有下降；当冷速继续增加到1℃/s时，相变开始点明显提高。此外，与平衡态相比（0.05℃/s），模拟焊接条件下（120℃/s）实验钢的Ac_1和Ac_3明显提高，如图5-31所示。

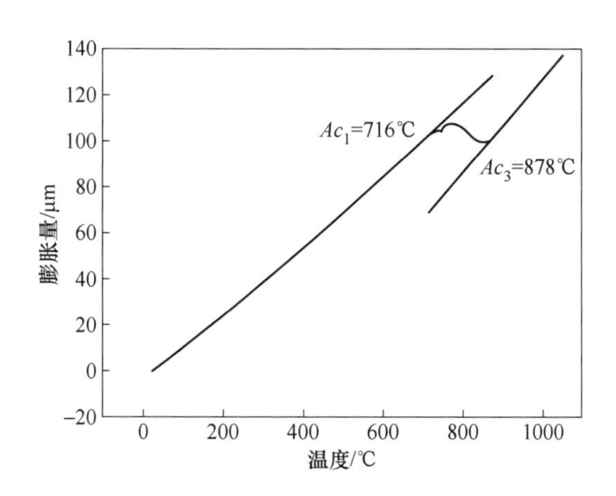

图5-31　模拟焊接条件下实验钢的热膨胀曲线（加热速度120℃/s）

5.4.3.2　斜Y型坡口焊接试验

实验钢斜Y型坡口焊接接头完整，未出现热裂纹。焊后48h后对焊接接头进行冷裂纹检测，图5-32示出了不同预热温度下斜Y型坡口焊接试验焊缝的表面形貌，图5-33示出了不同预热温度下斜Y型坡口焊接试验焊缝的截面形貌，由图可以发现在室温下焊接时，在焊缝表面出现了沿焊接方向的纵向裂纹，贯穿整个焊缝，其他预热温度下的焊缝表面均未出现裂纹。

沿垂直于焊缝方向截取试样，观察断面裂纹情况（见图5-34），预热温度不大于50℃时，在焊接接头根部均出现了裂纹，并且从断面可以发现裂纹均是从焊缝根部开始扩展到焊缝表面。当预热温度不小于100℃时，焊缝表面、接头断面和根部均未发现裂纹。

焊缝金属产生冷裂纹的原因主要是液态金属的选分结晶作用，先结晶的金属较纯，后结晶的金属含杂质较多，并富集在晶界，形成低熔点的共晶组织。在焊缝金属结晶的后期，低熔点共晶组织被排挤在柱状晶交遇的中心部位，形成一种液态薄膜，在冷却过程中的热应力和组织应力作用下导致该薄膜区域开裂。

斜Y型坡口焊接裂纹试验因为条件苛刻，接头拘束度大，根部缺口效应明显，通常认为断面裂纹率小于20%是安全的，但不能出现根部裂纹[4]。本试验中的超高强度结构钢，其显微组织为马氏体，对裂纹敏感性高，服役条件苛刻，因此对于焊接接头不允许有任何裂纹出现。不同预热温度下的焊接裂纹率见

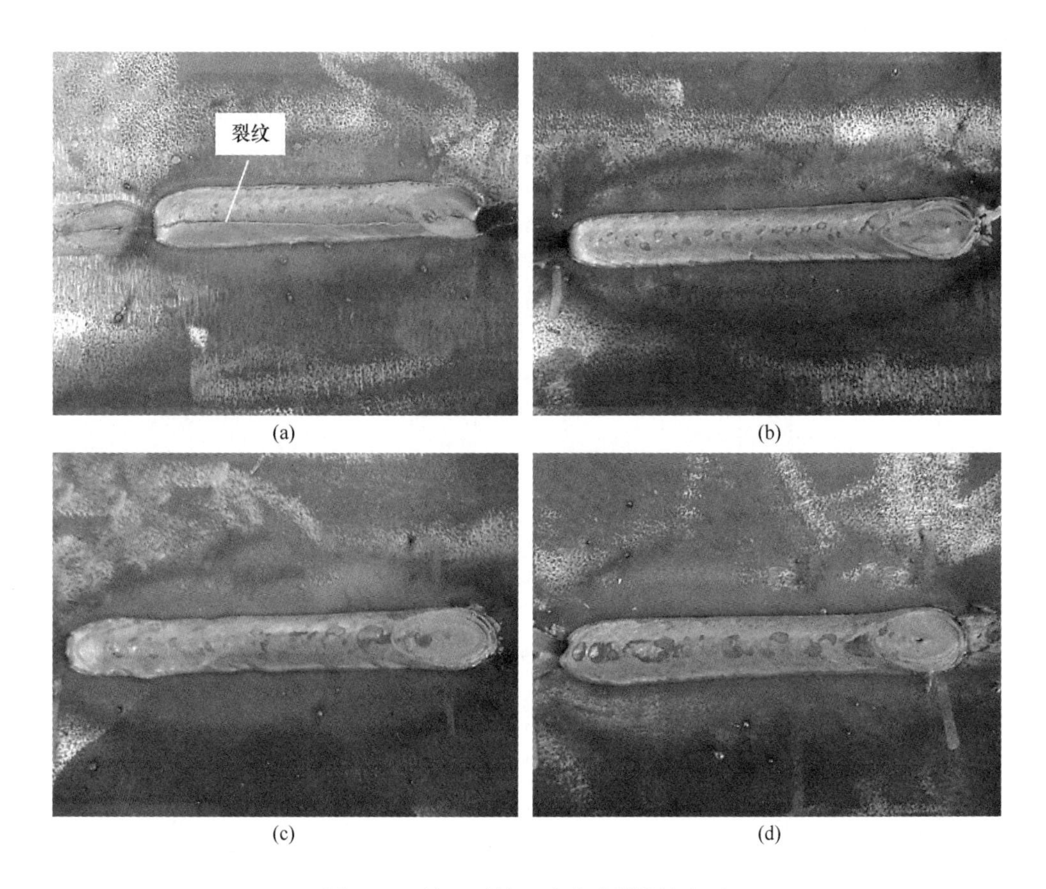

图 5-32　斜 Y 型坡口试验试样焊缝表面
(a) 室温；(b) 50℃；(c) 100℃；(d) 130℃

表 5-9。结果表明，随着预热温度的增加，裂纹敏感性显著降低。提高预热温度可降低裂纹率的主要原因是在预热条件下，焊接接头冷却速度降低，预热温度越高，冷却越慢，可以增加氢在焊接接头中的扩散速率，表现为氢的加速扩散溢出，热影响区的扩散氢含量降低[5~7]。试验结果表明，在斜 Y 型坡口拘束条件下，采用 100℃预热可以避免焊接接头出现焊接冷裂纹。

表 5-9　斜 Y 型坡口焊接试验裂纹率统计结果

预热温度/℃	间隙/mm	表面裂纹率/%	断面裂纹率/%	根部裂纹率/%
室温	1.90	100	100	17.52
50	2.01	0	100	15.36
100	1.89	0	0	0
130	1.95	0	0	0

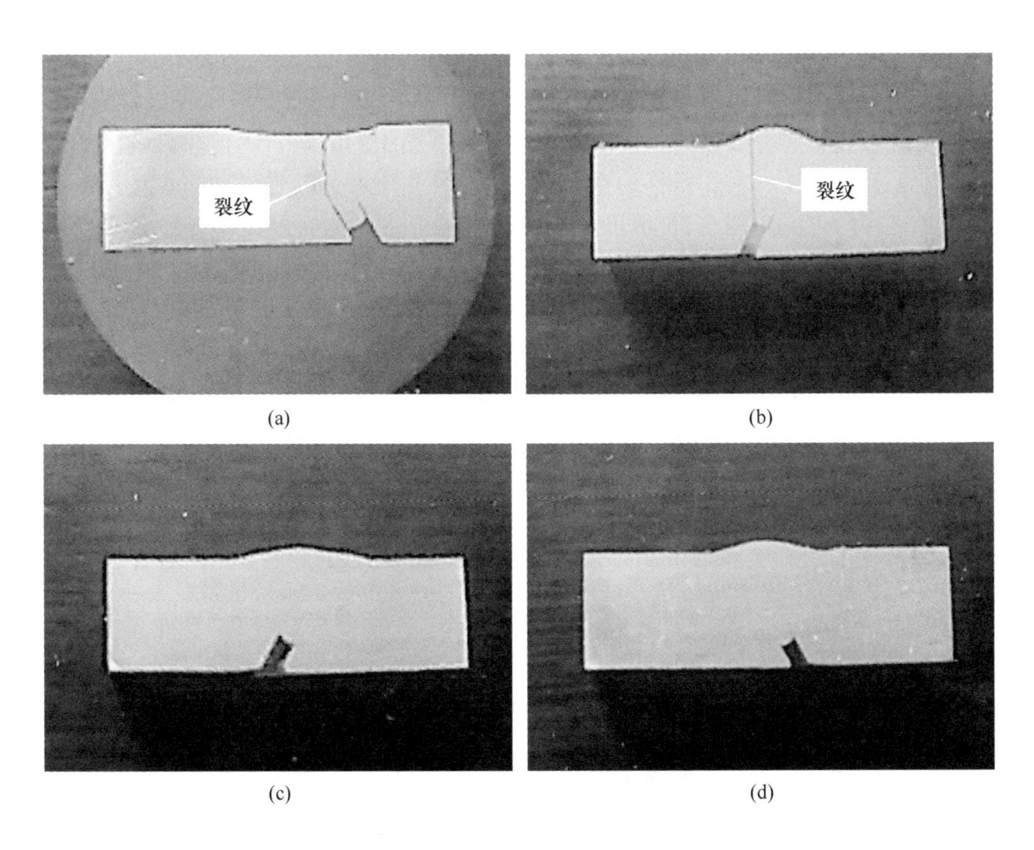

图 5-33 斜 Y 型坡口试验试样横截面
（a）室温；（b）50℃；（c）100℃；（d）130℃

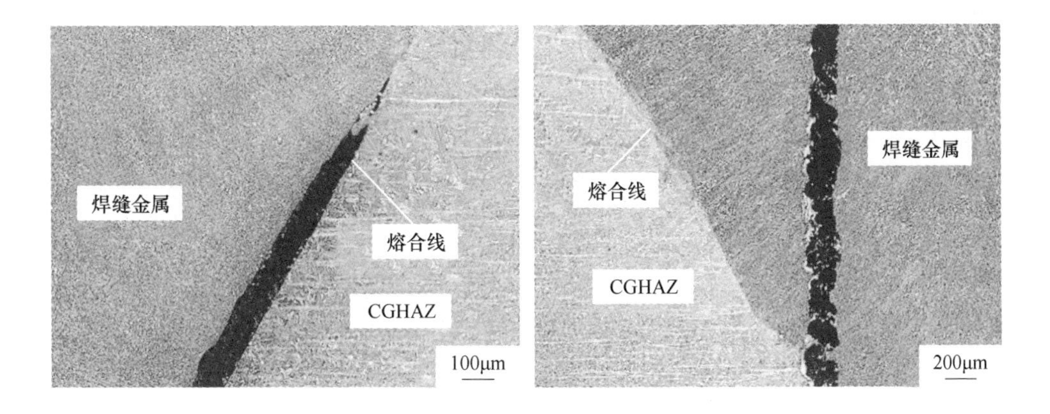

图 5-34 斜 Y 型坡口试验试样裂纹

5.4.3.3　热影响区最高硬度试验

采用焊接热影响区最高硬度（HV_{max}）来评价焊接性（包括冷裂纹敏感性），不仅反映了化学成分的作用，同时也反映了显微组织的影响。焊接热影响区的最高硬度是反映钢铁材料焊接性的重要标志之一，是比通过碳当量预测焊接性更为准确和直接的方法。图 5-35 示出了不同热输入下热影响区硬度检测结果。当热输入为 5.8kJ/cm，靠近焊缝熔池底部的热影响区（线 1）最高硬度为 484HV10，明显高于母材的硬度，距离底部 1mm 处（线 2）的最高硬度明显下降，为 414HV10，如图 5-35(a) 所示；随着热输入的增加，线 1 的最高硬度下降到 463HV10，线 2 的硬度基本保持不变，如图 5-35(b) 所示；当热输入增加到 17kJ/cm，线 1 和线 2 的硬度变化曲线基本重合，且此时热影响区最高硬度和母材硬度相近，最高硬度为 422HV10，热影响区硬化现象消失，如图 5-35(c) 所示。对比试验钢板不同热输入下线 1 的硬度分布情况，可以发现当热输入为 5.8kJ/cm 时，热影响区的最高硬度最高，具有较高的裂纹敏感性；随着热输入

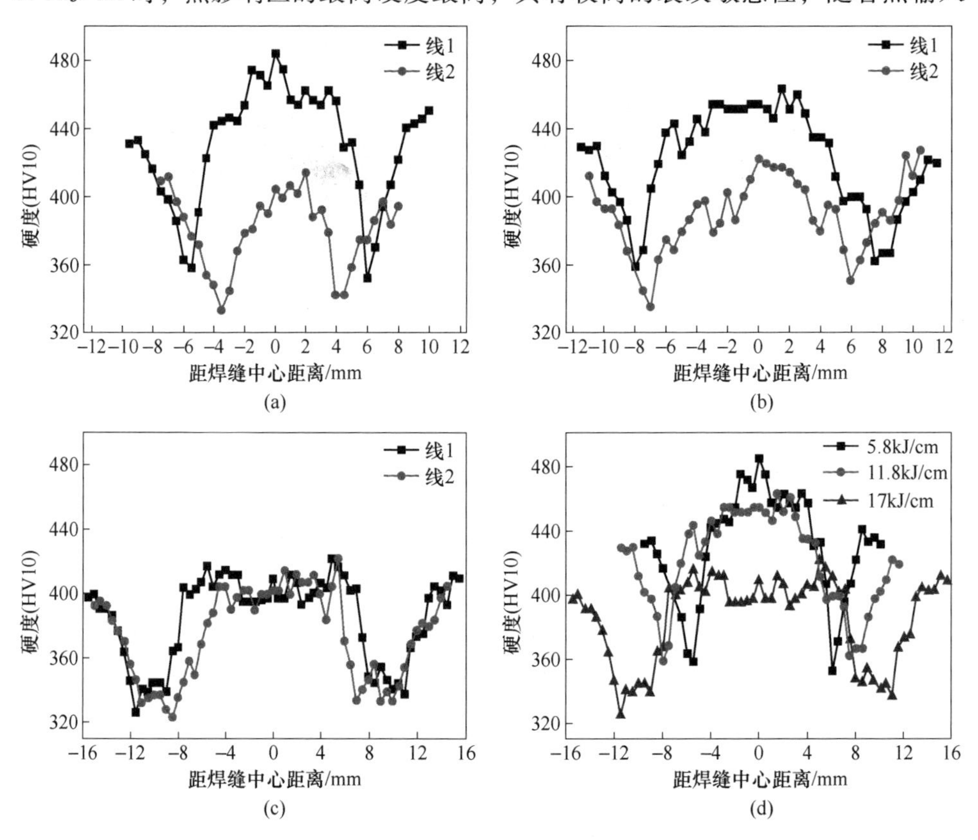

图 5-35　焊接热影响区最高硬度分布曲线

（a）5.8kJ/cm；（b）11.8kJ/cm；（c）17kJ/cm；（d）硬度对比

的增大，最高硬度逐渐下降；直至热输入增加到 17kJ/cm 时，热影响区的最高硬度与母材硬度相近，热影响区硬化现象消失，如图 5-35(d)所示。值得注意的是，此时热影响区中的软化程度增加，软化区的最低硬度由 5.8kJ/cm 时的 360HV10 降低到了 325HV10，并且软化区的宽度也有所增加。

最高硬度试验热影响区的显微组织形貌如图 5-36 所示。焊缝组织为相互缠

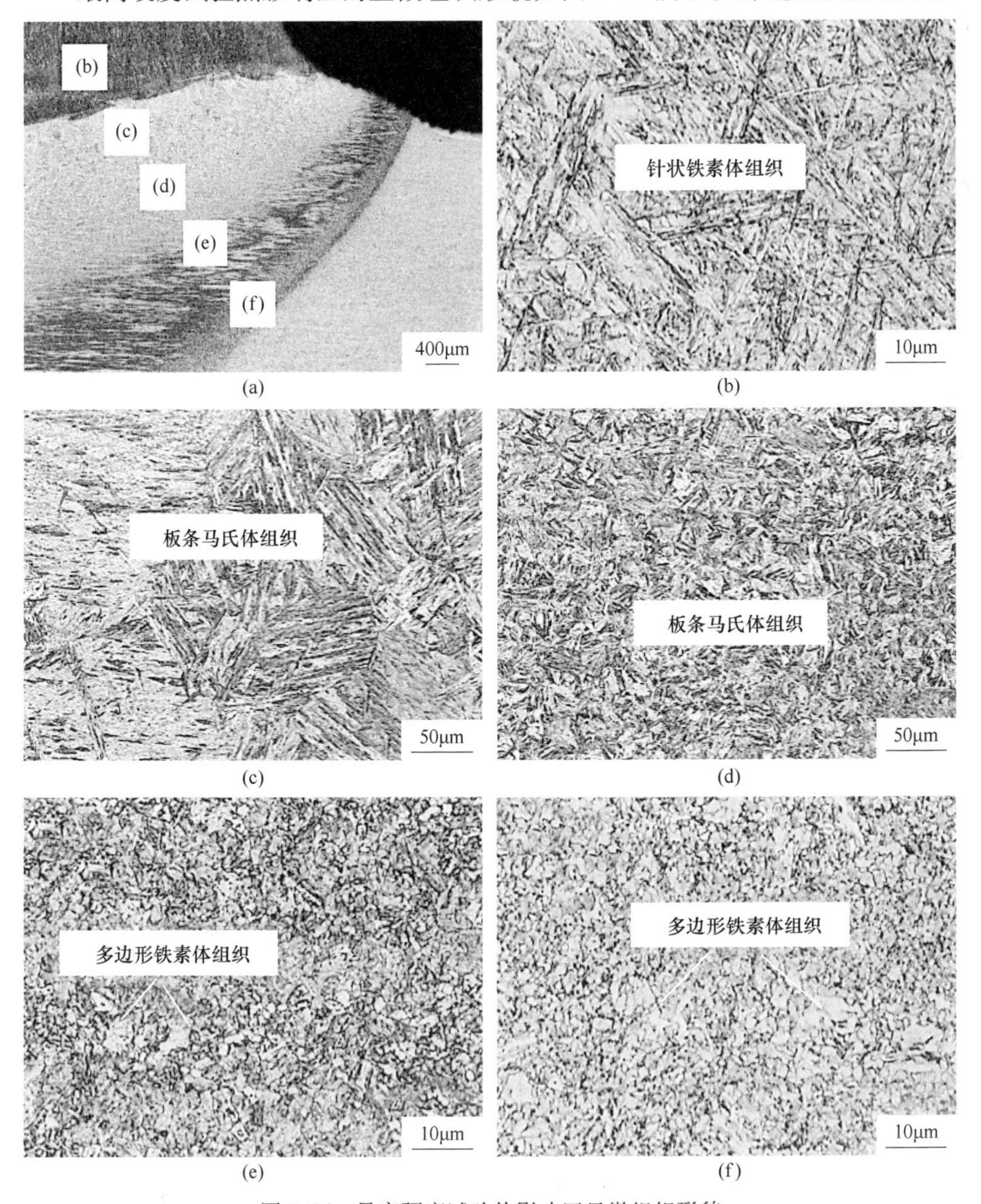

图 5-36　最高硬度试验热影响区显微组织形貌

(a) 焊缝低倍组织；(b) WM；(c) CGHAZ；(d) FGHAZ；(e)(f) ICHAZ

结的针状铁素体，粗晶区和细晶区的组织均为板条马氏体，临界区的组织为铁素体和块状马氏体的混合组织。在焊接过程中由于受热循环的影响程度不同，靠近熔合线的过热区域将发生严重的晶粒粗化。通常来说，晶粒尺寸越小，强度和硬度越高，但在本试验中不同热输入下的最高硬度大都出现在粗晶区，这是因为当显微组织为高强度马氏体时，其晶内强度高于晶界强度，晶粒尺寸越大，晶界面积越小，导致硬度增加。需要指出的是，随热输入的增加，粗晶区的晶粒尺寸会增大，但是此时冷却速率减小，降低了出现针状马氏体、孪晶马氏体等硬化组织的可能，因此最高硬度呈下降趋势。应当指出，热影响区的粗晶脆化与一般单纯晶粒长大所造成的脆化并不相同，它是在化学成分、组织状态不均匀的非平衡条件下形成的，是两种脆化作用的叠加，脆化的程度更严重。因此，为避免焊接接头出现脆化和裂纹，应严格控制热影响区的最高硬度。试验结果表明增大热输入可有效降低热影响区的最高硬度，但是同时也应注意避免热输入过大造成接头软化，削弱焊接接头的力学性能。

参考文献

[1] 赵显鹏，党军，梁江明，等. 700MPa 级低碳微合金高强钢的相变规律研究 [J]. 铸造技术，2010，31 (7)：865-868.

[2] 田德蔚，钱百年，斯重遥. 用图像仪测定 M-A 组元的腐蚀方法的比较研究 [J]. 理化检验－物理分册，1994 (1)：28-29，63.

[3] 邵国良，宗培，陈爱志. 高强低合金结构钢焊缝与母材的强度匹配研究 [J]. 焊接技术，2004，33 (6)：8-9.

[4] 周振丰. 焊接冶金学：金属焊接性 [M]. 北京：机械工业出版社，2003.

[5] 张显辉，谭长瑛，陈佩寅. 焊接接头氢扩散数值模拟 (Ⅰ) [J]. 焊接学报，2000，21 (3)：51-54.

[6] 李军，牛靖，聂敏，等. 30CrMnSiNi2A 钢的焊接冷裂纹小铁研试验研究 [J]. 焊接技术，2006 (增刊1)：9-10.

[7] Lee H W. Weld metal hydrogen-assisted cracking in thick steel plate weldments [J]. Materials Science and Engineering A, 2007, 445-446: 328-335.

6 超高强度结构钢的疲劳性能

6.1 疲劳现象

“疲劳”是用来表征材料在循环加载条件下的损伤与破坏的专业术语，国际标准化组织的定义是：金属材料在交变应力或应变作用下所发生的性能变化叫作疲劳。疲劳失效仍是现在工程领域一个重要的难点问题，譬如在汽车、铁路、轮船和飞机等领域，对于疲劳的研究较为广泛，从宏观的工程构件的断裂失效分析到微观的材料损伤机制，都和疲劳相关。

德国一名矿业工程师 Albert 在 1837 年发表了第一篇关于疲劳实验的文章，可以看作疲劳研究[1]的起源，并且对实际构件进行测试来校检其可靠性，而不仅仅局限于材料。1842 年，Rankine 讨论了铁路车轴的疲劳强度，且提到了构件中存在应力集中的问题。Morin 在 1853 年提出铁路车轴运行 6×10^4km 后需要进行更换的建议，这是关于构件“安全设计”的早期范例。1854 年，Braithwaite 在他的著作中首次提到了“疲劳”一词，书中提到了许多疲劳失效断裂的案例，并讨论疲劳加载的许用应力问题。机械安全事故使疲劳问题更加受到关注，例如 1942 年法国凡尔赛附近的铁路火车车轴断裂造成 60 人死亡的重大事故。

1960 年，德国铁路工程师 Wöhler[2] 首次系统地对疲劳问题进行了研究，Wöhler 的研究工作包括全尺寸车轴的旋转弯曲疲劳实验和其他小型构件的轴向加载疲劳试验，并设计出旋转弯曲疲劳试验机。他基于火车车轴工况分析，对车轴进行有限寿命的设计，甚至考虑到概率疲劳断裂问题。1870 年，他尝试用应力幅 - 寿命（S-N）曲线来对疲劳行为进行描述，并提出了“疲劳极限”的概念，即材料在低于静态强度的循环应力下失效断裂问题，同时提出了应力幅是决定疲劳寿命的最重要参数这一观点。1886 年，Bauschinger 研究了“循环软化现象”，即在循环载荷下材料的弹性极限降低。1899 年，Goodma 在 Fairbairn 等人提出的平均应力影响疲劳寿命计算方法的基础上，提出了一种修正平均应力的简化理论。Ewing 和 Humfrey 在 1903 年开拓性地提出了滑移带在形成疲劳裂纹中的作用，从而使人们放弃了使用“晶化理论”来解释疲劳机制。直到 1910 年，Basquin 才提出了有限疲劳寿命区域应力与循环次数的双对数描述形式。1924 年，

Palmgren 提出了疲劳破坏的累积损伤模型。

金属在反向载荷作用下的弹性极限可能与在单向形变中观察的弹性极限有一定差距，Bauschinger 将这一概念普遍化，并在 1886 年提出了“包申格效应”。1903 年 Ewing 和 Humfrey 在旋转弯曲疲劳试样表面观察到了“滑移带”，他们率先使用金相显微技术来对疲劳过程进行描述，同时表明在多晶材料的晶粒内出现滑移带。他们的工作促进了疲劳微观损伤机制与材料组织结构的研究，尤其在 Orowan 将位错模型[3]引入疲劳研究之后，更多的科研人员对材料微观组织与疲劳的关系进行了研究。

在 20 世纪初期，科研人员开始关注如何对材料及构件疲劳寿命进行定量预测。英国航空公司首次对大型飞机部件进行了全尺寸疲劳实验，1914 年，Heyn 研究了缺口效应对疲劳寿命的影响。1920 年，Griffith 在对脆性材料断裂的研究中解释了理论强度与实际强度的差异，奠定了断裂力学基础。Moore 和 Kommers 在 1927 年指出疲劳数据存在分散性问题，这促使人们探究如何准确地描述疲劳行为。这一时期 Palmgren、Langer 和 Miner 等人逐步建立起了疲劳破坏的累积损伤模型，其中 Langer 将构件疲劳断裂的总寿命分为裂纹萌生阶段与裂纹扩展阶段。

1954 年两架“彗星”号飞机失事，这一严重疲劳断裂事故成为促成复杂而完整的飞机结构疲劳实验标准化的原因，此后，飞机部件服役前必须进行全尺寸构件疲劳实验。在同一时期，基于 Basuschinger 效应，Coffin 和 Manson 分别独立地建立了塑性应变幅与疲劳寿命的关系，称为 Manson-Coffin 公式，随后建立了局部应力应变法，此公式奠定了塑性应变造成疲劳损伤理论的基础。1955 年美国航空协会提出了安全寿命设计准则，并采集了大量飞机结构件疲劳实验的样本数据，其中影响力最大的是美国航空研究实验室在 1948—1970 年间对二战后遗留的 P-51“野马”式战斗机的 180 个机翼进行全尺寸构件疲劳实验，为疲劳研究积累了大量珍贵的实验数据，值得注意的是，其在实验过程中考虑了各种外部因素（腐蚀、载荷等）。

20 世纪 50 年代，有许多科学家开始对疲劳裂纹扩展问题进行研究，并提出疲劳裂纹扩展寿命的假设，但未引入断裂力学的理论。直到 1958 年，Irwin 提出 K 准则对线弹性断裂力学进行了更进一步的研究。1961 年，Paris、Gomez 和 Anderson[4]首次建立了在应力循环过程中疲劳裂纹扩展速率（$\mathrm{d}a/\mathrm{d}N$）与应力强度因子范围（ΔK）之间的关系，为疲劳裂纹扩展的研究提供了理论依据。Paris[5]在 1963 年首次将断裂力学引入对疲劳裂纹扩展规律的定量描述中，从而使疲劳裂纹扩展领域的研究快速发展，结合 20 世纪 70 年代前后有关疲劳短裂纹及疲劳裂纹闭合效应的研究，建立了材料及构件疲劳裂纹扩展的定量化描述的理论基础。

20 世纪 80 年代之后，随着先进表征技术（透射电镜、原子探针和同步辐射技术等）的发展，人们开始对疲劳微观损伤机制进行重点研究，并且深入研究了复杂环境对材料及构件疲劳性能的影响并对疲劳寿命进行了预测，在这一时期 Suresh、Ritchie 和 Wang 等团队的研究成果是疲劳损伤机制研究的代表性工作。近 20 年来，随着工业发展对材料的性能要求的不断提高，科研人员不仅关注传统疲劳相关的理论，同时对新材料的疲劳理论也进行了探索。不过，随着新型结构材料在工程上的应用，疲劳性能是衡量其能否进行工业应用的重要依据之一。因此，人们也在积极探索新材料的（纳米金属、非晶金属、3D 打印材料、高熵合金和生物仿生力学材料等）疲劳性能和疲劳理论。

目前，有关疲劳性能的研究已日趋完善。从不同的分析角度，可以把疲劳分为不同类型。

（1）按研究对象可以分为材料疲劳和结构疲劳。材料的疲劳主要研究材料的疲劳失效机理、化学成分和微观组织对材料疲劳强度的影响；而结构疲劳则是以零部件甚至设备整体为研究对象，研究的内容包括疲劳性能、抗疲劳设计方案、疲劳试验和疲劳寿命估算方法。

（2）按加载应力状态可以分为单轴疲劳和多轴疲劳。单轴疲劳是指在单向循环应力的作用下产生的疲劳，包括单向拉压疲劳、弯曲疲劳和扭转疲劳；而多轴疲劳则是指在多向应力作用下产生的疲劳，也称为复合疲劳。由于材料实际工作环境的复杂性，导致现实中的疲劳现象大多是多轴疲劳造成的。

（3）按载荷变化情况可以分为恒幅疲劳、变幅疲劳和随机疲劳等。

（4）按工作环境可分为机械疲劳、蠕变疲劳、热机械疲劳、腐蚀疲劳、解除疲劳、微动疲劳、冲击疲劳等。

（5）目前，在大多数研究工作中是按照材料失效前经历的循环周次分类，可以分为低周疲劳、高周疲劳以及超高周疲劳。

低周疲劳的应力较大，疲劳寿命一般集中在 $(1\times10^2)\sim(1\times10^5)$ 周次，寿命较短，其特点是作用的构件应力水平远低于材料的弹性极限，使得试样处于塑性变形状态，应力与应变曲线呈现线性关系。一般低周疲劳实验采用应力幅控制，主要靠应变－寿命曲线和循环应力－应变曲线来表述。

高周疲劳应力水平较低，循环周次一般为 $(1\times10^5)\sim(1\times10^7)$ 周次，也称为低应力疲劳或者高循环疲劳。高周疲劳试验时加载的应力水平较低，试样会发生弹性形变，应力与应变呈正比例关系，因此高周疲劳也称为低应力疲劳。它的表述方式主要是应力－应变曲线，也就是 S-N 曲线。

超高周疲劳是指疲劳寿命在 $(1\times10^7)\sim(1\times10^9)$ 周次，具有超长的疲劳寿命，它加载的应力远低于高周疲劳所加载的应力。一般地，研究疲劳受限于实验条件和实验设备的加载频率。加载的循环周次一般都是在 1×10^7 以内。最近几年，航空、航天、高铁、轮船和核电领域快速发展，所应用的重要结构件经受的循环周次达到了（1×10^{8}）~（1×10^{9}）甚至更高。

一般认为在循环周期性的交变载荷下材料发生疲劳现象的微观机制是，由于塑性应变引起的材料发生局部变形，最终导致材料发生疲劳破坏，而这种变形是不可逆的。由低周疲劳引起的破坏，一般在样品的整个标距区域都会发生塑性变形，因此，塑性变形是影响疲劳性能的主要因素。而对于高周和超高周疲劳引起的破坏，即使应力是在弹性变形区，由于微观缺陷，仍有可能会产生塑性变形，导致在微观缺陷处形成裂纹，最终发生破坏。

6.2 疲劳断裂过程及其机理

金属材料的疲劳断裂过程一般分为疲劳裂纹的萌生与疲劳裂纹的扩展两个阶段。

6.2.1 疲劳裂纹的萌生

若材料内部没有宏观缺陷、非金属夹杂或切口之类的应力集中源，裂纹形核优先在试样表面发生，因为试样表面接近平面应力状态，有利于产生塑性滑移现象。

6.2.2 疲劳裂纹的扩展

疲劳裂纹的扩展可以分为三个阶段。

（1）小裂纹扩展阶段：随着循环周次的增加，裂纹开始扩展，扩展初期扩展方向与拉应力呈45°夹角，随后逐渐过渡到垂直方向，此阶段的裂纹扩展非常缓慢，裂纹尺寸很小（此阶段裂纹尺寸没有明确定义）。多阶段模型将小裂纹细分为微观小裂纹、物理小裂纹和结构小裂纹。

（2）长裂纹扩展阶段：这一阶段是指裂纹尺寸在小裂纹扩展的临界尺寸（一般明显超过晶粒尺寸）和临界裂纹尺寸 a_c 之间，此阶段的裂纹扩展速率一般在(1×10^{-7}) ~ (1×10^{-3}) mm/cycle。在高强度金属材料中，由于内部夹杂物的存在，加之屈服强度较高以及切口敏感性较大等，裂纹会沿着夹杂物界面裂开，可能会直接进入长裂纹扩展阶段。

（3）裂纹失稳扩展阶段：当裂纹尺寸扩展达到 a_c 时即发生裂纹失稳扩展，直至断裂。

材料和测试环境不同，各阶段在疲劳总寿命中的占比也不同，大型工程构件在材料制造、热加工等生产工艺中会出现缺陷及微裂纹。构件服役过程中，长裂纹在失效断裂前要经历一段稳态扩展阶段，这一阶段的裂纹扩展量是相当大的，对于服役一段时间的构件来说，准确预测剩余疲劳寿命可以更恰当地选择构件的检测周期，所以长裂纹扩展阶段是疲劳裂纹中最重要的阶段。研究材料或构件的疲劳裂纹扩展规律，建立疲劳裂纹扩展的力学模型，准确预测构件的剩余疲劳寿命，可进一步保障机械结构在设计安全寿命区内安全、平稳运行。

大多数工程合金的疲劳裂纹扩展曲线上可以看到三个明显不同的裂纹扩展阶段：近门槛区，裂纹扩展速率随应力场强度因子范围的减小而迅速降低，当 $\Delta K < \Delta K_{th}$ 时，裂纹完全不扩展（或以无法检测到的速率扩展），定义为疲劳裂纹扩展门槛值；稳态裂纹扩展区，裂纹扩展速度（da/dN）随着应力场强度因子幅（ΔK）升高而稳步提升；裂纹失稳扩展区，裂纹扩展速率随 ΔK 增大而快速升高，当应力场强度因子达到 $K_{max} = K_{IC}$ 时，试样失稳断裂。详细介绍见 6.3.2 节。

6.2.3　疲劳断口微观特征

疲劳断口最突出的微观特征是疲劳辉纹和轮胎压痕花样，常作为疲劳断口判断的微观判据，即若在未知断口上观察到这两种微观特征形貌之一，就可以判断未知断口的失效形式为疲劳失效。塑性疲劳辉纹是具有一定间距、垂直于裂纹扩展方向、相互平行的明暗相交的条状花样。此外，解理或准解理、韧窝、舌状花样等微观形貌特征也有可能在疲劳断口中观察到。

6.2.3.1　疲劳辉纹

疲劳辉纹[6]暗区的凹坑是由韧窝构成的。一般认为每条疲劳辉纹对应着一次应力循环，且其间距大小与应力幅有关。随着距疲劳源位置距离的增加，其间距增加。晶界、夹杂物和第二相等对疲劳裂纹的扩展方向以及分布会产生影响。在相关研究中，疲劳辉纹的形成模型及机理有许多种，其中有三种机理得到了广泛的认可。

（1）在裂纹尖端存在显微空穴，空穴聚集长大到一定尺寸与主裂纹连接，使裂纹扩展一定的距离，形成一个疲劳辉纹。

（2）裂纹尖端在一次应力循环中钝化和锐化的循环过程，使裂纹扩展，形成一个疲劳辉纹。

（3）脆性疲劳辉纹的形成，是在应力循环过程中，裂纹尖端的区域出现了解理和塑性变形，但塑性变形量较小，而韧性疲劳辉纹的塑性变形量较大。

疲劳辉纹的形貌受金属材料的组织结构、晶粒取向及载荷性质的影响，通常具备以下几个特征：

（1）疲劳辉纹的间距在裂纹扩展初期较小，而后逐渐增加，疲劳辉纹间距对应着一次应力循环过程中疲劳裂纹扩展量。

（2）疲劳辉纹大多呈现向前凸出的弧形，且随着距疲劳源位置距离的增加，辉纹线的曲率增加。在疲劳辉纹扩展过程中，如果遇到较大尺寸第二相的阻碍，也可能会出现反弧形的或者 S 形疲劳辉纹。

（3）疲劳裂纹的排列方向取决于每段疲劳裂纹的扩展方向。

（4）相比于体心立方材料，面心立方材料更容易产生疲劳辉纹，平面应变状态比平面应力状态易产生疲劳辉纹，同时只有达到一定的应力大小时才可以形成疲劳辉纹。

（5）并不是所有疲劳失效断口上都可以观察到疲劳辉纹，其形成受材料性质、载荷条件和环境因素等诸多方面的影响。

（6）常温下疲劳辉纹一般为穿晶的，高温下可能会出现沿晶的辉纹。

（7）疲劳辉纹可以分为韧性疲劳辉纹和脆性疲劳辉纹。一般而言，疲劳辉纹大多是韧性疲劳辉纹，而脆性疲劳辉纹较为特殊，因为其仅在腐蚀环境中或者缓慢的循环应力条件下才会出现。在脆性疲劳辉纹中，还伴随有解理或准解理断裂的台阶、河流花样等形貌。

6.2.3.2　轮胎压痕

用于判断疲劳断口第二重要的微观形貌特征的依据是轮胎压痕花样[7]。该花样类似于轮胎压痕，它是疲劳断口上最小的特征花样，根据变形程度可以分为韧性压痕和脆性压痕。

轮胎压痕花样是在疲劳裂纹形成之后，由相匹配断口上的“凸起”“刃边”，反复挤压或刻入引起的压痕形貌，因此会在断口的局部区域产生压应力或者剪应力。由于产生的剪应力方向不同，所以形成的轮胎压痕的类型也不相同，即压痕形状和排列方向不同。轮胎压痕间距沿着裂纹扩展方向增加，因为疲劳裂纹的扩展速率沿着裂纹扩展方向变大，所以轮胎压痕间距也随之增加。

6.3　疲劳性能指标

6.3.1　疲劳极限与 *S-N* 曲线

为了评价和估算疲劳寿命和疲劳极限，需要建立载荷与寿命的关系。反映外加应力 S 和疲劳寿命 N 之间关系的曲线称为 S-N 曲线。在典型的 S-N 曲线中，可以分为低周疲劳区（LCF）、高周疲劳区（HCF）和亚疲劳区（SF）三段。$N=1/4$，即静拉伸对应的疲劳强度 $S_{max}=S_b$；$N=(1\times10^6)\sim(1\times10^7)$，对应的疲劳强度为疲劳极限 $S_{max}=S_e$；在 HCF，S-N 曲线在对数坐标上几乎是直线下降。

描述 HCF 区或者 HCF 区和 SF 区的 S-N 曲线的模型有以下几种。

（1）指数函数模型：

$$N\cdot e^{\alpha S}=C \tag{6-1a}$$

式中，α 和 C 为材料的常数。

对式（6-1a）两边取对数整理后可得

$$\lg N=a+bS \tag{6-1b}$$

式中，a 和 b 为材料的常数。

由此可见，指数函数的 S-N 模型公式在半对数坐标图上呈正比例关系。

（2）幂函数模型：

$$S^{\alpha}N = C \tag{6-2a}$$

式中，α 和 C 为材料的常数。

式（6-2a）两边取对数整理后可得

$$\lg N = a + b \cdot \lg S \tag{6-2b}$$

式中，a 和 b 为材料的常数。

由此可见，幂函数的 S-N 模型公式在双对数坐标图上呈正比例关系。

（3）Basquin 模型：

$$S_{a} = \sigma_{f}'(2N)^{b} \tag{6-3}$$

式中　σ_{f}'——疲劳强度系数；

　　　b——实验常数。

（4）Weibull 模型：式（6-1）~式（6-3）均为两参数公式，故只适用于 HCF 区 S-N 曲线的描述。而 Weibull 提出的模型包括了疲劳极限：

$$N_{f} = S_{f}(S_{a} - S_{ae})^{b} \tag{6-4}$$

式中　S_{f}，b——材料的常数，其中 $b<0$；

　　　S_{ae}——理论应力疲劳极限幅值。

疲劳作为材料失效常见现象，引起了广大学者的关注，并进行了大量相关研究，其中包括对 S-N 曲线的测定和影响因素的分析。研究结果表明影响 S-N 曲线的因素很多，对于标准测试试验，则主要有以下因素：应力集中系数 K_{T}；应力比 R，这种影响在有缺口存在时会发生变化；平均应力 S_{m}；加载方式，在不同的加载方式下，名义应力 S 与寿命 N 的关系是不同的，由旋转弯曲试验得到的 S-N 曲线高于拉压试验得到的 S-N 曲线。

在恒幅加载条件下，若材料在一定应力幅值作用下超过大约 1×10^{6} 疲劳循环数后 S-N 曲线趋于水平，可认为在低于该应力幅值作用下，试样可承受无限多次疲劳循环而不产生破坏，此应力幅值为疲劳极限。许多不存在应变时效硬化的高强度钢没有疲劳极限，随着循环数的增加，其疲劳强度也逐渐降低。因此需要定义一个名义疲劳极限，按实际需求定义一个较大的循环数 N_{L}，其对应的应力值称为条件疲劳极限，记作 σ_{e}。应力比不同时疲劳极限也不同，将不同应力比时的疲劳极限画在 σ_{a} 和 σ_{m} 图上，即为疲劳极限图。因为实验测定不同应力比的疲劳极限比较困难，因此可以通过建立模型对疲劳极限图进行预估。

Gerber 抛物线模型：

$$\sigma_{a} = \sigma_{-1}\left[1 - \left(\frac{\sigma_{m}}{\sigma_{b}}\right)^{2}\right] \tag{6-5}$$

Goodman 直线模型：

$$\sigma_a = \sigma_{-1}\left[1 - \left(\frac{\sigma_m}{\sigma_b}\right)\right] \tag{6-6}$$

Soderberg 直线模型：

$$\sigma_a = \sigma_{-1}\left[1 - \left(\frac{\sigma_m}{\sigma_s}\right)\right] \tag{6-7}$$

上述三个模型中，Soderberg 模型预测的值较低，过于保守；Gerber 模型预测的值较高，可能偏于危险。为了提高预测精度，设由实验得到应力比为 0 时的疲劳极限为 σ_0，建立了如下折线方程：

$$\begin{cases} \sigma_a = \sigma_{-1} - \dfrac{2\sigma_{-1} - \sigma_0}{\sigma_0}\sigma_m & (R \leqslant 0) \\ \sigma_a = \sigma_0 \dfrac{\sigma_m - \sigma_b}{\sigma_0 - 2\sigma_b} & (R > 0) \end{cases} \tag{6-8}$$

6.3.2　疲劳裂纹扩展速率与门槛值

6.3.2.1　疲劳裂纹扩展速率

从断裂力学的角度分析，裂纹扩展速率 da/dN，为循环载荷每循环一次所对应的裂纹扩展量，受裂纹前沿的应力场的控制，因此裂纹扩展速率与应力强度因子幅值 ΔK 的变化存在一定的定量关系，金属材料典型疲劳裂纹扩展速率曲线如图 6-1 所示[8]。

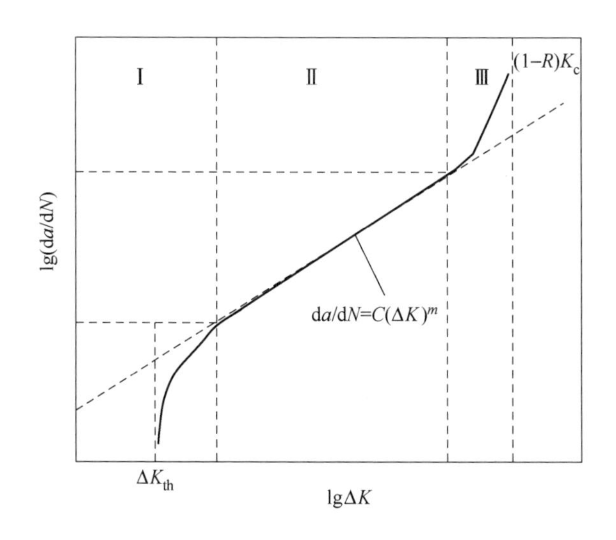

图 6-1　金属材料典型疲劳裂纹扩展速率曲线

疲劳裂纹扩展速率曲线可以分为三个阶段：Ⅰ区为近门槛区，也称为低速率区；Ⅱ区为中速稳定扩展区，也称为 Paris 区；Ⅲ区为快速扩展区，也称为裂纹失稳扩展区或瞬断区。

近门槛区的裂纹扩展是不连续的，材料的微观结构、平均应力和环境因素对裂纹扩展速率都会产生影响。在该区域中，裂纹扩展速率随应力强度因子幅值 ΔK 的降低而迅速降低。当裂纹扩展速率趋近于零时，对应的应力强度因子称为门槛值 ΔK_{th}。当 $\Delta K < \Delta K_{th}$时，可认为裂纹不会发生扩展。因此门槛值是反映疲劳裂纹是否扩展的一个重要材料参数，可作为无限寿命设计的判据。

中速稳定扩展区对疲劳裂纹扩展寿命的预测具有重要的意义。大量研究结果表明，在Ⅱ区内，裂纹扩展速率与应力强度因子在双对数坐标下呈线性关系，可用经典 Paris 经验公式描述，因此也称为 Paris 区。Paris 公式中 C 和 m 为与材料特征相关的常数，材料的微观组织结构、循环加载的参数、环境及应力比等对 C 和 m 都有影响。

裂纹失稳扩展区中裂纹扩展速率随着应力强度因子迅速增大，当应力强度因子的最大值达到断裂韧性 K_c 时，试样发生断裂。该区域主要受材料的断裂韧性 K_c 的影响，图 6-1 中的曲线可表示为 $\Delta K = (1 - R)K_c$。因为该区裂纹扩展速率较快，对疲劳裂纹扩展寿命的影响极小，因此在计算时往往可以忽略。

近门槛区和 Paris 区的裂纹扩展对材料的损伤容限贡献至关重要，增加疲劳裂纹由于 Paris 区向失稳扩展区转变时的 ΔK，可以使材料能够容纳较多疲劳损伤累积，提高材料的疲劳寿命。近门槛区、Paris 区和瞬断区不仅在疲劳裂纹扩展速率曲线上呈现出不同的扩展规律，裂纹扩展机制也存在差别。在近门槛区，疲劳裂纹在试样表面形成后，会沿着滑移带的主滑移面，以纯剪切方式向材料内部扩展，此时裂纹扩展由切应力控制，在特定晶面上沿着特定晶向扩展，与加载方向大致成45°角，裂纹扩展一般局限在几个晶粒范围内；在 Paris 区内，裂纹扩展由正应力控制，扩展方向与加载方向垂直，通常断口可以观察到疲劳条纹。

以断裂力学理论为基础的疲劳裂纹扩展模型主要分为线弹性模型、几何模型和累积损伤模型三类。

A 线弹性模型

早在 20 世纪 50 年代初期，科研人员开始探索疲劳裂纹扩展的宏观规律，其中代表性的是 Head、Frost、McEvily、Liu 和 Paris 等人的研究工作。早期的研究一般将疲劳裂纹扩展速率与裂纹长度 a、加载应力 σ 及材料常数 C 联系在一起，上述学者的研究均可以用下列公式来描述，即

$$\frac{da}{dN} = f(\sigma, a, c) \tag{6-9}$$

随着 Irwin 建立 K 准则，Paris 率先意识到应力强度因子是疲劳裂纹扩展的驱

动力，通过对前期研究工作的总结、归纳及大量实验数据的验证，他首次将断裂力学引入疲劳裂纹扩展领域，提出著名的 Paris 公式[9]：

$$\frac{\mathrm{d}a}{\mathrm{d}N}=C(\Delta K)^{m} \tag{6-10}$$

其中 C 和 m 均为与疲劳裂纹扩展性能相关的材料常数，金属材料的 m 值范围一般在 2 ~4 之间，而对于陶瓷等脆性材料 m 值会高达 20。Paris 公式可以准确地描述材料疲劳裂纹在 Paris 区的扩展规律，通过积分能够计算出疲劳寿命，由于其简单方便，在工程领域得到了广泛的应用。

如前所述，采用 Paris 公式可以准确地描述材料疲劳裂纹扩展稳态阶段的一般规律，即 Paris 区，但对其他区域的描述还欠准确。为了进一步准确描述材料在近门槛区和瞬断区的疲劳裂纹扩展特性，在 Paris 公式的基础上，一些文献给出了描述疲劳裂纹扩展速率曲线各个阶段的模型。20 世纪 70 年代，Donahue 提出了有效应力强度因子概念，用于表征控制疲劳裂纹增长的真实有效应力强度因子，同时给出了近门槛区疲劳裂纹扩展速率表达式。该公式考虑到了证实疲劳裂纹扩展门槛值的存在，更准确地描述门槛区的疲劳裂纹扩展行为规律。Donahue 公式如下所示：

$$\frac{\mathrm{d}a}{\mathrm{d}N}=C(\Delta K-\Delta K_{\mathrm{th}})^{m} \tag{6-11}$$

20 世纪 70 年代初期 Forman 在 Paris 公式的基础上考虑了应力比 R 和断裂韧性 K_{c} 两个影响疲劳裂纹扩展行为的参数，并提出了修正后的 Forman 公式。Forman 公式可以较好地描述瞬断区的疲劳裂纹扩展特性，目前已在钢铁材料中得到了广泛的应用。但 Forman 公式同样也存在不足之处，由于 Forman 公式涉及材料的断裂韧性 K_{c}，因此对于高韧性材料其断裂韧性难以获得，Forman 公式将不再适用。Forman 公式如下所示：

$$\frac{\mathrm{d}a}{\mathrm{d}N}=\frac{C\Delta K^{m}}{(1-R)K_{\mathrm{c}}-\Delta K} \tag{6-12}$$

20 世纪 70 年代末期，Walker 考虑到应力比 R 对有效应力强度因子的影响，提出了描述疲劳裂纹扩展行为的幂函数式，即 Walker 公式。Walker 公式能够较好地描述 Paris 区的疲劳裂纹扩展行为规律，并且 Walker 公式引入了负应力比作用下部分压缩载荷对疲劳裂纹扩展的加速作用，解决了当应力比为负数时，部分压缩载荷对材料疲劳裂纹扩展的作用并不显著但是会造成计算结果偏于危险的问题，使计算精度得以提高，因此 Walker 公式在工程实际中也得到了较为广泛的应用。其提出的修正公式为：

$$\begin{cases}\dfrac{\mathrm{d}a}{\mathrm{d}N}=C[(1-R)^{M}K_{\max}]^{m} & (R\geqslant 0)\\[2ex] \dfrac{\mathrm{d}a}{\mathrm{d}N}=C[(1-R)^{M-1}K_{\max}]^{m} & (R<0)\end{cases} \tag{6-13}$$

式中 K_{max}——最大应力强度因子；

$(1-R)^{M}K_{max}$，$(1-R)^{M-1}K_{max}$——有效应力强度因子，可以统一用 K_{eff} 表示。

Forman 公式和 Walker 公式均考虑到疲劳裂纹在失稳扩展区的行为，并解释了近门槛区和失稳扩展区与 Paris 区裂纹扩展行为之间的不同。近年来有学者综合考虑裂纹扩展门槛值与断裂韧性疲劳对裂纹扩展影响的宏观规律。一些学者以 Paris 公式为基础，研究了加载条件（应力比、载荷大小、加载频率等）和环境（温度、真空、环境介质等）对材料疲劳裂纹扩展行为的影响，并且尝试对 Paris 公式进行修正[10]。

B 几何模型

Laird、Lardner 和 Pelloux 等人以裂纹尖端张开位移作为考虑问题的出发点，他们认为在 Paris 区裂纹扩展阶段，裂纹尖端张开位移受循环载荷作用下每周次裂纹长度增量控制，这种观点的依据源于疲劳辉纹间距与疲劳裂纹扩展速率间的实验关系及疲劳辉纹间距与裂纹尖端纯化过程的几何关系，其公式的统一形式：

$$\frac{da}{dN} \approx \delta_c = \beta_0 \frac{(\Delta K)^2}{\sigma_y' E'} \tag{6-14}$$

式中 σ_y'——循环载荷下的屈服强度；

E'——平面应变下的杨氏模量；

β_0——多参数的复杂函数。

随后 Suresh 和 Ritchie 尝试通过几何模型为基础来修正 Paris 公式，他们认为裂纹扩展路径并非是平直的而是曲折的，因此需要更大的驱动力，提出 ΔK 应该以实际裂纹长度计算，则疲劳裂纹扩展速率 da/dN 与裂纹长度偏转距离 $L_{deflect}$ 和偏转角 $\theta_{deflect}$ 有关，即

$$\frac{da}{dN} = f(\Delta K, L_{deflect}, \theta_{deflect}) \tag{6-15}$$

一些学者基于裂纹尖端张开位移（CTOD）模型建立了与疲劳裂纹扩展速率之间的定量关系，他们认为 CTOD 与 $(\Delta K)^2$ 成正比，同时表明 Paris 公式参数 $m=2$。结合裂纹钝化复锐机制的完整性依赖于循环塑性的假设，Gu 和 Ritchie 通过有限元模拟了钝化裂纹在循环加载条件下的疲劳裂纹扩展行为。不过这些模型的依据为疲劳辉纹是韧性材料疲劳裂纹扩展的特征，但并不是所有的工程材料都会形成疲劳辉纹，尤其对于某些高强度钢及冷加工合金。另外，疲劳辉纹间距与疲劳裂纹扩展速率并不具有定量关系，因此几何模型的假设有局限性。

C 累积损伤模型

一般来说，这类模型会假设裂纹尖端的累积应变量或塑性功达到某个临界值时裂纹开始扩展。在 1963 年，McClintock 基于此理论提出疲劳裂纹扩展门槛值的

观点。Donahue 等人认为疲劳门槛值与循环塑性区显微组织尺寸有关，则裂纹尖端张开位移与显微组织尺寸相当的载荷条件即为 ΔK_{th}。Sadananda 等人[11]提出将使裂纹尖端产生的位错运动所需的临界值剪切力的载荷条件作为裂纹门槛值。外部因素对疲劳裂纹门槛值影响较为明显，大量实验结果表明在应力比小于某一值时，门槛值与应力比呈线性关系。尽管在涡轮叶片、核反应堆容器等设备或部件的疲劳问题时常需要根据疲劳裂纹门槛值来设计，但通过疲劳裂纹门槛值设计构建对于许多金属材料的疲劳失效来说仍是较为保守的。Anotolovich 基于 Manson-Coffin 公式的理念，认为只有当累积塑性应变达到一定值时裂纹才会扩展，建立了 $\mathrm{d}a/\mathrm{d}N$ 与经验低周疲劳性能及单向拉伸塑性参数有关的函数，并对类似 $\mathrm{d}a/\mathrm{d}N$ 与疲劳塑性、塑性应变及裂纹尖端的应变能密度等参数的关系也进行了系统的研究。

20 世纪 70 年代，有学者发现了疲劳裂纹扩展过程中的阻滞现象。Elber 等人[12]首先指出疲劳裂纹扩展过程中的裂纹闭合效应，提出了 Elber 闭合模型。Elber 认为，裂纹尖端前缘和后部状态、加载过程及应为状态等都会对疲劳裂纹扩展行为产生重要的影响。当试验材料受到的应力高于裂纹张开所需的应力时，疲劳裂纹才会扩展；否则，裂纹不发生扩展。裂纹闭合效应模型如下：

$$\begin{cases}\dfrac{\mathrm{d}a}{\mathrm{d}N}=C(\Delta K_{\mathrm{eff}})^{m}\\ \Delta K_{\mathrm{eff}}=K_{\max}-K_{\mathrm{open}}=U\Delta K\end{cases} \tag{6-16}$$

式中　ΔK_{eff}——有效应力强度因子；

K_{open}——裂纹完全张开时的应力强度因子；

U——有效应力强度因子的修正系数。

随后，Suresh、Newman 和 Sehitoglu 等人系统地研究疲劳裂纹闭合效应的影响因素，逐渐建立起比较完整的疲劳裂纹闭合模型。针对 Elber 提出的裂纹闭合效应模型，Jha 等人指出，应力比会影响裂纹的闭合效果。当应力比较大时，应力强度因子近似等于有效应力强度因子。Newman 等人通过有限元法对裂纹尖端的应力应变状态进行模拟分析，有限元模拟结果与 Elber 提出的裂纹闭合效应试验结果吻合度较好。

随后，Newman 等人对裂纹闭合效应理论进行了深入的研究，提出了在载荷条件、最大载荷值以及应力比等共同作用裂纹张开时的有效应力强度因子修正公式，其修正公式见式（6-17）。进而，Newman 等人[13]通过总结前人的研究成果，建立了疲劳裂纹扩展全阶段模型，并开发了金属材料疲劳寿命预测软件。疲劳裂纹扩展全阶段模型见式（6-18）。

$$\Delta K_{\mathrm{eff}}=\frac{1-P_{\mathrm{open}}P_{\max}}{\Delta K(1-R)} \tag{6-17}$$

$$\frac{\mathrm{d}a}{\mathrm{d}N}=C\left[\left(\frac{1-f}{1-R}\right)\Delta K\right]^{m}\frac{\left(1-\frac{\Delta K_{\mathrm{th}}}{\Delta K}\right)^{p}}{\left(1-\frac{K_{\max}}{K_{\mathrm{c}}}\right)^{q}} \tag{6-18}$$

式中 P_{open}——裂纹完全张开时的临界载荷；

$P_{\max}$——最大工作载荷；

f——裂纹张开函数；

p，q——材料参数。

熊峻江、张书明等人对多参数的 Forman 和 Walker 疲劳裂纹扩展公式进行修正，引入应力强度因子 ΔK 和应力强度因子均值 K_{m} 作为二元变量，建立 $K_{\mathrm{m}}-\mathrm{d}a/\mathrm{d}N-\Delta K$ 空间曲面。通过实验和数据参数拟合后发现，应力强度因子与应力强度因子均值均对材料的疲劳裂纹扩展行为具有一定的影响，且应力强度因子起主导作用。

其中，Forman 公式的 $K_{\mathrm{m}}-\mathrm{d}a/\mathrm{d}N-\Delta K$ 空间曲面修正公式为：

$$\frac{\mathrm{d}a}{\mathrm{d}N}=\frac{C(\Delta K)^{m-1}(2K_{\mathrm{m}}+\Delta K)}{2K_{\mathrm{c}}-2K_{\mathrm{m}}-\Delta K} \tag{6-19}$$

Walker 公式的 $K_{\mathrm{m}}-\mathrm{d}a/\mathrm{d}N-\Delta K$ 空间曲面修正公式为：

$$\frac{\mathrm{d}a}{\mathrm{d}N}=\frac{C(\Delta K)^{m-n}}{(2K_{\mathrm{m}}+\Delta K)^{n}} \tag{6-20}$$

赵永翔等人考虑了平均应力效应的作用，以 Forman 公式和 Elber 裂纹闭合效应理论为基础，建立了包括疲劳裂纹扩展门槛值、平面应变断裂韧性以及应力比等参数的全阶段模型，试图准确描述疲劳裂纹扩展全过程的扩展行为。LZ50 车轴钢疲劳裂纹扩展试验测试数据表明该模型具有较高的准确性和较好的优越性。全阶段模型见式（6-21）。

$$\frac{\mathrm{d}a}{\mathrm{d}N}=C\frac{1}{(1-R)K_{\mathrm{IC}}-\Delta K}\left[\frac{2(\Delta K-\Delta K_{\mathrm{th}})}{1-R}\right]^{m} \tag{6-21}$$

王泓等人提出了描述疲劳裂纹扩展全过程的数学公式模型，结合 40CrNiMoA 钢锻件的疲劳裂纹扩展试验测试数据，对比了该数学模型与 Paris、Forman 和 Walker 等经典模型的预测精度。结果表明，该模型可以准确地预测材料近门槛区、Paris 区和瞬断区的疲劳裂纹扩展行为。该数学模型见式（6-22）。

$$\frac{\mathrm{d}a}{\mathrm{d}N}=\frac{4.8}{E^{2}}(\Delta K-\Delta K_{\mathrm{th}})^{1/2}\left[\frac{1}{\Delta K}-\frac{1}{(1-R)K_{\mathrm{c}}}\right]^{-3/2} \tag{6-22}$$

对上述疲劳裂纹扩展模型的分析发现，Paris 公式因简洁性、普适性等优点在科学及工程领域应用广泛，近些年科研人员仍以它为基础探究疲劳裂纹扩展的宏观规律。不过由于 Paris 公式中的参数 C 和 m 物理意义不明确，它只能作为经验公式。随后，科研人员尝试将两参数与材料性能或加载条件联系起来，但均未解释清楚。另外，Paris 公式更多的是描述稳态裂纹扩展阶段的实验结果，而不是预测疲劳裂纹扩展性能。随着结构材料的工程应用，人们越来越关注预测疲劳性能的方法以及如何运用简单力学性能比较材料的疲劳性能。

6.3.2.2　疲劳裂纹扩展微观机制

材料的显微组织、滑移变形特征、局部应力及塑性区裂纹尖端半径均会对疲劳裂纹扩展机理产生巨大影响。第一阶段裂纹从表面萌生并在与应力轴呈 45°夹角方向的平面以晶体学剪切方式扩展，如图 6-2 所示。对于描述这一阶段的机制，比较熟知的是 Forstyth 提出的“Z 字形”裂纹扩展的纯滑移机制，在钢、铝合金及钛合金中均可以观察到此类扩展形貌。有学者认为这是裂纹萌生的延续，即一旦裂纹在表面滑移带萌生，会沿着滑移带继续扩展直至遇到晶界。此阶段的裂纹扩展速率会出现波动的现象，这是因为疲劳裂纹扩展遇到晶界而产生的。疲劳裂纹在该阶段的扩展距离很短，随后会形成主裂纹，并沿着垂直于应力轴的方向扩展，如图 6-2 所示。

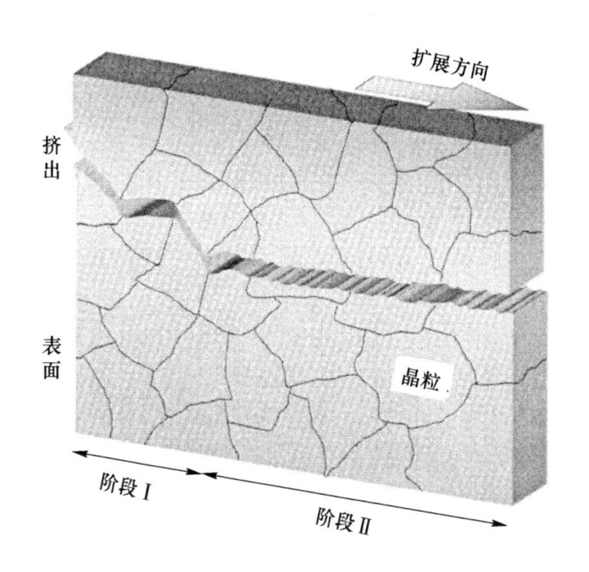

图 6-2　疲劳裂纹扩展中曲折扩展的第 I 阶段（组织敏感）和平直扩展的第 II 阶段（组织不敏感）

疲劳辉纹是疲劳裂纹扩展的第二阶段最典型的疲劳断口特征，Forstyth 在铝合金中观察到了裂纹的双滑移现象，他认为裂纹沿着两个滑移系统同时或交替扩展，形成垂直于轴向应力的裂纹扩展路径。随着 ΔK 值的增加，由于裂纹扩展出现不同步，开始转向混合断裂模式。Laird 模型是最经典的疲劳辉纹形成机理模型，如图 6-3 所示。他认为由于裂纹尖端的张开与闭合是交替进行的，加载时裂纹尖端扩大并张开，卸载时裂纹尖端锐化闭合，因此，在循环加载时会形成一个疲劳条带，这与实验结果较一致。Tvergaard 基于平面应变条件通过有限元模拟验证了 Laird 模型。尽管该模型还存在一些不足，但 Laird 模型对塑性钝化过程的描述具有一定的普适性，可以描述大多数韧性金属材料疲劳裂纹的扩展过程。Pippan 等人也提出一种类似于 Laird 模型的疲劳裂纹扩展机制，该模型中强调在加载过程中，裂纹通过 V 型微切口形成新的裂纹面，卸载过程中在 V 型缺口尖端存在应变集中，一直持续到裂纹闭合，在两条疲劳辉纹间形成裂纹。

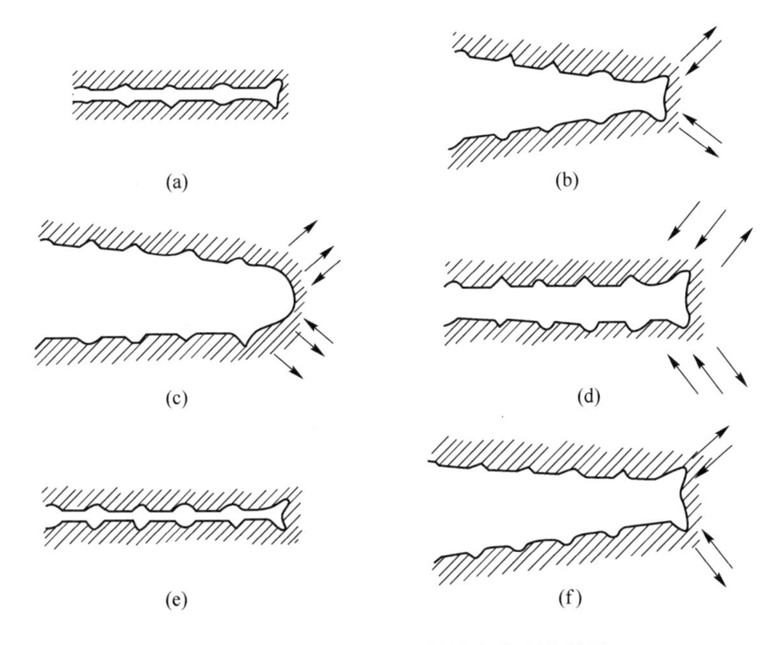

图 6-3 通过塑性钝化机制的疲劳裂纹扩展

（a）零载荷；（b）较小拉伸载荷；（c）最大拉伸载荷；（d）较小压缩载荷；（e）最大压缩载荷；（f）下一循环的较小拉伸载荷

Neumann 则认为循环滑移的运动学不可逆性是裂纹扩展的根本驱动力，建立了交变滑移模型，如图 6-4 所示。基于相似的理念，Pelloax 研究了真空状态下与空气中疲劳裂纹扩展速率不同的现象，结果表明氧化对可逆滑移的抑制作用是其主要原因。除塑性条带机理外，在金属材料中也存在其他裂纹扩展机理，Richards 等人认为在裂纹尖端的三轴应力区会形成微孔，微孔长大，从而使微孔与裂纹尖端之间的间距减小，从而导致裂纹扩展并形成疲劳条带。在一些高强度钢中，也会出现这种微区解理或晶间分离形式的裂纹扩展。

应力状态对疲劳裂纹扩展第三阶段的影响较大。此阶段处于平面应力状态且出现宏观剪切断裂特征，不再适合用线弹性断裂力学去描述，导致疲劳辉纹作用降低。在接近临界失稳状态的高 ΔK 值下，除典型的疲劳辉纹外，还会存在准静

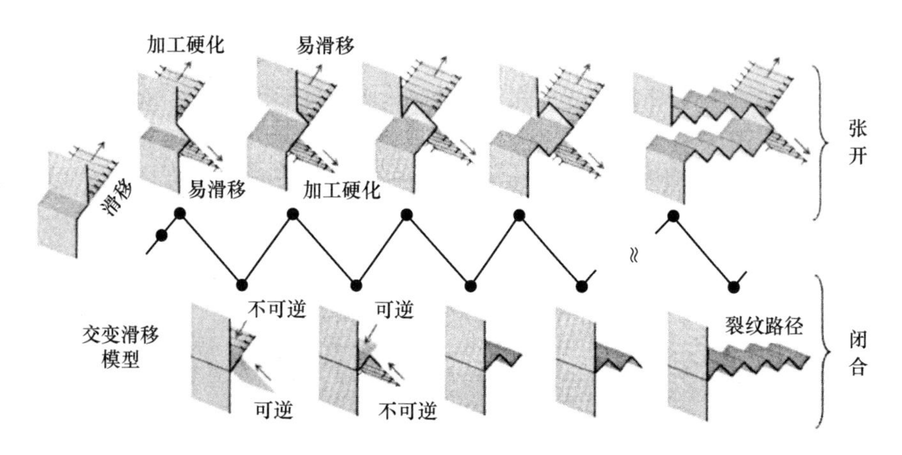

图 6-4　Neumann 对疲劳裂纹扩展第二阶段的交变滑移模型

态的断裂模式，这种准静态断裂模式的存在会加速裂纹扩展。一旦裂纹失稳扩展，意味着工程构件将进行维修更换，所以很少有学者对该阶段的疲劳裂纹扩展机理进行研究。

科研人员对疲劳裂纹扩展阶段控制阶段比较认同的观点是，该阶段不是由单一机制控制，而是几种混合机制共同促进裂纹向前扩展。研究疲劳裂纹扩展微观机制的主要目的是建立准确的疲劳裂纹扩展机制模型，由于多种机制的混合作用，势必会导致疲劳裂纹扩展的定量化变得极为复杂。尽管多数学者比较认同混合机制的观点，却很少有学者根据这一思路系统研究疲劳裂纹扩展微观机制和定量化关系。

6.3.3　疲劳切口敏感度

为满足实际情况需要，在结构件中必然会存在切口，从而引起应力集中，应力集中系数会对疲劳寿命曲线产生影响，随着应力集中系数的增加，疲劳极限下降，疲劳寿命缩短。

6.3.3.1　疲劳强度缩减因子

对于结构件切口对疲劳强度的影响可以用疲劳强度切口缩减因子 K_f 表示，其定义为无切口试样疲劳极限与有切口试样疲劳极限之比。许多学者建立了各种模型和假说试图建立疲劳强度切口缩减因子 K_f 与理论应力集中系数 K_t 之间的定量关系，进而得出切口试样的疲劳极限，可以节省大量的人力物力[14]。常见模型有“单元结构体积”模型，其基本理论是：切口试样的疲劳损伤不取决于切口根部的最大应力，而是由切口根部单元体积内的平均应力决定的。在多晶金属材料中，可能会因为存在单元体积间的不均匀性和各向异性，导致实际应力集中系数 K_t^* 与理论应力集中系数 K_t 在数值上有一定差距，因此有模型对其进行了修正：

$$K_t^* = 1 + \frac{K_t - 1}{1 + \sqrt{a'/\rho}} \tag{6-23}$$

式中 a'——单元体积的线性尺寸；

ρ——切口根部的曲率半径。

若在该模型中，假定实际应力集中系数 K_t^* 即为疲劳强度切口缩减因子 K_f，则有：

$$K_f = 1 + \frac{K_t - 1}{1 + \sqrt{a'/\rho}} \tag{6-24}$$

同时文中表明单元体积的线性尺寸会随着材料抗拉强度的增加而下降，材料的抗拉强度越高，a' 值越小，K_f 越接近 K_t，疲劳寿命下降越大。

此外，Peterson 给出了相近的经验公式：

$$K_f = 1 + \frac{K_t - 1}{1 + a/\rho} \tag{6-25}$$

式中，a 为特征长度。

一些实验结果表明，至少在低的应力集中系数时，疲劳强度切口缩减因子等于应力集中系数。

6.3.3.2 疲劳切口敏感度指数

根据 6.3.3.1 节的分析，疲劳强度缩减因子与材料的性质以及切口的几何参数有关。为了描述材料的疲劳切口敏感度，定义了一个疲劳切口敏感度指数 q，其表达式为：

$$q = (K_f - 1)/(K_t - 1) \tag{6-26}$$

当 $K_f = K_t$ 时，$q = 1$，材料疲劳强度对切口敏感性最大，切口对疲劳强度的影响最大；当 $K_f = 1$ 时，$q = 0$，说明材料对切口不敏感，材料的疲劳强度不受切口的影响。

将式（6-16）、式（6-19）代入式（6-20）中，可以得到：

$$q = \frac{1}{1 + \sqrt{a'/\rho}} \tag{6-27}$$

或

$$q = \frac{1}{1 + a/\rho} \tag{6-28}$$

根据上述公式可知，疲劳切口敏感度指数与试样切口根部的曲率半径有关，随着曲率半径的增加，疲劳切口敏感度指数增加。当 $\rho \to 0$ 时，$q \to 0$，此时材料对切口不敏感。对于有裂纹的试样，若裂纹尖端扩展的临界半径为 ρ_c，当试样切口根部的曲率半径 $\rho < \rho_c$ 时，试样应当做裂纹件处理。

6.4　疲劳性能的影响因素

金属零件产生疲劳断裂的原因有许多，通常包括结构设计不合理、材料选择不当、加工制造缺陷、环境因素和加载方式。影响结构静强度的因素同样也会对疲劳强度或疲劳寿命产生影响，但其影响程度有差别。此外还有一些其他因素同样影响疲劳强度或疲劳寿命，但对静强度几乎不产生影响。以上因素可以总结为内因和外因两个方面。内因为材料的本质，包括化学成分、金相组织、纤维方向、内部缺陷分布、材料强韧化等。外因分为零件的状态（热处理状况、切口效应、尺寸效应、表面粗糙度和残余应力应变）和工作条件（载荷特性、环境温度和介质）。

6.4.1　化学成分和冶金质量

化学成分是决定材料性能至关重要的因素，化学成分和热处理工艺直接决定了其显微组织类型，显微组织决定疲劳性能。由于冶金质量等因素，使钢中不可避免地存在夹杂物，夹杂物的类型、密度、形态、尺寸以及分布都会对材料的性能产生影响。材料中的夹杂物与基体的结合力比较差，当材料受到外加载荷作用时，在夹杂物与基体的界面上就会产生应力集中现象，应力集中有利于显微裂纹的萌生和扩展，从而使材料产生破坏，因此夹杂物对于与裂纹扩展相关的性能有显著的影响。夹杂物对钢的屈服强度和抗拉强度影响较小，对塑韧性有较为明显的影响。

中低强度钢的维氏硬度小于或等于400，其光滑试样的旋转弯曲疲劳极限与抗拉强度或维氏硬度之间具有良好的线性关系：

$$\sigma_w \approx 1.6 \pm 0.1 \quad (HV \leqslant 400) \tag{6-29}$$

$$\sigma_w \approx 0.5R_m \quad (R_m \leqslant 1200MPa) \tag{6-30}$$

式中　σ_w——试样的旋转弯曲疲劳极限；

R_m——材料的抗拉强度。

此时试样的疲劳断裂通常是从表面破坏引起的，但是超过一定的硬度值或者在抗拉强度时，旋转弯曲疲劳极限与抗拉强度或维氏硬度之间将不再符合线性关系，此时试样的疲劳断裂通常是因为材料中的夹杂物等内部缺陷引起的，因为超高强度钢的疲劳性能对于微小缺陷和夹杂物的敏感度较高。夹杂物的类型、密度、形态、尺寸以及分布会对材料的疲劳性能产生影响，同时夹杂物与基体的结合程度也会对材料的疲劳性能产生影响，与基体结合力弱的尺寸大的脆性夹杂物和难变形的夹杂物对疲劳性能的危害最大。而且，钢的强度水平越高，疲劳性能对于夹杂物的敏感性越显著。

氧化物和硫化物是钢中常见的夹杂物，另外还有少量的氮化物及其他类型的夹杂物。氧化物夹杂脆而硬，对钢材的疲劳性能影响最大；硫化物夹杂较容易变形，对钢材的疲劳性能影响相对较小。夹杂物的变形率是夹杂物影响疲劳性能最重要的因素之一。变形率低的夹杂物不能及时传递材料中存在的应力，造成夹杂物与基体界面的应力集中，从而诱发钢中微裂纹的产生。此外，由于夹杂物与基体的线膨胀系数不同，会在夹杂物与基体之间产生镶嵌应力，疲劳试验时这种应力的存在会促使微裂纹的产生。

硫化物夹杂的变形率较高，在外加载荷的作用下，硫化物和基体界面上不易产生裂纹。因为硫化物的线膨胀系数较高，冷却时会在周围基体产生残余压应力；同时在材料加工变形的各个阶段硫化物也发生相应的协同变形，使硫化物与基体之间的界面不被破坏，不易产生裂纹和孔洞。有文献表明，在炉外精炼时，采用适当的方法对 Al_2O_3、SiO_2 等夹杂物进行变性处理，可以降低夹杂物的熔点，使夹杂物的变形能力增加，细化夹杂物，降低应力集中。

夹杂物的数量及尺寸会对超高强度钢的疲劳性能产生影响，尤其是夹杂物尺寸的影响更显著。

夹杂物会在基体中产生应力集中，而应力集中的程度和夹杂物的形状有关，具有尖角的夹杂物，在夹杂物尖角处的应力集中更为明显。在外加载荷作用下，裂纹萌生优先发生在垂直于拉应力的方向的夹杂物尖角处，且与球形夹杂物相比其裂纹扩展速率更快，所以，形状不规则或具有尖角的夹杂物比球形夹杂物对疲劳性能的影响更严重。夹杂物的分布情况会影响材料的疲劳性能。旋转弯曲高周疲劳试验结果表明，随着应力水平的增加，最先由夹杂物引起的疲劳破坏由次表面转移到近表面和表面。

学者们对夹杂物引起疲劳失效的机制进行了大量的研究，发现夹杂物对疲劳失效的影响主要与夹杂物和基体界面的应力集中有关。由于夹杂物和基体的热膨胀系数和弹性常数的不同，会在冷却的过程中以及外加载荷的作用下产生应力集中。关于夹杂物对疲劳裂纹形核机制的模型有很多，其中具有代表性的有平行层模型、位错塞积模型、夹杂物等效投影面积模型。

（1）平行层模型把孔洞或脱黏的夹杂物按缺口处理，通过改进解释表面粗糙化和沿滑移带开裂的平行层模型来说明在高强度钢中夹杂物对裂纹萌生的影响。模型假设裂纹萌生受控于能量，即当夹杂物处积累的位错偶极子的应变能达到某个临界值时，疲劳裂纹才会萌生。模型认为裂纹萌生存在三种不同的方式，即在脱黏的夹杂物处诱发裂纹、从未开裂夹杂物处萌生滑移带、滑移带撞击使夹杂物开裂。

（2）位错塞积模型认为位错在夹杂物处塞积到一定程度会造成夹杂物开裂

或界面脱黏，同时产生疲劳裂纹。模型认为裂纹萌生有以下两个原因：脆性夹杂物内部开裂，裂纹从脆性夹杂物内部扩展进入基体。当夹杂物的弹性应变能达到临界值时，夹杂物内部会发生开裂；当系统的总能量达到临界值时，裂纹将扩展到基体中。总能量包括位错塞积引起的弹性应变能、裂纹扩展所需的有效表面能、为使裂纹张开所需要的功、裂纹在外加应力下的弹性应变能。

（3）Murakami 等发现，夹杂物在垂直于最大拉伸应力平面上的投影面积的平方根会对应力强度因子范围门槛值产生影响。此外，其研究结果还表明钢材基体的维氏硬度、夹杂物尺寸和位置会对旋转弯曲疲劳、拉压疲劳的疲劳性能产生影响。模型把小的缺陷和夹杂物假设为裂纹，并把这些缺陷在最大主应力方向上的投影面积作为等效面积，成功建立了疲劳强度与基体维氏硬度和夹杂物尺寸的模型。

6.4.2　载荷因素

一般材料的疲劳强度是通过在标准试样上加载对称循环的外加载荷测量得到的，而在实际工况中零件受到的外加载荷情况是比较复杂的。本节主要讨论载荷类型、加载频率、平均应力、载荷波形、载荷的持续性对疲劳强度的影响。

实际工况中的外加载荷可以分为拉压、弯、扭三种，一般而言在承受多轴应力状态的部位是最容易产生疲劳破坏的危险部位；同时多轴应力大多是非比例的，对于非比例多轴疲劳问题的研究还有待继续深入。为了讨论不同加载方式对标准试样疲劳强度的影响而引入了载荷类型因子 C_L。C_L 定义为其他加载方式下的疲劳强度与旋转弯曲加载方式下的疲劳强度的比值：

$$C_L = \frac{\text{其他加载方式下的疲劳强度}}{\text{旋转弯曲加载方式下的疲劳强度}}$$

载荷类型因子不仅受载荷类型影响，不同材料的载荷类型因子也不同。载荷类型影响试样中的应力分布，材料不同其疲劳破坏机理不同。

当试样处于载荷频率在 5 ~ 200Hz 范围内且无腐蚀环境时，加载频率对金属材料的疲劳强度几乎没有影响。

平均应力 σ_m 会对疲劳寿命产生影响，当 $\sigma_m < 0$ 时，疲劳寿命增加；当 $\sigma_m > 0$ 时，疲劳寿命减少。疲劳寿命和材料不同时，平均应力对疲劳寿命的影响程度也不同。

在实际工况下，循环载荷的波形变化多种多样，并不是规则的正弦波。但有实验结果表明，在常温无腐蚀环境下，波形对疲劳强度的影响较小，在进行疲劳分析时可以不考虑波形的影响。

工程机械在服役期间并不是持续受到循环载荷的作用，而是会出现循环载荷具有中间停歇或载荷保持在一定水平上的情况。在常温和无腐蚀情况下，载荷的连续性对多数疲劳强度的影响较小。

从机理上分析，载荷中间停歇，使“疲劳”的材料得到“休息”，一定程度上可以延长材料的疲劳寿命。但相关实验结果表明，疲劳极限不受载荷停歇的影响；载荷停歇对疲劳寿命有一定的影响，材料不同影响程度也不同。载荷停歇对低碳钢疲劳寿命的影响较大，而对于合金钢的影响较小。载荷停歇频率越高、停歇时间越长，对疲劳寿命的影响就越大。若在停歇时对零件进行加热，对疲劳寿命的影响更显著。载荷的持续性对疲劳性能的影响与材料的蠕变/松弛性能有关，大多数高强度钢不具备明显的蠕变/松弛行为，因此载荷的持续性对高强度钢的疲劳性能影响不大。

6.4.3　表面状态和尺寸因素

疲劳裂纹优先在试样表面萌生，这是因为一般表面的应力水平最高，且缺陷较多；此外，表层材料的约束小，滑移带最易开动。为了讨论表面状态对标准试样疲劳强度的影响而引入了表面敏感系数 β。β 定义为某种表面状态下试样的疲劳强度与标准光滑试样的疲劳强度的比值：

$$\beta=\frac{\text{某种表面状态下的疲劳强度}}{\text{标准光滑试样的疲劳强度}}$$

通过表面敏感系数 β 对由标准光滑试样得到的疲劳寿命或疲劳强度进行修正，可以估算出零件的疲劳寿命或疲劳强度。因为大多数零件疲劳破坏的部位存在较大的应力集中，进行表面敏感度系数修正时要与其表面状态对应。表面敏感系数 β 主要受表面粗糙度 β_1、表层组织结构 β_2 和表层应力状态 β_3 三个因素影响，表面敏感系数 $\beta=\beta_1\beta_2\beta_3$。

表面加工粗糙度越低，疲劳强度越高。表面粗糙会造成应力集中、缩短疲劳裂纹形成时间，从而降低了疲劳性能。材料的强度越高，疲劳性能对粗糙度就越敏感。这是因为随着材料强度的提高，一般其塑韧性会下降，对缺陷的敏感度也越高。但当试样表面粗糙度低于某一临界值时，材料的疲劳强度不再增加，该粗糙度相当于精抛光水平。

表层组织结构会对零件的疲劳强度产生影响，因此可以通过对零件的表层进行处理来提高零件的疲劳强度，常用的方法有：表面渗碳、渗氮，碳氮共渗，表面氰化，表面淬火，表面激光处理等。通过这些方法改变表层组织结构，经过表面处理的零件，其表层组织结构与原材料的组织结构不同，可以提高其疲劳强度，即使 β_2 大于1，从而达到提高零件疲劳性能的目的。

通过改变零件的表层应力状态也可以提高零件的疲劳强度，主要的方法有喷丸、挤压、滚压等。这种表面处理方法不仅改变了零件表层的应力状态，也使表层组织发生了一些物理性变化。表面处理得到的残余应力可以与导致疲劳损伤的拉应力形成自平衡体系，有利于疲劳性能的提升，但若残余应力过大，可能会产生表层微裂纹，使零件的疲劳性能下降。

大量实验结果表明试样的尺寸会对疲劳强度产生影响，试样的尺寸越大，疲劳强度越低。疲劳实验中的标准试验件的直径通常在 6 ~ 10mm，通常比实际的零件尺寸小，因此必须考虑尺寸对疲劳强度的影响。通过引入疲劳尺寸系数 ε 来描述试样尺寸对疲劳强度的影响程度。在相同的加载情况及试样几何形状相似条件下，疲劳尺寸系数 $\varepsilon = \frac{S_L}{S_S}$，$S_L$ 为大尺寸试样的疲劳强度，S_S 为小尺寸试样的疲劳强度。

导致疲劳强度受试样尺寸影响的原因主要有以下两个：

（1）在均匀应力场中，大尺寸试样中包含的疲劳损伤源比小尺寸试样的多；

（2）在非均匀应力场中，大尺寸试样疲劳损伤区具有严重的应力。

在均匀应力场中试样的疲劳尺寸系数主要受以下因素影响：

（1）大尺寸试样具有较大的表面积，在制造和热处理过程中产生缺陷的概率较大，疲劳裂纹源一般易于在试样表面和缺陷处萌生；

（2）在相同的加工方式下，表面加工硬化层对小试样的影响较大，而硬化层可以提高疲劳强度。

疲劳尺寸系数可称为纯粹尺寸系数，其数值一般都是通过统计学得到的，分散性较大，主要依赖于实验。

在非均匀应力场中试样的疲劳尺寸系数主要受应力梯度的影响，这可以用疲劳力学的知识进行解释，而在这种情况下疲劳强度几乎不受纯粹意义上的尺寸系数的影响。对于在非均匀应力场中试样的疲劳尺寸系数计算的研究较少。姚卫星在应力场强法基础上提出了计算疲劳尺寸系数 ε 的方法。

6.4.4 显微组织

材料的种类会直接对材料的疲劳强度产生影响，此外材料的组织状态也会对疲劳性能产生影响，应该选用成分均匀、组织细小均匀、缺口敏感度小、内部缺陷少、循环韧性好的材料制作抗疲劳结构件。在各类结构工程材料中，结构钢的疲劳性能最好，因为结构钢中的碳元素具有固溶强化作用，其形成的碳化物具有弥散强化的作用，可以提高材料的变形抗力；合金元素可以提高材料的淬透性，细化晶粒，改善材料的强韧性。一般来说增加材料的抗拉强度通常可以提高材料的疲劳强度，如马氏体组织比贝氏体或珠光体加马氏体混合组织的疲劳强度高；铁素体和珠光体的混合组织会随着珠光体组织含量的增加而增加。若试样的组织不均匀，存在非金属夹杂物、偏析、疏松、混晶等缺陷，会降低材料的疲劳性能。由夹杂物引起的疲劳断裂是常见的失效形式，但对于疲劳源的确定难度较大，一般由夹杂物引起的疲劳断裂其断口形貌中可以观察到在夹杂物周围疲劳辉纹呈同心圆状态。

表面处理可以改变表面的组织状态，进而提高材料的疲劳强度。但若处理工艺不当，会出现马氏体组织粗大、碳化物聚集、过热等不利疲劳强度提高的情况。

化学处理也会对疲劳性能产生影响，如镀铬、镍可以提高材料表面硬度和耐磨性，但现有的实验结果表明镀铬不利于疲劳性能的提升。镀铬会导致疲劳强度下降的原因是：镀铬后增加了疲劳裂纹源区，使单源区疲劳断口变为多源区疲劳断口，疲劳裂纹从多个方向向试样心部扩展，缩短了裂纹萌生到试样断裂过程的时间。

6.5 超高强度结构钢的疲劳性能

材料的疲劳性能有两种评价方法：在指定疲劳寿命时的强度和给定疲劳应力下的寿命。但如上一小节所述由于影响疲劳性能的因素有很多，除了材料本身的性质，还受到表面状态、形状、尺寸、加载方式和应力比的影响。我国经过多年的实践经验并参考国外有关的实验标准制定了我国材料的疲劳试验标准，该标准对材料的形状、尺寸、加工精度和试验方法做出规定。本节对 Q960、Q1100 及 Q1300 三种级别超高强度结构钢的疲劳性能进行分析。

6.5.1 Q960 的疲劳试验结果

疲劳破坏与断裂是引起工程结构和零部件失效的最主要原因。Q960 高强度结构钢主要应用于起重机吊臂、液压支架、挖掘机力臂等承受极高力学性能的关键部位零件制造，承受应力大，且受到反复的拉压循环作用力，因此，有必要对其疲劳性能进行测试，以保证其使用的安全性。

6.5.1.1 试验设备及方案

试验采用 MTS 810 液压伺服型振动式疲劳试验机（见图 6-5），疲劳试验采用 50Hz 的频率，使用如图 6-6 所示的正弦波；加载方式为轴向拉压对称循环的加载方式，应力比 $R = -1$；试验环境为标准大气压，温度为室温。

采用升降法进行疲劳试验，试验应力加载过程示意如图 6-7 所示。试样一般从较高应力水平开始加载，第一支疲劳试样的试验应力水平略高于预计疲劳极限，然后逐渐降低。如果试样在未达到指定寿命（1×10^7 周次）之前发生破坏，则第二根试样在低一级的应力水平进行试验，一直试验到试样经受指定循环次数没有发生破坏；然后试样在高一级的应力下再进行试验。照此类推，若前一根试样未经受指定循环次数破坏，随后的试样就在低一级的应力下进行；若前一根在达到指定循环次数而不发生破坏，则随后的试样就在高一级的应力下进行，直到完成全部试样。在整个试验过程中应力增量保持不变，为疲劳极限的 4% ~6%。

图 6-5　实验设备

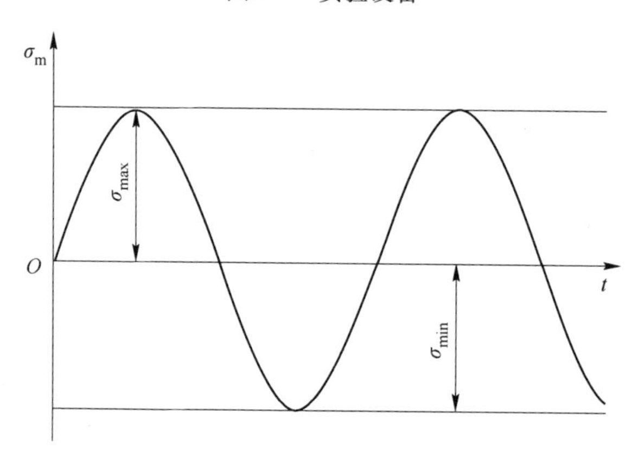

图 6-6　载荷正弦波形

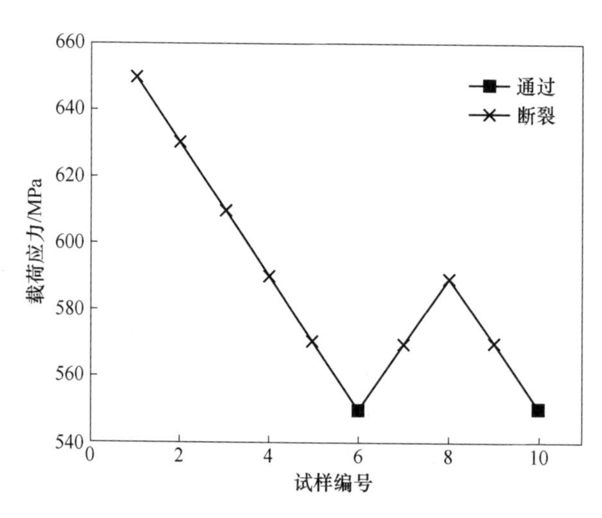

图 6-7　升降法示意图

规定测定 1×10^7 周次下的条件疲劳寿命，即认为循环周次超过 1×10^7 以后试样未发生断裂，则可认为试样永远不会断裂，若循环周次未达到 1×10^7 前发生断裂，则以试样断裂时的周次为疲劳寿命。实验所采用试样状况如图 6-8 所示。

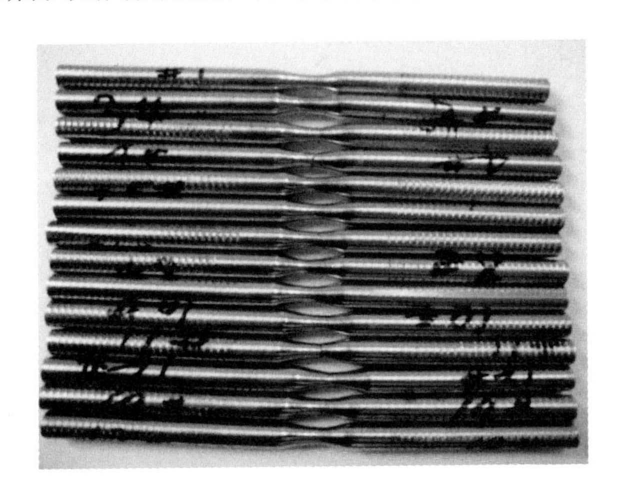

图 6-8 实验所采用试样示意图

6.5.1.2 实验结果

大量实验结果表明，一般材料的 S-N 曲线在某一区间内接近直线，因此在绘制 S-N 曲线时，可以采用“直线段假设”，即在某一区间内用直线拟合各数据点。特别是由于疲劳设计上的需要，常常假定应力幅 S 与疲劳寿命 N 成幂函数关系，即：

$$SmN = C \tag{6-31}$$

式中，m 和 C 为常数。将式（6-31）两端取对数得：

$$m\lg S + \lg N = \lg C \tag{6-32}$$

式（6-32）表明 $\lg S$ 和 $\lg N$ 呈线性关系。

当用直线拟合各数据点时，由于各数据点并不完全表现为一直线关系，所以也就不可能找出一条直线通过所有的点，通过“最小二乘法”可以得到最佳拟合直线，如图 6-9 所示。

在双对数坐标 $\lg S$ 和 $\lg N$ 上，画有几个数据点 P_1、P_2、…、P_n。假定拟合这些数据点的直线方程是：

$$\lg N = a + b\lg S \tag{6-33}$$

式中，a 和 b 是待定常数。由于实验前应力幅 S 是给定的，N 是实测实验数据，因此把 $\lg S$ 当作已知的自变量，$\lg N$ 是随着自变量而改变的量，按照最小二乘法拟合直线的最佳准则是使各数据点到直线的水平距离 d_i^2 的平方和最小：

$$\sum_{i=1}^{n} d_i^2 = d_1^2 + d_2^2 + \cdots + d_n^2 \tag{6-34}$$

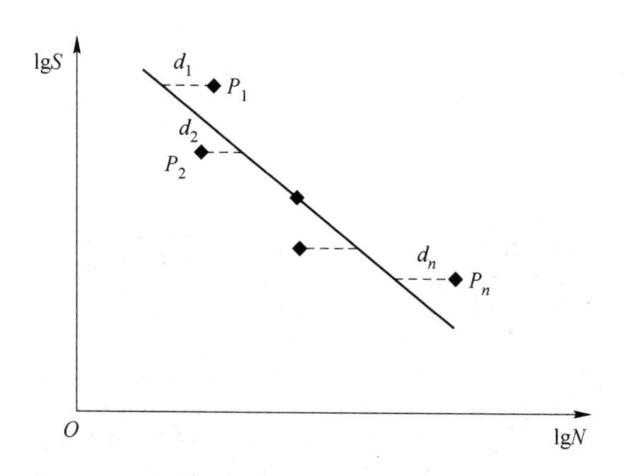

图 6-9　lgS 和 lgN 拟合直线

根据这个条件，即可根据微积分中求极值的方法得出待定常数 a 和 b 分别为：

$$b = \frac{\sum_{i=1}^{n} \lg S_i \lg N_i - \frac{1}{n}\left(\sum_{i=1}^{n} \lg S_i\right)\left(\sum_{i=1}^{n} \lg N_i\right)}{\sum_{i=1}^{n} (\lg S_i)^2 - \frac{1}{n}\left(\sum_{i=1}^{n} \lg S_i\right)^2} \tag{6-35}$$

$$a = \frac{1}{n}\sum_{i=1}^{n} \lg N_i - \frac{b}{n}\sum_{i=1}^{n} \lg S_i \tag{6-36}$$

式中　n——拟合数据点的个数；

S_i——第 i 个数据点的应力幅值；

N_i——第 i 个数据点的疲劳寿命。

求得常数 a 和 b 后，即可根据式（6-33）绘出直线。

对于单对数坐标，将 S 作为自变量，拟合数据点的直线方程是：

$$\lg N = a + bS \tag{6-37}$$

式中常数 b 和 a 分别为：

$$b = \frac{\sum_{i=1}^{n} S_i \lg N_i - \frac{1}{n}\left(\sum_{i=1}^{n} S_i\right)\left(\sum_{i=1}^{n} \lg N_i\right)}{\sum_{i=1}^{n} S_i^2 - \frac{1}{n}\left(\sum_{i=1}^{n} S_i\right)^2} \tag{6-38}$$

$$a = \frac{1}{n}\sum_{i=1}^{n} \lg N_i - \frac{b}{n}\sum_{i=1}^{n} S_i \tag{6-39}$$

应该指出，用上述方法拟合直线时，只有当两个变量之间存在某种线性关系时才有意义。直线拟合有无意义，在数学上给出了一个判据为相关系数，可用来判断两个变量之间线性相关的密切程度，相关系数 r 由式（6-40）定义：

$$r = \frac{L_{SN}}{\sqrt{L_{SS}L_{NN}}} \tag{6-40}$$

式中，L_{SN}，L_{SS}，L_{NN}是与 n 个数据点的应力及疲劳寿命有关的量。

其中：

$$L_{SS} = \sum_{i=1}^{n} S_i^2 - \frac{1}{n}\left(\sum_{i=1}^{n} S_i\right)^2 \tag{6-41}$$

$$L_{NN} = \sum_{i=1}^{n} (\lg N_i)^2 - \frac{1}{n}\left(\sum_{i=1}^{n} \lg N_i\right)^2 \tag{6-42}$$

$$L_{SN} = \sum_{i=1}^{n} S_i \lg N_i - \frac{1}{n}\left(\sum_{i=1}^{n} S_i\right)\left(\sum_{i=1}^{n} \lg N_i\right) \tag{6-43}$$

r 的绝对值越接近于 1，说明两个变量 $\lg N$ 和 S 之间线性相关的程度越好。

6.5.1.3 S-N 曲线的绘制

首先将实验数据进行汇总，见表 6-1。

表 6-1 循环次数 N 和应力幅 S 之间对应关系

编　号	应力幅/MPa	断裂循环次数 N/次
1	650	40723
2	630	71524
3	610	159644
4	590	174602
5	570	422088
6	560	569872
7	555	2423544
8	550	11541907

将数据点画在 S-$\lg N$ 坐标上，利用最小二乘法拟合直线。可将图 6-10 中①、②、③、④、⑤、⑥点用直线拟合。为了求出常数 a、b 及相关系数 r，列表计算 $\lg N_i$、$S_i\lg N_i$、$(\lg N_i)^2$ 及 S_i^2 各值。

经计算可得：$\sum_{i=1}^{n} S_i = 3610$，$\sum_{i=1}^{n} \lg N_i = 31.2908$，$\sum_{i=1}^{n} S_i^2 = 2177100$，$\sum_{i=1}^{n} S_i\lg N_i = 18751.22$。

将以上各值代入式（6-38）和式（6-39）中得：$b = -0.148$，$a = 14.1198$。

根据式（6-37）可以写出直线方程为：$\lg N = 14.1198 - 0.148S$。

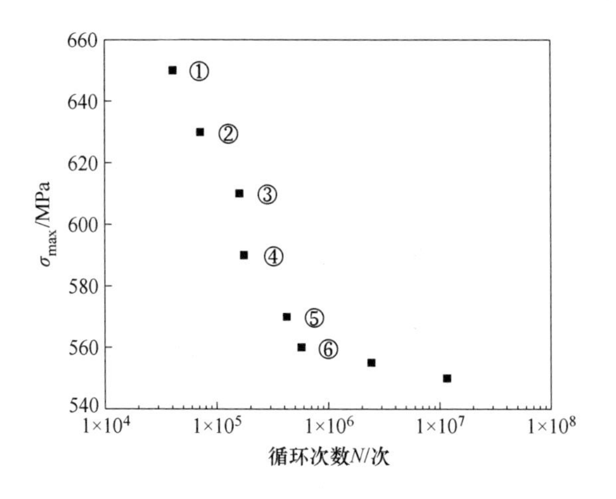

图6-10　实验数据点

进行相关性检验，首先根据表6-2数值按式（6-41）~式（6-43）计算出：$L_{SS}=5083.33$，$L_{NN}=0.9582$，$L_{SN}=-75.411$。将以上 L_{SS}、L_{NN}、L_{SN} 代入式（6-40）得：$r=-1.0809$。

经查表可得：$|r|>0.811$，极接近1，故表明直线拟合是有意义的。

故拟合后的直线为：$\lg N=14.1198-0.148S$

转化后可得：$S=954.0541-67.5676\lg N$

表6-2　计算 *a*、*b* 及相关系数 *r* 所需相关数值

编号	S_i/MPa	$\lg N_i$	S_i^2	$(\lg N_i)^2$	$S_i\lg N_i$
1	650	4.6098	422500	21.2503	2996.370
2	630	4.8545	396900	23.5662	3058.340
3	610	5.2032	372100	27.0733	3173.950
4	590	5.2420	348100	27.4785	3092.780
5	570	5.6255	324900	31.6463	3206.534
6	560	5.7558	312400	33.1292	3223.250
总和	3610	31.2908	2177100	164.1439	18751.22

6.5.1.4　疲劳断口分析

用扫描电镜（SEM）对所有发生疲劳断裂的试样的疲劳断口进行观察发现，疲劳裂纹在试样的表面和内部材料夹杂处萌生，对裂纹源区夹杂物能谱分析结果显示，图6-11中裂纹源夹杂为硫化物夹杂。

A　裂纹萌生机制

高应力幅下疲劳裂纹主要在表面萌生（见图6-12），试样表面局部塑性变形是裂纹萌生的主要原因；表面局部区域产生塑性变形，形成表面滑移带，表面出现挤出和侵入，并萌生裂纹。相对于试样内部缺陷处的裂纹萌生，表面裂纹萌生循环周次更短，因此疲劳裂纹以表面萌生为主。应力幅很低，试样表面塑性变形很小，不足以达到形成疲劳裂纹所需的塑性变形量，表面裂纹萌生机制停止。而材料内部夹杂缺陷在长时间疲劳载荷作用下与基体剥离，形成微小空洞。空洞缓慢扩张，逐渐长大，形成可扩展的宏观裂纹，疲劳裂纹的扩展最终导致试样疲劳破坏，如图 6-11 所示。

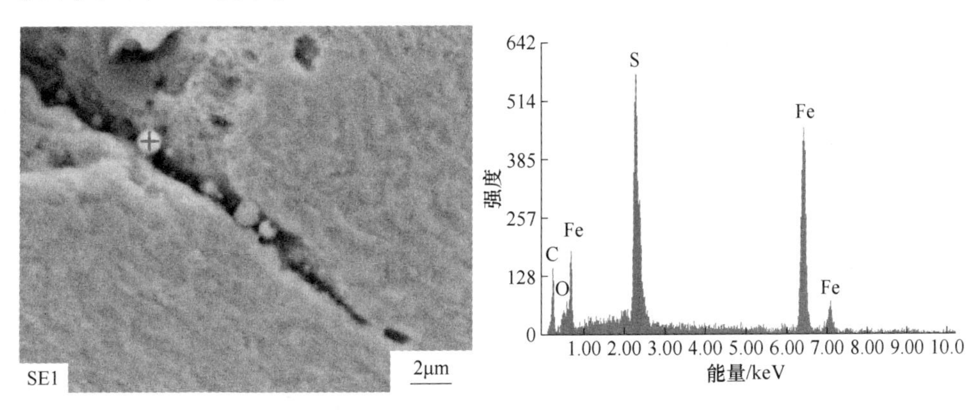

图 6-11 $\sigma_{max}=490$MPa 下裂纹萌生

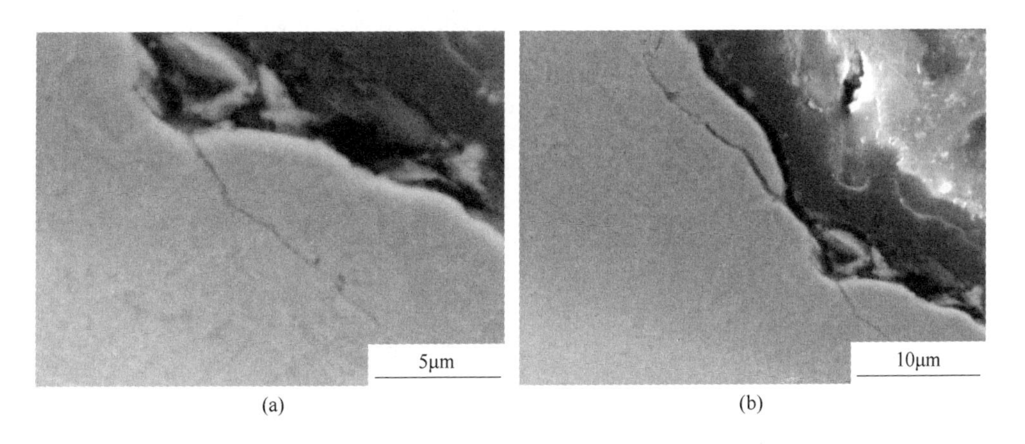

图 6-12 $\sigma_{max}=560$MPa 下裂纹萌生

B 萌生裂纹扩展机制

宏观疲劳裂纹的扩展通常分为两个阶段：疲劳裂纹扩展第 Ⅰ 阶段，疲劳裂纹沿主滑移系方向以纯剪切方式扩展，形成微观尺度上的大锯齿或小平面的断裂形貌。在此扩展阶段，裂纹尖端塑性变形区的尺寸局限在几个晶粒直径范围内，且变形局限于单滑移系统。随疲劳裂纹的扩展，裂纹尺寸增大，裂纹尖端塑性变形区相应增大，跨越多个晶粒。疲劳裂纹扩展的第Ⅱ阶段扩展断面显示出特殊的“波纹状”，痕迹称为疲劳辉纹。

6.5.2　Q1100 的疲劳试验结果

2006 年，代尔夫特理工大学启动了“结构用高强度钢”的研究项目，研究这些高强度钢在土木工程领域未来应用的可能性[15]。该项目的主要目标是为钢铁建筑行业提供高强度结构钢设计和制造方面的相关信息，其第一阶段的工作包括对 Q1100 疲劳强度的研究。

6.5.2.1　实验过程

在疲劳试验中，应力比保持恒定为 0.1，载荷在一个相对较低的变化频率（5.3Hz）。在裂纹扩展阶段，对小试样进行了位移控制试验。

在确定疲劳强度时，一般可以分为裂纹萌生和裂纹扩展两个阶段。在裂纹萌生前，记录了第一阶段的平均应变和应变数据。当裂纹在应变片附近扩展时，这些变化会被应变片检测记录到，图 6-13 显示了通过应变测量监测到的裂纹萌生数据。图中显示了两个应变片的应变范围值，应变片 1 在裂纹附近，应变片 2 在背面。应变片记录的数据发生改变的周期数 N_i 在图中清晰可见，文中将其定义为裂纹萌生的开始时刻。

当应变或应变平均值有 10% 的偏差时，报警系统会立即关闭系统，从而可以用于观察裂纹的起始位置。当裂纹开始时，裂纹附近的应变片的应变值减小，而板的另一侧的应变片的应变值增大。如果裂纹沿板厚方向扩展到另一个应变片的位置，应变值会立即下降，如图 6-13 中应变片 2 点 B 所示。

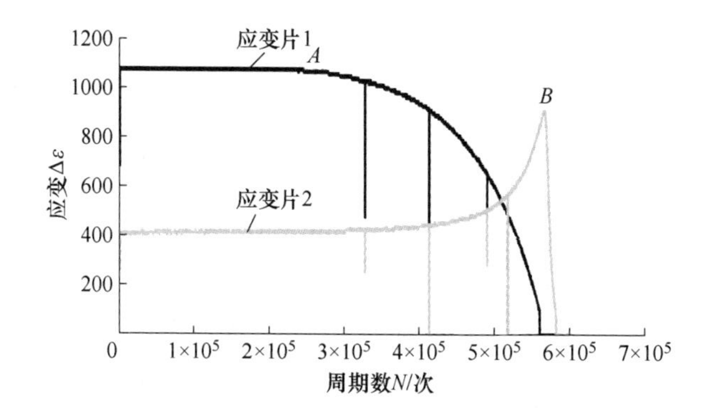

图 6-13　应变值测量

疲劳试验第二阶段为目测裂纹的发展。在试样上涂抹某种液体（如汽油），如果裂纹存在，表面就会出现气泡。对裂纹在板宽方向和板厚方向上的扩展进行了可视化监测。在试样上手工标记应力循环数和相应的裂纹长度。如果裂纹不可见，为了确定试样厚度方向上裂纹长度，则使用裂纹标记程序。在裂纹标记期间，大约在预期总循环数 10% 的循环时，使疲劳试验上载荷保持不变，而下载荷增加到上载荷的 90%，直到破坏。这样在实验结束时检查断口表面时，就会出现边界线，从而有可能确定裂纹的扩展。

图 6-14 显示了其中一个 Q1100 疲劳试样上的裂纹标记边界线。目前的研究结果表明，该裂纹标记方法仅适用于 Q1100 试样的半椭圆（表面）裂纹。在当前的工作中，使裂纹长度扩展到 10mm 的循环数（N_f），定义为疲劳测试试样的破坏。因为试样的尺寸较小，板厚为 10mm 和 12mm，在大多数情况下，这意味着在厚度方向开裂，然后是裂纹失稳扩展。

图 6-14 Q1100 试样横截面上的裂纹标记边界线

Q1100 疲劳试样在切割后，需要进行研磨，并在侧面加工半径为 3mm 的倒角，以防止裂纹从侧面萌生。中间用 4 块应变片进行了应变测量，如图 6-15 所示。裂纹萌生可能发生在这些应变片及微观组织观察的锥形截面上。在距离中间 80mm 处的安装额外应变片用来探测在装夹到试验装置时造成的试样错位。疲劳测试试样的数目为 6 个，试样厚度 10mm，宽度 40mm。

6.5.2.2 实验结果

在 Q1100 试样中，存在 10% 的应力锥度，裂纹萌生于锥度位置以外的截面上。Q1100 疲劳试样板厚方向的裂纹扩展如图 6-16 所示，图中 FBM 代表 Q1100 试样。

根据 Hobbacher 提出的在 200 万次循环时的特征应力值计算公式，$\Delta\sigma_c$ 为基于式（6-44）在 75% 的双侧置信水平上计算出 95% 的未失效概率的应力幅均值。因为测试试样的数量少，因此 k 的值设为 3，这是一个安全的近似值。

表 6-3 列出了疲劳试样的测试结果，其中 $\Delta\sigma_{mean;2\times10^6}$ 表示在维持 2×10^6 次循环载荷下而不发生破坏的最大平均应力值。

$$\lg N_c = (a - k \cdot Stdv) + b \cdot \lg\Delta\sigma_c \tag{6-44}$$

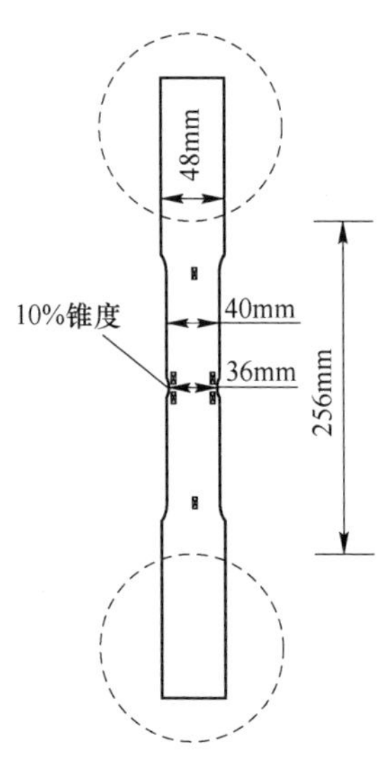

图 6-15　Q1100 疲劳试样

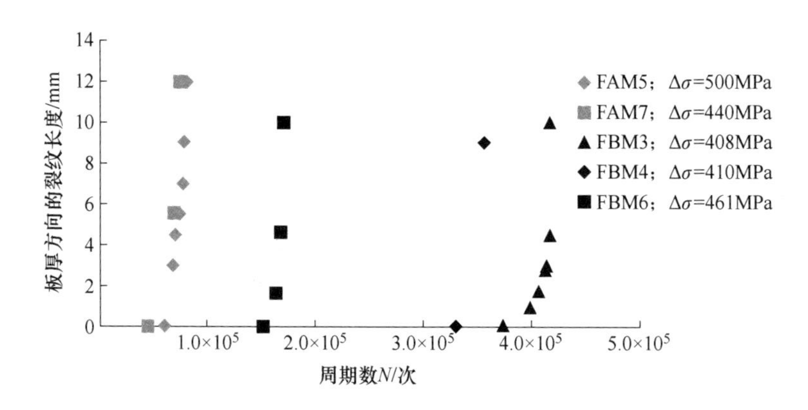

图 6-16　疲劳试样板厚方向的裂纹扩展

图 6-17 显示了 Q1100 疲劳测试的结果，以名义应力和失效前的循环次数 S-N 曲线的形式呈现。计算得到的 Q1100 的 $\Delta\sigma_c$ 值 317MPa，虽然最初预计 Q1100 试样的 $\Delta\sigma_c$ 值更高，这说明表面粗糙度的影响可能是造成裂纹萌生的原因。在锥形截面处的表面已经过研磨，以便安装应变计。在锥形截面以外的位置，除边缘外，均为轧制后的表面，具有较高的表面粗糙度。显然，Q1100 材料对这种较高的表面粗糙度更敏感，导致裂纹在相对较低的应力水平上在较高表面粗糙度的位置较早扩展。

表 6-3 疲劳测试结果

样　品		$\Delta\sigma$ /MPa	N_i /周期	N_f /周期	$\Delta\sigma_{mean;2\times10^6}$ /MPa	$\Delta\sigma_c$ /MPa	m	样品数量 /个
Q1100	FBM1	587	—	0.7×10^5	339	317	6.8	6
	FBM2	459	—	2.0×10^5				
	FBM3	408	3.7×10^5	4.2×10^5				
	FBM4	410	3.3×10^5	3.6×10^5				
	FBM5	378	—①	$25.0\times10^{5\,a}$				
	FBM6	461	1.5×10^5	1.7×10^5				

① 无裂纹萌生。

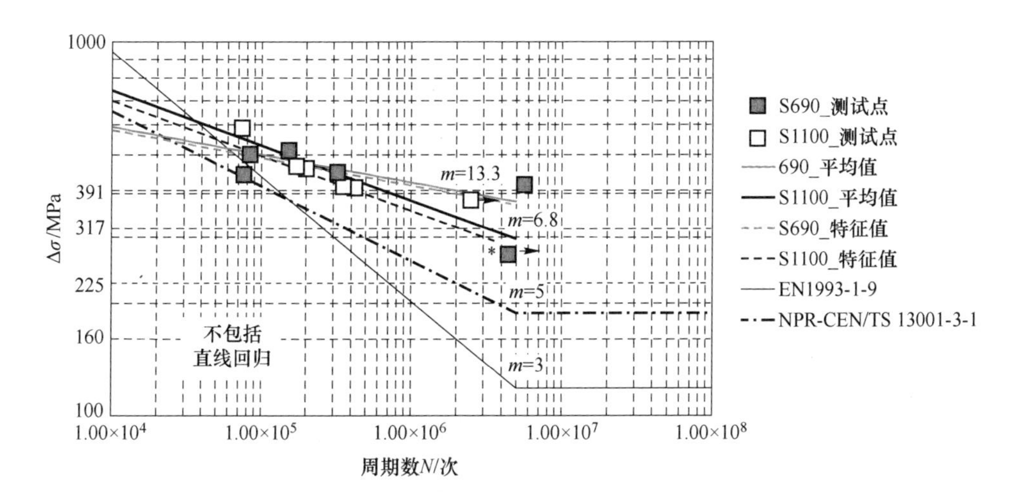

图 6-17 Q1100 疲劳试验 *S-N* 曲线

6.5.3 Q1300 的疲劳试验结果

Q1300 作为级别较高的超高强度结构钢，其服役载荷通常远低于其强度指标，但是在周期循环应力的作用下也时常发生脆性断裂，这主要是由超高强度钢的疲劳失效所引起的。东北大学温长飞博士研究了 Q1300 钢板的三点弯曲疲劳寿命与外加载荷变化的关系，利用实验数据求出钢板的弯曲疲劳极限并绘制出 *S-N* 曲线，作为评估疲劳寿命和进行疲劳设计的依据。试验设备为 GPS100 高频疲劳试验机，试样尺寸为 7.5mm × 10mm × 75mm，三点弯曲疲劳试验工作原理如图 6-18 所示，试验载荷由式（6-45）确定。

$$\sigma = \frac{3PL}{2BH^2} \tag{6-45}$$

式中　σ——试样表面的最大应力，MPa；

P——载荷，N；

L——跨距，mm；

B——试样宽度，mm；

H——试样高度，mm。

图 6-18　工业试制钢板升降法疲劳试验弯曲疲劳装置

钢板的三点弯曲疲劳试验结果见表 6-4，包括采用升降法求疲劳极限所得到的数据（编号 1 ~ 13 号的试样），采用成组试验法测得的高应力水平下疲劳次数数据（编号 14 ~ 22 号的试样）。将编号 1 ~ 13 号的试样的试验结果用疲劳试验升降图表示，如图 6-19 所示。通过升降法测得 1300MPa 级超高强度结构钢在 $N=1\times10^7$ 时失效概率 $P=50\%$ 时的条件疲劳极限，根据式（6-46）计算出在循环对称系数（应力比）为 0.1 的条件下，钢板的三点弯曲疲劳极限为 1277MPa。

表 6-4　Q1300 钢板疲劳试验结果

试样编号	最大弯曲应力/MPa	循环次数	状态
1	1300	1×10^7	未断
2	1350	284191	断裂
3	1300	1×10^7	未断
4	1350	365671	断裂
5	1300	651780	断裂
6	1250	349456	断裂
7	1200	1×10^7	未断
8	1250	395325	断裂
9	1200	1×10^7	未断

续表 6-4

试样编号	最大弯曲应力/MPa	循环次数	状态
10	1250	2284191	断裂
11	1200	1×10^7	未断
12	1250	1×10^7	未断
13	1300	286942	断裂
14	1400	187585	断裂
15	1400	132546	断裂
16	1400	241436	断裂
17	1450	189526	断裂
18	1450	178870	断裂
19	1450	134140	断裂
20	1500	142653	断裂
21	1500	120716	断裂
22	1500	87771	断裂

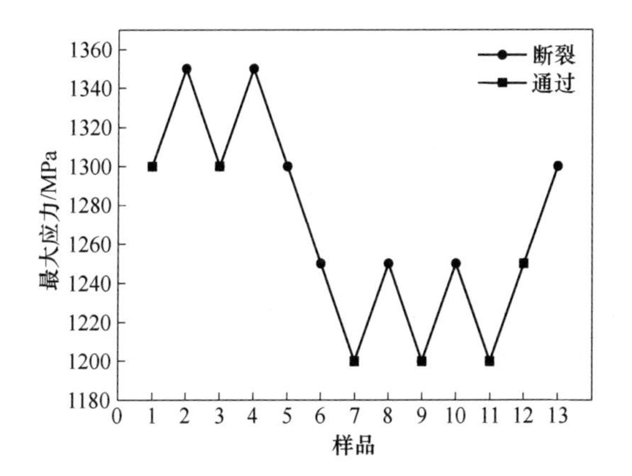

图 6-19 工业试制钢板升降法疲劳试验结果

$$\sigma_{0.1} = \frac{1}{m}\sum_{i=1}^{n} v_i\sigma_i \tag{6-46}$$

式中 m——有效实验的总次数；

n——试验应力水平数；

σ_i——第 i 级应力水平；

v_i——第 i 级应力水平下的试验次数（$i=1, 2, 3, \cdots, n$）。

当应力比一定时，金属材料断裂前所能承受的应力循环次数与所受的最大交变应力存在对应关系。根据在各个应力水平下测得的疲劳寿命和疲劳极限，可绘制出试制钢板的三点弯曲 S-N 曲线，如图 6-20 所示。

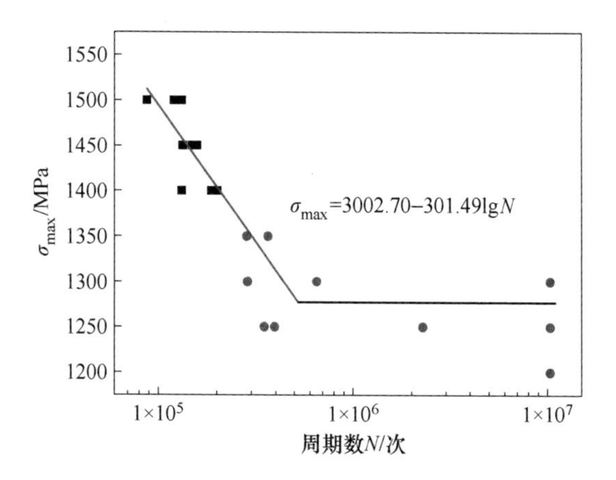

图 6-20　工业试制钢板三点弯曲疲劳 S-N 曲线

参 考 文 献

[1] Albert W A J. Über treibseile am harz. Archiv für mineralogie, Geognosie [J]. Bergbau und Hüttenkunde, 1838, 10: 215-234.

[2] Wöhler A. Versuche über die festiykeit eisenbahnwagenuchsen [J]. Zeitschrift für Bauwesen, 1860, 10: 160-161.

[3] Polanyi M. Über eine Art Gitterstörung, die einen Kristall plastisch machen könnte [J]. Zeitschrift fur Physik, 1934, 89 (9-10): 660-664.

[4] Paris P C, Gomez M P, Anderson W E. A rational analytic theory of fatigue [J]. The Trend in Engineering, 1961, 13: 9-14.

[5] Paris P C, Erdogan F. A critical analysis of crack propagation laws [J]. Journal of Basic Engineering, 1963, 85 (4): 528-533.

[6] 孙智. 失效分析：基础与应用 [M]. 北京：机械工业出版社, 2005.

[7] 吴连生, 张静江, 杜战军, 等. 机械装备失效分析图谱 [M]. 广州：广东科技出版社, 1990.

[8] 宗亮. 基于断裂力学的钢桥疲劳裂纹扩展与寿命评估方法研究 [D]. 北京：清华大学, 2015.

[9] Paris P C, Erdogan F. A Critical analysis of crack propagation laws [J]. Journal of Basic Engineering, 1963, 85 (4): 528-533.

[10] Iacoviello F, Boniardi M, Vecchia G M L. Fatigue crack propagation in austeno-ferritic duplex stainless steel 22Cr5Ni [J]. International Journal of Fatigue, 1999, 21 (9): 957-963.

[11] Sadananda K, Shahinian P. Prediction of threshold stress intensity for fatigue crack growth using a dislocation model [J]. International Journal of Fracture, 1977, 13 (5): 585-594.

[12] Elber W. The significance of fatigue crack closure [J]. ASTM International, 1971: 486.

[13] Newman J C, Phillips E P, Swain M H. Fatigue-life prediction methodology using small-crack theory [J]. International Journal of Fatigue, 1999, 21 (2): 109-119.

[14] 郑修麟. 材料疲劳理论与工程应用 [M]. 北京: 科学出版社, 2013.

[15] Pijpers R J M, Kolstein M H, Romeijn A, et al. Fatigue experiments on very high strength steel base material and transverse butt welds [J]. Advanced Steel Construction An International Journal, 2009, 5 (1): 14-32.

索　　引

Q

R

S

T

W

X

Y

Z